U0214980

国家科学思想库

中国学科发展战略

大陆成矿学

国家自然科学基金委员会
中国科学院

科学出版社

北京

图书在版编目（CIP）数据

大陆成矿学／国家自然科学基金委员会，中国科学院编. —北京：
科学出版社，2020.2

（中国学科发展战略）

ISBN 978-7-03-062171-9

Ⅰ.①大… Ⅱ.①国… ②中… Ⅲ.①大陆－矿床成因论 Ⅳ.①P612

中国版本图书馆 CIP 数据核字（2019）第 189516 号

丛书策划：侯俊琳　牛　玲
责任编辑：石　卉　姜德君／责任校对：贾伟娟
责任印制：师艳茹／封面设计：黄华斌　陈　敬
联系电话：010-64035853
E-mail: houjunlin@mail.sciencep.com

科 学 出 版 社 出版
北京东黄城根北街 16 号
邮政编码：100717
http://www.sciencep.com
中国科学院印刷厂 印刷
科学出版社发行　各地新华书店经销
*
2020 年 2 月第 一 版　开本：720×1000 1/16
2020 年 2 月第一次印刷　印张：31
字数：622 000
定价：**248.00 元**
（如有印装质量问题，我社负责调换）

中国学科发展战略

联合领导小组

组　　长：丁仲礼　李静海

副 组 长：秦大河　韩　宇

成　　员：王恩哥　朱道本　陈宜瑜　傅伯杰　李树深

　　　　　杨　卫　汪克强　李　婷　苏荣辉　王长锐

　　　　　邹立尧　于　晟　董国轩　陈拥军　冯雪莲

　　　　　王岐东　黎　明　张兆田　高自友　徐岩英

联合工作组

组　　长：苏荣辉　于　晟

成　　员：龚　旭　孙　粒　高阵雨　李鹏飞　钱莹洁

　　　　　薛　淮　冯　霞　马新勇

中国学科发展战略·大陆成矿学

项 目 组

组　　长：翟明国

成　　员（以汉语拼音为序）：

毕献武	陈华勇	陈衍景	范宏瑞	高　俊
高永宝	郭进义	侯增谦	胡瑞忠	蒋少涌
黎培兴	李建威	李文昌	李文渊	李子颖
梁华英	刘成林	刘家军	陆万俭	吕古贤
吕庆田	毛景文	倪　培	钱　兵	秦克章
秦明宽	石学法	宋谢炎	孙卫东	孙晓明
王　焰	王树功	王学求	温汉捷	谢桂青
许德如	杨　博	杨晓勇	曾庆栋	张洪瑞
张连昌	张招崇	张照伟	赵太平	钟　宏
周涛发	周永章			

总　序

白春礼　杨　卫

　　17 世纪的科学革命使科学从普适的自然哲学走向分科深入，如今科学已发展成为一幅由众多彼此独立又相互关联的学科汇就的壮丽画卷。在人类不断深化对自然认识的过程中，学科不仅仅是现代社会中科学知识的组成单元，同时也逐渐成为人类认知活动的组织分工，决定了知识生产的社会形态特征，推动和促进了科学技术和各种学术形态的蓬勃发展。从历史上看，学科的发展体现了知识生产及其传播、传承的过程，学科之间的相互交叉、融合与分化成为科学发展的重要特征。只有了解各学科演变的基本规律，完善学科布局，促进学科协调发展，才能推进科学的整体发展，形成促进前沿科学突破的科研布局和创新环境。

　　我国引入近代科学后几经曲折，及至 20 世纪初开始逐步同西方科学接轨，建立了以学科教育与学科科研互为支撑的学科体系。新中国建立后，逐步形成完整的学科体系，为国家科学技术进步和经济社会发展提供了大量优秀人才，部分学科已进入世界前列，有的学科取得了令世界瞩目的突出成就。当前，我国正处在从科学大国向科学强国转变的关键时期，经济发展新常态下要求科学技术为国家经济增长提供更强劲的动力，创新成为引领我国经济发展的新引擎。与此同时，改革开放 40 多年来，特别是 21 世纪以来，我国迅猛发展的科学事业蓄积了巨大的内能，不仅重大创新成果源源不断产生，而且一些学科正在孕育新的生长点，有可能引领世界学科发展的新方向。因此，开展学科发展战略研究是提高我国自主创新能力、实现我国科学由"跟跑者"向"并行者"和"领跑者"转变的一项基础工程，对于更好把握世界科技创新发展趋势，发挥科技创新在全面创新中的引领作用，具有重要的现实意义。

学科发展战略研究的核心是结合科学技术和经济社会的发展需求，在分析科学前沿发展趋势的基础上，寻找新的学科生长点和方向。在这个过程中，战略科学家的前瞻引领作用十分重要。科学史上这样的例子比比皆是。在1900年8月巴黎国际数学家代表大会上，德国数学家戴维·希尔伯特发表了题为"数学问题"的著名讲演，他根据过去特别是19世纪数学研究的成果和发展趋势，提出了23个最重要的数学问题，即"希尔伯特问题"。这些"问题"后来成为许多数学家力图攻克的难关，对现代数学的研究和发展产生了深刻的影响。1959年12月，美国物理学家、诺贝尔奖得主理查德·费曼在加利福尼亚理工学院举行的美国物理学会年会上发表了题为"物质底层大有空间——一张进入物理新领域的请柬"的经典讲话，对后来出现的纳米技术作出了天才的预见。

学科生长点并不完全等同于科学前沿，其产生和形成不仅取决于科学前沿的成果，还决定于社会生产和科学发展的需要。1841年，佩利戈特用钾还原四氯化铀，成功地获得了金属铀，但在很长一段时间并未能发展成为学科生长点。直到1939年，哈恩和斯特拉斯曼发现了铀的核裂变现象后，人们认识到它有可能成为巨大的能源，这才形成了以铀为主要对象的核燃料科学的学科生长点。而基本粒子物理学作为一门理论性很强的学科，它的新生长点之所以能不断形成，不仅在于它有揭示物质的深层结构秘密的作用，还在于其成果有助于认识宇宙的起源和演化。上述事实说明，科学在从理论到应用又从应用到理论的转化过程中，会有新的学科生长点不断地产生和形成。

不同学科交叉集成，特别是理论研究与实验科学相结合，往往也是新的学科生长点的重要来源。新的实验方法和实验手段的发明，大科学装置的建立，如离子加速器、中子反应堆、核磁共振仪等技术方法，都促进了相对独立的新学科的形成。自20世纪80年代以来，具有费曼1959年所预见的性能、微观表征和操纵技术的仪器——扫描隧道显微镜和原子力显微镜相继问世，为纳米结构的测量和操纵提供了"眼睛"和"手指"，使得人类能更进一步认识纳米世界，极大地推动了纳米技术的发展。

作为国家科学思想库，中国科学院（以下简称中科院）学部的基本职责和优势是为国家科学选择和优化布局重大科学技术发展方向提供科学依据、发挥学术引领作用，国家自然科学基金委员会（以下简称基金委）则承担着协调学科发展、夯实学科基础、促进学科交叉、加强学科建设的重大责任。继基金委和中科院于2012年成功地联合发布"未来10年中国学科发展战略研究"报告之后，双方签署了共同开展学科发展战略研究的长期合作协议，通过联合开展学科发展战略研究的长效机制，共建共享国家科学思想库的研究咨询能力，切实担当起服务国家科学领域决策咨询的核心作用。

基金委和中科院共同组织的学科发展战略研究既分析相关学科领域的发展趋势与应用前景，又提出与学科发展相关的人才队伍布局、环境条件建设、资助机制创新等方面的政策建议，还针对某一类学科发展所面临的共性政策问题，开展专题学科战略与政策研究。自2012年开始，平均每年部署10项左右学科发展战略研究项目，其中既有传统学科中的新生长点或交叉学科，如物理学中的软凝聚态物理、化学中的能源化学、生物学中的生命组学等，也有面向具有重大应用背景的新兴战略研究领域，如再生医学，冰冻圈科学，高功率、高光束质量半导体激光发展战略研究等，还有以具体学科为例开展的关于依托重大科学设施与平台发展的学科政策研究。

学科发展战略研究工作沿袭了由中科院院士牵头的方式，并凝聚相关领域专家学者共同开展研究。他们秉承"知行合一"的理念，将深刻的洞察力和严谨的工作作风结合起来，潜心研究，求真唯实，"知之真切笃实处即是行，行之明觉精察处即是知"。他们精益求精，"止于至善"，"皆当至于至善之地而不迁"，力求尽善尽美，以获取最大的集体智慧。他们在中国基础研究从与发达国家"总量并行"到"贡献并行"再到"源头并行"的升级发展过程中，脚踏实地,拾级而上,纵观全局,极目迥望。他们站在巨人肩上,立于科学前沿,为中国乃至世界的学科发展指出可能的生长点和新方向。

各学科发展战略研究组从学科的科学意义与战略价值、发展规律和研究特点、发展现状与发展态势,未来5~10年学科发展的关键科学问题、发展思路、发展目标和重要研究方向,学科发展的有效资助机制与政策建议等方面进行分析阐述。既强调学科生长点的科学意义,也考虑其重要的社会价值;既着眼于学科生长点的前沿性,也兼顾其可能利用的资源和条件;既立足于国内的现状,又注重基础研究的国际化趋势;既肯定已取得的成绩,又不回避发展中面临的困难和问题。主要研究成果以"国家自然科学基金委员会-中国科学院学科发展战略"丛书的形式,纳入"国家科学思想库-学术引领系列"陆续出版。

基金委和中科院在学科发展战略研究方面的合作是一项长期的任务。在报告付梓之际,我们衷心地感谢为学科发展战略研究付出心血的院士、专家,还要感谢在咨询、审读和支撑方面做出贡献的同志,也要感谢科学出版社在编辑出版工作中付出的辛苦劳动,更要感谢基金委和中科院学科发展战略研究联合工作组各位成员的辛勤工作。我们诚挚希望更多的院士、专家能够加入到学科发展战略研究的行列中来,搭建我国科技规划和科技政策咨询平台,为推动促进我国学科均衡、协调、可持续发展发挥更大的积极作用。

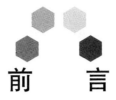

前　言

　　"大陆成矿作用战略研究"项目于2014年启动，召开过四次工作组全体会议和一次中国科学院"前沿学术论坛"，孙枢、翟裕生、陈颙、傅伯杰等15位两院院士参加过讨论和指导。该项目关注学科前沿，引领学术方向，力求推陈出新；总结中国在大陆成矿学方面的最新成果和发展方向，在学科政策、重点领域、人才培养、经费投入、管理体制方面提出了建议。我国矿产资源研究起步较晚，近年来和其他学科一样，已有长足进步并迎来良好的发展机遇。我国处于世界三大成矿域的聚合部位，为大陆成矿学研究提供了天然实验室。进行大陆成矿学发展战略研究，有利于实现进一步聚焦学科前沿、交叉方向和新生长点提出战略建议的目标。

　　该项目强调"大陆成矿作用"的科学内涵是：①人们所探明、了解和研究、开发的矿床，绝大多数都在陆地之上，大陆矿产资源是支撑人类社会生存与发展的基础；②地球上现存的大陆可以被证明是在46亿年前形成和演化到现在的，而现存的大洋只有2.5亿年左右的年龄。大陆矿床的研究无疑在时间和空间尺度上，特别是在人们的能力范围内都是极为重要的；③板块构造理论在解释大陆地质时遇到一些难题，矿床作为地球演化的物质记录，无疑是解开大陆形成与演化之谜的金钥匙。

　　本书是该项目的主要成果。全书分为四篇，第一篇系统梳理大陆成矿学的发展历程，分析综述20世纪前半叶至今中国科学家在相关领域的贡献，评述有影响的重要工作，进而分析判断中国科技界在本学科的创新能力和实力地位；第二篇主要论述大陆成矿学领域前沿的关键科学问题和发展方向；第三篇针对中国特色的大陆成矿进行总结和理论提升，提出国家层面急需支持的研究难题和创新点；第四篇分析我国在大陆成矿领域的发展现状，提出在学科布局、技术平台、人才队伍和管理体制等方面的政策建议。

在立项之初，作为该项目的启动基础，项目负责人和主要成员在中国科学院学部的支持下，组织了"大陆成矿作用"前沿学术论坛。结合项目结题，还将组织一批文章发表在《中国科学》杂志、一篇文章发表在《中国科学基金》杂志，以及一个"大陆成矿作用"专辑发表在《中国科学院院刊》上。

该项目组织了我国有关学科几乎所有的学术带头人、中青年科研与教学骨干参与，并担当主要撰稿人，凝聚了研究队伍，培养了人才，提升了我国在大陆成矿领域的学术影响力。

翟明国

2018 年 6 月

摘　　要

　　大陆成矿学是矿床学研究的新阶段，是大陆动力学与矿床学的交叉学科。大陆成矿学将成矿作用纳入大陆形成演变的整体框架之中，主要研究成矿的大陆动力学背景、成矿作用过程和矿床时空分布规律，其目标是建立大陆成矿理论，为找矿预测提供新的科学基础。大陆成矿学是研究矿产资源在地壳中形成背景、形成过程和分布规律的新兴学科。深入研究大陆成矿学，建立大陆成矿理论体系，不仅是发展地球科学的需要，同时也必能为新一轮矿产资源勘查和评价提供重要的科技支撑。

　　从全球视野看，大陆成矿学大致有以下发展历程。20世纪70年代以前，槽台分布成矿与地台（地洼）活化成矿的影响力最大；自70年代至今，板块构造成矿逐渐成为重要的研究内容和研究前沿；近20多年来，地史期间重大地质事件及其成矿响应越来越受到重视，深部过程与浅部成矿响应研究成为未来发展的一个重要方向。我国大陆成矿学研究的发展基本可概括为四个阶段。20世纪前叶，以研究单一矿种、单个类型的矿床为主；50~70年代，地洼学说的提出使学者们转入开始全面探讨区域成矿规律，同时重视成矿物质来源的研究和探讨矿床成因分类；70~90年代，板块构造成矿和层控矿床的研究均取得重要发展，中酸性岩浆岩类及其含矿性研究也进入新的高潮；90年代以来，开始建立大陆动力学理论体系，相继进行成矿系统和超大型矿床的研究。

　　大陆成矿学关键科学问题主要集中在以下几个方面：①大陆形成演化对矿床时空分布的制约；②巨量成矿物质聚集过程和矿床定位空间；③矿床模型与找矿勘查。其研究前沿主要包括：①地球各圈层相互作用与成矿;②重大地质事件与成矿;③板块内部成矿作用;④成矿作用精细过程;⑤区域成矿模型研究。围绕大陆成矿学关键科学问题和研究前沿,本书从"大陆成矿学理论前沿"和"中国大陆特色成矿"两个方面对学科研究进展和未来发展方向进行详细论述,并从大陆成矿学人才与技术方法平台建设等方面提出建议。

(一)大陆成矿学理论前沿

大陆演化过程(形成、生长和再循环)及其发生的成矿作用一直是科学家研究的热点。前人研究表明大陆在约 25 亿年前已基本成型,并在随后的演化进程中经历了多期裂解、聚合,甚至碰撞造山过程,大致可分为太古宙陆壳巨量生长时期、古元古代构造机制转换和地球环境突变时期、中-新元古代大陆裂解与聚合时期和显生宙板块活动时期四个时期,具有鲜明的时控性与不可逆性。那么,对于作为大陆演化组成部分的大陆成矿作用,我们不免会提出以下科学问题:①大陆各个时期具体演化特征是怎样的?②大陆演化各个时期的成矿作用特征是怎样的?③大陆各个时期演化特征与成矿作用特征的耦合机制是怎样的?解决好以上三个科学问题,可以更好地帮助我们:①进一步认识大陆演化的精细化过程,从而加深对地球历史演化的认识过程;②进一步认识大陆成矿作用与成矿规律,为指导找矿勘查工作提供坚实的科学依据,其意义十分重大。

成矿作用的空间不均匀性,指的是某些矿床或矿床类型丛集性或呈带状集中分布于地壳的某个特定区域。在全球范围内,不同成矿带不同类型的矿床或不同类型的同一矿种,在空间分布上表现出明显差异。在成矿作用方式上,全球矿床成因类型大体可划分为正岩浆矿床、沉积矿床、变质矿床和热液矿床,它们在空间分布上也具有各自显著的特征,并显示出在空间分布上极大的不均匀性。这种不均匀性,也导致了中国大陆地质构造的复杂性和特殊性,以及由此产生的中国大陆与全球主要大陆相比在矿床类型、矿种上存在的巨大差异。成矿作用的空间不均匀性,主要受地壳组成与演化的差异性、地壳/地幔化学组成的不均一性、成矿构造环境的差异、地史中特定重大地质构造事件（超大陆的多旋回聚合和裂解、地幔柱活动等），以及构造转换、转折、叠加和矿床形成与保存能力差异性等因素的控制。从全球板块构造尺度，结合全球大陆不同区域地质构造演化特征，加强成矿作用非均一性的深部过程和全球性对比研究，是深入揭示中国大陆地球演化历史时期成矿作用特点与时空分布规律的关键，多方法集成研究将是揭示全球矿产资源不均一性原因的另一发展趋势。

矿床是成矿元素异常富集的产物，元素的地球化学行为是揭示成矿物质聚集机制的关键。基础成矿研究需从各种元素在地球的形成与演化、岩浆与热液作用过程中的地球化学行为入手，探讨元素地球化学行为与成矿物质聚焦机制的关系。在星云凝聚过程中，地球上各种元素第一次发生大规模分异，主要控制因素是元素的挥发性；在核幔分异过程中，金属态的铂族元素（PGE）等亲铁元素优先进入地核，氧化态的钾、钠、钙、镁、铝、铁等亲石元素优先进入地幔，碳大部分与铁形成碳化铁进入地核，剩下的以金刚石、石墨或者碳酸盐的形式留在地幔中，二氧化碳、氮气、稀有气体等则进入大气圈；在板块运动、地幔柱与壳幔相互作用的过程中，元素会发生很大的分异；在岩浆体系的分离结晶和岩浆熔离过程中，往往形成岩浆矿床；在热液矿床中，元素的地球化学行为受控于流体的物理化学状态。以上这些重要过程的揭示和研究都直接影响我们对成矿元素来源与聚集机理的认识。

矿床的形成过程离不开流体作用，因而探明流体成矿作用，对揭示矿床成因具有非常重要的意义。目前成矿流体相关研究获得了很大进展：①成矿流体是一种富含金属成分的地质流体，属于地质流体范畴；②成矿流体可以来源于几乎所有的地质作用过程；③成矿流体中金属元素的迁移是以金属络合物方式进行的；④成矿流体迁移的动力来自重力驱动、压力梯度驱动、热力驱动、构造应力驱动等；⑤成矿流体中成矿物质的卸载（沉淀）与流体的温度、压力、Eh、pH等的变化有关；⑥成矿流体的研究对于建立热液矿床成矿机制非常重要。虽然成矿流体相关研究已获得很大进展，但仍然存在较多未解决的重要科学问题，如：①如何选择能真实代表成矿流体特征的研究对象；②流体成矿过程的精细解剖急需加强；③建立示踪成矿流体来源的多源同位素体系；④成矿流体的年代学研究；⑤成矿流体的动力学研究。

成矿过程是一种特殊的地质过程，它是通过各种地质作用，如风化、沉积、火山喷发、岩浆侵入、构造运动、变质变形等，使成矿物质发生迁移、聚集、沉淀形成矿床的过程。自然界有多种不同类型的矿床，如沉积矿床、岩浆矿床、热液矿床等，不同类型的矿床其成矿过程各有不同。成矿过程的研究应包括"源""运""储"等各个阶段，长期以来对成矿过程研究的重点在成矿的始态（源）和终态（储）上，今后应同时加强对成矿过程（运）的精细刻画研究，定量地了解成矿作用的历史进程。需重点开展如下几方面的研究：成矿作用空间与成矿地质体研究、成矿作用时代与时间跨度研究、成矿物质及其迁移介质的精确示踪研究、成矿元素的沉淀机制与元素分带性研究、成矿系统和大型-超大型矿床立典研究等。

（二）中国大陆特色成矿

中国大陆成矿在全球具有鲜明的特色，近年来也取得许多重要进展，本书从11个研究领域对中国大陆特色成矿进行详细介绍，并指出未来中国大陆成矿研究前景和前沿领域。

（1）古元古代成矿大爆发与大氧化事件。某种或某些类型的矿床在某一时间或空间范围内超常缺乏或聚集，即为成矿暴贫或暴富现象。与世界其他克拉通相比，华北克拉通前寒武纪造山型金矿、苏必利尔湖型铁矿暴贫，石墨、菱镁矿、硼、稀土等矿床暴富。这种暴贫暴富现象缘于成矿作用的周期性、时控性、不可逆性和区域不均匀性，并与地球环境演化的周期性、方向性、区域差异性密切相关。研究掌握成矿暴贫暴富现象的发生规律和原因，可提升成矿预测和找矿勘查的效率，揭示地球演化规律。最新研究证明，古元古代发生了以水汽系统快速充氧（大氧化事件）为代表的地球环境突变，诱发了地质历史上最强烈的成矿大爆发。未来研究将更为关注重大地质事件及成矿暴贫暴富现象的客观性、准确性，以及爆发式成矿与重大地质事件之间的时空耦合性、环境变化过程中成矿物质迁移聚集成矿的机理、大氧化事件过程的细节及成矿响应、不同克拉通之间前寒武纪岩石和成矿系统的相似性和差异性。

（2）华北克拉通破坏与成矿。克拉通是大陆的稳定构造单元。古老克拉通岩石圈以厚度大、热流低、难溶、低密度、地震波速快和无明显的构造-岩浆活动为特点，不易受到其他地质作用的影响而长期稳定存在。华北克拉通具有38亿年地壳结晶岩石，是世界上最古老的克拉通之一，自18亿年克拉通化之后至早中生代，一直保持相对稳定，并保存有巨厚的太古宙岩石圈根。对古生代金伯利岩及新生代玄武岩中地幔橄榄岩包体的对比研究显示，华北克拉通东部岩石圈在显生宙期间发生了明显的减薄与破坏，使其原应具有的稳定特征荡然无存。自中生代以来，华北克拉通，特别是其东部，发生了大规模的构造变形和岩浆活动，并伴随有大规模的金、钼等金属成矿作用。区内大规模金成矿作用与华北克拉通破坏过程密切相关，主要发育于克拉通东缘、南缘、北缘及中部地区；区内大规模钼矿化发生于早白垩世，其在空间上主要分布于克拉通南缘及北缘的中部，以南缘产出最多。

（3）华南中生代陆壳再造与大花岗岩省成矿。华南中生代广泛发育以花岗岩类为代表的大规模岩浆活动，并且伴随多种金属元素的巨量聚集与成矿。华南存在两大系列不同金属元素组合的成矿作用，其中钨、锡、铌、钽、锂、铍与传统意义上的S型花岗岩联系较密切，而铜、铁、铅、锌、金、银与传统意义上的I型花岗岩相联系；成矿作用具有多阶段性。华南花岗岩与成矿作用研究具有重要的理论意义和极大的经济价值，今后的研究应重点关注如下科学问题：华南中生代大花岗岩省形成的动力学机制、岩石圈伸展构造与陆内成矿作用关系、太平洋成矿域成矿差异性机理、壳幔相互作用-花岗岩浆活动-成矿作用的耦合机制及花岗岩的成矿专属性等。

（4）中国陆壳多块体拼合造山与特色成矿。中国显生宙成矿集中爆发，这种矿产资源分布格局与中国大陆地壳的性质与演化、多块体拼合造山格局之间有密切联系。环绕中朝-塔里木和扬子板块的增生造山带由老到新依次形成，并镶接于古板块边缘，使中国大陆逐渐增生扩展，导致火山岩型、与岩浆岩类和沉积岩系有关的大型矿床空间上向板块边缘推移，时间上越来越新，地壳演化成矿作用和矿床类型越来越多样化。中亚成矿域以古生代多陆块拼合造山、中新生代陆内造山与山盆体系构成独特的地质构造格局。既发育增生造山阶段的弧环境相关矿床，也发育与碰撞造山有关的矿床、地幔柱叠置造山带背景下的岩浆铜镍矿和后碰撞陆内岩石圈伸展相关的大陆环境矿床。中国大陆小陆块拼合造山成矿还存在诸多未解之谜，本书提出当前成矿学面临的一系列科学问题，对今后我国找矿战略选区具有借鉴意义。

（5）塔里木陆块及周缘造山带演化与成矿。塔里木陆块周缘找矿勘查近年来取得重大突破，发现一系列大型-超大型矿床，如火烧云超大型富铅锌矿床、玛尔坎苏富锰矿和夏日哈木岩浆铜镍硫化物矿床等。它们的形成及陆块周缘小地块与塔里木陆块的演化关系是大家十分关注的问题，但目前还存在争议。因此，亟待以全球视野对塔里木陆块及周缘小地块的时空演化进行深入研究，探索其主要地质作用与重要成矿事件的耦合及成矿作用特征。本书初步提出其构造演化和成矿模式：由于地幔柱作用，连为一体的塔里木陆块、阿拉善地块和西澳古陆块于新元古代发生破裂，金川巨型铜镍矿床形成；早古生代塔里木陆块及相邻地块位于冈瓦纳大陆的北缘，于泥盆纪初古特提斯洋开裂，夏日哈木超大型铜镍矿床形成；晚古生代早期古特提斯洋逐步打开，塔里木陆块及相邻地块成为劳伦大陆的南缘，玛尔坎苏富锰矿应是古特提斯有限洋盆大陆斜坡的海底沉积；早二叠世塔里木陆块由于地幔柱的作用，镁铁-超镁铁质岩浆沿原缝合带薄弱环境上侵熔离形成铜镍矿床，不排除先前消减板片的贡献。中新生代以后，古特提斯的物质建造和新特提斯的碰撞造山作用可能造就了火烧云超大型富铅锌矿床的形成。塔里木陆块及周缘造山带的构造演化与成矿作用，是中国大陆成矿学研究的天然实验场，需要对其进行全面深入的探求并及时指导找矿实践。

（6）三江特提斯构造域复合造山及复合成矿。三江特提斯构造域位于特提斯构造带东段，冈瓦纳大陆与劳亚大陆的接合部位，是全球地壳结构最复杂、包含造山带类型最多的一个构造成矿域。从晚元古代—早古生代泛大陆解体与原特提斯洋形成，经古特提斯多岛弧盆系发育与古生代—中生代增生造山/盆山转换，到新生代印度板块与亚洲板块碰撞和走滑的动力学过程，使三江特提斯构造域成为中国大陆构造演化的典型缩影，在全球构造演化中具有举足轻重的地位。因为其作用时间长、成因类型多，空间分布与构造单元和地质构造演化有很好的对应关系，三江地区发育典型的增生-碰撞造山岩浆热液型铜-钼-锡-钨复合成矿系统，走滑拉分盆地卤水-岩浆热液型铅-锌-银-铜复合成矿系统和增生-碰撞复合造山型金矿成矿系统。对三江特提斯构造域复合成矿系统的研究是提高我国重要矿集区深部成矿空间找矿勘探水平、发现深部大型-超大型矿床并缓解资源危机的重要途径。

（7）扬子地块西南缘大面积低温成矿。扬子地块南部在包括四川、云南、贵州、广西、湖南等省份在内的约 50 万 km^2 面积的广大范围内，除产出大量卡林型金矿床和密西西比河谷型（Mississippi Valley-type，MVT）铅锌矿床外，锑、汞、砷等低温矿床也有发育，很多为大型-超大型矿床，显示出大面积低温成矿的特点，构成扬子低温成矿域，在全球极富特色，主要表现为：①地层具有双层结构特点，花岗岩浆活动微弱；②低温成矿域由三个矿集区组成；③域内矿床对地层时代或岩性有一定选择性；④域内矿床属于后生热液矿床；⑤成矿时代变化范围宽；⑥矿床的成矿物质和成矿流体具有多来源的特点。虽然以往的研究取得了重要进展，但对以下关键科学问题目前还未形成清晰认识：①大面积低温成矿的时代；②大面积低温成矿的（深部）驱动机制；③大面积低温成矿的物质基础；④各类低温矿床之间的相互关系。这些问题的存在，制约了大面积低温成矿理论的建立和相应的找矿勘查工作。加强对以上关键科学问题的研究，具有重要的理论和现实意义。

（8）峨眉山地幔柱成矿作用。地幔柱是地球内部物质运动的主要形式之一，是地球内部跨圈层的物质-能量对流和交换的重要机制。在地球核-幔-壳结构形成过程中，地幔柱活动将镍、铬、钴、钒、钛、铂族元素等带到地壳，并在极短的时间内在岩浆房发生超常富集和成矿。我国的峨眉山大火成岩省被认为是地幔柱活动的产物，由峨眉山玄武岩（包括少量的苦橄岩、粗面岩或流纹岩）、镁铁-超镁铁质岩体、中酸性侵入岩体和基性岩墙构成。峨眉山大火成岩省在成矿作用的多样性、地质特征的典型性、空间分布的规律性、岩体的成矿专属性、钒钛磁铁矿床的巨大规模等方面都独具特色。其中，岩浆氧化物矿床（钒钛磁铁矿矿床，如攀枝花、白马、太和、红格）主要产于较大规模的层状辉长岩-辉石岩体的中下部，可能与高钛玄武质岩浆有关；而岩浆硫化物矿床（铂族元素、铜镍铂族元素和铜镍矿床，如力马河、金宝山、杨柳坪、白马寨等）主要产于小型的镁铁-超镁铁质岩体中，可能与低钛玄武质岩浆有关。地质地球物理研究表明，作为全球较为罕见的、成矿作用发育比较好的大火成岩省，峨眉山大火成岩省的深部仍有发现铬铁矿和铂族元素隐伏矿体的潜力。

（9）青藏高原碰撞造山与成矿作用。青藏高原碰撞造山带是由印度板块与亚洲板块碰撞而成，为正向不对称式碰撞带。在此背景下，青藏高原地幔由新特提斯岩石圈端元、印度陆下岩石圈端元和新特提斯闭合前青藏高原原有的岩石圈端元，以不同比例存在于高原的不同地域，并发生着相互作用，易被再次活化。伴随着青藏高原大陆碰撞造山期所经历的主碰撞陆陆汇聚、晚碰撞构造转换和后碰撞地壳伸展三阶段的碰撞过程，在青藏高原内形成了冈底斯花岗岩基主体、钾质-超钾质火山岩、一系列大规模走滑断裂系统和剪切系统，并发育了世界级规模的斑岩铜矿带、密西西比河谷型铅锌矿带、岩浆碳酸岩型稀土元素（rare earth element，REE）矿带、造山型金矿带等。对于青藏高原区域成矿带的成因认识，有研究提出一套以陆陆汇聚、构造转换、地壳伸展成矿作用为核心的大陆碰撞成矿理论。相对于全球其他三个陆陆碰撞造山带，青藏高原作为最年轻、规模最大的中年碰撞造山带，其岩石圈的三维结构、碰撞造山过程的深部动力学机制、碰撞成矿系统的"源-运-储"与主控要素，以及大型矿床的形成过程与定位机制等深层次的科学问题亟待解决。

（10）青藏高原隆升与表生成矿。青藏高原的隆升起因于印度板块与亚洲板块的陆陆碰撞，经过三个主要隆升期后，在高原内部及邻区形成了众多的沉积盆地，如塔里木盆地和柴达木盆地。高原的阶段性隆升对其内部的表生成矿作用形成明显的约束，也导致亚洲内陆气候干旱化的加深；同时，构造作用还将地壳深部的钾、锂等成矿物质通过断层系统形成的温热泉水、冷盐泉水带到地表盆地和相关流域中，高原的隆升还将含盐地层抬升露至地表。上述构造、气候及物源三要素在表生环境下发生耦合作用，在高原及邻区盆地中形成了大量的钾、铀、锂、铯、硼、锶等矿床；这些资源主要分布于青藏高原中部、北部及北部边缘区，构成三个表生成钾成矿带，其中，钾、锂等已成为我国战略性特色矿产资源。因此，对青藏高原不同盆地之间的构造、气候和成矿物质开展精细研究，了解不同成矿带之间的矿床成矿条件、机理和动力学机制与高原隆升的关系，从而对青藏高原隆升背景下的表生钾盐等战略性资源的成矿研究起到重要的指导作用。

（11）中国北方中新生代沉积盆地砂岩铀成矿作用。砂岩型铀矿作为我国最重要的一种铀矿类型，绝大部分产于我国北方中新生代沉积盆地中。我国北方沉积盆地形成的大地构造位置和动力学环境多样，具有不同的盆地地质构造特征和区域铀成矿作用。我国北方的砂岩型铀矿床和国外著名铀矿区相比，矿床及产出环境都各具特色，因此国外的成矿模式和理论很难指导找矿突破。我国学者通过对北方产铀盆地中的典型矿床进行解剖，建立了一系列创新成矿模式和理论，如层间氧化带型砂岩铀成矿模式、潜水氧化带型铀成矿模式、叠加铀成矿模式、构造活动带成矿模式、断块铀成矿理论、油气成矿理论和生物铀成矿理论，这些成矿理论体系为找矿突破提供了坚实的理论支撑。研究表明：我国北方砂岩型铀矿自中侏罗世以来均有成矿作用的发生，主要记录了两期矿化年龄；容矿层位由西向东升高，沉积成岩成矿作用增强，而层间渗入氧化成矿作用则减弱。我国尽管已经取得上述研究成果，但是仍面临成矿理论创新、深部铀资源突破和关键勘查技术攻关等重大基础性和前沿性课题需要攻克。因此，今后应重点开展纳米地学、铀元素超常富集机理、成矿系统，以及沉积盆地中铀、煤、油、气等矿产之间成矿关系等方面的研究。

（三）大陆成矿学人才与技术方法平台建设及建议

人才培养和技术平台建设是影响一门学科发展的两大关键因素。我国矿产资源学科经过几十年的发展已取得巨大成就，培养了一大批人才，加上各种实验分析技术的应用基本完善，能够为本学科的创新性研究提供强有力的人才和技术支撑，但同时也面临着诸多亟待解决的问题，如高层次学科人才和创新团队相对缺乏，一些核心实验技术和设备的研发进展缓慢及技术平台建设不完善等。学科领军人才是指引学科发展方向的核心力量，国际化人才是促进国内外学术交流及传递国内学术声音的关键力量，技术人才是为一流科学研究提供技术支撑的重要力量。基于当前学科发展中存在的问题，急需通过改革人才与成果评价体系、密切学术界和矿业界的联系、加强不同学科间合作等举措，为高层次学科人才的成长和创新团队的建设营造有利的环境。在技术平台建设方面，目前专门针对矿床学研究的实验室较少，对某些实验技术的开发还不够深入。因此，在此基础上需要尽快建立一批一流的分析测试平台，如完善微量元素和同位素微区原位分析、单个流体包裹体成分分析等方法，并建立成矿过程实验模拟和观测平台。此外，还应加强矿产资源野外基地和矿床数据库的建设，努力实现重要实验方法和数据资料的共享。

随着大陆成矿理论研究和深部找矿的迫切需求，地球物理方法在矿产资源领域的应用已经突破了传统的矿产勘查范围，广泛应用于成矿构造背景、深部过程、成矿系统三维结构探测和成矿流体活动识别等方面，并逐渐成为成矿理论研究和深部找矿勘查中不可或缺的方法技术。对大陆成矿理论研究和深部找矿而言，地球物理方法已经且仍将继续在以下三个方面发挥重要作用：①利用宽频带地震学方法、深反射和宽角反射／折射方法、长周期大地电磁方法等对大陆成矿的构造背景及深部过程进行探测与研究；②以高分辨率反射地震、大地电磁和区域重磁等技术综合探测矿集区三维结构，并利用高精度重磁数据进行密度和磁化率的三维反演，以进行成矿系统（岩性）识别；③围绕成矿系统的模型，利用地球物理方法对成矿"流体库"、流体迁移通道，以及成矿过程留下的各种"痕迹"进行探测，扩大探测的空间范围和目标，以对深部矿产资源进行有效勘查。

地球化学勘查是基于成矿物质在成矿过程中在围岩中留下原生分散晕或在成矿后经过次生分散过程在环境中形成次生分散晕，并根据这些成矿元素的分散模式去追踪和发现矿床。地球化学异常模型从推测到证实，使大规模多层套合地球化学模式成为地球化学填图和研究全球尺度地球化学模式的理论基础。地球化学填图在勘查中取得突出的找矿成果，推动了覆盖区穿透性地球化学探测技术的发展，建立起全球地球化学基准与全球成矿物质背景。在此基础上，地球化学勘查实验条件平台建设，包括高精度地球化学分析实验平台建设、地球化学标准物质研制、地球化学数据处理与大数据管理平台建设及国际合作平台建设得到快速发展。中国在勘查地球化学领域将从纳米水平和分子水平认识元素的迁移机理、全球成矿物质背景和"一带一路"地球化学特征对比研究、深穿透地球化学与覆盖区资源评价、稀土矿地球化学勘查及建立应用地球化学国家重点实验室方面实现科技创新，为国家矿产资源的发现做出贡献。

大数据是"未来的新石油"，*Nature* 和 *Science* 相继出版专刊来探讨大数据带来的挑战和机遇。大数据的特征是数据规模大，并经常呈现出异构多模态、复杂关联、动态涌现等特点，需要高效的计算模型和方法。大数据-智能矿床研究刚刚起步，需要进行多维、异构、隐性大数据的高效存储、管理、集成、融合与深度挖掘，需要人工智能方法——机器学习、深度学习、可视分析的应用。贝叶斯网络是成因建模的一个革命性工具，可以用来揭示矿床的成因机制及其背后的规律。米自地质调查、监测数据的与"矿"有关的大数据，通过迭代计算，可以不断完善所建立的矿床模型，并且通过云计算技术，世界各地的矿床研究团队共同参与，从而引发矿床模型研究方式的变革。

Abstract

Continental metallogeny, is a new stage of ore deposit research and is an interdisciplinary science of continental dynamics and ore deposit. Continental metallogeny, which brings metallogeny into the overall framework of continental formation and evolution, mainly focuses on continental dynamics settings, ore-forming processes and the spatial and temporal distribution of ore deposits. Its aim is to build theories of continental metallogeny and provide new scientific foundation for prospecting prediction. Continental metallogeny is a new subject to study the formation setting, process and distribution rule of mineral resources in the earth's crust. To further study continental metallogeny and build its theoretical framework are not only the need of developing earth science but also provide important scientific support for the new round exploration and assessment of mineral resources.

In a global view, continental metallogeny can be divided into the following stages. Before 1970s, geosyncline-platform distribution mineralization and platform(diwa) activation mineralization have the greatest influence; since 1970s, mineralization related to plate tectonics has been the major research contents and frontiers; in the last 20 years, great geological events and its related mineralization in geological history have been paid more and more attention, and meanwhile, the earth interior processes and surface mineralization would be one of the most significant research aspects. In our countries, continental metallogeny studies can be summarized into four stages. In early 20th century, studies mainly focused on one economic mineralization type;

between 1950s and 1970s, the development of diwa theory promoted researchers to consider the aspect of regional metallogenic regularity, and pay attention to the sources of ore-forming materials and genetic types of ore deposits; between 1970s and 1990s, studies on mineralization related to plate tectonics and stratabound deposits acquired important progress, and meanwhile, intermediate-felsic magmas and their ore potential studies also became a new focus; since 1990s, the theoretical system of continental dynamics began to be established, leading to the proceeding research into metallogenic system and super-large ore deposits.

The main scientific problems of continental metallogeny consist of: 1) the constraints of the formation and evolution of continent on the spatial and temporal distribution of ore deposits; 2) the convergence processes of massive ore-forming materials and the location of ore deposits; 3) metallogenic models and mineral exploration. The main research frontiers include aspects such as: 1) the interaction of various geospheres and related mineralization; 2) great geological events and mineralization; 3) intraplate mineralization; 4) dissection processes of mineralization; 5) researches into regional metallogenic models. Focused on these problems and research frontiers, this book will make detailed statements on research progress and future development from the aspects of "theoretical frontier of continental metallogeny" and "Chinese typical continental metallogeneses" and propose some suggestions on the construction and financial support for talents and technical platform.

1. Theoretical Frontier of Continental Metallogeny

Continental evolution (continental crustal formation, growth and recycling) and related mineralization has long been the research focus of scientists. Previous studies have revealed that the continent has formed before 2500 Ma and experiences a series of breakups, convergence and even continental collision. It can be basically divided into four periods: Archean continental crustal growth, Paleoproterozoic tectonic regime transformation and great changes of earth environment, Meso-Neoproterozoic continental breakup and convergence, and Phanerozoic plate activities. These four processes are characterized by typical time-controll ability and irreversibility. Then, continental metallogeny, as a basic component of continental evolution, will involve the following problems: 1) characteristics of different continental evolution periods; 2) metallogenic characteristics of different continental evolution periods; 3) the coupling mechanism between continental evolution and metallogenic characteristics. Solving these three problems has great influences because it will help us to 1) further understand the processes of continental evolution and deepen our thoughts on geological historical evolution; 2) deepen our understanding on continental metallogeny and metallogenic regularity, and provide solid scientific basis for mineral exploration.

Spatial heterogeneity of metallogeny refers to the clumped or zoned concentrated distribution of some ore deposits or various types of mineralization in some specific area of the earth's crust. In a global view, various deposit types in different metallogenic belts or different types of the identical mineralization will show marked differences in spatial distribution. The worldwide ore deposit can be divided into magmatic deposits, sedimentary deposits, metamorphic deposits and hydrothermal deposits according to the genetic types of mineralization. They show outstanding heterogeneities in their own spatial distribution. These heterogeneities also lead to the comparison between domestic and global continental crust, because the complexity and particularity of the Chinese continental crust cause big differences in the types and mineralization of ore deposits. The inhomogeneous distribution of mineralization is mainly controlled by differences in crustal composition and evolution; the heterogeneity of chemical composition of crustal/mantle; different tectonic environments of mineralization; specific geological events in geohistory (i.e. multicycle convergence and breakup of supercontinent, mantle plume activities, etc.); tectonic transformation, transition and superposition; as well as formation and preservation capacities of ore deposits. To deepen understanding in interior processes of inhomogeneous mineralization and global comparative studies, combined with different tectonic evolution characteristics of global continents in a global view, is a key to revealing mineralization characteristics and spatial-temporal distribution rules in different periods of tectonic evolution history of Chinese continent. To study integrating various methods will be another trend in the process of revealing reasons for heterogeneity of global mineral resources.

Ore deposits are products of abnormal enrichment of ore-forming elements, making geochemical behavior of elements as a key to revealing the enrichment mechanism of ore-forming materials. Basic research into mineralization will study the relationship between geochemical behavior and enrichment mechanism of ore-forming materials from two aspects involving in geochemical behavior of various elements during the formation and evolution of earth, and magmatic and hydrothermal processes. During the condensational process of the solar nebula, the first large-scale fractionation of various elements in the earth occurred; in the processes of differentiation of earth's core and mantle, metallic state siderophile elements such as PGE went into the core in priority while oxidation state lithophile elements such as K, Na, Ca, Mg, Al, Fe went into the mantle. Meanwhile, most of the carbon reacted with iron, resulting the formation of iron carbide in the core, and the remaining carbon resided in the mantle in the form of diamonds, graphite, or carbonates. Volatiles such as CO_2, N_2 or inert gases entered into the atmosphere. During the processes of plate tectonics, mantle plume and interactions between continental crust and mantle, elements would differentiate greatly. During the fractional crystallization and magmatic liquation in a magmatic system, magmatic deposits would form. In hydrothermal deposits, geochemical behavior of elements would be controlled by physicochemical conditions of fluids. Revelation and studies on those important processes will directly affect our understanding about the source and enrichment mechanism of ore-forming elements.

Ore deposits can not be formed without fluids, making clarifing the role of fluids mineralization the key to reveal the deposit genesis. Great progress has been made about ore-forming fluids researches: 1) Ore-forming fluid is a metal-rich geological fluid, belonging to the category of geological fluids; 2) Ore-forming fluids can be sourced from almost all kinds of geological processes; 3) Metal elements in ore-forming fluids migrate in the form of complex compounds; 4) The driving forces for migration of ore-forming fluids include gravity drive, pressure gradient drive, thermal drive, and tectonic stress drive; 5) The precipitation of those ore-forming materials in fluids are related to changes in the temperature, pressure, Eh, pH, and so on of fluids; 6) Studies in ore-forming fluids are very important in establishing metallogenic mechasnism of hydrothermal deposits. However, there are still many scientific problems to be solved, such as 1) what kind of research objects can truly represent the characteristics of ore-forming fluids; 2) detailed paragenesis sequence of ore-forming fluids should be strengthened; 3) to establish multiple isotopes to trace the sources of ore-forming fluids; 4) geochronology relating to ore-forming fluids; 5) kinetics of ore-forming fluids.

Metallogenesis is a special geological process, which involves in the migration, enrichment and precipitation of ore-forming materials in the formation of ore deposits via a series of geological processes such as weathering, sedimentary process, volcanic eruption, magmatic intrusion, tectonic movements and metamorphism and deformation. There exist various types of ore deposits such as sedimentary deposits, magmatic deposits and hydrothermal deposits. Different types of deposits have different ore-forming processes. Studies on ore-forming processes should involve in each stage of "source", "transportation" and "storage". The research focus has long been concentrated on the commencement (source) and end (storage). We should pay more attention to studies on detailed paragenesis and quantitatively investigate the mineralization processes, which mainly include: metallogenesis space and metallogenic geological bodies; metallogenic epoch and time span; precise tracing research of ore-forming materials as well as their transportation media; precipitation mechanism and zoning of ore-forming elements; metallogenic system and case studies on large-superlarge ore deposits.

2. Chinese Typical Continental Metallogeneses

The characteristics of the metallogenesis in Chinese continent have distinctive features in the world and great important progress has been made in recent years. This book detailedly introduces eleven research fields of the characteristic metallogeneses in Chinese continent and also points out the research prospects and frontiers of continental metallogeny in China.

(1) Paleoproterozoic metallogenic explosion and great oxidation events. The phenomenon that some or certain types of ore doposits are extremely deficient or enriched in a certain time and space is called as metallogenic poverty or wealth. Comparing with other cratons outside of China, Precambrian orogenic Au deposits and Lake Superior Type iron deposits are fairly rare in North China Craton (NCC), and however, graphite, magnesite, boron and REE deposits are very enriched. This phenomenon is the result of the periodicity, time-control, irreversibility and regional inhomogeneity of metallogenesis, which are related to the periodicity, direction and regional differentiation of the evolution of the Earth's environment. Studying and understanding the occurring law and cause of metallogenic poverty or wealth can enhance the efficiency of metallogenic prognosis and mineral exploration, and also reveal the evolution law of the Earth. The latest study indicates the hydrosphere oxidation standing for the Earth's environment mutation

in paleoproterozoic, namely the Great Oxidation Event, triggers the most intensively metallogenic explosion in geological history. Future study will emphasize more on the objectivity and accuracy of significant geological events and the phenomenon of metallogenic poverty or wealth, the spatio-temporal relationship between metallogenic explosion and important geological events, the mechanism of element migration and concentration in the processes of environmental change, the details of the Great Oxidation Event and associated mineralization, the similarities and differences of Precambrian rocks and metallogenic systems among different cratons.

(2) Destruction of North China Craton and metallogenesis. Cratons are stable tectonic units of continents. The ancient cratonic lithosphere is characterized by large thickness, low thermal flow, refractoriness, low density, high seismic wave velocity and weak tectonism-magmatism, and therefore, it can be remained stable away from the influences of other geological processes. The North China Craton, one of the oldest cratons in the world, has crustal crystalline rocks of 3.8 billion years and remains stable from its cratonization in 1.8 billion years to early Mesozoic, containing huge thick Archean lithospheric roots. The comparative studies between Paleozoic kimberlites and mantle peridotite inclusions in the Cenozoic basalt suggest the lithosphere of the eastern of North China Craton has experienced obvious thinning and destruction in Phanerozoic, making the original stable properties of the craton no longer exist. Since Mesozoic, the North China Craton, especially its eastern part, has experienced large-scale tectonic deformation and magmatism, with extensive Au and Mo mineralization. Large-scale gold mineralization is closely associated with the processes of decratonization in North China Craton, which mainly occurs in eastern and southern and northern margins and central regions of the craton. Extensive Mo mineralization of early Cretaceous ages is mainly distributed in the southern margin and the middle of northern margin of the craton, and most are hosted in the

southern margin.

(3) Reworking of Mesozoic continental crust and mineralization related to large granite province in South China. Large-scale magmatism represented by Mesozoic granite widely occurs in South China, together with huge polymetal accumulation and mineralization. There are mainly two series of mineralization with different metal assemblages in South China: 1) W, Sn, Nb, Ta, Li and Be mineralization, closely associated with conventional S-type granite; 2) Cu, Fe, Pb, Zn, Au and Ag mineralization, related to conventional I-type granite. The two series both occur in multiple phases. The study of granite and mineralization in South China has profound implications for theory and economic significance, and more future attention should be concentrated on the following scientific problems: the dynamics mechanisms of Mesozoic large granite province formation in South China; the associations between lithospheric extensional tectonics and intra-continental metallogeny; the differential mineralization mechanisms in the Pacific metallogenic domain; the coupling mechanisms of the crust-mantle interaction, granite magmatism and mineralization, and the metallogenic specialization of granite, and so on.

(4) Collage orogenesis of multiblocks and characteristic metallogeneses in China. China has the explosion of mineralization in Phanerozoic, and the distribution framework of mineral resources are closely related to the nature and evolution of Chinese continental crust and the framework of collage orogenesis of multiblocks. The continental crust of China is formed through the accretion of accretionary orogenic belt surrounding Sino-Korean, Tarim and Yangtze platforms. With the old massifs as the core and the orogeny system of different ages as the margins, it progressively accretes and grows outwards, leading to the migration of volcanic activities, sites of sedimentation and related mineralization towards the margins of the old orogen and basin with the progress of time. The Central Asian Orogenic Belt (CAOB) has experienced the

Paleozoic collage orogenesis of multiblocks, and Mesozoic-Cenozoic intra-continental orogenesis and basin-and-mountain system, and thus the CAOB can host arc-related and collision-related ore deposits, Cu-Ni (PGE) sulfide deposit related to overlapping CAOB by Early Permian Tarim plume, and ore deposits in intra-continent extensional environment. There are still many unsolved mysteries about collage orogenesis of microcontinent and related metallogeneses, and this book proposes several significant scientific problems in the areas of continental metallogeny, which have reference meanings for future prospecting in China.

(5) Evolution of Tarim block and its surrounding orogenic belts and metallogeneses. Significant mineral exploration breakthroughs have been made in the margins of Tarim block recent years, and a series of large-superlarge ore deposits are discovered, such as the Huoshaoyun superlarge Pb-Zn deposit, the Maerkansu Mn deposit, the Xiarihamu magmatic Cu-Ni sulfide deposit, and so on. The formation of these ore deposits and the evolution relationship between the Tarim block and its surrounding microcontinents are the focuses of many researchers. However, some disputes still exist. Therefore, global prospective is needed to deeply study the spatial-temporal evolution of Tarim block and its surrounding microcontinents and explore the coupling mechanisms of the main geological processes and significant mineralization events, along with the features of mineralization. This book preliminarily proposes the tectonic evolution and metallogenic model: the Tarim block, Alashan block and Western Australia ancient continental massif rifted in Neoproterozoic on account of the activity of mantle plume, and the Jinchuan giant Cu-Ni deposit was formed. Then, Tarim block and its surrounding microcontinents migrated to the northern margin of Gandwana continent in early Paleozoic, and Palaeo-Tethys Ocean rifted gradually in the beginning of Devonian and the Xiarihamu superlarge Cu-Ni deposit was formed. The Palaeo-Tethys Ocean opened gradually

in the early upper Paleozoic and thus the Tarim block and its surrounding microcontinents became the southern margin of the Laurentian continent, and the Maerkansu Mn deposit was formed by submarine sedimentation in the continental slope of the Palaeo-Tethys limited oceanic basin. In early Permian, mafic-ultramafic magma ascended and experienced immiscible segregation along the weak section of the original suture as a result of mantle plume in Tarim block, and thus formed the Cu-Ni deposit. However, the contributions of subduction slab couldn't be ruled out. After Mesozoic-Cenozoic, the materials formation of Palaeo-Tethys and the collisional orogeny of Neo-Tethys might trigger the formation of the Huoshaoyun superlarge Pb-Zn deposit. The tectonic evolution and mineralization of the Tarim block and its surrounding orogenic belts provide an excellent site for the study of continental metallogeny in China and more attention is needed to paid to explore and guide mineral exploration.

(6) Superimposed orogeny and composite metallogeneses in the Sanjiang Tethyan tectonic domain. The Sanjiang Tethyan tectonic domain, located in the eastern part of Tethyan tectonic belt and the combination zone of Gandwana and Laurasia, is a tectonic-metallogenic domain whose earth's crustal structures are most complex and contains the most types of orogenic belts in the world. Pangea broke-up and thus formed Proto-Tethys ocean from late Proterozoic to early Paleozoic, followed by the development of archipelago arc-basin system of Proto-Tethys and accretionary orogenesis and basin-and-mountain transition from Paleozoic to Mesozoic. Then the continental collision of Indian Plate and Asiatic Plate and strike-slip dynamics movement occurred in Cenozoic. Therefore, the Sanjiang Tethyan tectonic domain becomes a typical case of tectonic evolution of continents in China and plays a very important role in the global tectonic evolution. Due to the protracted duration, more genetic types and spatial distribution are well consistent with tectonic units and geological tectonic evolution, typical accretionary-collisional

orogenic magmatic-hydrothermal type Cu-Mo-Sn-W composite metallogenic system, the strike-slip pull-part basin brine and magmatic-hydrothermal type Pb-Zn-Ag-Cu composite metallogenic system and accretionary-collisional composite orogenic gold metallogenic system are developed in Sanjiang region. The study of composite metallogenic system in Sanjiang Tethyan tectonic domain is a key way to enhance the level of deep prospecting of important ore cluster regions, find the deep large-superlarge ore deposits and relieve the resources crisis.

(7) Low-temperature metallogeneses in a huge area in the southwestern margin of Yangtze block. The southern part of Yangtze block, covering an area of around 500,000 km^2, is composed of Sichuan, Yunnan, Guizhou, Guangxi, Hu'nan, and so on, which contains not only Carlin-type Au deposits and Mississippi Valley-type(MVT) Pb-Zn deposits, but also other low-temperature ore deposits, such as Sb, Hg, As deposits and so on. Many of them are large-superlarge ore deposits, which indicates the features of low-temperature metallogeneses in a huge area and constitutes the Yangtze low-temperature metallogenic domain. This is very special in the world mainly for: 1) The stratums have the characteristics of double-layer structure and the granitic magmatism is very weak; 2) Low-temperature metallogenic domain consists of three ore cluster regions; 3) Ore deposits are inclined to host in certain lithology or stratigraphic ages; 4) Ore deposits belong to epigenetic hydrothermal ore deposits; 5) Ore-forming age varies in a wide range; 6) The ore-forming elements and fluids of the ore deposits are from multiple sources. Previous study have made important progress, and however, the following crucial scientific problems are yet to reach a clear conclusion: 1) the accurate mineralization ages of the low-temperature metallogeneses in a huge area; 2) the (deep) driven mechanisms of low-temperature metallogeneses in a huge area; 3) the material base of the low-temperature metallogeneses in a huge area; 4) the relationship among different types of low-temperature ore deposits. These unsolved problems restrict the

establishment of low-temperature metallogenic theory and associated mineral exploration. Enhancing the study of these key scientific questions above has significant implications for theory and practice.

(8) Metallogeneses related to Emeishan mantle plume. Mantle plume, one of the principal forms of matter motion inside the Earth, is the vital mechanism of convection and exchange of materials and energy in the interior layers of the Earth. Mantle plume activity carries Ni, Cr, Co, V, Ti, PGE and so on to earth's crust in the formation processes of core, mantle and crust of the Earth, and also supernormal enrichment and mineralization occurred within magma chamber in an extremely short time. The Emeishan large igneous province, consisting of Emeishan basalts (including minor picrate, trachyte or rhyolite), mafic-ultramafic intrusions, intermediate-acid intrusions and mafic dykes, is considered as the product of mantle-plume activities. The Emeishan large igneous province has its own typical features, including the diversity of metallogeneses, the representativeness of geological features, the regularity of spatial distribution, the metallogenic specificity of intrusions, the enormous magnitude of V-Ti magnetite deposits and so on. Magmatic oxide deposits (V-Ti magnetite deposits, such as Panzhihua, Baima, Taihe and Hongge) are mainly hosted in the middle and lower part of large layered gabbro-pyroxenite intrusions, which are probably related to high-Ti basaltic magmatism. Conversely, magmatic sulfide deposits (PGE, Cu-Ni-PGE and Cu-Ni deposits, such as Limahe, Jinbaoshan, Yangliuping, Baimazai, and so on) are mainly hosted in the small mafic-ultramafic intrusions, which are probably associated with low-Ti basaltic magmatism. Geological and geophysical studies show as the unusual large igneous province with relatively developed mineralization in the world, there is still potential of finding the concealed chromite and PGE ore body in the deep part of Emeishan large igneous province.

(9) Collisional orogeny and metallogeneses in the Qinghai-Tibet

plateau. Qinghai-Tibet plateau collisional orogenic belt, an orthogonal asymmetric collisional zone, is generated by the collision of Indian Plate and Asiatic Plate. In this background, the mantle of Qinghai-Tibet plateau consists of Neo-Tethyan lithospheric end-member, Indian sub-continental lithospheric end-member and the original lithospheric end-member of Qinghai-Tibet plateau before the closure of the Neo-Tethy. They cover the different areas of the plateau in different proportions and interact with each other, and thus they tend to be reactivated. Along with the continental collisional orogeny processes of main-collisional continental convergence, late-collisional tectonic transition and post-collisional earth's crustal extension, the main part of Gangdise granitic batholith, potassic-ultrapotassic volcanics, a series of large-scale strike-slip faulting and shearing systems are formed in Qinghai-Tibet plateau, and are also accompanied by the widespread appearance of ore deposits, including world-class porphyry copper belt, MVT Pb-Zn belt, magmatic carbonatite-type rare earth element (REE) belt, orogenic gold belt and so on. Based on the continental convergence, tectonic transition and earth's crustal extension, the theory named the metallogenses of continental collision (MCC) has been proposed in order to illustrate the genesis of these metallogenic belts in this region. With respect to another three continental collisional orogenic belts in the world, the Qinghai-Tibet plateau is the most juvenile and large scale middle-aged collisional orogenic belt. There are still some profound problems problems needed to be solved, including the three-dimensional structure of lithosphere, the deep dynamics mechanisms in the processes of collisional orogeny, the source-transportation-storage of collisional metallogenic system and its key controlling factors, and also the formation processes of large deposits and localization mechanisms of ore deposits and so on.

(10) The uplift and supergenic metallogeneses in the Qinghai-Tibet plateau. The uplift of Qinghai-Tibet plateau results from the continental collision between Indian and Asiatic plates. After three

main uplift stages, there are many sedimentary basins in the interior of the plateau and surrounding areas, such as Tarim basin and Qaidam basin. The episodic uplifting of the plateau obviously constrains the supergenic metallogeneses and also results in increased aridity in the Inner Asia; meanwhile, tectonism transports ore-forming materials (such as K, Li and so on) from deep earth's crust to the surface basins and relevant watersheds through the faulting systems in the form of hot spring or cold brine, and furthermore, the uplift of the plateau lets saliferous strata ascend and expose to the surface. These three principal factors, namely tectonism, climate and material source, interact in supergene environment and thus form abundant K, U, Li, Cs, B, and Sr deposits in the plateau and adjacent basins. These resources are mainly located in the center, north and northern margin of the Qinghai-Tibet plateau, constituting three supergene K metallogenic belts, and besides, K and Li have become strategic and characteristic mineral resources in China. Therefore, the detailed study of tectonism, climate and ore-forming materials of different basins in Qinghai-Tibet plateau and the understanding of the relationship between ore-forming conditions, mechanisms and dynamics mechanisms in different metallogenic belts and the uplift of the plateau can play a vital role in guiding the study on the supergenic sylvite metallogeneses in the background of the uplift of the the Qinghai-Tibet plateau.

(11) Sandstone-type uranium mineralization in Mesozoic-Cenozoic sedimentary basins of northern China. Sandstone-type U deposits, one of the most important types of U deoposits in China, are mainly located in the Mesozoic-Cenozoic sedimentary basins of northern China. The tectonic setting and geodynamic background of sedimentary basins are various in northern China, and these basins have different characteristics of geological structure and regional U mineralization. The sandstone-type U deposits in northern China are very different from other notable U deposits abroad, and therefore, these abroad metallogenic models and

theories can't guide ore-prospecting breakthroughs. However, Chinese scholars establish a series of innovative metallogenic models and theories by detailedly analyzing typical uranium deposits hosted in uranium-productive basins of northern China, such as interlayer oxidized zone type uranium metallogenic model, groundwater oxidized zone type uranium metallogenic model, superimposed uranium metallogenic model, structural active belt metallogenic model, fault-block uranium metallogenic theory, oil-gas metallogenic theory and biogenic uranium metallogenic theory, and all of these metallogenic theories provide a solid theoretical support for prospecting breakthroughs. Previous studies suggest the sandstone-type U mineralizing processes have occurred since Middle Jurassic in northern China, which mainly occur in two stages. The ore-bearing strata rise from west to east, together with the increasing sedimentary diagenesis and mineralization. However, the interlayered infiltration oxidation mineralization becomes weakened. Although the above improvements have been made, many significant basic and frontier issues have being faced with challenges, such as the innovation of metallogenic theory, the prospecting breakthroughs of deep uranium resources and tackle problems in key exploration technologies. Therefore, future study should be concentrated on nanogeoscience, the supernormal enrichment mechanisms of uranium, metallogenic systems and the ore-forming relations between uranium, coal, oil or gas in sedimentary basins.

3. Construction and Suggestion for Talents and Technical Method Platform of Continental Metallogeny

Talent training and technical platform construction are two key factors influencing the development of a discipline. After decades of development, China's mineral resources disciplines have made great achievements and cultivated a large number of talents, with a basically perfected application of a variety of experimental analysis, which are able to provide a strong talent and technical support for the innovative research of the discipline. But there are also many problems remained to be solved, such as a lack of talents of high-level disciplines and innovation team, the slow development of the progress of some of the core experimental technology and equipment and imperfect construction of other technical platforms and so on. Leading talents of the discipline is the core strength to guide the direction of the development of the discipline; international talents are the key forces to promote domestic and international academic communications and deliver the domestic academic voice; technical talents are the important force to provide technical support for first-class scientific research. Based on the problems existing in the development of the current disciplines, it is necessary to reform the evaluation system of talents and achievements, keep close links between academic circles and mining industry and strengthen the cooperation between different disciplines, in order to construct a good environment for the development of high-level talents and the construction of innovation team. In terms of the technology platform construction, there is still less laboratories for the study of mineral deposits and the development of some technology is not deep enough. Therefore, on the basis of this, it is necessary to establish a number of first-class analysis and testing platforms as soon as possible, such as improving the in-situ trace elements and in-situ isotope analysis, the single fluid inclusions composition analysis and the establishment of mineralization process simulation and observation platform. In addition, we should also strengthen the construction of mineral resources field base and deposit database, and strive to achieve the sharing of important experimental methods and data.

With the urgent demand of continental metallogenic theory and deep prospecting, the application of geophysical methods in mineral resources has broken through the scope of traditional mineral exploration, and has been widely used in metallogenic tectonic background, deep process and metallogenic system three-dimensional structure exploration, and metallogenic fluid activity recognition, and so on. The geophysical methods have gradually become the indispensable methods and technology for mineralization theory research and deep prospecting exploration. For the continental mineralization theory research and deep prospecting, geophysical methods have been, and will continue to play an important role in the following three aspects: 1)The broadband seismology method, deep reflection and wide angle reflection/refraction method and long-period geomagnetic method are used to detect and study the tectonic setting and deep process of continental mineralization; 2)The three-dimensional structure of the ore cluster regions is detected by high-resolution reflection seismic, magnetotelluric and regional gravity and magnetic techniques, and the three-dimensional inversion of density and magnetic susceptibility is carried out by using high-precision gravity and magnetic data to recognize mineralization system (lithology); 3)Around the metallogenic system models, the geophysical methods are used to detect mineralized "fluid library", fluid migration channel, and the "traces" left by a variety of mineralization processes, in order to expand the exploration of the spatial scope and objectives to conduct an effective survey of deep mineral resources.

Geochemical exploration is based on the original scattered halo left in the surrounding rock by the ore-forming materials in the mineralization process or the secondary scattered halo in the environment after the secondary dispersion process, and according to the scattered modes of these elements to track and discover deposits. The geochemical anomaly model from the speculation to the confirmation makes the large-scale multi-layered geochemical model become the theoretical basis for geochemical mapping and study of the global-scale geochemical model. The achieved outstanding results of geochemical mapping in the survey of prospecting promote the penetrating geochemical exploration technology development in coverage area, and establish the global geochemical benchmark and global mineralization material background. On this basis, the construction of geochemical prospecting experimental condition platform including the construction of high precision geochemical analysis experiment platform, the development of geochemical standard material, the construction of geochemical data processing and the large data management platform, and the international cooperation platform has achieved rapid development. China in the field of geochemistry exploration will, from the nano-level and molecular level to understand the migration mechanism of the elements, the global mineralization material background and "the Belt and Road" comparative study of geochemical characteristics, the deep penetration of geochemistry and coverage area resource evaluation, the rare earth geochemistry exploration and the establishment of State Key Laboratory of application of geochemical, achieve scientific and technological innovation and contribute to the discovery of the national mineral resources.

Big data is "new oil in the future". *Nature* and *Science* have published special issues to explore the challenges and opportunities brought by big data. Big data is characterized by large data size, often shows heterogeneous multi-mode, complex correlation, dynamic emergence and other characteristics, and needs efficient calculation models and methods. Big data-intelligent deposit research has just started. The multi-dimensional, heterogeneous, hidden large data needs efficient storage, management, integration, amalgamation and depth digging as well as the application of artificial intelligence methods— machine learning, depth learning and visual analysis. Bayesian network is a revolutionary tool for genetic modeling that can be used to reveal the genesis of deposits and the laws behind them. The "mine" related big data obtained from the geological survey and monitoring, through iterative calculation, can continue to improve the establishment of the deposit models, and through cloud computing technology, making the world's mineral research team participate in, thus leads to the revolution of deposit model research.

目　录

第一篇　总　论

第二篇　大陆成矿作用理论前沿研究

第三篇　中国大陆特色成矿

第四篇 大陆成矿学人才与技术平台建设

第 一 篇

总 论

第一章

大陆成矿学的科学意义
与研究范畴

板块构造理论的诞生，引发了地球科学及成矿学研究的革命，促进了成矿理论研究和找矿勘查的大发展。但是，传统的板块构造成矿理论，无法解决地球前板块构造期和板块登陆后的大陆成矿问题。在这种背景下，对大陆成矿学的研究越来越引起学界的高度重视。

第一节　板块构造理论导致成矿学研究的革命

20世纪70年代以来，主要基于对洋壳的研究而建立的板块构造理论（图1.1），引发了地球科学及成矿学研究的一场革命。因此，洋-陆相互作用的动力学研究，取得长足进展，促进了对板块边缘成矿体系和成矿机制认识的深刻变革。基于板块构造学说和威尔逊旋回，20世纪80年代初Mitchell和Garson（1981），以及Sawkins（1984）分别出版了《矿床与全球构造环境》和《金属矿床与板块构造》两部专著，较全面地论述了板块构造与成矿的关系，奠定了现代地球动力学演化与成矿关系的理论基础。

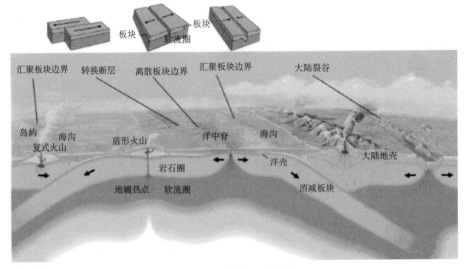

图 1.1　板块构造示意图

第二节　板块构造成矿理论面临的挑战

板块构造理论导致成矿理论研究的一次重大飞跃。但是，传统的板块构造成矿理论面临两大无法解决的重要问题。

（1）大陆经历了 40 多亿年的漫长演变，而板块构造出现之前的大陆，曾经历约 20 亿年的演变并发生大规模成矿作用，但这些成矿作用完全不是板块运动的结果。

（2）板块构造学说强调水平运动而忽视垂直运动，强调地幔对流而忽视地球不同层圈的相互作用，强调板块边缘而忽视板块内部，所以当它面对古洋-陆转化以外的其他大陆形成演化问题时，也与以前的地学假说一样显得无能为力。

基于上述局限，探索前板块构造时期和大陆内部非威尔逊板块构造旋回的大陆地质作用特征及其成因机制，揭示大陆动力学与成矿的关系，成为当今地学和成矿学研究的前沿，引起国际上的极大关注（肖庆辉，1996；刘宝珺和李廷栋，2001；张国伟等，2001；滕吉文，2002；翟明国，2015）。为此，美国制订了自 1990 年起历时 30 年的大陆动力学计划；欧洲科学基金会设立了由 14 个国家参与的地球动力学与矿床演化重大项目；国际矿床学界开展了岩石圈过程与巨量金属堆积的对比研究。这些研究计划或项目的设立，大都旨在理解大陆演化的动力学机制及其与成矿元素巨量富集形成矿床的关系，以进一步发展板块构造学说，建立大陆成矿理论，从而为新一轮矿产资源的勘查和评价提供理论基础。

大陆成矿学是矿床学研究的新阶段，是大陆动力学与矿床学的交叉学科。大陆成矿学将成矿作用纳入大陆形成演变的整体框架之中，主要研究成矿的大陆动力学背景、成矿作用过程和矿床时空分布规律。其目标是建立大陆成矿理论，为找矿预测提供新的科学基础。

随着社会的进步和科学的发展，人们对矿产资源的需求越来越大。进入21世纪以来，找矿难度与日俱增，矿产资源的找矿勘查，已越来越依赖于成矿新理论的指导和找矿新技术、新方法的应用。因此，近十多年来，探索成矿新理论和发展找矿新技术、新方法，一直是地质学家们的不懈追求。大陆成矿学是研究矿产资源在地壳中形成背景、形成过程和分布规律的新兴学科。深入研究大陆成矿学，建立大陆成矿理论体系，不仅是发展地球科学的需要，同时也必能为新一轮矿产资源的勘查和评价提供重要的科技支撑。

参考文献

刘宝珺，李廷栋 . 2001. 地质学的若干问题 . 地球科学进展，（5）：607-616.

滕吉文 . 2002. 中国地球深部结构和深层动力过程与主体发展方向 . 地质论评，（2）：125-139.

肖庆辉 . 1966. 大陆动力学的科学目标和前沿 . 地质科技管理，（3）：34-36.

翟明国 . 2015. 大陆动力学的物质演化研究方向与思路 . 地球科学与环境学报，37（4）：1-14.

张国伟，董云鹏，姚安平 . 2001. 造山带与造山作用及其研究的新起点 . 西北地质，（1）：1-9.

Mitchell A H G, Garson M S. 1981. Mineral Deposits and Global Tectonic Settings. London: London Academic Press.

Sawkins F G. 1984. Metal Deposits in Relation to Plate Tectonic. Berlin: Springer Verlag.

第二章
大陆成矿学发展现状

第一节 大陆成矿学发展过程

矿产资源是人类社会经济发展的重要支撑，绝大多数矿产均是在大陆背景下形成并被人类开采利用的。大陆成矿学的发展对人类社会经济的发展具有重要意义，是地质科学体系的重要组成部分。从全球视野来看，大陆成矿学大致经历了以下几个发展阶段。

一、20 世纪 70 年代以前：槽台分布成矿与地台（地洼）活化成矿

在板块构造成矿理论于 20 世纪 70 年代出现以前，全球大陆成矿学的研究呈现出多种学派争鸣的局面，影响力最大的为西方学者提出的槽台分布成矿（Turneaure，1955）和我国学者后期提出的地台（地洼）活化成矿（陈国达，1956）。

槽台学说诞生于 1859～1900 年，大陆成矿作用研究，特别是区域成矿研究在板块构造理论诞生之前基本上以该学说为基础，其基本内容是，大陆主要有两个构造单元，即地槽和地台：地台以稳定外生成矿为主（多为前寒武

纪）；地槽以构造活动过程中形成的内生矿床为主（多为晚前寒武纪之后）。在槽台学说的基础上，苏联学者马加克扬将全球已知大陆成矿系统进行了系统整理和分类，并出版了第一部大陆成矿学方面的专著《大陆成矿学原理》（1964年）。20世纪30年代，陈国达先生认识到槽台学说对华南和华北地区解释的局限性，并逐步发现槽台之外的第三单元——地台活动带，在50年代末正式提出"地洼"学说（1956年提出地台活化区；1959年正式提出地洼区成矿），并逐步建立了"活化构造与成矿理论体系"。

二、20世纪70～90年代：板块构造与成矿

1960年以来，海底扩张和大陆漂移被逐步发现。1968年，英美学者正式提出板块构造学说，强调板块运动和洋陆板块的相互作用。1974年威尔逊旋回被正式提出，指出成矿研究将以"将今论古"为核心原则。进入20世纪80年代，随着大量与板块运动相关的特色矿床研究的深入进行，西方学者对板块成矿作用做了较为详细的总结，最著名的是Mitchell等的著作《矿床与全球构造环境》（1981年）及Sawkins所著的《金属矿床与板块构造》（1984年）。

在利用板块构造理论进行大陆成矿学研究的早期阶段（20世纪70～90年代），全球学者主要集中于板块边缘成矿（洋陆板块）研究，如形成于弧环境的斑岩铜矿和弧后盆地的火山成因块状硫化物（volcanogenic massive sulfide，VMS）矿床实例解剖，建立了一系列相对完整的板块边缘成矿模型，并在找矿勘查实践中获得巨大成功（Sillitoe et al.，2010）。陆内成矿则以陆内裂谷及相关成矿作用研究为主。随着矿床类型的不断完善和成矿构造背景的准确限定，陆内成矿作用自20世纪90年代以来受到广泛关注，如以我国华南地区为特色的陆内造山成矿作用。这些研究极大地丰富和完善了传统板块构造成矿理论体系。

应该指出，板块构造成矿是大陆成矿学研究的重要内容，虽然自20世纪70年代左右创建以来取得了很多进展，完整的理论体系也已基本建立，但仍然存在一些尚未解决的重要科学问题，如板块俯冲过程中元素迁移过程；"山弯构造"的形成机制与成矿分布；弧-盆转换过程与成矿机制；斑岩矿床的富集机制等，因此板块构造与成矿的研究至今仍是大陆成矿学研究的重要前沿。

三、20世纪90年代至今：地质演化（重大事件）与成矿

在20多年的大陆成矿学发展过程中，针对地球历史时期重大地质事件及

其成矿响应的研究越来越受到国内外学者的重视。例如，大氧化事件（Great Oxygenation Event，GOE）与条带状含铁建造（banded iron formations，BIF）等矿床的形成；华北克拉通前寒武纪构造演化与成矿；中国东部中生代地质事件与大规模成矿作用；新疆北部晚石炭世重大地质事件与成矿大爆发。这些研究利用先进的技术手段，对地质与成矿事件进行精确限定，揭示成矿机制和构造背景，将地质演化与成矿过程融为一个有机整体，使大陆成矿学的研究更加深入和完善。此外，近些年来随着地表勘查的局限性愈加明显，对深部地质作用与成矿的研究正在受到重视，特别是深部过程与浅部成矿响应方面的研究是大陆成矿学未来发展的一个重要方向。

第二节 我国大陆成矿学研究的发展阶段

我国大陆成矿学是随着大地构造理论的发展和成矿理论的完善而逐渐被认识和发展的，经历了从萌芽状态到提出再到发展的过程，可基本概括为以下几个阶段。

一、20 世纪前半叶

在 20 世纪前半叶，我国的成矿学研究以单一矿种、单个类型的矿床研究为主，主要通过解剖典型矿床中控制矿床的地质因素，对地（岩）层、岩石、构造、矿物组合、围岩蚀变和地球化学等特征进行描述和总结，探讨矿床成因与成矿过程，提出矿床类型的归属，得出相应的理论、假说，建立矿床模型，同时开展一定区域中矿床在时间和空间分布的规律性的探讨。例如，翁文灏于 1919 年著文《中国矿产区域论》，文中提出金属矿床呈带状分布，将南岭地区划分出锡、锌-铅-铜、锑和汞四个矿带。他还提出不同岩浆活动生成不同矿产的观点：华南以花岗岩为主，多锡、钨、钼矿；长江中下游以石英闪长岩和花岗闪长岩为主，多铁矿和铜矿。谢家荣等 1935 年出版的《扬子江下游铁矿志》，是中国早期研究单矿种区域分布规律的专著。1936 年，谢家荣以当时中国已知资料为基础，发表了《中国之矿产时代及矿产区域》，这是对中国区域成矿的首次较全面的总结。

总体而言，这一时期基本上是"就矿论矿""就类型而类型"，以现象观察和归纳为主，而对其区域地质背景的四度空间演化的影响，以及区域上有成因联系的不同类型矿床之间的内在联系的研究重视不够，即使进行了一定区域中矿床时空分布规律性研究，也多限于矿产较丰富的局部地域，因此，此时期基本上是积累资料和初步探讨阶段。

二、20世纪50～70年代

在20世纪50～70年代，地槽-地台理论和地洼学说的提出，较合理地解释了某些矿床类型与特定岩系类型的关系和"活化区"（地洼区）（陈国达，1959）内矿产综合性、多样性的原因，成矿学开始认识到矿床成因与大地构造性质的关系。我国成矿学研究已从早期的重点即对单个矿床或单一类型矿床的研究，发展到开始重视将区域成矿分析与大地构造紧密结合，将构造-成岩（建造、岩相）-成矿作为一个整体进行，加强了矿床类型的比较研究。通过研究矿田尺度或更大范围内的典型矿床成矿作用，学者们发现存在多个矿床可能具有密切的成因联系这一事实。据此，研究的重点由单个矿床发展为区内多个矿床的成因研究。这对提高区域内找矿思路有很重要的意义。程裕淇等多次总结了中国的铁矿床类型及其分布规律，促进了一些铁矿的发现。徐克勤、涂光炽等系统深入地研究了华南不同时代花岗岩的形成演化与钨、锡等矿床形成的关系，使中国的花岗岩类成矿研究水平居世界前列。郭文魁指导和领导了对中国金属矿床区域成矿规律的综合研究，先后指导编制和主编了1:300万中国有色金属成矿图、1:100万中国成矿规律图等，并对长江中下游等地区的区域成矿规律进行了深入研究（郭文魁等，1982）。叶连俊对中国的沉积矿床，主要是锰、铁、磷、铝矿床的成矿环境、时空演化和成矿机理进行了系统研究，提出了陆源汲取成矿论。张炳熹及其学科组对湖南、江西、福建、浙江四省内生金属成矿规律进行了全面研究，对中国东部滨太平洋成矿带的成矿特征做了系统对比。这些都是20世纪60～70年代区域成矿研究的代表性重大成果。

成矿区（带）中矿床成矿系列（简称成矿系列）研究是中国地质学家总结几十年矿产勘查和矿床研究的一项重要成果，它将矿床类型共生与一定区域的地质构造和成矿事件联系在一起，以阐明各矿床类型间的时空和成因关系。这一认识对区域成矿预测和指导找矿有实际意义。

这一时期，除了从矿床分布的现象归纳转入全面探讨区域成矿规律外，我国学者也重视成矿学的基本问题——成矿物质来源的研究，探讨矿床成因分类。例如，谢家荣（1963）提出了按矿质的地幔、地壳、地表等不同来源划分矿床类型的方案，对矿床成因研究有促进作用。同时他们也注意到叠加成矿作用是我国区域成矿的特色之一。例如，涂光炽曾提出要注意研究叠加成矿作用和再改造成矿作用，并对沉积-改造、活泼元素改造矿床等做了深入研究，引起人们的重视。我国其他老一辈的地质学家，如徐克勤、陈国达、翟裕生等，也先后阐述了叠加成矿作用的重要性，认为叠加成矿是复杂地质过程中的一种具体表现，是一个地区内不同地质历史演化阶段不同成矿作用在同一空间上叠加复合而形成的。

三、20 世纪 70～90 年代

在 20 世纪 60 年代创立的板块构造学说，对解决地球科学问题起到了巨大作用。板块构造学说问世不久，成矿学研究开始尝试运用板块间的相互运动来解释一些矿床类型的形成环境，并逐步形成了以板块构造为主要基础的区域成矿学体系。80 年代以来，国际上运用板块构造理论来解释矿床产出环境的文献日益增多。我国的李春昱等（1981）、郭令智等（1981）等结合中国地质构造特点，阐述了板块构造与成矿的关系，为区域成矿研究提出了新的研究方向。同时，由于放射性同位素和稳定同位素的理论和方法的引进，积累了大量成岩-成矿年代资料，用以总结全球不同地质时代的成矿特点，并将其与地球演化阶段联系起来，极大地提高了成矿学研究的科学理论水平。这一时期，板块构造与成矿研究备受关注，陆洋岩石圈俯冲带的构造-岩浆-成矿是成矿学研究的重要内容之一。

在 20 世纪 70 年代中期，国内外层控理论和成矿模式（或矿床模式）研究有了长足的进步，80 年代层控矿床研究在世界范围内达到了高潮，成矿模式（或矿床模式）研究的重要性形成全球共识。在我国，20 世纪 60 年代初，孟宪民等认识到中国许多矿床具有区域性层位分布特征，强调"同生矿床"的重要意义。其后，涂光炽、朱上庆等对层控矿床地质和地球化学进行了系统的研究，出版了《中国层控矿床地球化学》（包括三卷，1986 年、1987 年、1988 年）、《层控矿床地质学》（1988 年）等代表性专著，推动了中国对层控矿床的研究。与此同时，在我国也开展了典型矿床的成矿模式研究，针对中国地质成矿特征，建立了玢岩铁矿（李文达、陈毓川等）、火山岩型铜多金属硫化物矿床（宋叔和）、岩浆型铜镍硫化物矿床（汤中立等）等矿床模式和陆相成盐成钾模式（袁见齐）等。

在这一时期，我国中酸性岩浆岩类及其含矿性研究进入新的高潮，仅 20 世纪 80 年代在我国就召开了三次国际讨论会。我国学者主要以我国东南地区花岗岩类为对象，提出了分类意见，如徐克勤等（1983）的改造型及同熔型、王联魁等（1984）的南岭型及长江中下游型，以及壳源型、壳幔源型等。涂光炽等（1984）指出中国南方存在两条富碱侵入岩带（包括 A 型花岗岩）。

四、20 世纪 90 年代以来

20 世纪 90 年代以来，地球科学研究不断向系统化、综合化和全球化的方向发展。我国几乎与国际上同步开展"大陆动力学计划"，以进一步补充、完善和发展板块构造学说，建立大陆动力学理论体系，深入理解大陆成矿作用，提高发现大陆内部矿床能力。大陆成矿学正是在这样的背景下逐渐被认识而提出来的。对于大陆成矿学的研究，除了继续重视板块边缘成矿作用外，还对大陆板块内部的成矿作用研究给予高度关注。同时，为探讨成矿系列的成因和动力学机制，我国学者在引入系统科学思维的基础上，又开展了对成矿系统的研究（翟裕生，1997），并越来越为人们所重视。从成矿系列发展到成矿系统的研究，是成矿学研究的重要进展。翟裕生（1999）给出了成矿系统的定义：成矿系统是指在一定地质时空域中，控制矿床形成和保存的全部地质要素和成矿作用过程，以及所形成的矿床系列和异常系列构成的整体，它是具有成矿功能的一个自然系统。成矿系统研究是把系统方法引入矿床学的整体研究中，强调从整体上、从系统要素之间的深层次联系上去认识成矿过程，体现了矿床形成有关的物质、运动、时间、空间、形成、演变的整体观与历史观，是成矿学研究向系统化、全球化发展的一种趋势，拓宽了成矿学研究领域。

自国际地球物理与大地测量联合会（IUGG）于 1987 年提出了将"超大型矿床的全球背景"研究作为 20 世纪 90 年代地球科学 12 个重要前沿课题之一以来，国际上对超大型矿床给予了更高度的重视。我国基本上与国际同步。自 1992 年起，由涂光炽、赵振华领导了"与寻找超大型矿床有关的基础研究"［科学技术部（简称科技部）连续两次将其列入国家科学攀登计划］，探讨了中国超大型矿床的时空分布规律、关键控矿因素及深部成矿背景，出版了《中国超大型矿床》（Ⅰ、Ⅱ）专著，初步总结了超大型矿床大多产出于大陆边缘构造带的原因（翟裕生等，1998），裴荣富和熊群尧（1999）提出了超大型矿床产出的偏在性等观点。

这一时期，低温成矿作用、分散元素成矿作用、大型矿集区的大规模成矿作用等研究受到高度重视，国内陆续出版了《低温地球化学》、《分散元素地球化学及成矿机制》、《大规模成矿作用与大型矿集区》（上、下）等专著。

第三节　我国大陆成矿学研究的主要认识与科学问题

十余年来，我国大陆成矿学的研究注重从中国大陆演化的复杂性特点出发，研究不同构造动力体制下的成矿作用及动力学过程，实施了一些重大科研计划。例如，科技部自 1999 年以来相应设立了十余个国家重点基础研究发展计划（973 计划），2016 年又开始启动国家重点研发计划"深地资源勘查开采"的多个重点专项。专项主要包括成矿系统深部结构与控制要素、深部矿产资源评价理论与预测、移动平台地球物理探测技术装备与覆盖区勘查示范、大深度立体探测技术装备与深部找矿示范、深部矿产资源勘查增储应用示范、深部矿产资源开采理论与技术、超深层新层系油气资源形成理论与评价技术七项科研任务。国家自然科学基金委员会自 2011 年设立了"华北克拉通破坏"等重大研究计划项目，旨在通过对华北克拉通破坏的研究，认识和揭示克拉通破坏对于大陆形成演化和地球圈层相互作用的意义，为资源战略预测和地震灾害预防提供新思路和科学依据。

我国开展的大陆成矿学研究，主要包括陆块内的成矿作用与陆块边缘的成矿作用研究。其中，陆块内的成矿作用包括大陆裂谷成矿、克拉通成矿、陆内造山成矿、地幔柱成矿，陆块边缘的成矿作用包括大陆边缘成矿、大陆增生成矿、大陆碰撞成矿等。

一、陆块内的成矿作用

陆块内的成矿作用是大陆板块内部的成矿作用，即发生在大陆板块内部，主要由大陆板块内部动力学过程（岩石圈拆沉、幔源岩浆底侵、陆内岩石圈伸展等）诱导的成矿作用。

1. 大陆裂谷成矿

大陆裂谷是发育于某一大陆地块或克拉通陆壳之上的裂谷，以断裂为边界，两侧往往被一系列正断层所限且构成复杂的断陷带。表现出：①一般均为高角度的正断层，垂直断距可达几千米，有时可切割（过）岩石圈到达软流圈；②大陆裂谷剖面上的组合型式并非一个简单的地堑构造，而是由一系列的地堑和地垒组成的裂谷系，且大致有一个总体延伸方向；③形成机制以扩张为主。

大陆裂谷是地幔物质上涌导致地壳减薄拉张的结果，也是板块演化威尔逊旋回的一个重要环节。地幔物质和能量上涌，使裂谷构造形成发展，并产生一系列裂谷盆地，但面积通常较小；裂谷构造沉降形成封闭性良好的盆地或凹陷；同时，伴有大量火山活动，带来丰富的深源成矿物质，其中可能以火山期后的温热泉水补给为主，一些裂谷还与大洋沟通，可能还受到海水补给等。因此，在大陆裂谷中，有丰富的成矿物质，很高的地热流促成成矿物质的溶解运移；有多种来源和性质的流体（包括热卤水），有火山喷出物和蒸发岩层可提供硫、氟等矿化剂，有利于在还原条件下金属硫化物的堆积；有同生断层等构造作为流体运移的良好通道；封闭好的局部凹陷则可保持矿质的不流失和持续堆积；大陆裂谷后期的沉积层又可覆盖已成的矿层，起到屏蔽保护的作用。正是这些因素组合构成了集约化的成矿系统，形成的矿产丰富，矿床类型多样，其中包括岩浆作用形成的矿产，如与基性-超基性岩有关的铜镍硫化物矿床、金刚石矿床、钒钛磁铁矿矿床等，与碱性花岗岩有关的钨、锡、铋及稀土矿床等；沉积作用形成的矿产，如与火山碎屑有关的铁、铜、铅、锌、铀等，与沉积系列有关的蒸发岩类、石油、天然气、煤等非金属矿产。我国郯庐大断裂带金伯利岩中的金刚石矿床，四川攀西大陆裂谷中与二叠纪基性-超基性岩浆作用有关的钒钛磁铁矿矿床，云南东川裂谷中东川型、稀矿山型和桃园型铜矿床，云南-四川铁氧化物铜金（IOCG）矿床，湖北江陵凹陷深层富钾热卤水矿等，都是大陆裂谷作用形成的产物。

大陆裂谷成矿研究的关键问题：①大陆裂谷的深部结构模型、成因类型及其与板块构造的关系；②大陆裂谷演化过程中的热流作用、沉积作用、岩浆活动与各类型矿床形成大陆动力学机制。

2. 克拉通成矿

克拉通是地球表面长期稳定的太古宙—古元古代陆块，通常由巨厚的大陆岩石圈地幔（>150km）和稳定的大陆壳构成。克拉通岩石圈地幔是地幔大规模熔融后的难熔残余，而大陆地壳形成后经历多期次重熔、再造及变质脱水，是促使克拉通岩石圈强烈亏损亲岩浆元素、金属元素和流体的根本原因，从而导致稳定的克拉通在显生宙缺乏成矿作用。因此，克拉通内部成矿作用主要形成于超大陆裂解引发的克拉通初始伸展阶段，通常与克拉通大陆岩石圈地幔部分熔融产生的异常幔源岩浆有关。典型的岩浆矿床包括层状镁铁-超镁铁侵入体中的铂族元素（PGE）矿床、与金伯利岩筒有关的金刚石矿床，以及与碱性岩和 A 型花岗岩有关的铁氧化物铜金矿床。此外，在克拉通边缘的裂陷盆地内部，盆地沉积作用常常发育巨型层控铜钴矿床和元古宙巨型喷流沉积（SEDEX）型铅锌矿床。

我国产出华北、塔里木和扬子三个典型的克拉通，三个克拉通产有丰富的矿产资源。与其他克拉通相比，华北克拉通具有更为复杂的多阶段的构造演化史，记录了几乎所有的地壳早期发展与中生代以来的重大构造事件（翟明国，2013）。与重大构造事件相对应，在华北克拉通出现了多期大规模的成矿作用，形成了丰富多样的固体矿产资源。例如，产出太古宙条带状硅铁建造，新太古代晚期块状硫化物矿床，古元古代古火山型、斑岩型铜矿和层状铅-锌矿床及硼-铁（镁）矿床，古元古代末至中元古代喷流沉积型铅-锌-铜矿床、钒-钛-铁-磷矿床、沉积型铁矿床及白云鄂博式稀土-铌-铁矿床。此外，华北前寒武纪还有较丰富的硼矿、磷矿、石墨矿等。金矿在华北克拉通太古宙绿岩带不十分发育，这可能与华北多期克拉通化和相关的变质作用及混合岩化作用，以及中生代的地壳活化有关。

与全球多数形成后便处于长期稳定状态的克拉通不同，我国的华北克拉通和扬子克拉通在克拉通化之后又经历了早期（古元古代至新元古代）的增生与晚期（中生代至新生代）的改造，致使克拉通边缘的显生宙成矿作用尤为突出，许多大型-超大型金、钼、稀土矿床均产于此构造环境（侯增谦等，2015）。例如，在华北克拉通，其东缘和南缘分别产出世界级规模的胶东和小秦岭大型金矿矿集区，其南缘和北缘分别产出世界级规模的斑岩钼矿带；在扬子克拉通西缘，不仅产出我国最大的北衙斑岩型金矿，而且还发育出哀牢山造山型金矿带。此外，在扬子克拉通和华北克拉通的周边，还产出世界最大的白云鄂博稀土矿床、世界第三大的牦牛坪稀土矿床和一系列中小型稀土矿床。

克拉通成矿研究的关键问题：①克拉通演化、成矿条件、成矿类型与大规模成矿机理；②克拉通大陆岩石圈的金属再富集发生的条件与主导机制；③克拉通大陆岩石圈金属再富集的控制因素及其与大规模成矿作用的成因联系。

3. 陆内造山成矿

板块内部或地台内的海相、陆相沉积盆地形成以后转化为造山带，已被国内外的许多造山带所证实。陆内造山带构造变形最显著的特征之一是具有基底卷入的厚皮构造特征，在变形过程中整个岩石圈作为应力导层。

中国大陆广泛分布着强烈的陆内变形和造山作用。陆内变形主要取决于岩石圈的不均一性。相邻的陆块拼合在一起形成统一板块之后，区域地质演化进入陆内阶段。与陆缘造山带相比，陆内造山作用缺少板块俯冲-碰撞过程，陆内造山带的演化历史相对简单，通常是以岩石圈拆沉作用开始，以地壳的垂向增生为特征,最后以岩石圈拆沉作用结束或形成重力不稳定岩石圈。因此,陆内造山作用一般沿着古造山带发育。古造山带岩石圈结构低成熟度的特点不仅是岩石圈不稳定性的主要原因之一,而且由于挥发分和含矿元素的富集,在活化过程中具有很强的成矿潜力。陆内造山成矿作用依赖于深埋在岩石圈-软流圈系统不同深度水平上含矿流体的突然释放,主要发生在造山作用初始阶段和造山后伸展阶段。

我国东部在燕山期全面进入陆内成矿阶段,成矿作用主要分布于华北成矿省、华南成矿省、扬子成矿省及东北成矿省,并在华北地台北缘、华北地台中部、鄂尔多斯、上扬子、下扬子、滇黔桂、南岭形成七大矿集区。其中华南成矿省是全球罕见的世界级多金属成矿省,发育晚古生代地幔柱成矿系统、中生代大面积低温成矿系统、中生代大花岗岩省成矿系统等陆内成矿系统,是全球研究陆内成矿作用的理想基地。在该时期,中国东部壳幔作用强烈,岩石圈显著减薄,大规模岩浆活动频繁,地质环境独特,成矿条件优越,形成了众多颇具特色的大型-超大型矿床,如胶东-辽东地区的金多金属矿床、长江中下游地区的铜铁金矿床、武夷山及邻区的铜铅锌金银矿床、南岭地区的钨锡矿床。

已有成果表明,我国东部(包括华北、东北及长江中下游地区)燕山期大规模成矿作用出现在200~160Ma、140Ma左右和120Ma左右三个峰期。其中,在200~160Ma时期主要表现为大厚度岩石圈局部伸展有关的岩浆-热液成矿,在140Ma左右时期成矿表现为与深源花岗质岩石有关的斑岩-夕卡岩矿床,而120Ma左右时期的成矿是在岩石圈快速减薄过程中有大量地幔流体参与成矿作用。

陆内造山成矿研究的关键问题:①岩石圈深部作用过程、壳幔环境与精细结构;②陆内成矿流体的物理-化学-动力学过程;③陆内矿床形成、改造与元素聚集机理。

4. 地幔柱成矿

地幔柱是自核幔边界上升,在地幔中演化,到近地表与地壳发生壳幔相互作用的圆柱状地质体,具有高热流、低速带的特点。它沟通了地核、地幔、地壳各个圈层之间的物质与能量交换,提供了板内构造岩浆岩活动及成矿作用的一种重要的动力学机制。

地幔柱除自身物质分异成矿外,重要的成矿方式是地幔柱在上侵过程中从核幔边界、地幔、地壳中萃取了大量成矿物质,携带到地壳浅部成矿,这对成矿作用来说更为重要。同时,地幔流体对于成矿也具有重要意义,部分重要的大型、超大型矿床的形成在成因上与地幔流体关系密切。地幔流体形成于地核及下地幔的脱气作用，或是为洋壳俯冲带入大量富含挥发分的物质的再循环。地幔流体在成矿作用中所起的重要作用表现为：①地幔流体交代地幔岩石，促使某些稀土元素富集；②地幔流体溶解地幔物质形成含矿溶液，迁移到浅部成矿；③地幔流体交代地壳物质，活化地壳中的成矿元素，导致地壳物质成矿。

我国存在与地幔柱有关的两个大火成岩省，分别为峨眉山大火成岩省和塔里木大火成岩省。峨眉山大火成岩省是中二叠世末峨眉山地幔柱活动的产物，大面积分布晚古生代的玄武岩，在川滇黔桂四省区一个大约 50 万 km^2 的菱形区域大量出露，火山岩系厚度从五千多米到几百米不等，为全球晚古生代最重要的大火成岩省之一。塔里木大火成岩省是在中国境内确认的又一个大火成岩省。塔里木大火成岩省火山岩的残余分布面积大于 25 万 km^2，最大残余厚度达 780m，大规模玄武岩的喷出发生在 290～288Ma，属于快速喷发的早二叠世大火成岩省岩浆事件。峨眉山大火成岩省和塔里木大火成岩省，均以大规模幔源岩浆活动为突出表现，成矿作用也以幔源岩浆矿床为主，成矿元素主要包括铜、镍、铂族元素、铁、钛、钒和铬等，形成了具有重大经济价值的岩浆铜-镍-铂族元素硫化物矿床和钒-钛-磁矿床等。这些矿床的形成与壳幔相互作用具有极大的关系（胡瑞忠等，2008）。已有研究成果表明，地壳来源的硫大量进入地幔柱岩浆系统是形成铜-镍-铂族元素矿床的重要条件；地幔熔融程度和幔源岩浆对地壳物质的同化混染程度，可能在一定程度上控制了产铜-镍-铂族元素矿床之岩浆系统中铜、镍、铂族元素的分配及钒-钛-磁矿床的形成。此外，地幔柱活动还可通过地幔热流的上升诱发地壳重熔及各种地壳浅部的地质响应，形成热液矿床，如产于峨眉山玄武岩中的自然铜矿床等。

地幔柱成矿研究的关键问题：①地幔柱动力学与深部过程；②地幔柱岩浆在中、上地壳岩浆通道中的演化与成矿多样性；③地幔柱岩浆-热液成矿系统的形成机理。

二、陆块边缘的成矿作用

1. 大陆边缘成矿

大陆边缘处于不同大地构造单元的交接部位。古大陆边缘经历了漫长时期的地质作用，是壳幔作用强烈频繁、构造运动复杂、各圈层的物质及能量交换频繁、岩浆活动强烈、各种流体包括岩浆和水热流体汇聚、成矿作用显著的大地构造单元，致使世界上众多大型、超大型矿床分布于大陆边缘。例如，我国华北陆块边缘产出的重要的矿床有东升庙铅-锌-硫矿床、霍各乞铜矿床、白云鄂博稀土-铁-铌矿床、四子王旗萤石矿床、东坪金矿床、蔡家营子铅-锌矿床、玲珑-焦家金矿床、金川铜镍矿床、金堆城和南泥湖钼矿床、小秦岭金矿床、中条山铜矿床等。

我国大陆边缘具有广阔的成矿空间和多种成矿类型。裴荣富（2005）将中国大陆边缘划分为离散型、会聚型、对接型和转换型四类。每一类有各自相应的成矿专属：①离散型陆缘及其成矿专属主要是与裂谷作用有关的铅、锌、铜、铁、硫、稀土成矿类型。②会聚型陆缘及其成矿类型专属主要是与洋壳俯冲深熔的钙碱性岩有关的铜、铅、锌、银、钨、锡、钼、铋的成矿类型。③对接型陆缘及其成矿专属主要是与蛇绿岩有关的铬、铂成矿和与斑岩有关的铜、铅、锌、金、银成矿等类型。④转换型陆缘及其成矿类型专属多为对会聚型陆缘成矿类型的改造和发展。

对于大陆边缘产出超大型矿床的有利基本因素，包括深浅成矿作用易于沟通、成矿流体汇聚场所、成矿物源丰富多样、热动力异常、大构造密集长期活动、壳幔物质循环作用显著、多种成矿的地质环境、漫长地质历史、多种临界转换成矿动力控制、多期叠加成矿和矿床的适度保存等（翟裕生等，2008）。这些成矿因素，是充分阐明成矿过程中有利成矿作用"源""运""储"等关键过程的普遍性认识。

大陆边缘成矿研究的关键问题：①大陆边缘的形成、演化、内部结构的时空配置和构造属性；②大陆边缘成矿有利条件的最佳耦合机制与成矿专属条件。

2. 大陆增生成矿

大陆是通过新生大陆物质向原始陆核周缘添加而逐渐增长的。大陆增生的实质是指地幔物质通过部分熔融形成大陆地壳并使大陆岩石圈地幔得以继续生长。如果某个大陆是通过原先分开的两个或更多大陆（或块体）拼合而成，它的实质就是大陆的扩大，但有时也称为大陆增生。大陆增生是通过侧向和垂向两种方式实现的。大陆侧向增生通常为从大陆内部向边部迁移，是在汇聚性板块边界，各类弧杂岩、海山、洋岛等拼贴在大陆边缘，同时，俯冲板块的脱水和熔融进一步改造上覆的地幔楔，从而使大陆得以侧向生长。而在垂向增生的情况下，地幔物质通过岩浆作用直接进入地壳，或进入地壳后通过再次地质作用成为我们现在可识别的地质体。大陆垂向增生的特点：①地幔柱区大量溢流玄武岩的分布反映了深部岩浆喷溢到地表，导致地壳垂向增生；②地幔岩浆底侵与下地壳相互作用，形成花岗岩岩浆，之后上侵定位到地壳内部从而引起大陆地壳增生。

大陆增生与成矿关系密切。华南地区是中国地质研究程度较高的地区，它地处太平洋板块、亚洲板块与特提斯板块的接合部位，多方位、多次发生的侧向和垂向大陆增生，导致其在地质历史中多期次成矿作用的发生，即使在中生代华南地区的成矿也表现出非均一性（毛景文等，2005a，2005b）。例如，陈毓川等（2014）指出，华南地区与中生代岩浆作用有关的成矿作用，分别对应于五个不同的成矿构造背景：①在长江中下游成矿带，形成了与燕山期中基性-中酸性壳幔源火山-侵入岩有关的铁、铜、金、铅锌、非金属矿床。②在南岭成矿区，形成与燕山期花岗岩有关的有色、稀有、稀土、铀矿床。③在东南沿海成矿带，形成了与燕山期中酸性火山-侵入岩有关的有色多金属、稀有、贵金属、非金属矿床。④在赣东北成矿带，形成与燕山期中酸性火山-侵入岩有关的铜、铅锌、金、银矿床。⑤在武夷—云开成矿带，形成了与印支-燕山期混合花岗岩、花岗岩有关的铌钽、锡、金、银、多金属矿床。尤其是以铁-铜矿为主的长江中下游成矿带和以钨-锡-钼-铋-铅-锌-稀土-稀有-铀为主的南岭成矿带的特色最为显著。

我国华北北缘和兴蒙造山带的大部分地区，在地质构造演化上具有地壳双向增生和多阶段增生的特点。与显生宙大规模地壳增生相伴，该区在这一时间段形成了大量类型各异的矿产资源。仅就大兴安岭地区而言，该区的主要内生金属矿床可以归纳为与古生代火山-沉积盆地演化有关的海底热液喷流-沉积成矿系列和与大陆地壳中酸性火山-岩浆侵入作用有关的热液成矿系列。在大兴安岭中南段就可大致分出三个各具特色、北东向延展数百千米的有色金属成矿亚带：大兴安岭西坡富银-富铅锌成矿带，大兴安岭主峰锡-富铅锌-铁-铜成矿带，大兴安岭东坡以铜为主的多金属成矿带。近些年来该地区在铅-锌-银-锡等多金属找矿方面取得了重大突破。尤其是境外同属一个构造成矿单元的俄罗斯远东和蒙古国东部地区乃是多个世界级特大型-大型矿床的密集区，预示着其境内成矿潜力巨大。

中亚造山带是全球显生宙陆壳增生与改造最显著的大陆造山带，经历了多阶段的地质演化和强烈的大陆改造过程，造就了中亚成矿域独特而复杂的大规模金属成矿系统。中亚造山带具有四大特征：最显著的显生宙大陆增生区；强烈的壳幔相互作用；最大的大陆成矿域；强烈的大陆改造与成矿作用。

具有六类大型-超大型矿床的成矿环境：①在夹杂于显生宙造山带中的众多前寒武纪地块内部形成了重要的原生铀矿和稀有金属矿床；②形成于早古生代陆缘增生带的重要金-铜多金属矿床（加里东晚期成矿）；③在加里东期和前加里东陆壳围限的环巴尔喀什地区具有多个峰期和在空间上相互叠加或有一定迁移规律的成矿作用；④西南天山金-铜-钼-钨成矿带与一个长期活动的巨型水热系统相关；⑤中、新生代盆地中的可地浸型铀矿，晚古生代超大型砂岩铜矿等形成于碰撞后的陆内环境；⑥大型矿床主要产在大型横向构造与成矿带交叉的部位。

大陆增生成矿研究的关键问题：①大陆增生的侧向、垂向增生方式与机制的判别；②成矿作用对大陆增生的响应及成矿特殊性。

3. 大陆碰撞成矿

在板块构造理论框架中，大陆碰撞是划分岩石圈板块的四种边界之一，是威尔逊旋回六个阶段的最后两个。大陆碰撞造山作用是大陆形成的最主要方式，也是超大陆形成的最重要和最有效的机制。大陆碰撞造山带以其独特的壳幔结构和构造单元显著区别于大陆增生造山带，其以陆陆对接和大陆岩石圈俯冲碰撞为特征，主要发育前陆盆地、前陆冲断带、碰撞岩浆带、陆内褶断带、后陆盆地等构造单元（侯增谦等，2006）。在世界范围内，我国陆区的大陆碰撞造山作用最典型、最丰富、最强烈、最复杂（陈衍景，2013）。

碰撞造山过程通常十分复杂和漫长，两个大陆对接碰撞后，岩石圈会聚和陆内块体间的相对水平运动仍将持续进行，常常发生许多重要地质事件，如斜向碰撞、块体运动（逆冲、走滑）、岩石圈拆沉和裂谷作用等。碰撞造山过程既有两分的（碰撞、后碰撞），也有三分的（主碰撞、晚碰撞和后碰撞）。碰撞或主碰撞以陆-陆对接和强烈逆冲及高压变质为标志，晚碰撞以大陆拼合后陆内地体沿巨型剪切带发生大规模水平运动为特征，而后碰撞以连续性或幕次式地壳伸展和钾质-超钾质岩浆活动为特征（侯增谦，2010）。

大陆碰撞造山带发育大量的大型-超大型金属矿床。青藏高原和秦岭造山带则是典型实例。青藏高原造山带产出世界级规模的斑岩型铜矿带、逆冲推覆构造控制的贱金属成矿带、碳酸岩-碱性杂岩型稀土矿带和大型拆离系控制的锑-金矿带等。秦岭大陆碰撞带则大量发育巨型斑岩钼矿和造山型金矿（Mao et al., 2011）。这些巨型成矿带及大型-超大型矿床的形成发育，为建立大陆碰撞成矿理论奠定了重要基础。由碰撞造山引起的地壳加厚，以及岩石圈剪切和地幔减薄引起的高热流和热流体，可能是导致大陆碰撞带发生大规模成矿的主要根源。

中国学者发挥中国碰撞造山带丰富的自然优势，发展了大陆碰撞成矿理论。基于秦岭碰撞造山带区域成矿作用，陈衍景等建立了大陆碰撞体制下的流体成矿模式，认为大陆碰撞成矿理论的核心内容包括四个不同尺度（全球构造、造山带、地体、矿床）的碰撞造山流体成矿模式（CMF 模式）和变质热液型（造山型）、岩浆热液型和浅成热液型等成矿系统及其特征的研究（陈衍景，1996，2013）。侯增谦等通过青藏高原碰撞过程与成矿系统研究，提出了以主碰撞陆陆汇聚、晚碰撞构造转换、后碰撞地壳伸展三大成矿作用为核心的大陆碰撞成矿理论框架，指出大陆碰撞三阶段演化过程产生的主碰撞陆陆汇聚环境、晚碰撞构造转换环境和后碰撞地壳伸展环境，是大陆碰撞带成矿系统和大型矿床的主要成矿构造背景。对应于三段式碰撞而在深部出现的俯冲板片断离、软流圈上涌和岩石圈拆沉过程，是导致大规模成矿作用的异常热能驱动力。伴随三段式碰撞而分别出现的压-张交替或压扭和张扭转换的应力场演变，是成矿系统形成发育的构造应力驱动机制。伴随大陆碰撞过程而产生的不同尺度的高热流、不同起源的富金属流体流、不同级次的走滑-剪切-拆离-推覆构造系统和张性裂隙系统，是成矿系统和大型矿床形成的主导因素（侯增谦，2010）。成矿金属在碰撞形成的壳/幔混源高 f_{O_2} 岩浆-热液系统、地壳深熔低 f_{O_2} 岩浆-热液系统、剪切变质-富 CO_2 流体系统，以及逆冲推覆构造驱动的区域卤水系统和浅位岩浆房诱发的对流循环流体系统中积聚与淀积，这是形成大型矿床的关键机制。

大陆碰撞成矿研究的关键问题：①大陆碰撞造山带的基本结构和构造单元；②大陆碰撞的基本过程、构造演化和动力机制；③大陆碰撞过程中应力变化与深部约束；④大陆碰撞过程的成矿驱动力与大陆碰撞成矿系统的发育机制。

参考文献

陈国达. 1956. 中国地台"活化区"的实例并着重讨论"华夏古陆"问题. 地质学报,（3）: 239-271.

陈衍景. 1996. 碰撞造山体制的流体演化模式：理论推导和东秦岭金矿床氧同位素证据. 地学前缘, 3（4）: 282-289.

陈衍景. 2013. 大陆碰撞成矿理论的创建及应用. 岩石学报, 29（1）: 1-17.

陈毓川，王登红，徐志刚，等. 2014. 华南区域成矿和中生代岩浆成矿规律概要. 大地构造与成矿学, 38（2）: 219-229.

郭令智，施央申，马瑞士．1981．板块构造与成矿作用．地质与勘探，（9-10）：1-6，15．

郭文魁，刘兰笙，俞志杰．1982．中国东部成矿域与成矿期的基本特征．矿床地质，1（1）：1-14．

侯增谦．2010．大陆碰撞成矿论．地质学报，84（1）：30-58．

侯增谦，莫宣学，杨志明，等．2006．青藏高原碰撞造山带成矿作用：构造背景、时空分布和主要类型．中国地质，33（2）：340-351．

侯增谦，郑远川，耿元生．2015．克拉通边缘岩石圈金属再富集与金-钼-稀土元素成矿作用．矿床地质，34（4）：641-674．

李春昱，王荃，刘雪亚．1981．中国的内生成矿与板块构造．地质学报，（3）：195-203．

毛景文，谢桂青，李晓峰，等．2005a．大陆动力学演化与成矿研究：历史与现状——兼论华南地区在地质历史演化期间大陆增生与成矿作用．矿床地质，24（3）：193-205．

毛景文，谢桂青，张作衡，等．2005b．中国北方中生代大规模成矿作用的期次及其地球动力学背景．岩石学报，21（1）：169-188．

裴荣富，熊群尧．1999．中国特大型金属矿床成矿偏在性与成矿构造聚敛（场）．矿床地质，18（1）：37-46．

涂光炽，等．1984．中国层控矿床地球化学．北京：科学出版社．

王联魁，朱为方，张绍立，等．1984．华南地区来源不同的两种系列花岗岩与成矿探讨．地质与勘探，（11）：8-15．

谢家荣．1963．论矿床的分类 // 孟宪民，等．矿床分类与成矿作用．北京：科学出版社．

徐克勤，胡受奚，孙明志，等．1983．论花岗岩的成因系列——以华南中生代花岗岩为例．地质学报，（2）：107-118．

翟明国．2013．华北前寒武纪成矿系统与重大地质事件的联系．岩石学报，29（5）：1759-1773．

翟裕生．1997．地史中成矿演化的趋势和阶段性．地学前缘，（Z2）：201-207．

翟裕生．1999．论成矿系统．地学前缘，6（1）：13-27．

翟裕生，邓军，宋鸿林，等．1998．同生断层对层控超大型矿床的控制．中国科学：地球科学，（3）：214-218．

翟裕生，王建平，邓军，等．2008．成矿系统时空演化及其找矿意义．现代地质，22（2）：143-150．

Hou Z Q, Zheng Y C, Zeng L S, et al. 2012. Eocene-Oligocene granitoids in southern Tibet : Constraints on crustal anatexis and tectonic evolution of the Himalayan orogen. Earth and Planetary Science Letters, 349 : 38-52.

Mao J W, Pirajno F, Xiang J F, et al. 2011. Mesozoic molybdenum deposits in the east Qinling-Dabie orogenic belt : Characteristics and tectonic settings. Ore Geology Reviews, 43（1）: 264-293.

Sillitoe R H. 2010. Porphyry Copper Systems. Economic Geology, 105 : 3-41.

Turneaure F S. 1955. Metallogenic provinces and epochs. Economic Geology, 50 : 38-98.

第三章
大陆成矿学研究前沿与关键科学问题

传统的板块构造理论提供了解释大陆板块边缘成矿问题的理论框架，但对解释前板块构造时期和板块碰撞后大陆内部演化阶段的成矿作用则无现成答案。基于这一现状，20 世纪 90 年代以来，以发展板块构造理论、深入理解大陆成矿作用、提高发现大陆内部矿床能力为主要目的的大陆成矿学研究，引起了国内外地学界的高度重视。

第一节　大陆成矿学研究前沿

纵观近年的大陆成矿学研究，主要有以下研究前沿。

一、地球各圈层相互作用与成矿

大陆的物质演化受地球各圈层相互作用尤其是壳幔相互作用的控制。因此，壳幔相互作用一直是大陆动力学研究的核心之一。研究表明，地壳与地幔之间存在强烈而多样的物质和能量交换形式，而且这种交换是双向的，不仅有地幔部分熔融物质通过底侵作用和地幔柱活动等方式加入地壳，而且地壳物质可以在汇聚板块边缘通过俯冲作用，以及在岩石圈增厚区域通过拆沉作用返回地幔，从而引起大陆增生和地幔的不均一性（Rudinck，1990）。上述各种形式的壳幔相互作用，导致不同圈层的物质和能量发生跨圈层的迁移和再分配，从而从宏观上控制了一个区域优势矿种和矿床类型的形成与分布。

近年来，国内外学者对壳幔相互作用与成矿的关系进行了有益的探讨，发现壳幔相互作用在许多大型-超大型矿床的形成中具有重要意义，认为壳幔相互作用是诱发成矿系统中各种地质作用的主要原因之一，是决定成矿系统物质组成、时空结构和各类矿床组合的重要因素（涂光炽等，2000；赵振华等，2003；Ernst and Buchan，2003；Sillitoe and Hedenquist，2003；Naldrett，2004）。因此，以地球系统科学和地球动力学等新的地学理论为指导，从地球多层圈相互作用过程中的物质和能量迁移交换角度来探讨成矿机制，在此基础上建立成矿和找矿模型，已成为当今成矿作用研究的一种重要发展趋势。

二、重大地质事件与成矿

矿床是地球历史演化的产物。随着地球各圈层（岩石圈、水圈、大气圈、生物圈）的形成和发展，地质历史上的成矿作用基本呈现出前进而不可逆的发展过程。已有研究表明，成矿演化与地壳和大地构造演化密切相关，地质历史上的成矿作用可以划分为若干个重要成矿期。不同成矿期由于构造背景和地壳演化程度的不同而形成不同的矿种和矿床类型（翟裕生等，2008）。

成矿作用需要驱动力。大量研究证明许多大规模的成矿作用往往与全球或区域性重大地质事件密切相关。例如，晚震旦世—早寒武世的生物大爆发与世界范围大量磷块岩的形成存在耦合关系，暗色岩的成矿与地幔柱事件关系密切（Naldrett，2004），斑岩型铜矿的形成与板块俯冲派生的岩浆活动有关（Cooke et al.，2005；Sillitoe，2010；Hou et al.，2015；Richards，2015），加拿大萨德伯里（Sudbury）铜镍大规模富集成矿可能与陨石撞击有联系（Zieg and Marsh，2005）。

重大地质事件包括板块的俯冲碰撞或裂解、地幔柱活动、岩石圈拆沉和幔源岩浆底侵、岩石圈伸展、地球环境突变、生物大爆发、大型陨石撞击等。不同的重大地质事件导致不同性质的沉积作用、变质作用、岩浆活动和热液循环，引起元素在地壳甚至壳幔圈层间发生大规模的运移、分异和重新分配，从而导致一些有用元素局部富集并形成矿床。随着高精度定年技术的不断进步，一些准确的成矿年龄数据表明，特定成矿域或成矿系统大规模的成矿作用往往发生在相对短的时间且具有"爆发性"，并与区域重大地质事件具有密切的时空耦合关系（Mao et al.，2013；朱日祥等，2015）。因此，深入剖析这种内在联系，准确认知区域成矿规律，已成为大陆成矿学研究的重要发展方向。

三、板块内部成矿作用

大量研究证明，板块边界是成矿作用异常活跃的区域（图 3.1）。板块的扩张和汇聚边界具有完全不同的构造环境和动力学特征，所导致的成岩和成矿作用也各具鲜明的"专属性"。例如，在板块的扩张边界（洋中脊）主要形成块状硫化物矿床等，而在板块的汇聚边界（俯冲带）则主要形成斑岩型铜（金、钼）矿床等。毫无疑问，板块构造理论极大地推动了矿床学理论和找矿工作模式的深刻变革。

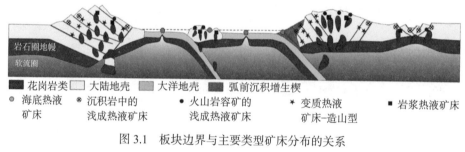

图 3.1　板块边界与主要类型矿床分布的关系

资料来源：Chen et al.，2014

十多年来，随着板块构造"登陆"，碰撞造山后的大规模伸展、岩石圈拆沉和幔源岩浆底侵作用、地幔柱活动等大陆板块内部演化阶段的地质过程对成矿的重要意义逐渐被认识。但是，相对于大陆板块边缘的成矿作用，大陆板块内部的成矿作用还是一个较为薄弱的研究领域，对这一薄弱领域的积极探索必将极大地丰富大陆动力学与成矿关系的理论体系。

四、成矿作用精细过程

受科学发展水平的限制，以往成矿学关注的焦点是成矿作用的始态、终态，对成矿过程的研究一直较为薄弱。近年来，非线性科学和实验模拟技术的进步，以及分析测试条件的进一步完善，为这些薄弱领域的深入研究提供了可能。主要研究方向包括：①以实验为手段，研究各种地质作用过程中元素活化、迁移和沉淀的物理化学条件，注重模拟实验研究与热力学和计算地球化学研究的结合，力求定量表达各种成矿地球化学过程；②将非线性科学和化学动力学理论引入成矿过程的研究之中，力求定量表达成矿系统的结构特征和与成矿作用有关的各种化学反应的机制和速率；③由于微区微量分析测试技术的进步，对整个成矿过程不同阶段产物的元素和同位素组成的原位测定成为可能，这为较精细地了解成矿流体组成和成矿过程不同演化阶段的特征提供了前提，同时也就为精细刻画成矿过程、更加合理地建立成矿模式提供了条件（Heinrich et al.，2003；Kesler et al.，2005）。因此，通过运用各种新理论和新方法，更加精细定量地了解成矿作用的历史进程，也就成了大陆成矿学的重要研究内容之一。

五、区域成矿模型研究

成矿模型是成矿环境、成矿过程、成矿物质来源及矿床几何形态和分布规律的高度理性概括，是迄今成矿学领域研究时间颇长但仍然最具生命力的科学问题之一。历史上斑岩铜矿成矿模式（Titley，1982）、块状硫化物矿床成矿模式（Franklin et al.，1981）等成矿模式的提出，曾在全球找矿勘查活动中起到了重大的推动作用。

但是，在一个具体的地质单元内成矿作用不是孤立的现象，不同矿床的共生组合非常普遍，同一期的成矿作用由于具体地质环境的差别而可能形成多种矿床类型，它们彼此之间具有密切联系。因此，目前对成矿模型的研究，已不局限于对个别典型矿床的刻画，而是在向区域化和系统化方向发展。基于对大陆演化及矿床成矿系列和成矿系统的研究，从不同层次成矿因素的相互联系中揭示区域矿床共生组合规律，建立成矿区带尺度和矿集区尺度（翟裕生等，1999；陈毓川等，1998）的成矿模型已成为新的研究热点。根据对成矿系列和成矿系统的认识，当在一个地区发现某种矿床类型时，可为区域上寻找属于同一成矿系列和成矿系统的其他矿床提供重要科学依据。

此外，目前大陆成矿学研究，正在向矿床—区域—大陆—全球方向发展，全球成矿学研究已初露端倪，以期不断从更高层次成矿因素的相互联系中来探索成矿规律。总的来说，大陆成矿学方面的研究尚处在描述和数据积累阶段。但是，地球系统科学的研究必将为成矿作用研究注入新的生机和活力，而对全球成矿学的深入探索，也必能为揭示地球系统与各类成矿系统的实质关系做出积极而关键的贡献。

第二节　大陆成矿学关键科学问题

近年对大陆成矿学的研究已取得重要进展。但是，要建立系统的大陆成矿理论，还有众多科学问题需要解决。这些关键科学问题主要包括以下几个方面。

一、大陆形成演化对矿床时空分布的制约

矿床在地壳中的时空分布很不均匀。比如，在空间上，我国探明的钨、锑储量分别占全球的 60% 以上；南非兰德盆地面积仅 4 万余平方千米，其中已探明 4 万多吨黄金，约占全球黄金储量的 40%；智利中部分布有若干超大型斑岩铜矿床，已探明 3 亿多吨铜，占全球铜储量的近 40%。再比如，在时间上，条带状铁矿占全球铁矿石总储量的 60% 以上，但它们只形成于前寒武纪。这种不均匀性的原因可能是多方面的，但先天的物质基础至关重要。因此，大陆的物质演化研究无疑是解决这一问题的重要方面（翟明国，2015）。解决这一问题需从地球系统入手，明确地球系统与成矿系统的关系和矿床的时空分布规律。主要问题包括：①大陆物质组成不均一性与成矿的关系；②地球多圈层相互作用与成矿的关系；③重大地质事件与成矿的关系。

二、巨量成矿物质聚集过程和矿床定位空间

为什么巨量成矿金属会聚集到范围很小的空间，为什么在这里聚集这种元素，而在那里则聚集其他元素？这些都是未能得到很好解决的问题。这些问题的解决，主要是为了明确不同类型矿床的成矿模式和相互关系。主要问题包括：①适合巨量物质成矿的源区类型和特征；②源区物质活化、迁移条件和动力-能量驱动机制；③巨量成矿物质沉淀空间和主要控制因素（成矿末端效应）。

三、矿床模型与找矿勘查

成矿模式的研究是为了认识自然，但更重要的还是为了指导找矿。用

成矿模式指导找矿有成功的实例，但是通常只能落实到一个面积较大的区域。如何在有利的大区域进一步缩小找矿靶区、提高找矿效率，这需要架起成矿模式与找矿模式的桥梁。这一问题的解决主要是为了明确基于成矿模式的有效找矿标志。主要问题包括：①不同类型矿床的构造背景和控矿构造样式；②不同类型矿床矿物-岩石-元素组合及分带特征；③矿床定位的四维结构；④集矿床模型、地球化学异常、地球物理异常等多元信息于一体的找矿模式。

参考文献

陈毓川，裴荣富，宋天锐，等．1998.中国矿床成矿系列初论．北京：地质出版社．

涂光炽，等．2000.中国超大型矿床（Ⅰ）．北京：科学出版社．

翟明国．2015.大陆动力学的物质演化研究方向与思路．地球科学与环境学报，37（4）：1-14.

翟裕生，等．1999.区域成矿学．北京：地质出版社．

翟裕生，王建平，邓军，等．2008.成矿系统时空演化及其找矿意义．现代地质，22（2）：143-150.

赵振华，涂光炽，等．2003.中国超大型矿床（Ⅱ）．北京：科学出版社．

朱日祥，范宏瑞，李建威，等．2015.克拉通破坏型金矿床．中国科学：地球科学，45（8）：1153-1168.

Chen Y J，Pirajno F，Sui Y H. 2004. Isotope geochemistry of the Tieluping silver-lead deposit, Henan, China：A case study of orogenic silver-dominated deposits and related tectonic setting. Mineralium Deposita，39（5-6）：560-575.

Cooke D R，Hollings P，Walsh J L. 2005. Giant porphyry deposits：Characteristics, distribution, and tectonic controls. Economic Geology，100（5）：801-818.

Ernst R E，Buchan K L. 2003. Recognizing mantle plume in the geological record. Annual Review of Earth and Planetary Science Letters，31：469-523.

Franklin J M，Lydon J W，Sangster D F. 1981. Volcanic-associated massive sulfide deposits. Economic Geology，75th anniversary volume：485-627.

Heinrich C A，Pettke T，Halter W E，et al. 2003. Quantitative multi-element analysis of minerals, fluid and melt inclusions by laser-ablation inductively-coupled-plasma massspectrometry. Geochimica et Cosmochimica Acta，67（18）：3473-3497.

Hou Z Q，Yang Z M，Lu Y J，et al. 2015. A genetic linkage between subduction- and collisionrelated porphyry Cu deposits in continental collision zones. Geology，43（3）：247-250.

Kesler S E, Riciputi L C, Ye Z J. 2005. Evidence for a magmatic origin for Carlin-type gold deposits : Isotopic composition of sulfur in the Betze-Post-Screamer deposit, Nevada, USA. Mineral Deposita, 40 : 127-136.

Mao J W, Chen Y B, Chen M H, et al. 2013. Major types and time-space distribution of Mesozoic ore deposits in South China and their geodynamic settings. Mineralium Deposita, 48（3）: 267-294.

Naldrett A J. 2004. Magmatic sulfide deposits : Geology, geochemistry and exploration. New York: Springer.

Richards J P. 2015. The oxidation state, and sulfur and Cu contents of arc magmas : Implications for metallogeny. Lithos, 233 : 27-45.

Rudinck R L. 1990. Continental crust : Growth from below. Nature, 347 : 711-712.

Sillitoe R H. 2010. Porphyry copper systems. Economic Geology, 105 : 3-41.

Sillitoe R H, Hedenquist J W. 2003. Linkages between volcanotectonic settings, ore-fluid compositions, and epithermal precious metal deposits. Special Publication-Society of Economic Geologists, 10 : 315-343.

Titley S R. 1982. The style and progress of mineralization and alteration in porphyry copper systems // Titley S R. Advances in Geology of the Porphyry Copper Deposits. Tucson : University of Arizona Press.

Zieg M J, Marsh B D. 2005. The Sudbury Igneous Complex : Viscous emulsion differentiation of a superheated impact melt sheet. Geological Society of America Bulletin, 117（11-12）: 1427-1450.

第四章
大陆成矿学科学目标与优先发展领域

第一节　大陆成矿学科学目标

一、近期目标

通过对大陆成矿学发展过程和现状的分析，明确大陆成矿理论国际研究前沿和发展趋势，提炼关键科学问题。针对科学问题和优先发展领域，以我国大陆地质单元和成矿体系为主要对象，加强原始创新研究，建立中国大陆特色成矿的理论框架。客观分析我国现阶段经济可持续发展过程中矿产资源的形势，针对我国在全球资源配置中的重大科学问题提出战略性建议。

二、长期目标

在全球及我国大陆成矿学发展的基础上，进一步凝练学科未解决的重大科学问题，对中国及周边地区和全球其他重要大陆成矿系统进行精细剖析和综合对比研究，全面揭示大陆演化与成矿作用的内在规律，完善大陆成矿理论体系，为提高我国矿产资源的可持续供应能力和建立我国周边跨国资源基

地向国家提出战略性建议。

第二节　大陆成矿学优先发展领域

围绕大陆成矿学的关键科学问题和科学目标，我们认为在未来研究过程中，大陆成矿学的优先发展领域将主要体现在全球性基础研究重要前沿和中国大陆特色成矿两个方面：①大陆成矿学重要前沿研究；②中国大陆特色成矿。

一、大陆成矿学重要前沿研究

1. 大陆演化过程中的成矿规律

以地质历史时期大陆演化为主线，重点揭示各类成矿作用与大陆演化的密切联系，以及重要成矿类型准确的大地构造背景。

2. 成矿作用的时空不均匀性

在已获得的大量成矿时代的基础上，结合各类矿床空间分布规律，阐明不同成矿机制与时空分布的对应关系，进一步揭示造成成矿作用时空不均一性的根本原因。

3. 元素行为与成矿物质聚集机制

从成矿物质的根本组成——元素在地球化学行为上的表现特征，结合不同成矿系统的元素组合规律，深入探讨元素的性质及行为对成矿物质聚集作用的影响和控制。

4. 成矿流体的性质、演化与成矿机理

成矿流体是热液矿床的主要成矿载体，要通过不同研究手段，重点探讨成矿流体的来源、物理化学性质、成分特征和演化过程，揭示不同热液成矿系统流体成矿作用机理。

5. 成矿过程的精细刻画

针对目前成矿过程研究精细度不够问题，在基础矿床地质研究的基础上，结合当前各种新方法、新手段对成矿期次时代、不同阶段元素、同位素特征等进行高精度的确定，并探讨和完善已有的成矿模式。

二、中国大陆特色成矿

1. 元古宙成矿暴贫暴富

华北克拉通前寒武纪造山型金矿、苏必利尔湖型铁矿暴贫，石墨、菱镁矿、硼、稀土等矿床暴富。这种暴贫暴富现象缘于成矿作用的周期性、时控性、不可逆性和区域不均匀性，并与地球环境演化的周期性、方向性、区域差异性密切相关。研究掌握成矿暴贫暴富现象的发生规律和原因，可提升成矿预测和找矿勘查的效率，揭示地球演化规律。

2. 华北克拉通破坏与成矿

华北克拉通具有 38 亿年地壳结晶岩石，是世界上最古老的克拉通之一。华北克拉通东部岩石圈在显生宙期间发生了明显的减薄与破坏。自中生代以来，华北克拉通，特别是其东部，发生了大规模的构造变形和岩浆活动，并伴随有大规模的金、钼等金属成矿作用。区内大规模金成矿作用和钼矿化与华北克拉通破坏过程密切相关。

3. 华南陆壳再造、大花岗岩省与成矿

华南中生代陆壳再造形成大规模的花岗岩省并伴随多金属元素巨量堆积与成矿。目前对华南大花岗岩省的动力学机制研究取得一些进展，基本明确了陆壳再造和大花岗岩省成矿的时空分布规律，提出了一些大花岗岩省形成的驱动机制。尽管如此，对华南中生代陆壳再造与大花岗岩省成矿的研究，仍然存在较多重要的科学问题，如：华南中生代大花岗岩省形成的动力学机制、岩石圈伸展构造与陆内成矿作用关系、太平洋成矿域成矿差异性机理等。

4. 多陆块拼合陆壳增生成矿

中国显生宙成矿集中爆发，这种矿产资源分布格局与中国大陆地壳的性质与演化、多块体拼合造山格局之间有密切联系。中亚成矿域以古生代多陆块拼合造山、中新生代陆内造山与山盆体系构成独特的地质构造格局。既发育增生造山阶段的弧环境相关矿床，也发育与碰撞造山有关的矿床、地幔柱叠置造山带背景下的岩浆铜镍矿和后碰撞陆内岩石圈伸展相关的大陆环境矿床。中国大陆小陆块拼合造山成矿还存在诸多未解之谜，本章提出当前成矿学面临的一系列科学问题，对于今后我国找矿战略选区具有借鉴意义。

5. 塔里木陆块及周缘造山带演化与成矿

塔里木陆块周缘找矿近年来取得重大突破，发现一系列大型-超大型矿床，如火烧云超大型富铅锌矿床、玛尔坎苏富锰矿和夏日哈木岩浆铜镍硫化物矿床等。它们的形成以及陆块周缘小地块与塔里木陆块的演化关系是大家十分关注的问题，但目前还存在争议。因此，亟待以全球视野对塔里木陆块及周缘小地块的时空演化进行深入研究，探索其主要地质作用与重要成矿事件的耦合及成矿作用特征。塔里木陆块及周缘造山带的构造演化与成矿作用，是中国大陆成矿学研究的天然实验场，需要对其进行全面、深入的探求并及时用其指导找矿实践。

6. 三江特提斯构造域复合造山及复合成矿

三江特提斯构造域位于特提斯构造带东段，冈瓦纳大陆与劳亚大陆的接合部位，是全球地壳结构最复杂、包含造山带类型最多的一个构造成矿域，在全球构造演化中具有举足轻重的地位。三江地区发育典型的增生-碰撞造山岩浆热液型铜-钼-锡-钨复合成矿系统、走滑拉分盆地卤水-岩浆热液型铅-锌-银-铜复合成矿系统和增生-碰撞复合造山型金矿成矿系统。对三江特提斯构造域复合成矿系统的研究，是提高我国重要矿集区深部成矿空间找矿勘探水平、发现深部大型-超大型矿床并缓解成矿资源危机的重要途径。

7. 扬子周缘大规模低温成矿

我国扬子地块南部产出大量卡林型金矿床和密西西比河谷型铅锌矿床，以及锑、汞、砷等低温矿床，很多为大型-超大型矿床，显示大面积低温成矿的特点，构成扬子低温成矿域，在全球极富特色。虽然以往的研究取得了重要进展，但是，对以下关键科学问题目前还未形成清晰的认识：①大面积低温成矿的时代；②大面积低温成矿的（深部）驱动机制；③大面积低温成矿的物质基础；④各类低温矿床之间的相互关系。这些问题的存在，制约了大面积低温成矿理论的建立和相应的找矿勘查工作。加强对以上关键科学问题的研究，具有重要的理论和实际意义。

8. 峨眉山地幔柱成矿作用

地幔柱是地球内部物质运动的主要形式之一，是地球内部跨圈层的物质-能量对流和交换的重要机制。我国的峨眉山大火成岩省被认为是地幔柱活动的产物。峨眉山大火成岩省在成矿作用的多样性、地质特征的典型性、空间分布的规律性、岩体的成矿专属性、钒钛磁铁矿床的巨大规模等方面都独具特色。其中岩浆氧化物矿床主要产于较大规模的层状辉长岩-辉石岩体的中下部；而岩浆硫化物矿床主要产于小型的镁铁-超镁铁质岩体中。作为全球较为罕见的、成矿作用比较发育的大火成岩省，峨眉山大火成岩省的深部仍有发现铬铁矿和铂族元素隐伏矿体的潜力。

9. 青藏高原碰撞造山与成矿作用

青藏高原碰撞造山带是由印度板块与亚洲板块碰撞而成，经历了主碰撞陆陆汇聚、晚碰撞构造转换和后碰撞地壳伸展三阶段的碰撞过程，在青藏高原内形成了冈底斯花岗岩基主体并发育了世界级规模的斑岩铜矿带、密西西比河谷型铅锌矿带、岩浆碳酸岩型稀土矿带、造山型金矿带等。青藏高原作为最年轻、规模最宏大的中年碰撞造山带，其岩石圈的三维结构、碰撞造山过程的深部动力学机制、碰撞成矿系统的"源-运-储"与主控要素，以及大型矿床的形成过程与定位机制等深层次的科学问题亟待解决。

10. 青藏高原隆升与表生成矿

青藏高原的隆升起因于印度板块与亚洲板块的陆陆碰撞，不仅在高原内部及邻区形成了众多的沉积盆地，还导致亚洲内陆气候干旱化，同时，构造作用还将地壳深部的钾、锂等成矿物质带到地表。上述构造、气候及物源三要素在表生环境下发生耦合作用，在高原及邻区盆地中形成了大量的钾、铷、锂、铯、硼、锶等矿床；这些资源主要分布于青藏高原中部、北部及北部边缘区，构成三个表生成钾成矿带，其中，钾、锂等已成为我国战略性、特色矿产资源。

11. 中国北方中、新生代沉积盆地砂岩铀成矿作用

我国北方沉积盆地形成的大地构造位置和动力学环境多样，具有不同的盆地地质构造特征和区域铀成矿作用。我国北方的砂岩型铀矿床和国外著名铀矿区相比，矿床及其产出环境都各具特色，因此国外的成矿模式和理论很难指导找矿突破。我国学者通过对北方产铀盆地中的典型矿床进行解剖，建立了一系列创新成矿模式和理论，但是仍面临成矿理论创新、深部铀资源突破和关键勘查技术攻关等重大基础性和前沿性课题需要攻克的局面。

在本书最后，我们将从大陆成矿学研究的人才和技术平台方面进行探讨，包括如何建设高素质的成矿学人才队伍、如何通过地球物理和地球化学技术平台保障大陆成矿学发展的需要，以及如何使用大数据等新兴手段来促进学科发展等。

参考文献

常印佛，刘湘培，吴言昌.1991.长江中下游铁铜成矿带.北京：地质出版社.

陈国达.1959.地壳的第三基本构造单元——地洼区.科学通报，（3）：94-96.

陈国达.1979.从地壳演化规律看多因复成矿床.湖南地质学会会讯，（2）：1-22.

陈衍景.1996.碰撞造山体制的流体演化模式：理论推导和东秦岭金矿床氧同位素证据.地学前缘，3（4）：282-289.

陈衍景.2013.大陆碰撞成矿理论的创建及应用.岩石学报，29（1）：1-17.

陈毓川.1994.矿床的成矿系列.地学前缘，1（3-4）：90-94.

陈毓川.1997.矿床的成矿系列研究现状与趋势，地质与勘探，33（1）：21-25.

陈毓川，裴荣富，宋天锐，等.1998.中国矿床成矿系列初论.北京：地质出版社.

陈毓川，裴荣富，王登红.2006.三论矿床的成矿系列问题.地质学报，80（10）：1501-1508.

陈毓川，王登红，徐志刚，等.2014.华南区域成矿和中生代岩浆成矿规律概要.大地构造与成矿学，38（2）：219-229.

程裕淇，陈毓川，赵一鸣，等.1979.初论矿床的成矿系列问题.中国地质科学院院报，1（1）：32-58.

程裕淇，陈毓川，赵一鸣，等.1983.再论矿床的成矿系列问题.中国地质科学院院报，（2）：21-64.

郭令智，施央申，马瑞士.1981.板块构造与成矿作用.地质与勘探，（9/10）：1-6，15.

郭文魁，刘兰笙，俞志杰.1982.中国东部成矿域与成矿期的基本特征.矿床地质，1（1）：1-14.

侯增谦.2010.大陆碰撞成矿论.地质学报，84（1）：30-58.

侯增谦，莫宣学，杨志明，等.2006.青藏高原碰撞造山带成矿作用：构造背景、时空分布和主要类型.中国地质，33（2）：340-351.

侯增谦，郑远川，耿元生.2015.克拉通边缘岩石圈金属再富集与金-钼-稀土元素成矿作用.矿床地质，34（4）：641-674.

胡瑞忠，陶琰，钟宏，等.2005.地幔柱成矿系统:以峨眉山地幔柱为例.地学前缘，12（1）：42-54.

胡瑞忠，彭建堂，马东升，等.2007.扬子地块西南缘大面积低温成矿时代.矿床地质，26（6）：583-596.

胡瑞忠，毛景文，毕献武，等.2008.浅谈大陆动力学与成矿关系研究的若干发展趋势.地球化学，37（4）：344-352.

胡瑞忠，毛景文，范蔚茗，等.2010.华南陆块陆内成矿作用的一些科学问题.地学前缘，

17（2）：13-26.

李春昱，王荃，刘雪亚．1981.中国的内生成矿与板块构造．地质学报，（3）：195-203.

李人澍．1996.成矿系统分析的理论与实践．北京：地质出版社．

刘宝珺、李廷栋．2001.地质学的若干问题．地球科学进展，16（5）：607-616.

毛景文，华仁民，李晓波．1999.浅议大规模成矿作用与大型矿集区．矿床地质，18（4）：291-299.

毛景文，谢桂青，李晓峰，等．2005a.大陆动力学演化与成矿研究：历史与现状——兼论华南地区在地质历史演化期间大陆增生与成矿作用．矿床地质，24（3）：193-205.

毛景文，谢桂青，张作衡，等．2005b.中国北方中生代大规模成矿作用的期次及其地球动力学背景．岩石学报，21（1）：169-188.

毛景文，等．2006.大规模成矿作用与大型矿集区（上、下）.北京：地质出版社．

裴荣富，熊群尧．1999.中国特大型金属矿床成矿偏在性与成矿构造聚敛（场）.矿床地质，18（1）：37-46.

裴荣富，李进文，梅燕雄．2005.大陆边缘成矿．大地构造与成矿学，29（1）：24-34.

滕吉文．2002.中国地球深部结构和深层动力过程与主体发展方向．地质论评，48（3）：125-139.

涂光炽．1975.叠加与再造——被忽视了的成矿作用．湖南地质科技情报，铁矿座谈会资料汇编（1）：68-75.

涂光炽，等．1987.中国层控矿床地球化学（第一卷）.北京：科学出版社．

涂光炽，等．1988.中国层控矿床地球化学（第二卷）.北京：科学出版社．

涂光炽，等．1989.中国层控矿床地球化学（第三卷）.北京：科学出版社．

涂光炽，等．1998.低温地球化学．北京：科学出版社．

涂光炽，等．2000.中国超大型矿床（Ⅰ）.北京：科学出版社．

涂光炽，等．2003.分散元素地球化学及成矿机制．北京：地质出版社．

翁文灏．1919.中国矿产区域论．地质汇报，（2）：9-25.

肖庆辉．1996.大陆动力学的科学目标和前缘．地质科技管理，（3）：34-37.

谢家荣．1936.中国之矿产时代及矿产区域．地质论评，（3）：363-380.

谢家荣．1963.论矿床的分类//孟宪民，等．矿床分类与成矿作用．北京：科学出版社．

谢家荣，程裕淇，孙健初，等．1935.扬子江下游铁矿志．国立北平研究院地质学研究所，实业部地质调查所．

徐克勤，朱金初．1978.我国东南部几个断裂拗陷带中沉积（或火山沉积）热液叠加类铁铜矿床成因的探讨．福建地质科技情报，4：1-68.

叶连俊，陈其英．1989.沉积矿床多因素多阶段成矿论．地质科学，（2）：109-127.

翟明国．2013.华北前寒武纪成矿系统与重大地质事件的联系．岩石学报，29（5）：1759-1773.

翟明国 . 2015. 大陆动力学的物质演化研究方向与思路 . 地球科学与环境学报，37（4）：1-14.

翟明国，范宏瑞，杨进辉，等 . 2004. 非造山带型金矿——胶东型金矿的陆内成矿作用 . 地
　　学前缘，11（1）：85-98.

翟裕生 . 1992. 成矿系列研究问题 . 现代地质，6（3）：301-308.

翟裕生 . 1999. 论成矿系统 . 地学前缘，6（1）：13-27.

翟裕生 . 2010. 成矿系统论 . 北京：地质出版社 .

翟裕生，等 . 1999. 区域成矿学 . 北京：地质出版社 .

翟裕生，秦长兴 . 1987. 关于成矿系列和成矿模式 // 刘云从 . 矿床学参考书（下册）. 北京：
　　地质出版社 .

翟裕生，彭润民，邓军，等 . 2001. 区域成矿学与找矿新思路 . 现代地质，15（2）：151-
　　156.

翟裕生，王建平，邓军，等 . 2008. 成矿系统时空演化及其找矿意义 . 现代地质，22（2）：
　　143-150.

翟裕生，王建平，彭润民，等 . 2009. 叠加成矿系统与多成因矿床研究 . 地学前缘，16（6）：
　　282-290.

张国伟，张本仁，袁学诚，等 . 2001. 秦岭造山带与大陆动力学 . 北京：科学出版社 .

赵振华，涂光炽，等 . 2003. 中国超大型矿床（Ⅱ）. 北京：科学出版社 .

中国地质科学院地质研究所 . 1987. 1 ∶ 4000000 中国内生金属成矿图说明书 . 北京：地图
　　出版社 .

朱日祥，范宏瑞，李建威，等 . 2015. 克拉通破坏型金矿床 . 中国科学（D），45（8）：
　　1153-1168.

朱上庆，黄华盛，池三川，等 . 1988. 层控矿床地质学 . 北京：地质出版社 .

Chen Y J，Wang Y. 2011. Fluid inclusion study of the Tangjiaping Mo deposit in Dabie Shan，
　　Henan Province：Implications for the nature of the porphyry systems of post-collisional
　　tectonic settings. International Geology Review，53（5/6）：635-655.

Chen Y J，Chen H Y，Liu Y L，et al. 2000. Progress and records in the study of endogenetic
　　mineralization during collisional orogenesis. Chinese Science Bulletin，45（1）：1-10.

Chen Y J，Pirajno F，Sui Y H. 2004. Isotope geochemistry of the Tieluping silver-lead deposit，
　　Henan，China：A case study of orogenic silver-dominated deposits and related tectonic
　　setting. Mineralium Deposita，39（5/6）：560-575.

Chen Y J，Pirajno F，Qi J P. 2005. Origin of gold metallogeny and sources of ore-forming
　　fluids，in the Jiaodong province，eastern China. International Geology Review，47（5）：
　　530-549.

Che Y J，Chen H Y，Zaw K，et al. 2007. Geodynamic settings and tectonic model of skarn
　　gold deposits in China：An overview. Ore Geology Reviews，31：139-169.

Chen Y J, Pirajno F, Wu G, et al. 2012. Epithermal deposits in North Xinjiang, NW China. International Journal of Earth Sciences, 101（4）: 889-917.

Chen Y J, Santosh M, Somerville I, et al. 2014. Indosinian tectonics and mineral systems in China: An introduction. Geochemical Journal, 49: 331-337.

Cooke D R, Hollings P, Walsh J L. 2005. Giant porphyry deposits: Characteristics, distribution, and tectonic controls. Economic Geology, 100（5）: 801-818.

Ernst R E, Buchan K L. 2003. Recognizing mantle plume in the geological record. Annual Review of Earth and Planetary Science Letters, 31: 469-523

Franklin J M, Lydon J W, Sangster D F. 1981. Volcanic-associated massive sulfide deposits. Economic Geology, 75th anniversary volume: 485-627.

Heinrich C A, Pettke T, Halter W E, et al. 2003. Quantitative multi-element analysis of minerals, fluid and melt inclusions by laser-ablation inductively-coupled-plasma mass-spectrometry. Geochimica et Cosmochimica Acta, 67（18）: 3473-3497

Hou Z Q, Cook N J. 2009. Metallogenesis of the Tibetan collisional orogeny: A review and introduction to the special issue. Ore Geology Reviews, 36（1）: 2-24.

Hou Z Q, Qu X M, Rui Z Y, et al. 2009a. The Gangdese Miocene porphyry copper belt generated during post-collisional extension in the Tibetan orogen. Ore Geology Reviews, 36: 25-51.

Hou Z Q, Yang Z M, Lu Y J, et al. 2015. A genetic linkage between subduction- and collision-related porphyry Cu deposits in continental collision zones. Geology, 43（3）: 247-250.

Hou Z Q, Yang Z M, Qu X M, et al. 2009b. The Miocene Gangdese porphyry copper belt generated during post-collisional extension in the Tibetan orogen. Ore Geology Reviews, 36: 25-51.

Hou Z Q, Zeng P S, Gao Y F, et al. 2006. Himalayan Cu-Mo-Au mineralization in the eastern Indo-Asian collision zone: Constraints from Re-Os dating of molybdenite. Mineralium Deposita, 41（1）: 33-45.

Hou Z Q, Zhang H R, Pan X F, et al. 2011. Porphyry Cu（-Mo-Au）systems in non-arc settings: Examples from the Tibetan-Himalyan orogens and the Yangtze block. Ore Geology Reviews, 39: 21-45.

Hou Z Q, Zheng Y C, Zeng L S, et al. 2012. Eocene-oligocene granitoids of southern Tibet: Constraints on crustal anatexis and tectonic evolut ion of the Himalayan orogen. Earth and Panletary Science Letters, 349-350: 38-52.

Hu R Z, Zhou M F. 2012. Multiple Mesozoic mineralization events in South China: An introduction to the thematic issue. Mincralium Deposita, 47（6）: 579-588.

Kesler S E, Riciputi L C, Ye Z J. 2005. Evidence for a magmatic origin for Carlin-type gold deposits : Isotopic composition of sulfur in the Betze-Post-Screamer deposit, Nevada, USA. Mineralium Deposita, 40 : 127-136.

Mao J W, Goldfarb R J, Zhang Z W, et al. 2002. Gold deposits in the Xiaoqinling-Xiong'ershan region, Qinling Mountains, central China. Mineralium Deposita, 37 : 306-325.

Mao J W, Wang Y T, Li H M, et al. 2008. The relationship of mantle-derived fluids to gold metallogenesis in the Jiaodong Peninsula : Evidence from D-O-C-S isotope systematics. Ore Geology Reviews, 33（3）: 361-381.

Mao J W, Pirajno F, Xiang J F, et al. 2011. Mesozoic molybdenum deposits in the east Qinling-Dabie orogenic belt : Characteristics and tectonic settings. Ore Geology Reviews, 43（1）: 264-293.

Mao J W, Chen Y B, Chen M H, et al. 2013. Major types and time–space distribution of Mesozoic ore deposits in South China and their geodynamic settings. Mineralium Deposita, 48（3）: 267-294.

Mitchell A H G, Garson M S. 1981. Mineral Deposits and Global Tectonic Settings. London : London Academic Press.

Naldrett A J. 2004. Magmatic Sulfide Deposits : Geology, Geochemistry and Exploration. New York : Springer.

Richards J P. 2015. The oxidation state, and sulfur and Cu contents of arc magmas : Implications for metallogeny. Lithos, 233 : 27-45.

Rudinck R L. 1990. Continental crust : Growth from below. Nature, 347 : 711-712.

Sawkins F G. 1984. Metal Deposits in Relation to Plate Tectonic. Berlin : Springer Verlag.

Sillitoe R H. 2010. Porphyry copper systems. Economic Geology, 105 : 3-41.

Sillitoe R H, Hedenquist J W. 2003. Linkages between volcanotectonic settings, ore-fluid compositions,and epithermal precious metal deposits. Special Publication-Society of Economic Geologists, 10 : 315-343.

Song X Y, Zhou M F, Keays R R, et al. 2006. Geochemistry of the Emeishan flood basalts at Yangliuping, Sichuan, SW China : Implications for sulfide segregation. Contributions to Mineralogy and Petrology, 152（1）: 53-74.

Su W C, Heinrich C A, Pettke T, et al. 2009. Sediment-hosted gold deposits in Guizhou, China : Products of wall-rock sulfidation by deep crustal fluids. Economic Geology, 104（1）: 73-93.

Titley S R. 1982. The style and progress of mineralization and alteration in porphyry copper systems//Titley S R. Advances in Geology of the Porphyry Copper Deposits. Tucson :

University of Arizona Press.

Zhai M G, Santosh M. 2011. The early Precambrian odyssey of the North China Craton : A synoptic overview. Gondwana Research, 20 (1): 6-25.

Zhai M G, Santosh M. 2013. Metallogeny of the North China Craton : Link with secular changes in the evolving Earth. Gondwana Research, 24 : 275-297.

Zhai M G, Guo J H, Li Y G, et al. 2003. Two linear granite belts in the central-western North China Craton and their implication for Late Neoarchaean-Palaeoproterozoic continental evolution. Precambrian Research, 127 (1): 267-283.

Zhai M G, Santosh M, Zhang L C. 2011. Precambrian geology and tectonic evolution of the North China Craton. Gondwana Research, 20 (1): 1-5.

Zhong H, Zhu W G. 2006. Geochronology of layered mafic intrusions from the Pan-Xi area in the Emeishan large igneous province, SW China. Mineralium Deposita, 41 : 599-606.

Zhou M F, Robinson P T, Lesher C M, et al. 2005. Geochemistry, petrogenesis, and metallogenesis of the Panzhihua gabbroic layered intrusion and associated Fe-Ti-V-oxide deposits, Sichuan Province, SW China. Journal of Petrology, 46 (11): 2253-2280.

Zieg M J, Marsh B D. 2005. The Sudbury Igneous Complex : Viscous emulsion differentiation of a superheated impact melt sheet. Geological Society of America Bulletin, 117 (11-12): 1427-1450.

第 二 篇

大陆成矿作用理论前沿研究

第五章

大陆演化过程中的成矿作用与成矿规律

第一节 引　言

地球有约 46 亿年的历史，其 80%～90% 的陆壳在前寒武纪形成，即在前寒武纪地球已经有了和现在规模相当的大陆，并且大部分大陆都进入稳定状态。但大陆形成后并非一成不变，而是经历了多期裂解、聚合，甚至碰撞造山的过程。其中，大陆在前寒武纪演化中经历了三大地质事件：太古宙陆壳巨量生长、古元古代构造机制（前板块构造向板块构造体系）的转换和地球环境由还原到氧化的剧变。而在显生宙时期，大陆的演化以板块俯冲、碰撞及造山运动为主。

岩石是大陆演化的物质记录，它记录了大陆的起源和演化过程。地球化学和同位素年代学是大陆物质演化研究的重要手段，是现代分析测试技术与地球科学融合交叉的成功范例之一。岩石学、地球化学与构造地质学、地史学（含地层古生物）和地球物理的结合，使我们从成分、状态、时间、空间多维尺度进行大陆演化的动态变化体系的研究成为可能。

固体地球圈层物质演化研究，明确地显示出大陆演化的时控性与不可逆性。经典地质律条"将今论古"的"论"字，将不再是简单的"类比"，而应强调"比较学"的科学内涵。现在的比较学研究虽然是初步的，但已经前瞻性地观察到大陆和地球的从"生"到"死"的演化特征及其不可逆转的发展规律。现代地球观指导下的大陆物质演化研究，有可能进一步揭示大陆自身的演化，以及和海洋协同演化的奥秘。从花岗岩类的物质演化和变质温压体系的时代差异入手，探寻大陆从古到今演化的动力学历程，以及大陆内部的运动和陆壳物质/结构的变化是否受控于大陆形成以来的固体大陆岩石圈体系，发生在现代板块边缘或洋陆转换带的构造作用对大陆的影响与改造的方式等，是破解板块登陆难题的钥匙（翟明国，2015）。

巨量陆壳的形成必然导致元素的大迁移和分离富集（翟明国，2015），并在大陆演化的不同阶段均形成相应的矿产资源（图5.1）。作为大陆演化的组成部分，大陆成矿作用也具有鲜明的时控性与不可逆性，主要受控于陆壳物质巨量生长、构造体制转变与地球环境剧变。因为大陆是人们最有条件研究和固体地球科学研究最易突破的地方，研究大陆形成与演化过程中的成矿规律，能为进一步认识大陆的形成与演化提供宝贵的资料。

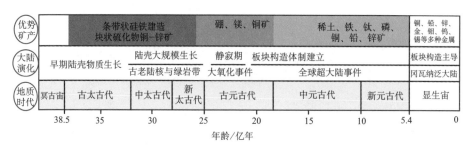

图 5.1 不同时期大陆演化的特征及优势矿产的形成规律简图

本书按照大陆形成与演化及其矿产在地质历史时期的分布规律，将大陆演化和成矿过程划分为大陆形成早期的太古宙、古元古代、中-新元古代及显生宙四个时期，并分别介绍各期次的大陆演化及其相关的矿产地质特征和成矿作用，最后从时间角度总结大陆演化过程中的成矿规律。

第二节 地壳早期（太古宙）生长过程中的成矿作用

一、地壳早期生长与演化

地壳形成之前（大于44亿年）的地球经历了岩浆海（洋）阶段。在约

43亿年前，地球分异成三层壳幔结构，即出现斜长岩层、富钛铁矿层和低钛橄榄辉石岩层。也有科学家认为，大于40亿年很少有岩石记录，是陨石撞击的密集时期。对于来自那个时期的斜长岩和玄武质岩浆的氧化物和硫化物堆积，现在人们仅能够在月球上获得其记录。

迄今为止最古老物质的年龄数据是44.04亿年，是采自西澳大利亚伊尔岗地盾杰克山（Jack Hills）沉积砾岩中碎屑锆石的SHRIMP铀-铅年龄。根据该碎屑锆石的年龄及形貌特征推测其来自英云闪长质岩石。说明在约44亿年之前，地球上已经存在陆壳物质。此外，地质学家还在加拿大克拉通上发现年龄为40.65亿～40.25亿年的英云闪长质岩石（acasta gneiss），这是目前最古老的岩石，出露面积约20平方千米。

大约在38亿年时出现英云闪长-奥长花岗岩-花岗闪长质（TTG）片麻岩、基性火成岩和条带状含铁建造沉积岩。太古宙地壳保存最好的剖面是38亿年的西格陵兰伊索瓦（Isua）构造带和依查齐（Itsaq）片麻岩。伊索瓦由镁铁质和长英质变质火山岩及变质沉积岩组成，虽然面积只有4×30平方千米，但伊索瓦产有带状磁铁矿建造及少量含铜硫化物的角闪岩，产有品位为32%、储量约20亿吨的铁矿石。这种带状铁建造和火山成因块状硫化物共存的成矿作用特点，表明是海底作用的产物。虽然伊索瓦已知铁矿的经济价值有限，但38亿年的年龄则清楚地表明它是地球上最古老的铁矿床。

地球上约38亿年的岩石有较多的出露，并且分布在不同的大陆（洲）上。中国的鞍山存在着年龄约38亿年的花岗质片麻岩，在冀东地区存在着含38亿年碎屑锆石的石英（砂）岩。中国最古老的物质年龄是北秦岭南段奥陶纪火山岩中大约41亿的锆石残留年龄，表明华北在41亿年前已有古老的陆壳存在。作为最古老的TTG片麻岩，在38亿年前很可能形成了一些古陆核（Windley，1995；Goodwin et al.，1996；Condie et al.，2001）。

陆壳的巨量生长发生在29亿～25亿年的新太古代，峰值约在27亿年（图5.2）（Condie and Kröner，2008）。据研究，25亿年前以TTG为主要成分的巨大陆壳，已经具有与潘吉亚泛大陆或现代大陆相当的规模（Rogers and Santosh，2003）。早期陆核的形成，用岩浆演化模式尚可解释，但是对于新太古代全球巨量陆壳的生长，如此规模的TTG岩石，很难用岩浆是从玄武质-科马提质岩浆中分异出来的模式来解释。

25亿年全球主要克拉通形成并完成克拉通化（翟明国，2013），其标志为：①出现相当规模的陆块；②岩石圈、大气圈和水圈形成耦合；③相当稳定的构造静寂期；④太古宙与元古宙的分界为里程碑式的地质时代界限（以构造事

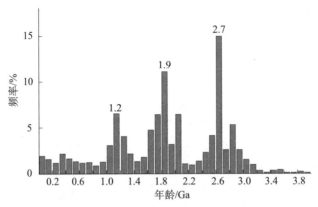

图 5.2   U-Pb 年龄分布指示了大陆地壳巨量生长的年代

资料来源：Condie et al.，2001

件为标志，各克拉通可不同，在 26 亿～24.5 亿年）；⑤地质历史上没有重复。

图 5.2 显示了 2.7 Ga 和 1.9 Ga 陆壳生长的峰值（Condie et al.，2001），这样短时间内的陆壳巨量生长，在板块体制下无法实现（Condie and Kröner，2008）。例如，加拿大阿伯蒂比（Abitibi）绿岩带岩浆活动（2735～2670Ma）持续了 65Ma；岛弧岩浆活动、块体增生和碰撞具有穿时特征，推测是地幔柱和板块体制相互作用的产物，也是火山成因块状硫化物铜-锌矿床和条带状含铁建造矿床同时发育的原因。

二、地壳早期（太古宙）生长过程中的成矿作用

越来越多的资料表明，全球现存古老大陆的主体形成于中-新太古代（Windley，1995），其中 27 亿年的地壳巨量生长事件最为重要，其特点是全球性大规模绿岩带岩浆活动。同样重要的是，在这一时期之后，多数古陆很快实现克拉通化，构成了全球稳定陆块分布的基本格局。这种陆壳快速生长与条带状含铁建造矿床、火山成因块状硫化物矿床发育存在对应关系。

条带状含铁建造矿床是世界上最重要的铁矿资源类型，广泛分布于 38 亿～18 亿年。条带状含铁建造矿床是早前寒武纪特殊环境的产物，记录了当时地球深部、大气、海洋和生物等方面的重要信息（Bekker et al.，2010）。统计资料表明，条带状含铁建造矿床形成高潮与地壳增生、地幔柱活动和火山成因块状硫化物矿床的峰期存在对应关系（图 5.3）（Isley and Abbott，1999；Rasmussen et al.，2012）。地壳快速生长、镁铁质-超镁铁质岩浆广泛发育、海底火山-热液大规模活动，为海洋中溶解的巨量铁提供物质来源。Isley 和

Abbott（1999）认为，与地幔柱有关的火山作用可以通过大陆风化作用或海底热液作用使铁流动到全球大洋的量增加，导致条带状含铁建造矿床沉积。但是，早前寒武纪古海洋中并没有广袤的大陆，海洋中仅有一些孤岛，条带状含铁建造矿床中巨量铁质应该是主要来源于遭受侵蚀的大洋玄武岩（包括大洋高原、海山和洋中脊等环境中形成的玄武岩），并为海底热液提供了部分铁质。

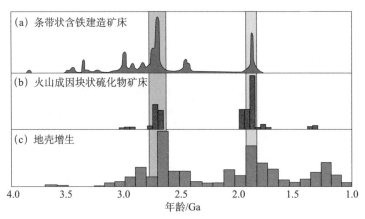

图 5.3　前寒武纪火山成因块状硫化物矿床、条带状含铁建造矿床和地壳增生的时间演化图

资料来源：Rasmussen et al.，2012

从全球来看，大多数克拉通在新太古代经历了大规模的陆壳生长事件，也是绿岩地体形成最为集中的时期，现今陆壳的 80% 以上形成于这一时期（翟明国，2010；Zhai and Santosh，2011）。在北美、西澳大利亚和印度的克拉通基底中，绿岩地体的形成峰期均在 27 亿年前后，中国华北古老克拉通也出现该期地壳生长事件（Zhai and Santosh，2011）。此外，在包括华北和北欧的波罗的等少数克拉通中，还存在 25 亿年的花岗-绿岩地体，是太古宙末期局部范围的地壳增生事件，其生长过程除与地幔柱活动有关外，还可能与板块构造过程相联系。在华北（如固阳、五台、冀东、辽西、吕梁、中条、霍邱、鲁西等地区）克拉通，最强烈的岩浆活动发生在太古宙晚期的 26 亿～25 亿年，有较多的火山作用与沉积作用，形成新太古代绿岩带和条带状含铁建造矿床，同时有大量的壳熔花岗岩和 TTG 片麻岩形成（万渝生等，2009；沈其韩等，2011；张连昌等，2012；Wilde et al.，2002；Zhai and Santosh，2011）。然而，华北克拉通钕同位素（Wu et al.，2005）的研究结果揭示，27 亿年左右也是华北克拉通地壳生长的重要阶段，与全球地壳幕式增生特点及造山带的形成和超级大陆循环的时期一致。

太古宙绿岩带是研究克拉通基底的形成、早期地壳的生长和演化的重要研究对象。鞍本绿岩带位于华北克拉通东北缘，以其巨量的新太古代条带状含铁建造矿床产出为特征。条带状含铁建造矿床赋存于太古宙鞍山群，分布于本溪及北台一带的鞍山群，以斜长角闪岩、混合片麻岩及黑云变粒岩为主，夹云母石英片岩及绿泥石英片岩，原岩为基性-中酸性火山岩夹泥质-粉砂质沉积岩；分布于鞍山地区的鞍山群，为绢云绿泥片岩及绿泥石英片岩，夹变粒岩及薄层斜长角闪岩，原岩为泥质-粉砂质沉积岩夹少量基性-中酸性火山岩。初步研究表明，鞍本地区条带状含铁建造矿床主要形成于 25.5 亿年前后（张连昌等，2012）。关于新太古代条带状含铁建造矿床的构造环境，初步研究表明鞍本地区条带状含铁建造矿床的形成可能与大洋板片俯冲环境有关，其中鞍山地区条带状含铁建造矿床接近古老边缘环境。铪同位素资料表明，部分变质火山岩的锆石具有接近地幔演化线的 $\varepsilon_{Hf}(t)$ 值，暗示鞍山地区存在约 25.5 亿年的地壳增生事件。

华北克拉通条带状含铁建造矿床主要有三种类型（张连昌等，2012）：原始沉积的条带状 [图 5.4（a）]、受后期构造-热液叠加改造和古风化壳等，但总体不发育富铁矿，国外发育的风化壳型富铁在我国也甚为少见。在探讨条带状含铁建造矿床类型时，需要从绿岩带发育序列进行综合判别。阿尔戈玛型铁矿一般产于克拉通基底（绿岩带）环境，苏必利尔湖型铁矿一般形成于稳定克拉通上的海相沉积盆地或被动大陆边缘。华北克拉通条带状含铁建造矿床地球化学研究结果表明，条带状含铁建造矿床无铈负异常且铁同位素为正值，暗示铁矿沉淀条件为低氧或缺氧环境，而铕正异常可能指示条带状含铁建造矿床有热水沉积参与，其机制可能为海水对流循环从新生镁铁质-超镁铁质洋壳中淋滤出铁和硅等元素，在海底排泄沉淀成矿，而条带状构造的形成可能归结于成矿流体的脉动式喷溢。迄今为止，对铁矿的物质来源、成矿条件和机制、富铁矿成因、苏必利尔湖型铁矿 [图 5.4（b）] 在我国不发育的原因等方面，仍有待进行深入的研究。

基于太古宙硅质碎屑岩、黑色页岩、火山成因块状硫化物矿床中硫化物及条带状含铁建造矿床中磁铁矿的 $\Delta^{33}S$ 和 $\delta^{56}Fe$ 特征的系统研究，Beker 等（2010）认为控制火山成因块状硫化物矿床与条带状含铁建造矿床共生的主导机制为古海洋氧逸度和硫逸度的变化。海底火山-热液活动会向海洋中输送大量还原性气体（如 H_2S），促使火山口或热液喷口附近硫逸度显著升高，最终可导致火山成因块状硫化物矿床的形成。与此同时，在距离热液喷口偏远的地方，海水的稀释作用会导致硫逸度下降，进而在低硫逸度和较高氧逸度条件下会沉淀条带状含铁建造矿床（图 5.5）。

（a）鞍山-本溪由磁铁矿与石英组成的条带状含铁建造矿床

（b）南非由赤铁矿与燧石组成的条带状含铁建造矿床

图 5.4　阿尔戈玛型和苏必利尔湖型条带状含铁建造矿床对比

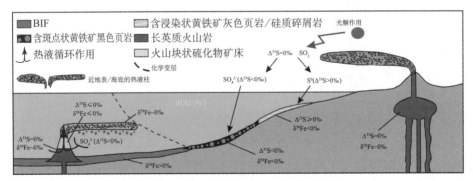

图 5.5　太古宙火山成因块状硫化物矿床和条带状含铁建造矿床共生假想成因模式图

资料来源：改自 Bekker et al., 2010；Farquhar et al., 2011

第三节　古元古代构造转折
与环境突变过程中的成矿作用

一、古元古代构造转折与环境演化

古元古代（25亿~16亿年）标志着大地构造的显著变化，最早的稳定岩石圈板块开始发育，硅铝质陆壳增生加厚，花岗质及玄武质层圈形成，克拉通初步形成，为沉积盆地的形成、地台沉积物的沉积及大陆边缘地槽的发育等奠定了基础。同时24亿~22亿年发生了大氧化事件，使大陆表生环境发生了根本改变，即由太古宙的缺氧还原环境变为富氧的氧化环境。

古元古代构造体制的改变，即板块构造从什么时候开始是大陆演化研究的关键科学前沿。Windley（1995）认为全球性板块体制建立的时代应在古元古代，其最重要的表现就是俯冲-碰撞造山作用的广泛发育和超大陆的形成。板块构造出现之后，逐渐从区域性构造发展成为全球性的支配性构造体制（Amelin et al., 1999）。前寒武纪可能存在三个超大陆：凯诺兰（Kernoland）、哥伦比亚（Columbia，或称为 Nuna）和罗迪尼亚（Rodinia）（Windley，1995；Amelin et al., 1999；Rogers and Santosh, 2003）。在超大陆的形成和裂解过程中，往往伴随有大量的岩浆活动和成矿作用（Condie，1998；Ernst et al., 2008）。华北高压麻粒岩和退变榴辉岩地体的发现，指示初始板块构造可能发生在古元古代（翟明国，2013）。华北克拉通晋豫活动带中条山铜矿峪铜矿已经具备斑岩型矿床的特征，虽然其与显生宙的斑岩型矿床在规模及某些特征上还有差别，但指示古元古代晋豫活动带已具有早期板块的构造特征，出现的斑岩型铜矿，可能是世界上最早的案例（李宁波等，2013）。

古元古代同时出现地球环境剧变，以发生于24亿~22亿年的大氧化事件为标志，从早期缺氧变成富氧。大气圈与固体圈层的耦合，推测是与超级克拉通的形成同步的。而大气圈富氧的过程，据研究是在大于23亿年前后开始，而在23亿~19亿年时达到与现代相近的富氧状态。这是一个氧的突变或剧变的过程，称为大氧化事件（赵振华，2010；Ohmoto，1997；Konhauser，2009）。从全球构造来看，25.0亿~23.5亿年是一个静寂期。大氧化事件在地球上有许多表现，主要有：①全球性的水体和大气的氧逸度增高；②水圈中离子的价态、种类、活度发生变化，从而引起沉积物类型与性质的变化，如海水中二价铁离子的价态改变，形成大量的条带状硅铁建造沉积，以及沉积物中稀土元素形式的改变等；③氧逸度的改变导致温度的改变；④促进生命的形成演化和生物圈的变化等。

二、古元古代成矿作用

始于25亿年的元古宙，因板块构造运动及超大陆形成与裂解和古环境的显著变化，孕育了大量矿床的发育。这一成矿期以下列矿床类型为特征：①金–铀砾岩型矿床；②沉积锰矿床；③沉积岩为容矿岩石的层状铅–锌矿床；④与层状侵入杂岩有关的铜–镍–铂族元素–铬矿床组合；⑤条带状含铁建造矿床；⑥沉积变质岩型磷矿、石墨矿和菱镁矿等。

在超大陆裂解过程中，通常伴随着强烈的海底火山作用，巨厚陆缘碎屑沉积建造，以及非造山型岩浆活动，形成铜–镍硫化物矿床、钒–钛–铁矿床、铅–锌–铜矿床等系列特色矿床。与古元古代哥伦比亚超大陆形成与裂解过程相对应，全球形成了众多规模巨大的铅锌铜多金属矿床，如澳大利亚的布罗希尔铅锌银矿床、瑞典的Bergsia-gen铅锌铜矿床、南非的Ni-maqua活动带中的铅锌铜矿床和加拿大沙利文铅锌矿床等。华北克拉通古元古代活动带中的火山沉积矿床（如丹东和中条裂谷中的铜铅锌矿床）与之有很多相似之处（翟明国，2004，2010；Zhao et al.，2002；Zhai and Santosh，2011）。在津巴布韦克拉通中，约2500Ma的裂谷作用形成了大岩墙侵入体及其有重要经济价值的铬和铂族元素矿产资源。在卡普瓦尔克拉通上，大面积的布什维尔德杂岩产有世界级铂族元素、铬和铁–钛–钒矿产，象费拉包尔瓦碱性杂岩含有铜–磷–铁–稀土矿化。在2000～1800Ma，沿着卡普瓦尔克拉通西缘形成了海泊斑岩铜矿床和密西西比河谷型铅锌矿床。

地球历史上2500～1800Ma时期，特别是2200Ma前后大气圈的氧含量上升非常显著。在成铁纪（Siderian，25亿～23亿年），光合致氧首先用于氧化水圈的Fe^{2+}，导致条带状含铁建造矿床大量形成。当时只有水生生物，所以大气圈只能在水圈氧化之后才能被氧化，即大氧化事件出现两阶段模型：25亿～23亿年水圈氧化，23亿～22亿年大气圈充氧。在2000Ma以后，因铀矿物和黄铁矿易氧化，威特沃特斯兰德（Witwatersrand）型原生矿床已难以形成。同时由于古元古代的大部分时期具构造稳定的特点，在西澳大利亚、南非、北美及巴西等地沿浅海大陆台地广泛形成和保存了巨量苏必利尔湖型条带状含铁建造矿床，该类铁建造是世界上铁矿石的主要来源。

由于大陆环境变化，生物大量活动，出现了一系列非金属矿产。国内外大量的碳同位素研究证实，大型石墨矿床属有机成因，含矿建造有明显的生物参与成矿的特征。由于地球历史在2300Ma后才有大量生物出现，所以石墨矿只赋存在2300Ma后的地层中（陈衍景等，1991）。优质石墨矿床的形成要求是含矿建造经历中高级变质作用，故大型石墨矿应在中深变质的2300Ma后的沉积建造中寻找。全球范围内缺乏2300Ma以前的沉积磷矿，但2300～1850Ma沉积磷矿大量形成，构成了全球性的第一次磷矿期。我国海州群、宿松群、红安群等以富产磷矿而著名（叶连俊，1989），如我国著名的海州磷矿床，产于古元古代晚期沉积变质岩系中，位于江苏连云港锦屏山。其大地构造位置处于中朝地块东部台隆南缘，区域地层主要为海州群及其下伏胸山变质岩系，含磷岩组为海州群锦屏组。世界上其他地区如斯堪的纳维亚半岛也有丰富的磷矿，大都是在2300～1850Ma沉积形成的。

太古宙地层中没有碳酸盐岩，自古元古代却有大量的碳酸盐岩地层发育，如西澳大利亚哈默斯利盆地和俄罗斯白海群；我国太华群、霍丘群、胶东群、莲平群、集宁群、集安群、麻山群、宽甸群、空岭群等上部均为孔兹岩系；时代更晚或近乎同时代的嵩山群、滹沱群、粉子山群、辽河群、海州群、宿松群等碳酸盐岩则更为普遍。在这个时期还出现了较多的富镁质碳酸盐岩建造，如古元古代早期辽东裂谷盆地沉积的辽河群沉积岩中富集了一些碳酸盐矿物，如菱镁矿、白云石、高镁方解石等，这些物质为后期镁质矿物的进一步富集提供了物质条件。菱镁矿的厚度和规模与富镁质碳酸盐岩的发育程度有关，如辽东辽河群大石桥组中形成巨型菱镁矿带。我国菱镁矿的成因类型主要有：沉积变质型、热液变质型及两者成矿作用叠加型；按产出地质条件和形成方式又可分为：镁质碳酸盐岩层中的晶质菱镁矿矿床和超基性岩中的隐晶质菱镁矿矿床两种类型，并以前者为主。我国的菱镁矿的总储量约占世界总量的1/4。目前，已累计探明菱镁矿储量31亿吨，居世界第一位。

第四节　中-新元古代大陆裂解与聚合过程中的成矿作用

一、大陆裂解、聚合及其演化特色

大陆演化到中-新元古代，是地球的"中年期"，是地球演化承前启后的关键阶段。这是近期科学家们提出的有关地球演化历史的一个新概念，论证了在 16 亿~6 亿年，地球处在一个长期稳定的、伸展的构造环境中，表现出隆升地幔对地球进一步稳定化的贡献，这是地球与此前和此后都完全不同的时期，标志着地球在新元古代裂解和雪球事件之后，进入现代板块构造体制的发展阶段（Zhai et al.，2014，2015）。华北克拉通 16 亿~6 亿年一直处于伸展阶段，相继经历了持续多期的裂谷作用，伴随四期岩浆作用，即镁铁质岩墙群等非造山岩浆活动，以及中-新元古代的镁铁质岩床（墙）和裂谷型火山岩，显示了上涌地幔的周期性作用。而在这个时期，华北克拉通没有任何与造山活动有关的构造、岩浆和成矿作用。通过国际对比研究，华北地球"中年期"的地质记录与全世界一致。这说明中-新元古代（地球中年期）持续裂谷事件是地球在此之前与在此之后都没有发生过的地质事件，代表了地球演化历史上的重要转折时期。

经历了古元古代晚期的变质事件（吕梁运动或称中条运动）之后，华北开始进入地台演化阶段，即从此时起开始了裂谷系的发育与演化。裂谷系可大致包括南、北两个在地表没有完全连接的裂陷槽和北缘、东缘各一个裂谷带。在华北南部的裂陷槽被称为熊耳裂陷槽。熊耳群双峰式火山岩最古老的岩浆年龄为 1780~1750Ma（赵太平等，2004），向上中-新元古代地层有汝阳群、洛峪群等。华北北部的裂陷槽被称为燕辽裂陷槽，主要由长城系、蓟县系和青白口系组成。中-新元古代（18 亿~5.4 亿年）的岩浆作用可以分为四期：①火山岩分布在长城系的团山子组和大红峪组，锆石铀-铅年龄在 1680~1620Ma，是晚于熊耳群的火山岩；②非造山侵入岩（斜长岩-奥长环斑花岗岩-斑状花岗岩）的同位素年龄在 1700~1670Ma；③在原青白口系下马岭组的斑脱岩及侵入下马岭组的基性岩席中，得到 1380~1320Ma 的锆石和斜锆石铀-铅同位素年龄，在东缘裂谷的沉积岩中也有 1400Ma 和 1300~1000Ma 的碎屑锆石；④在华北及朝鲜的中-新元古代地层中，已经识别出约 900Ma 的基性岩墙。此外，对华北北缘的白云鄂博群、狼山-渣尔泰群和化德群的研究，证实了在华北北缘的裂谷系与燕辽裂陷槽具有相同的层序与沉积历史。其中，在渣尔泰群中识别出约 820Ma 的火山岩。盆地分析表明，华北克拉通与相邻大陆分离时间对应于大红峪组-高于庄组沉积时间，结束后开始蓟县系沉积，为 1600Ma 或为古-中元古代接替时间，也大致对应于哥伦比亚超大陆裂解的时间。值得注意的是，华北克拉通自古元古代末至新元古代，经历了多期裂谷事件，但是其间没有块体拼合的构造事件的记录。这对于理解华北中-新元古代的演化历史，以及对于理解该时期全球的构造具有重要意义。

二、中-新元古代的成矿作用

伴随着进一步的克拉通稳定性演化，遭受裂谷和陆内沉积作用。中-新元古代时期首次出现大规模的沉积型铜矿床，如赞比亚和扎伊尔铜矿带及美国西北部的一些沉积型铜矿床。其中，中非铜（钴）成矿带是世界上最典型、最重要的沉积型铜-钴成矿带之一，整体延伸近700km，宽度约150km，主要分布在赞比亚铜带省、西北省和刚果（金）加丹加省，该矿带包含世界上可采钴资源的50%以上和众多世界级铜钴矿床。1700Ma和1600Ma期间大规模的碎屑沉积盆地，形成了东澳大利亚和南非世界级喷流沉积铅锌矿床。在中-新元古代伸展构造体制下，裂谷系中热水喷流成矿系统占有十分重要的地位，在全球范围内形成了许多大型-超大型喷流沉积矿床，如北美的科迪勒拉、澳大利亚 Batten Trough 和 Ldichharkt River、朝鲜摩天岭等裂谷带和我国狼山-渣尔泰裂谷系。这些中元古代喷流沉积成矿作用具有明显的全球可比性。

另外，这一时期同样发生了非造山岩浆作用，1600Ma的若克斯贝道温斯花岗岩-流纹岩杂岩的形成是重要的，在南澳大利亚形成了大规模的岩浆热液奥林匹克坝氧化铁、铜、金矿床。在1500Ma哥伦比亚超大陆形成后的地质时期（北极洲和波罗的海的汇聚）显示了一个几百个百万年的大地构造静止和大陆稳定的阶段。中-新元古代时期在1000Ma经历了广阔的幕式造山活动（格陵威尔造山带），这导致了最终罗迪尼亚超大陆的聚集。哥伦比亚超大陆大量的非造山岩浆作用（特别是在1500~1300Ma），为许多非常重要的矿床提供了赋矿岩石。在魁北克大量的辉长岩-斜长岩蕴藏了大型岩浆铁、钛（钛铁矿）矿床。同样在该带中，发育的碱性花岗岩-流纹岩杂岩形成了铁-金-稀土矿产资源。

中-新元古代与非造山岩浆有关的钛-铁-铂矿，以及与火成碳酸岩有关的稀土-铌-铁矿等也都非常有时代特色。例如，这个时期国内外的大型稀土矿床多以稀土铁建造为主。裴愉卓等（1981）及涂光炽（1985）根据我国条带状含铁建造矿床常常富稀土的特点提出了稀土铁建造，这些稀土铁建造可划分为三种类型：①以碳酸（盐）岩为围岩，如白云鄂博、云南逸纳厂、福建松政，它们的成矿元素组合为铁-稀土-铌，逸纳厂富铜，松政富磷；②产于变质和混合岩化钠质火山岩和火山沉积岩，如辽宁铁岭；③产于未变质碎屑岩中，如吉林临江式铁矿，主要为鲕状赤铁矿、菱铁矿及菱锰矿。我国和国外太古宙条带状含铁建造矿床的稀土含量一般仅为9.9~78ppm[①]，但元古宙铁建造稀土含

---

    ①   1ppm=1×10^{-6}。

量增加，使稀土铁建造主要集中在元古宙。我国以白云鄂博铁-稀土-铌矿床为代表，国外以澳大利亚奥林匹克坝的铜-金-铀-稀土-铁矿床为代表。

新元古代约1000Ma开始，形成罗迪尼亚超大陆——地球历史上第一个稳固的陆块。罗迪尼亚是一个长期活动的地质范畴，其稳定的时间超过250Ma。位于阿拉善地块南缘龙首山隆起的金川超大型岩浆铜、镍、铂族硫化物矿床的形成，是罗迪尼亚超大陆在825Ma裂解的响应。罗迪尼亚超大陆于元古宙末发生重组，泛非（Pan-African）造山作用形成了冈瓦纳陆块。新元古代"雪球"的概念（Harland，1964；Hoffman et al.，1998）已显示了气候变化，特别是前寒武纪-寒武纪界线的有机生物的繁殖和多样化。地球冰期同样提出了新元古代矿床的特点和形成。新元古代主要矿床反映了大陆稳定的条件，以及全球冰覆盖期和趋向缺氧的环境。加拿大西北部和南非拉皮旦型及我国南方新余式铁矿的强烈发育、750～725Ma冰渍岩，被认为是伴随这一时期大陆和大洋冰盖的发育，派生于海底的热液排放导致铁建造形成的基础。同时冰盖后退和转向更多氧化的环境，造成氧化亚铁向溶解的氧化铁转变，后者从海水中沉淀，与碎屑和冰海相碎石结集成铁建造，甚至更强氧化环境导致氧化锰和碳酸盐的沉淀，如我国南方锰矿大陆就发育于这个时期。540Ma是前寒武纪-寒武纪界线，第一次全球主要成磷事件导致大量磷沉积岩的发育。与沉积铁矿一样，磷反映了大陆板片上随着同生沉积的碳酸盐-磷灰石在海底的沉淀，是由深而富营养的海水上升而形成的。虽然磷矿石的形成是一种复杂的地质作用，但有证据表明540Ma磷的沉淀是趋向于元古宙的结束而富集的。世界范围的许多磷矿床紧覆于冰渍层之上，认为富磷海水的上升，与雪球有关广泛冰海期间大洋的停滞有关。中非铜矿带层状铜、钴碎屑沉积矿床的大量形成，同样被认为形成于受雪球影响的环境。

第五节 显生宙大陆演化复杂性与矿产资源的多样性

一、显生宙大陆演化特征

显生宙的大陆演化大致可分为三个亚阶段：①板块活动及早古生代阶段（600～400Ma），显生宙开始，以板块构造活动强烈，高等生物大量发育，黑色岩系、硅质岩、含磷岩系发育，台地礁灰岩广布为特征；②俯冲-碰撞造山与晚古生代及三叠纪阶段（400～200Ma），以大陆扩展，生命活动大量由海登陆，陆相与海相交互沉积发育，以及裂谷发育为特点；③碰撞造山与晚中生代—新生代阶段（约200Ma），以碰撞造山带、盆地系统、线性构造带、环太平洋与特提斯构造带及大陆风化壳发育为特征。

显生宙大陆演化总体反映了威尔逊旋回，一系列地质事件与早古生代冈瓦纳的离散相关，随后大陆物质再次汇聚到早中生代形成的潘吉亚超大陆。其后则是另一个威尔逊旋回的开始，即潘吉亚超大陆的离散形成了今天的大陆地理格局。寒武纪—奥陶纪冈瓦纳的离散是由于早期超地幔柱的发育促成，其主要证据是650~580Ma在冈瓦纳的不同部分可见主要岩墙群的形成。从志留纪到石炭纪早期（420~300Ma），由于累进盆地萎缩，相应地开始地体增生和花岗质岩浆作用。这些杂岩和多相碰撞是作为海西造山作用存在于今天的欧洲和美国东部的阿勒格尼造山带中。大陆汇聚继续到二叠纪，随着西伯利亚大陆到波罗的海沿着尤尔构造增生，之后潘吉亚超大陆基本形成，潘吉亚超大陆约在三叠纪（230Ma）最大限度地结合后很快就开始裂解。因此，与罗迪尼亚超大陆相比，潘吉亚超大陆是一个时间非常短暂的超大陆。原因是超级地幔柱或地幔柱的发育，在石炭-二叠纪时代（320~250Ma），存在约70Ma。值得一提的是，石炭-二叠纪在中国新疆北部（中亚造山带南部中段）有大量与岩浆作用有关的矿床的形成，包括斑岩型铜矿床、夕卡岩型钼矿床、火山成因块状硫化物矿床和岩浆铜镍硫化物矿床，以及浅成低温热液金矿床等，整个亚洲在二叠纪—三叠纪初，自南东向北西，峨眉山二叠纪大陆溢流玄武岩、塔里木-天山石炭-二叠纪大规模岩浆喷溢与侵入，以及西伯利亚早三叠世大陆溢流玄武岩的分布，绝不是孤立的地质现象，它可能代表了重要的地质裂解事件或陆内地幔柱作用引发的岩浆作用事件。进入新生代的印度板块与澳大利亚板块从南极洲最终分离，印度板块向北靠拢导致与亚洲板块碰撞，形成新生代喜马拉雅造山带。与喜马拉雅造山带同时代的南欧洲阿尔卑斯造山带连接在一起，造成在特提斯洋消失后非洲和阿拉伯板块与亚洲板块的碰撞。中-新生代潘吉亚裂解的一个重要证据，就是反映了伴随北美和南美西缘科迪拉勒和安第斯造山带形成发育了新的地壳（Windley，1995）。

显生宙地壳演化，以古生代克拉通发生边缘造山带，中生代发生构造转折与陆内成矿及金爆发型成矿为特征。由于板块的俯冲-碰撞造就了显生宙宏伟的造山带，大规模的洋壳再循环形成了长的火山链和大陆边缘弧、弧后盆地、裂谷盆地及其他的地质构造。

二、显生宙成矿作用

显生宙由于板块运动，大陆边缘、岛弧-弧后盆地、裂谷盆地及其他的地质构造，显著地增加了成矿环境的多样性及后期的叠加改造。例如，大陆边缘环境，塞浦路斯型含铜黄铁矿矿床和砂岩型铀矿床在显生宙成矿期内首次出现，豆荚状铬铁矿矿床在显生宙广泛发育，显生宙形成的火山成因块状硫化物矿床中铅显著富集，如火山岩型铜铅锌矿和海相热水沉积型铅锌银矿中方铅矿大量发育；岛弧环境，斑岩型铜金钼矿床和浅成低温热液金矿床等大量形成且集中分布，形成许多超大型矿床。板块内部中酸性岩浆的地球化学演化，以及地壳内部矿化富集体的再循环，使得钼、锡、钨等矿床大量发育。大量的能源矿产，包括油、气、煤等主要形成在显生宙。

古生代成矿事件以中亚造山带为代表。中亚造山带是地球上最大的造山带之一，北、南分别与西伯利亚克拉通、塔里木-华北克拉通相接，西端延伸到俄罗斯的乌拉尔山，向东至西太平洋海岸，呈向南突出的巨大弧形带。古生代西伯利亚洋闭合过程中大陆边缘增生显著、构造和岩浆活动强烈、矿产资源丰富，形成著名的中亚成矿域。在这一时期的地壳演化过程中，经历了板块俯冲、碰撞造山及大规模走滑剪切和后造山演化阶段，在每个构造演化阶段都伴随有地壳增生和大量金属元素的堆积。

洪大卫等（2003）在总结锶、钕、硫、铅多元同位素资料后认为，中亚造山带的铜、金多金属矿床与区域花岗岩在形成时代和物质来源上基本吻合，且具有一定的继承性。从古生代至中生代，地幔来源物质参与了成岩成矿作用，即便是钨、锡、稀有金属矿床，也受到了地幔来源物质的同化混染，揭示了地幔来源物质参与多金属成矿作用。按照地壳增生和成矿作用关系，以我国东天山地区成矿作用为例，其在晚古生代主要有如下几种矿床类型：①晚泥盆世—早石炭世增生期间形成的铜-钼-金-银矿床；②早石炭世增生期间形成的铁-铜-铅-锌矿床；③晚石炭世—早二叠世碰撞后形成的造山型铜-镍硫化物矿床和造山型金-铜矿床等。上述矿床在形成过程中既有地壳的水平增生作用，也有地壳的垂向增生作用，成为我国重要的内生金属矿床富集区。

中生代爆发式成矿在中国东部最为典型。中国东部在特定地质背景下发生了岩石圈大减薄和构造格局大转折，从而导致大规模壳幔相互作用和构造圈热侵蚀事件的发生及大规模成矿事件。与此有关的金属矿床主要有以下两个矿床类型：①与中-酸性岩浆活动有关的斑岩型钼矿床和浅成热液矿床，其中包括钼、银、铅、锌矿床等，成矿主要时代在 150～130Ma；②与基底重熔和深成侵位花岗质岩体有关的爆发式大规模金成矿作用，遍布在华北东部的克拉通边缘及克拉通内部，主期在 120±10Ma。据陈毓川（2001）对全国岩金矿床资料的统计，666 个矿床中形成于中生代的有 518 个，占矿床总数的 78%，占金矿总储量的 75%，这些金矿床基本上都产在中国东部。例如，胶东金矿集区的东界与华北克拉通的东界吻合，金矿以华北克拉通变质岩及其有关的侵入岩为控矿围岩。主成矿期成矿时代为 120Ma 左右，约在不到 10Ma 的短时限内，成矿物质具有多源性，既来自控矿围岩-花岗片麻岩等变质岩，又来自幔源的岩浆岩，特别是与中基性脉岩、偏碱的钙碱性花岗岩的侵入关系密切。此外，除胶东金矿集区之外，华北克拉通的边缘和内部普遍含有金矿，而且金矿的物质来源、成矿方式、矿产类型、成矿围岩和成矿年龄都是一致的。这种大规模、短时限、高强度的成矿，被中国地质学家称为中生代成矿大爆发或金属异常巨量堆积，从而提出了受到中生代构造岩浆热事件与克拉通基底双重控制的陆内非造山带型金成矿作用（翟明国，2010）或克拉通破坏型金矿（朱日祥等，2015）。

翟裕生等（1992，2010）长期开展长江中下游区域成矿的地质背景和构造演化研究，提出燕山期本区为大陆板块内部的断块与裂陷交织的构造-岩浆-成矿带。他们认为，在燕山早期，以 NWW—EW 向为主的岩石圈断裂，主要控制了铜、钼、（金）矿带的分布；燕山晚期，以 NNE—NE 向为主的岩石圈断裂，主要控制了铁及铁-铜矿带的分布。矿带内各矿田的位置，受基底构造和盖层构造的联合控制。在综合研究区域构造、沉积、岩浆、成矿等作用的基础上，认为本区存在两个成矿系列，即沉积成矿系列（古生代为主）和岩浆成矿系列（燕山期为主），岩浆成矿系列是本区主要的金属成矿系列。两个系列的叠加复合是本区区域成矿的一个特色，是造成本区矿床多样性和复合性的重要原因。

在世界范围内，中-新生代大洋板片俯冲产生的岛弧和陆缘弧环境下，产生了大规模的斑岩型成矿事件。陆缘弧环境的经典成矿省包括安第斯中部、美国西部和巴布亚新几内亚-伊利安爪哇；岛弧环境的斑岩型矿床则环绕西太平洋广泛分布，如印度尼西亚和菲律宾等地的斑岩铜金矿。从全球范围看，斑岩型矿床多形成于古近纪-新近纪（64%），成矿年龄为 38～1.2Ma，含矿斑岩多属钙碱性（岛弧）和高钾钙碱性（陆缘弧），矿带规模巨大，单个矿床的铜储量多在 1000 万吨以上，品位变化于 0.46%～1.3%，金储量在 300 吨以上（300～2500 吨），品位为 0.32～1.42 克/吨（Kerrich et al.，2000）。由此说明岛弧和陆缘弧环境具有产出斑岩型铜金矿床的巨大成矿潜力。但不是所有的岛弧和陆缘弧环境都能产出斑岩型矿床，若有火山成因块状硫化物矿床产出的岛弧环境，通常不发育斑岩型矿床。例如，日本古近纪–新近纪岛弧，发育黑矿型（kuroko-type）块状硫化物矿床。Uyeda 和 Kanamori（1979）对此解释为：以发育弧间裂谷为标志的张性弧，产出火山成因块状硫化物矿床；以发育中酸性火山岩浆岩套为特征的压性弧，产出斑岩型矿床。前人研究斑岩型铜矿成矿的制约因素发现，斑岩型铜金矿成矿和岩浆的氧逸度密切相关。

近年来发现大陆碰撞造山带也是新生代斑岩型矿床产出的重要环境，例如，藏东玉龙和冈底斯斑岩铜矿带就是其典型代表。这两大成矿带均产于印度板块和亚洲板块碰撞形成的喜马拉雅造山带，但形成于碰撞造山的不同阶段和不同环境。藏东玉龙斑岩铜矿带长约 300 千米，宽 15～30 千米，铜储量在 1000 万吨以上。该成矿带分布于碰撞造山带东缘的构造转换带，成矿系统发育于大陆强烈碰撞后的应力释放期或压扭向张扭转换期。冈底斯斑岩铜矿带，东西延伸约 350 千米，南北宽约 80 千米，铜资源量在 1000 万吨以上，具有世界级矿带的潜力远景。该成矿带发育于碰撞后地壳伸展环境（侯增谦等，2015）。总之，斑岩型矿床既可以产出于岛弧或陆缘弧环境，也可形成于碰撞造山环境。

第六节 总结与展望

一、大陆演化过程中成矿规律的总结

在大陆演化的不同阶段，因构造–岩浆活动的特征不同，形成了具有不同特征的矿床，即一定的矿床类型及其组合是大陆演化到一定阶段的产物。综合大陆形成、演化过程中成矿作用的特征，初步总结如下成矿规律（表 5.1）。

表 5.1 大陆演化阶段与成矿规律总结

大陆演化阶段 / 主要成矿期	大地构造背景和重要地质事件	主要矿产种类	主要矿床类型
地壳巨量增生 / 太古宙成矿期（大于 2500Ma）	陆壳形成与巨量增生；原始地壳薄，成分偏基性，地表热流值高；镁铁质火山活动强烈，绿岩带发育	铁、铬、镍、铜、锌、金	阿尔戈玛型铁矿，绿岩带型金矿，火山岩型铜锌矿，科马提岩型镍（铜）矿

续表

大陆演化阶段/主要成矿期	大地构造背景和重要地质事件	主要矿产种类	主要矿床类型
构造体系和表生环境转化/古元古代成矿期（2500～1800Ma）	富钾花岗岩发育，硅铝质陆壳增生加厚，花岗质及玄武质层圈形成；克拉通形成；大陆架宽广，杂砂岩发育	金、铀、铁、铜、铬、镍	含金-铀砾岩，苏必利尔湖型铁矿，层状火成杂岩型铬-铂-钒-钛矿，火山岩型铜-锌-铅矿
大陆裂解与聚合/中-新元古代成矿期（1800～600Ma）	克拉通形成后，宽阔盆地与狭长地槽；古陆长期风化剥蚀；大气与海洋氧气剧增，氧化还原急剧变化，出现红层	稀土、铅-锌、铁、锰、铜、铀、钒、磷	海相热水沉积铅锌（铜）矿，红色砂页岩铜矿，赤铁矿矿床，岩浆熔离型铜镍矿，奥林匹克坝铜-铀-金-铁矿，白云鄂博稀土-铁矿，斜长岩型钒-钛-磁铁矿
板块活动/显生宙成矿期（600Ma～）	显生宙开始，板块构造活动强烈；高等生物大量发育；黑色岩系、硅质岩、含磷岩系发育；裂谷发育，环太平洋、特提斯构造带；大陆风化壳	锰、磷、铅-锌、铜、钼、钒、铅-锌、盐类、石油、煤等	黑色页岩型铜-钒-铀矿，火山岩型铜铅锌矿，生物成因磷矿，海相沉积铁、锰、磷矿，斑岩铜（钼、金）矿，浅成低温热液金矿，煤田、油气田、盐类矿床

（1）随着大陆的演化，矿产种类从单一性向多样性发展，成矿物质由少到多，矿床类型由简到繁（图5.6）。统计表明，从地球早期到显生宙，成矿物质（元素及其化合物、矿种）的数量在逐步增加，由太古宙的铁、铜、锌等少数元素成矿，发展到中生代—新生代的几十种元素成矿，包括一大批有色金属、贵金属、稀有金属和放射性金属等。对于一些高度分散的元素如碲、锗、镓等，在过去人们只认识到它们在一些矿床中作为伴生有益组分产出，但近年却发现它们在中—新生代也能高度富集并形成独立矿床。矿床成因类型随着大陆的演化由简到繁，数量由少到多。太古宙时只有绿岩带型金矿、条带状铁矿和科马提型镍矿等少数几种矿床类型，这反映了当时成矿环境的单一和含矿介质种类的单调。随着大陆演化成矿环境变得复杂多样，到中—新生代，矿床成因类型已达到近百种。

（2）随着大陆地壳构造演化，地壳、成矿系统演化成熟度增高，超大型矿床的数量和种类增多（图5.7）。统计表明，随着大陆自太古宙早期到今天的演化，成矿物种、矿床类型、矿床数量都显示出由少到多的演化趋势。例如，通过对中国631个大中型金属矿床的统计（叶锦华等，1998），可知形成于太古宙的矿床有45个，占7.1%；形成于元古宙的矿床有64个，占10.1%；形成于古生代的矿床有151个，占24%；形成于中-新生代的矿床

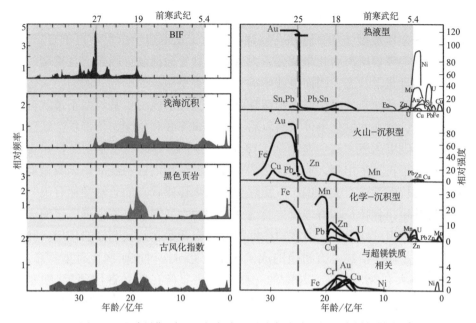

图 5.6 地球早期到显生宙全球金属矿产从单一性向多样性转换

资料来源：Veizer et al.，1989，有改动

占 58.8%。同时随着大陆演化，成矿环境改变和成矿介质增加，地球化学元素在地壳中经历多次活化、循环，导致成矿元素浓度系数提高。一些大陆的复合性与多期活动性，形成了大陆成矿的复杂性与多样性。

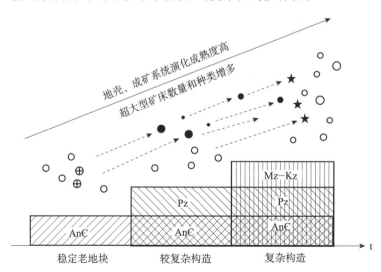

图 5.7 地壳构造演化及大型、超大型矿床形成示意图

资料来源：翟裕生，1997

（3）作为大陆表生环境的演化，大陆成矿作用具鲜明的时控性与不可逆性，一些矿床类型（如条带状含铁建造矿床）在地质历史上不再重复出现。这是由于地球表层海水化学成分、大气成分和生命活动等因素，直接制约着地表的物理化学状态，因而也就影响到不同类型矿床的形成。例如，太古宙地球环境为还原条件，同时火山活动强烈，主要形成阿尔戈玛型条带状含铁建造矿床，但在大氧化事件及其以后主要形成苏必利尔湖型条带状含铁建造矿床，而随着大气氧进一步增加（18亿年之后），苏必利尔湖型条带状含铁建造矿床不再重复出现，取而代之的是鲕状赤铁矿。这一新旧矿床类型的更替，与变价元素铁有关，也与沉积环境的氧化还原状态的急剧变化有关。根据矿物共生组合特征，有理由推断这一时期的大气圈和水圈中自由氧的含量剧增，CO_2 相对减少，生物活动在沉积过程中开始起到较明显的作用。叶连俊（1989）认为生物和有机质的成矿作用研究对探讨成矿演化有重要意义。中国和澳大利亚、印度、越南的一些磷矿主要产在新元古代到早-中寒武世，可能与当时海洋中菌、藻类微生物的一次空前繁茂及小壳化石第一次出现有关，震旦纪和寒武纪的蓝藻和叠层石通过其代谢作用富集形成了优质磷块岩。

（4）在漫长的地球演化历史中，成矿作用的发生具有明显的阶段性。这是因为大规模成矿往往与重大地质事件密切相关，受控于陆壳物质巨量生长、构造体制转变与地球环境剧变（表5.1）。陆壳演化和成矿演化基本是同步的，因而可以概括出以下几个重要特点：①太古宙陆壳物质巨量生长。陆核形成，原始地壳薄，很高的地热流值逐步降低，镁铁质火山活动广泛而强烈，形成大量与火山岩和火山-沉积岩有直接和间接关系的矿床。②元古宙稳定克拉通。在很漫长的大陆地台形成并日趋扩大的过程中，非造山成因的富钾花岗岩提供了丰富的金属矿源，经过剥蚀风化搬运，在大陆盆地或陆缘裂谷中形成众多的铅、锌、铜等矿床，而在显著增厚陆壳中由幔源岩浆上升侵位而形成的层状火成杂岩体中，则分异成巨型铜-镍、铬-铂和铁-钒-钛矿床。③显生宙板块构造运动开始了大地构造演化成矿的新纪元。在聚敛板块接合部位，壳幔的物质显著交换，组成构造-岩浆-成矿带，广泛形成火山岩型、斑岩型、花岗岩型等矿床类型。在离散板块的伸展构造体制下，幔源物质上涌，地壳增生，形成蛇绿岩套及与海相沉积有关的成矿系统；在大陆边缘的裂谷中，喷流沉积成矿作用普遍而强烈，形成大型的喷流沉积矿床；活动大陆板块内部的造山成盆作用及相应的成岩成矿作用，特别是花岗岩类成矿作用尤为显著。

二、大陆演化过程中成矿规律研究的展望

大陆形成、生长和再循环的地质过程及其发生的成矿作用一直是科学家的研究主题。把大陆成矿作用纳入大陆演化中进行研究，把成矿作用作为固体地球的一个动态演化的"系统"去思考，是今后大陆演化与成矿规律研究的方向之一。因为成矿作用是一个复杂的地质过程，当代的地球科学具有"地球系统科学"和"多维（动态）地质过程"的特点。涉及大陆成矿规律研究的前沿科学问题包括：①大陆演化过程中成矿物质的来源与聚集规律；②成矿流体在不同大陆地质环境的状态、性质及对金属元素的搬运与卸载机制；③大陆成矿过程中的物理化学环境、地质构造、成矿时间和成矿速率的控制因素；④制约地球演化历史中大陆成矿作用时控性和部分矿产出现不可重复性的内在因素（翟明国，2015）。

一定类型矿床是特定大地构造环境的标志物，深入研究成矿演化的历史轨迹所得出的丰富信息将能加深对全球历史演化过程的认识，而成矿演化研究所总结提出的矿床在时间上的分布规律能为矿产勘查指明方向。为此，建议加强对成矿历史演化的研究，除系统研究成矿演化的总趋势外，还应研究矿化在时间上的突变性、继承性、节律性等；同时还要注意不同矿种、不同矿床类型在地质时间上分布的不均一性。在研究方法上应运用多学科交叉渗透，将岩石圈演化、地球表层层圈演化、大陆动力学和成矿动力学相结合，以求深入、系统地认识地史上成矿作用演化的规律性（翟裕生，1997）。

如前所述，现今大陆地壳的80%以上形成于早前寒武纪，因此早期地壳演化及其成矿作用研究的几个重要科学问题仍然是今后探索的重点，如：①太古代大陆地壳的巨量生长机制，是板块还是地幔柱体制在起主导作用；阿尔戈玛型铁建造、火山成因块状硫化物矿床及绿岩带型金矿大规模发育与地壳大规模增生的关系。绿岩带是太古宙独有的和最具代表性的地质单元，包含有太古宙地壳生长和壳幔演化及成矿作用的最为丰富的信息。自20世纪70年代以来，绿岩带及其成矿作用一直是太古宙地壳演化研究的核心主题。近年来，从绿岩带中识别出了类似现代洋底、洋底高原、岛弧、弧前和弧后等环境的火山岩类型，包括拉斑玄武岩、苦橄岩、玻安岩、高镁闪长岩/安山岩（赞岐岩）、埃达克岩和富铌玄武岩等，并对有关条带状含铁建造铁矿、火山成因块状硫化物铜矿及绿岩带金矿的研究有了新的进展。②古元古代水圈大气圈环境转变和地球早期生命过程，与苏必利尔湖型铁建造、沉积锰矿、石墨、磷矿及金铀砾岩爆发成矿的关系；古元古代24亿~22亿年的

全球碳酸盐碳同位素正向漂移及相伴的生物活动大规模爆发和大氧化事件，以及其对地球表生环境的影响及沉积矿床形成的控制作用。③元古宙多期裂解-聚合的地球动力学机制及其对大规模稀土矿床、菱镁矿及早期斑岩矿床的控制。④显生宙超大陆形成与演化、岩石圈减薄及克拉通破坏过程中金铜铅锌多金属矿床大规模形成的机制。

近年来发展起来的高精度二次离子质谱（SIMS）和多接收器等离子体质谱（MC-ICP-MS）分析技术，使单颗粒锆石镥-铪同位素系统分析为评价早期地壳演化提供了更多的信息和更为可靠的证据。特别是锆石微区地球化学分析技术的应用，揭示了地球早期经历过强烈和快速的上地幔分异和巨量地壳生长。由于锆石微区铀-铅定年技术的进步，早前寒武纪地质和矿产的研究将进一步发生一系列变化：后期叠加事件可以得到可靠的筛分、成矿地质过程可以得到精确的刻画、显生宙地质研究方法可以得到广泛的应用。因此，应用新的技术方法，从新的视野及角度重新探讨早期大陆形成、生长和再循环的地质地球化学过程及其发生的成矿作用，将是地质学家今后研究的重要任务。

参考文献

陈衍景，季海章，富士谷，等. 1991. 23 亿年灾变事件的揭示对传统地质理论的挑战——关于某些重大地质问题的新认识. 地球科学进展，（2）：63-68.

陈毓川. 2001. 中国金矿床及其成矿规律. 北京：地质出版社.

第五春荣，孙勇，董增产，等. 2010. 北秦岭西段冥古宙锆石（4.1～3.9 Ga）年代学新进展. 岩石学报，26（4）：1171-1174.

洪大卫，王式光，谢锡林，等. 2003. 试析地幔来源物质成矿域——以中亚造山带为例. 矿床地质，（1）：41-55.

侯增谦，郑远川，耿元生. 2015. 克拉通边缘岩石圈金属再富集与金-钼-稀土元素成矿作用. 矿床地质，34（4）：641-674.

李宁波，罗勇，郭双龙，等. 2013. 中条山铜矿峪变石英二长斑岩的锆石 U-Pb 年龄和 Hf 同位素特征及其地质意义. 岩石学报，29（7）：2416-2424.

李文渊. 2012. 超大陆旋回与成矿作用. 西北地质，45（2）：27-42.

米契尔 A H G，加森 M S. 1986. 矿床与全球构造. 北京：地质出版社.

裴愉卓，王中刚，赵振华. 1981. 试论稀土铁建造. 地球化学，（3）：220-231.

沈宝丰，翟安民，陈文明，等. 2006. 中国前寒武纪成矿作用. 北京：地质出版社.

沈其韩，宋会侠，杨崇辉，等．2011. 山西五台山和冀东迁安地区条带状铁矿的岩石化学特征及其地质意义．岩石矿物学杂志，30（2）：161-171.

涂光炽．1985. 地球化学．科学杂志，37（2）：39-47.

万渝生，刘敦一，王世炎，等．2009. 登封地区早前寒武纪地壳演化——地球化学和锆石SHRIMP U-Pb 年代学制约．地质学报，83（7）：982-999.

叶锦华，王保良，梅燕雄，等．1998. 我国主要固体矿产时空分布的若干统计分析特征．中国地质，254（7）：25-32.

叶连俊．1989. 中国磷块岩．北京：科学出版社．

翟明国．2004. 华北克拉通 2.1～1.7Ga 地质事件群的分解和构造意义探讨．岩石学报，20（6）：1343-1354.

翟明国．2010. 华北克拉通的形成演化与成矿作用．矿床地质，29（1）：24-36.

翟明国．2011. 克拉通化与华北陆块的形成．中国科学（地球科学），41（8）：1037-1046.

翟明国．2013. 中国主要古陆与联合大陆的形成——综述与展望．中国科学：地球科学，43（10）：1583-1606.

翟明国．2015. 地球与矿产资源．中国西部科技，14（9）：130.

翟明国，彭澎．2007. 华北克拉通古元古代构造事件．岩石学报，23（11）：2665-2682.

翟裕生，等．2010. 成矿系统论．北京：地质出版社．

翟裕生．1997. 地史中成矿演化的趋势和阶段性．地学前缘，4（4）：197-203.

翟裕生，姚书振，林新多，等．1992. 长江中下游地区铁、铜等成矿规律研究．矿床地质，11（1）：1-12.

翟裕生，邓军，李晓波．1999. 区域成矿学．北京：地质出版社．

张连昌，翟明国，万渝生，等．2012. 华北克拉通前寒武纪 BIF 铁矿研究：进展与问题．岩石学报，28（11）：3431-3445.

赵太平，翟明国，夏斌，等．2004. 熊耳群火山岩锆石 SHRIMP 年代学研究：对华北克拉通盖层发育初始时间的制约．科学通报，49（22）：2342-2349.

赵振华．2010. 条带状铁建造（BIF）与地球大氧化事件．地学前缘，17（2）：1-12.

朱日祥，范宏瑞，李建威，等．2015. 克拉通破坏型金矿床．中国科学：地球科学，45（8）：1153-1168.

Amelin Y，Lee D C，Halliday A N，et al. 1999. Nature of the earth's earliest crust from hafnium isotopes in single detrital zircons. Nature，399（6733）：252.

Barley M E，Groves D L. 1992. Supercontinent cycles and the distribution of metal deposits through time. Geology，20（4）：291-294.

Bekker A，Slack J F，Planavsky N，et al. 2010. Iron formation：The sedimentary product of a complex interplay among mantle，tectonic，oceanic，and biospheric processes. Economic Geology，105（3）：467-508.

Condie K C. 1998. Episodic continental growth and supercontinents : A mantle avalanche connection? Earth and Planetary Science Letters, 163（1-4）: 97-108.

Condie K C, Kröner A. 2008. When did plate tectonics begin? Evidence from the geologic record. Geological Society of America Special Paper, 440 : 281-294.

Condie K C, Des Marais D J, Abbot D. 2001. Precambrian superplumes and supercontinents : A record in black shales, carbon isotopes, and paleoclimates? Precambrian Research, 106（3）: 239-260.

Ernst R E, Wingate M T D, Buchan K L, et al. 2008. Global Record of Large Igneous Provinces（LIPs）during evolution of the Rodinia supercontinent（1600–700 Ma）. Precambrian Research, 160 : 159-178.

Farquhar J, Zerkle A L, Bekker A. 2011. Geological constraints on the origin of oxygenic photosynthesis. Photosynthesis research, 107（1）: 11-36.

Goodwin B, Cox F, Lumry W, et al. 1996. The impact of salmeterol versus albuterol on disease specific quality of life in mild to moderate asthmatics. Journal of Allergy and Clinical Immunology, 97（1）: 256.

Harland W B. 1964. Critical evidence for a great infra-Cambrian glaciation. Geologische Rundschau, 54（1）: 45-61.

Hoffman P F, Kaufman A J, Halverson G P, et al. 1998. A neoproterozoic snowball earth. Science, 281（5381）: 1342-1346.

Isley A E, Abbott D H. 1999. Plume-related mafic volcanism and the deposition of banded iron formation. Journal of Geophysical Research : Solid Earth, 104（B7）: 15461-15477.

Kerrich R, Goldfarb R, Groves D, et al. 2000. The characteristics, origins, and geodynamic settings of supergiant gold metallogenic provinces. Science in China Series D : Earth Sciences, 43（1）: 1-68.

Konhauser K. 2009. Biogeochemistry : Deepening the early oxygen debate. Nature Geoscience, 2（4）: 241.

Kroner A, Layer P W. 1992. Crust formation and plate motion in the Early Archean. Science, 256（5062）: 1405-1411.

Kusky T M, Polat A. 1999. Growth of granite-greenstone terranes at convergent margins, and stabilization of Archean cratons. Tectonophysics, 305（1-3）: 43-73.

Liu D Y, Nutman A P, Compston W, et al. 1992. Remnants of ≥ 3800Ma crust in the Chinese part of the Sino-Korean Craton. Geology, 20（4）: 339-342.

Meyer C. 1981. Ore-forming processes in geological history. Economic Geology, 75 : 6-41.

Meyer C. 1988. Ore deposits as guides to geologic history of the Earth. Annual Review of Earth and Planetary Sciences, 16（1）: 147-171.

Ohmoto H. 1997. When did the Earth's atmosphere become oxic? Geochemistry News, 93:
26-27.

Rasmussen B, Fletcher I R, Bekker A, et al. 2012. Deposition of 1.88-billion-year-old iron
formations as a consequence of rapid crustal growth. Nature, 484 (7395): 498-501.

Rogers J J W, Santosh M. 2003. Supercontinents in Earth history. Gondwana Research, 6 (3):
357-368.

Sawkins F J. 1984. Metal Deposits in Relation to Plate Tectonics (2nd ed.). Berlin: Springer.

Tu G Z, Zhao Z H, Qiu Y Z. 1985. Evolution of Precambrian REE mineralization. Precambrian
Research, 27 (1-3): 131-151.

Uyeda S, Kanamori H. 1979. Back-arc opening and the mode of subduction. Journal of
Geophysical Research: Solid Earth, 84 (B3): 1049-1061.

Veizer J, Laznicka P, Jansen S L. 1989. Mineralization through geologic time: Recycling
perspective. American Journal of Science, 289 (4): 484-524.

Wilde S A, Zhao G, Sun M. 2002. Development of the North China Craton during the late
Archaean and its final amalgamation at 1. 8 Ga: Some speculations on its position within a
global Palaeoproterozoic supercontinent. Gondwana Research, 5 (1): 85-94.

Windley B F. 1978. The Evolving Continents. Chichester: John Willy and Sons.

Windley B F. 1995. The Evolving Continents (3rd ed). Chichester: John Wiley and Sons.

Wu F, Zhao G, Wilde S A, et al. 2005. Nd isotopic constraints on crustal formation in the
North China Craton. Journal of Asian Earth Sciences, 24 (5): 523-545.

Zhai M G, Santosh M. 2011. The Early Precambrian odyssey of the North China Craton: A
synoptic overview. Gondwana Research, 20 (1): 6-25.

Zhai M G, Santosh M. 2013. Metallogeny of the North China Craton: Link with secular
changes in the evolving Earth. Gondwana Research, 24 (1): 275-297.

Zhai M G, Hu B, Peng P, et al. 2014. Meso-Neoproterozoic magmatic events and multi-stage
rifting in the NCC. Earth Science Frontiers, 21 (1): 100-119.

Zhai M G, Hu B, Zhao T P, et al. 2015. Late Paleoproterozoic-Neoproterozoic multi-rifting
events in the North China Craton and their geological significance: A study advance and
review. Tectonophysics, 662: 153-166.

Zhao T P, Zhou M F, Zhai M, et al. 2002. Paleoproterozoic rift-related volcanism of
the Xiong'er Group, North China craton: Implications for the breakup of Columbia.
International Geology Review, 44 (4): 336-351.

第六章
成矿作用的空间不均匀性

第一节 引 言

　　地球物质运动在时空上的不均衡性，导致地球系统地质构造演化的多样性和复杂性，因而也造成全球矿床形成条件的差异性和它们在时空分布上的不均匀性。世界上某些矿床或矿床类型趋于集中在地壳某特定区域，呈丛集性或带状分布，或仅出现于某特定地质历史时期，因而提出了成矿域、成矿省、成矿区（带）和成矿幕等概念（Misra，1999）。就空间分布而言，全球金属矿床表现出极不均一性，如裴荣富等（2008）统计表明世界大型、超大型矿床主要分布于亚洲（占总数的37.3%）和北美洲（占总数的18.2%），并新划分出21个巨型成矿区带，他们认为异常成矿作用与重大地质事件密切相关。Sillitoe（2012）在总结全球铜矿时也指出：铜矿在地球上的分布表现出不均一性，主要产于特定不同时期的成矿省，并认为深部岩石圈过程是造成全球铜矿分布不均一性的主要原因。全球斑岩矿床的分布则受深部构造控制，一般形成于俯冲板片热异常地区。全球钨锡矿的分布受控于岩浆形成时的强烈蚀变富钨锡的沉积岩分布范围（Romer and Kroner，2016）。因此，研究全球不同类型矿床/矿种的空间分布规律，深入揭示成矿作用空间不均匀性的根本原因，探讨成矿作用与重大地质事件的耦合关系，已经成为国内外地学界关注的热点。

第二节 成矿作用空间不均匀性的研究进展

一、全球不同类型矿床的空间分布特点

全球范围内不同成矿带不同类型的矿床或不同类型的同一矿种在空间分布上往往表现出明显的差异。例如，全球主要铀矿床类型中角砾岩型主要产于南非和加拿大，砂岩型铀矿大多产于美国，不整合面型铀矿主要出现在加拿大和澳大利亚，澳大利亚奥林匹克坝铜-铀-金-银-稀土矿床是世界上最大的铀矿床，并伴生巨量铜-金-银-稀土矿石的堆积，脉型铀矿则主要分布于法国、西班牙、葡萄牙、捷克、加拿大、美国及中国华南地区等。又如，金矿床在全球分布虽然广泛，但其在空间上具有显著丛集性的分布特征，并以太古宙克拉通绿岩带和环太平洋带为代表（Goldfarb et al., 2005）。其中南非的威特沃特斯兰德盆地具有世界上最大的黄金储量。金矿大致可划分为砂金型、角砾岩型、浅成热液型、沉积浸染型［即卡林（Carlin）型］、侵入岩相关和造山型等。此外，金还以伴生矿种形式出现在与镁铁质和超镁铁质岩有关的镍-铜硫化物矿床、火山成因块状硫化物矿床和斑岩型铜矿床中。造山型金矿是目前全球发现数目最多，也是最重要的金矿床类型，其产量占全球产量的一半以上，其次是斑岩型、浅成热液型、卡林型、火山成因块状硫化物型、夕卡岩型、铁氧化物-铜-金-铀-稀土型和与侵入岩相关的金矿。砂金矿以冲积型和残积型为主，其超大型矿产地位于加拿大、美国、哥伦比亚、澳大利亚、印度尼西亚、新西兰和俄罗斯西伯利亚及中亚成矿域蒙古国-哈萨克斯坦境内；浅成热液型金矿几乎均产于环太平洋火山岩带，特别是在美国西部、印度尼西亚、巴布亚新几内亚、日本等地；卡林型金矿最集中分布于美国西部内华达州，中国西南云贵川等地，东南亚地区和秘鲁也是重要的卡林型金矿产地；造山型金矿广泛发育于加拿大、印度、澳大利亚和津巴布韦等国的太古宙（尤其是在 2.7Ga）克拉通绿岩带内。但大多数古生代脉型金矿则产于北美地区、澳大利亚和乌兹别克斯坦等地大陆边缘浊积岩环境；有意义的脉型金矿也产于如美国和加拿大等国的中生代—新生代增生造山环境（Misra，1999）。

根据成矿作用的主要方式，全球矿床成因类型大体可划分正岩浆矿床、

沉积矿床、变质矿床和热液矿床四类，它们的空间分布具有各自显著的特征。

1. 正岩浆型矿床的分布特征

正岩浆型矿床主要包括与铁镁质–超铁镁质杂岩体有关的矿床、与火成碳酸岩有关的矿床、与金伯利岩和钾镁煌斑岩有关的矿床、与斜长岩有关的矿床。其分布特征有：①与铁镁质–超铁镁质杂岩体有关的铬铁矿矿床、镍–（铜）硫化物矿床和铂族元素矿床主要产于南非、津巴布韦、澳大利亚、加拿大、美国、俄罗斯西伯利亚、格陵兰、挪威和塞浦路斯等国家和地区；②与火成碳酸岩有关的铌、稀土和铜矿床主要发生在东非裂谷及其周边地区，其次在南美洲（巴西）、北美洲（美国、加拿大）、俄罗斯和欧洲（挪威、瑞典、德国）、印度也有少量分布；此外，中国也是世界上碱性岩–碳酸岩型稀土资源最丰富的国家之一，以西南地区的攀西稀土成矿带为代表，产有包括大型牦牛坪、大陆槽在内的十多个矿床；③与金伯利岩和钾镁煌斑岩有关的金刚石矿以非洲、俄罗斯和西澳大利亚最为重要，印度、加拿大、美国、巴西、中国和东南亚地区的国家也有分布；④产于斜长岩内有意义的钛–铁矿床主要分布在加拿大地盾；⑤赋存于超镁铁质岩内有意义的铂族元素矿床主要分布于南非、美国、津巴布韦、加拿大、俄罗斯西伯利亚、中国和澳大利亚等。

2. 沉积型矿床的分布特点

主要与风化–沉积作用有关的矿床包括红土型镍矿、铝土矿、锰矿、磷矿、条带状含铁建造型铁矿、离子吸附型稀土矿、砂矿、与黑色页岩有关的多金属矿和海底锰结核等。其中，最重要的红土型铝土矿占世界铝土矿资源总量的80%以上，主要分布于几内亚、巴西、澳大利亚、印度、圭亚那和西非；红土型镍矿在西方国家占陆地镍资源量的约65%，其他比较重要的镍矿分布于南太平洋的新加勒多尼亚、澳大利亚、印度尼西亚、菲律宾、拉丁美洲危地马拉、巴西和哥伦比亚，美国、古巴、希腊、多米尼加共和国和印度也有少量分布；海相沉积型磷矿主要产于美国、俄罗斯和摩洛哥，其中以美国最为丰富；此外，中国"三阳式"磷矿也是世界上的重要磷矿资源；离子吸附型稀土矿产则以中国华南地区为代表；而全球大多数沉积型锰矿来源于格鲁吉亚和乌克兰的几个巨型矿床，南非元古宙含铁建造还包含有世界上原生锰资源量的3/4。前寒武纪条带状含铁建造型铁矿蕴藏的铁矿资源占全球铁矿石总产量的90%以上、占世界富铁矿矿石总储量的60%～70%，主要分布于澳大利亚、巴西、印度、加拿大、美国、俄罗斯和乌克兰及南非等，中国华北和华南地区也有分布。中国华北古元古代大石桥菱镁矿床，占全球菱镁矿总储量的 40%，也属于沉积-变质成因。

3. 变质型矿床的分布特点

本章变质型矿床仅指起源于变质流体，并通过矿物重结晶、成分重组和重新活动形成的变质型矿床。最普遍的、由区域变质形成的矿床包括石墨、石榴子石、滑石、刚玉、红柱石-蓝晶石-夕线石、宝石（红宝石、蓝宝石、祖母绿）等矿床。其中石墨矿以产于斯里兰卡、赋存于角闪岩相-麻粒岩相变质沉积岩中的伯格拉（Bogala）矿床为代表，而世界上储量最大的石墨矿则来源于华北的古元古代石墨矿床；变质成因铀矿床以加拿大的班克罗夫特（Bancroft）矿区和纳米比亚的勒辛（Rössing）矿区为代表。

4. 热液型矿床的分布特点

热液矿床包括与现代热液活动有关的和与古老热液活动有关的两类成矿类型。其分布特点为：①现代热液成矿作用发生在最近火山活动、具高热流和构造活跃的地带，包括汞、金-银贵金属和铁-铜-铅-锌-锰贱金属三个主要成矿系统类型。最大的汞生产基地位于美国，而浅成热液型贵金属成矿系统则以美国和新西兰某些地区活动热液系统为代表。②古老热液所形成的矿床可归纳为层状和层控型贱金属硫化物矿床、与花岗质岩有关的斑岩型和夕卡岩型矿床、赋存于沉积岩中的浸染型和热液脉型矿床。其中，斑岩型铜矿床约占世界铜资源总量的 50%，主要产于四个造山带：东太平洋巨型成矿带（智利、加拿大、美国、墨西哥、巴拿马和秘鲁）、西南太平洋巨型成矿带（菲律宾、巴布亚新几内亚）、加勒比海成矿带和阿尔卑斯成矿带。世界上与花岗岩有关的锡矿床主要产在四个区域：东南亚锡矿带（缅甸、泰国、马来西亚、印度尼西亚）、玻利维亚锡矿带、中国华南锡成矿省和加拿大康沃尔锡矿省。最重要的火山成因块状硫化物矿床则产于加拿大地盾、斯堪的纳维亚半岛、葡萄牙至西班牙的伊比利亚（Iberian）黄铁矿带和日本的［绿色凝灰岩（Green Tuff）］带；赋存于沉积岩中的块状锌-铅硫化物（±重晶石±银±金）矿床（沉积岩容矿的块状硫化物型或喷流沉积型）在世界上分布较为广泛，分别占全球锌和铅金属资源总量的 50% 以上和 60% 以上，最具代表性的矿床主要分布于澳大利亚、加拿大、德国、爱尔兰、南非、美国、印度和中国云南；广泛分布于沉积岩中的层状铜矿（SSC 型）占全球铜金属产量和资源总量的 20%～25%，也是世界上金属钴的最大来源，但主要分布在赞比亚和刚果（金）、哈萨克斯坦、美国、波兰及中国云南；密西西比河谷型锌铅矿是世界上锌和铅的最重要来源，但由于地理分布局限，大都见于美国境内，其他比较重要的密西西比河谷型矿床则分布于加拿大、波兰和澳大利亚。造山型金矿床形成于整个地球历史时期，分布极不均衡（图6.1），与地壳增生事件相对应。

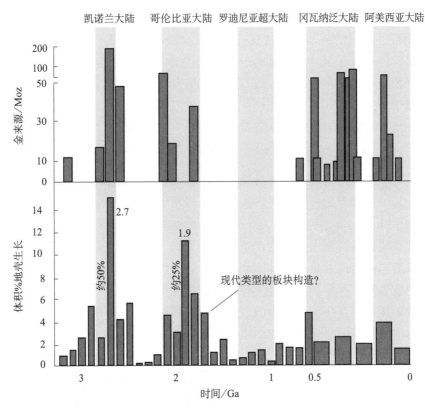

图 6.1　造山型金矿金资源量与地质构造演化史和地壳增生量的关系

资料来源：Goldfarb et al.，2010

1Moz = 28.3495231 吨；? 表示不确定

二、中国大陆矿产资源的空间分布特点

中国大陆因地质构造的复杂性和特殊性，矿产资源的分布在空间和时间上均表现出极不均匀性，空间上主要表现出以下分布特点。

（1）前寒武纪矿床主要分布在古陆边缘和陆内裂谷内部，但在不同构造单元差异较大。例如，华北地块是我国前寒武纪矿产分布最多的地区，以铁、稀土、铌、金、硼、菱镁矿、滑石、铅、锌、镍、石墨等最为重要；而华南扬子地块在前寒武纪优势矿产为铜、锰、磷、铅、锌、金、铁等。

（2）造山带内显生宙矿产十分丰富，主要分布于中亚成矿带、特提斯-喜马拉雅成矿带和西太平洋成矿带，但中生代约86%的矿床集中于西太平洋成矿带，特提斯-喜马拉雅和中亚成矿带中的矿床数量则相对较少。

（3）因西部大陆（指108°E以西）主要受古亚洲构造域和特提斯-喜马拉雅构造域的控制，而东部主要受太平洋构造域的控制，东、西部大陆的成矿特征也有明显的区别。例如，东部大陆虽仅占全国土地面积的55%左右，却分布了我国已知的中、大型矿床数的3/4；前寒武纪绝大多数超大型、特大型金属和非金属矿床也分布在中国东部大陆。

（4）北方和南方因有着不同的地质构造演化历史，成矿作用也各具特色。例如：①前寒武纪条带状含铁建造型铁矿主要分布于中国东部的华北地块，东部的华南地区（新余式铁矿）和西部的塔里木地区就相对较少；②西部前寒武纪矿床在其南方和北方也不尽相同。例如，在华南云南、川西的康滇裂谷带中产有元古宙的大红山式和东川式铜矿、密西西比河谷型铅锌矿、铁矿和磷矿，北方则以中元古代黄铁矿、铜矿、铅锌矿和镜铁山特大型铁矿最为重要，在新疆、青海、甘肃等地分布有新元古代超大型蛭石和大型磷矿、元古宙条带状含铁建造型铁矿；③稀有元素矿床在北方于前寒武纪中期较发育、海西期为最盛，而在中国南方以印支期较为发育、燕山期最盛；④在新生代，西南部发育丰富的金属和非金属矿产，但其油气资源欠发育；西北部在盆地中形成丰富的盐类和砂岩型铀矿床；东北部生成大量的油气矿藏和煤、泥炭等固体能源矿产；东南部油气资源则欠发育，而风化壳型矿床丰富。

（5）同一矿种在空间分布上表现出极不均衡性，如尽管我国已探明的稀土资源量居世界之首，但我国稀土矿床具有"北轻南重"的分布特点。

（6）不同成因类型的同一矿种在空间分布上也表现出不均衡性。以金矿为例，其主要分布于中国东部西太平洋成矿带的华北北缘、胶东和华南东南沿海，华北南缘的秦岭-大别山、西南三江特提斯成矿带和华南钦杭成矿带。其中，东部地区已知金矿床（点）占全国金矿床总数的89%、探明储量约占全国总量的95%。

三、中国大陆与全球成矿作用的对比

中国大陆已探明储量的金属矿产有56种，其中包括黑色金属、有色金属、贵金属、稀有金属、稀土金属、分散金属和放射性金属。目前，中国钢产量居世界第一，黄金产量居世界第二，10种常用有色金属产量稳居世界第二位。中国也是世界上的稀土大国，其实际产量和世界的消费量几乎相当。尽管中国存在这些优势矿产资源，但一批大宗型和战略型矿产资源如石油、天然气、金、铜、铝土矿、优质锰、富铁矿、钾盐、金刚石等仍相当紧缺。与全球主要大陆相比，空间分布上中国大陆的成矿作用无论是在矿床类型还是在矿种上也存在显著的差异。例如，与西澳大利亚和加拿大克拉通不同的是，中国大陆太古宙地层的分布区尚未发现有重要价值的与科马提岩有关的镍-铜-金矿床，在花岗-绿岩带也缺少太古宙时期形成的大型-超大型金矿床；元古宙时期，中国克拉通面积虽有所扩大，但它在较长时期内仍处于不稳定状态，缺少像南非大陆中存在的巨型稳定克拉通盆地，因而不具备含金砾岩型金矿的形成条件，也缺乏像西澳大利亚皮尔巴拉（Pilbara）克拉通内稳定的古陆风化环境，难以形成哈默斯利（Hamersley）型巨型富铁矿床。又如，与全球经典的斑岩型铜矿产出地——安第斯-科迪勒拉成矿带（Cooke et al.，2005）不同的是，中国大陆斑岩铜矿也显示出自身的成矿特点：①主要产于特提斯-喜马拉雅成矿带，而在太平洋成矿带和中亚成矿带产出较少；②成矿环境多样，不仅产于俯冲有关的岛弧，也可出现在陆-陆碰撞、大陆裂谷和碰撞后等环境（Hou et al.，2011）；③成矿持续时间长，从古生代至古近纪-新近纪均有产出，但主要集中于中、新生代；④常与夕卡岩型、火山热液型、火山成因块状硫化物型、喷流沉积型和密西西比河谷型等矿床共伴生，但规模相对较小。

第三节　成矿作用空间不均匀性的控制因素

实际上，成矿作用在空间上表现出不均一性的同时，在时间上也表现出不均一性，显然两者是一对不可分割的有机整体。因此，可以认为，控制成矿作用的空间分布不均一性的因素也就是控制成矿作用的时间分布不均一性的因素。

一、地壳组成与演化的差异性控制

成矿作用在空间分布上表现出的极不均一性与地球历史时期的地壳演化及其大地构造发展阶段的差异性有着紧密的联系，而这种差异性又具体表现在全球大陆的地壳组成和结构的差异上。与全球其他相对稳定的大陆（如加拿大克拉通、西澳大利亚克拉通、印度克拉通等）相比，中国大陆本身具有复杂的地壳演化历史和独特的地质构造特征。中国大陆地处亚洲板块、印度板块和太平洋板块的交汇部位，是由数个大小不同的陆块在地质历史时期经多次碰撞拼合而成。中国大陆地壳组成和结构最基本特征是由一系列不同时期的弧-盆系统经多期多阶段碰撞、拼贴而形成的一系列造山带组成的构造域将华北、扬子和塔里木三大陆块统一为整体；中生代以来，中国大陆，特别是其东部地区又经历了陆内造山与岩石圈伸展和减薄的多期次交替，不仅强烈改造或破坏了古老大陆岩石圈或克拉通，同时导致大规模的岩浆作用（大火成岩省出现）、显著的陆内变形（北东—北北东向深大断裂、断块隆升和剥蚀、挤压逆冲推覆与褶皱、盆-岭构造省和变质核杂岩等）和大规模的钨、锡、铋、钼、铜、铅、锌、金、锑等有色、稀有和贵金属与放射性金属（铀）的爆发式成矿（Mao et al., 2013）。中国大陆这一复杂而特殊的地壳演化和地质构造特征，决定了其成矿作用具有十分鲜明的特色，由此也控制了它在成矿作用的空间分布上所具有的与全球主要大陆的显著差异。

二、地壳/地幔化学组成不均一性的控制

成矿域和成矿省概念的提出，实质上暗示了区域规模地球化学异常的出现或矿床所在区域的地壳或地幔存在大规模地球化学不均一性。这种不均一性早已为地球科学研究领域所证实，并认为是控制成矿作用空间分布不均一的重要因素之一。中国主要大陆板块的构造地球化学省内一些同位素分布特点就反映了原始地壳的非均一性和地质构造演化历史的差异；我国一些重要金属元素的区域地球化学也表现为东西成带、南北分段的富集分散特征。成矿物质分布的不均一性已被广泛应用于解释不同地质构造单元元素富集成矿的差异，并提出了"地球化学省"或"地球化学块体"的概念，认为地壳或地幔、地球化学块体的内部结构揭示了元素的浓集程度和富集成矿的轨迹，进而造成一些成矿元素常呈带状分布的特征。人们已认识到，在岩石圈厚度变化的地区因地幔物质分异的差异，岩浆岩性质和元素成矿就出现明显分带。以太平洋地区为例，其中央带主要分布的岩浆岩是基性、超基性岩，铬、铁、锰、镍、钴等亲铁及铂族元素富集；其内带中酸性岩发育，主要有铜、铅、锌、银、铋、锑、金等亲铜元素富集；而其外带酸性岩分布广泛，中生代成矿元素多为钨、锡、锂、铍、稀土、铌、钽等亲石元素，中国华南地区广泛分布的不同时代花岗质岩和与有关的矿产就位于该带内。成矿元素在区域分布上的不均一性也十分显著，如从世界范围来看，钨成矿区主要发生在太平洋带的外带或靠近大陆的内部带，其次为地中海带及中亚至我国西北地区。环太平洋带在侏罗纪至白垩纪末期形成和花岗质岩浆有关的钨、锡等矿化也说明大陆分异演化到一定程度时才能产生钨锡矿化。

化学元素分布的不均一性不仅影响到成矿元素的空间分布，而且制约了成矿元素的时间分布，从而表现出一定的时空分布规律性。一些稳定性元素在地球历史的早期阶段相对富集，但随着地球向晚期发展，其富集程度越来越弱，如金矿主要产于前寒武纪，显生宙以来产金则较少；全球铁矿也类似，最富集的是前寒武纪特别是元古宙。而一些活泼的不稳定金属元素，随着地史的发展有向晚期富集的趋势，如全球范围内钨的成矿时代是前寒武纪最少，中生代燕山期则是钨矿化的高峰，全球约有 3/4 的钨产量集中在燕山期；锡的矿化虽然在 10 亿年前已开始，但具有经济意义的锡矿化大部分在较晚的地质时期；此外，铅锌和稀有金属的分布也有向地球演化历史的晚期相对富集的趋势。

世界各大陆（北美、非洲南部、印度、乌克兰及波罗的海等地区）在地球演化历史时期成矿元素的变化规律是：前寒武纪主要成矿元素有铂、铁、镍、钴、金、铀等；古生代主要成矿元素为铀、铅、钴、镍、铂族，其次为钨、锡、钼、汞等；中生代主要成矿元素是钨、硫、金、锑；而新生代则以汞、钼、铜、铅、锑等为主。中国大陆不同成矿域在成矿元素组合和成矿强度上也具有较大的差异。在成矿元素组合上，华北地块在太古宙形成铁成矿系统，元古宙产生铜-铅-锌、稀土-铁-铅-锌和镁-硼-碳（古元古代的石墨）成矿系统，古生代形成铜-钼成矿系统，中生代产生金、银-铅-锌和钼成矿系统（Zhai and Santosh,2013）；而华南地块在元古宙晚期形成铜-铅-锌、铅-锌和铁-钴-铜成矿系统，晚古生代形成有色和贵金属成矿系统，晚古生代至早中生代产生金、铜-铅-锌和铂-钯-镍-铜-钴成矿系统，晚中生代产生金-锑-钨、钨-锡-铋-钼-铍、稀土和钨-铜成矿系统，喜马拉雅期则出现铜和金成矿系统（Zaw et al.，2007）。在成矿强度上，古亚洲成矿域以华北地块及其北缘最高，环太平洋成矿域以华南地块最高，特提斯成矿域以西藏地块最高，而秦-祁-昆成矿域以秦岭-大别山构造带最高。

总体上，地壳中成矿元素在空间上和时间上分布是极不均匀的，具有一定的区域性特征，常显示一定的变化规律。这种空间及时间上的不均匀性主要是由岩石圈组成和结构、构造运动和岩浆活动及其演化等在时空上的差异所引起的，而这种差异又是由地幔物质分异，以及地壳在后期发展演化的不均匀性决定的。

三、成矿构造环境的差异性控制

矿床代表着地壳中因岩石圈各种地质作用的扰动而发生的系列内生或外生成矿过程而出现的异常金属富集（Santosh and Pirajno，2014）。人们已认识到构造环境或构造作用是控制矿床在空间上和时间上分布不均一性的一级因素，进而控制了与矿床形成有关的其他地质过程，如岩浆岩的成分与演化、沉积盆地的形成与充填、与成矿流体运移和矿物沉淀场所有关的断裂和剪切带的发展等。地壳演化及大地构造发展实质上表现为超大陆多旋回的聚合、裂解与地壳增生，导致不同类型的（成矿）构造环境，且所伴随的成矿事件又是多种有利因素的耦合结果，因而不同成矿构造环境下的成矿作用在空间和时间分布上就往往表现出不均一性或特殊性（Goldfarb et al., 2010）。目前，人们已将矿床的形成演化与地史时期的板块运动、地幔柱活动或地幔柱-岩石圈相互作用及由此产生的一系列构造环境联系起来，以揭示矿床时空分布的不均一性。例如，2.6 Ga 前，地幔柱活动强烈，导致与科马提岩有关的镍矿床、伸展环境下的富有色金属的火山成因块状硫化物矿床（如加拿大苏必利尔省）、与凯诺兰超大陆聚合有关的产于缝合带内的造山型金矿，以及金伯利岩型和钾镁煌斑岩型金刚石矿床。2.6 Ga 后随着地幔柱活动减弱，2.4～2.2 Ga 因凯诺兰超大陆裂解在被动大陆边缘广泛沉积了含铁和含磷建造；铬-镍-铜-铂族元素矿床也出现于受地幔柱冲击的夭折裂谷，如津巴布韦大岩墙、俄罗斯诺里尔斯克大火成岩省；与古元古代造山形成哥伦比亚超大陆有关的前陆盆地内（如北美 Trans-Hudson 造山带、澳大利亚 Barramundi 造山带）则产生了不整合面型铀矿床。1.6～1.4 Ga 的地幔柱在导致哥伦比亚超大陆裂解的同时，在北美和澳大利亚陆内裂谷盆地内产生喷流沉积型铅锌矿床，以及在所有大陆内形成与 A 型花岗岩有关的锡矿床、铁氧化物铜金矿床。1.0 Ga 地幔柱对罗迪尼亚超大陆的冲击在劳伦古大陆和波罗的大陆形成非造山斜长岩有关的铁-钛-钒矿床。约在 800 Ma 地幔柱导致罗迪尼亚超大陆裂解在陆内盆地形成与沉积有关的铜矿床。含铁建造的出现与多旋回的板块运动和地幔柱活动可能也有着密切的联系，阿尔戈马（Algoma）型铁建造开始于 3.8 Ga，颗粒状含铁建造于 2.4 Ga 沉积于凯诺兰超大陆的被动边缘，苏必利尔湖型铁建造则形成于劳伦古大陆被动边缘，而拉皮坦（Rapitan）型铁建造产生于与罗迪尼亚超大陆裂解有关的晚阶段（ca. 700 Ma）裂谷。产于澳大利亚和非洲南部被动大陆边缘的丰富的古近纪-新近纪钛-锆-铪砂矿也可能与多阶段造山事件导致罗迪尼亚和潘吉亚超大陆聚合有关。此外，造山型金矿主要产于 ca. 2.7 Ga 至古近纪-新近纪的科迪勒拉型造山带内，金-砷-钨和汞-锑矿床则赋存于地体缝合带较浅部地壳。密西西比河谷型铅锌矿床往往就位于前陆盆地，而显生宙喷流沉积型铅锌矿床普遍发生于裂解的被动大陆边缘。斑岩型铜矿床和浅成热液型金-银矿床在洋内弧和大陆边缘弧也均有产出。

四、重大地质构造事件的控制

1. 多期超大陆聚合和裂解事件

超大陆的多旋回聚合和裂解对成矿作用及矿床的空间和时间分布的控制已引起众多学者的关注（Nance et al., 2014）。我国华北地区主要矿床类型在时空分布上与该区多期聚合和裂解事件就表现出耦合性。Zhai 和 Santosh（2013）曾提出华北地块主要经历了五个构造旋回，并相应形成五个主要的成矿系统。我国华南地区矿产资源丰富、矿床类型多样，其成矿作用与 2.1～1.4 Ga 的哥伦比亚超大陆演化、1.3～0.9 Ga 格伦维尔（Grenville）或晋宁期造山和罗迪尼亚超大陆聚合及随后的裂解、ca. 650～500 Ma 的冈瓦纳超大陆聚合、泥盆纪以来的特提斯洋演化和 ca. 250～200 Ma 的泛大陆形成，以及 ca. 180 Ma 以来的太平洋板块俯冲和由此引起的岩石圈伸展减薄等多期地球动力学事件有密切关系（Zaw et al., 2007）。在东南亚地区，以与斑岩有关的夕卡岩型、浅成热液型和沉积型／造山型金矿为特色的多类型矿产的形成已被认为与冈瓦纳大陆裂解、弧岩浆作用、弧后盆地发展及弧陆和陆陆碰撞等长期复杂的构造演化历史有关（Zaw et al., 2014）。Deb（2014）对印度地块铁-锰-磷、金、铜-钼-锡、铅-锌-铜、铅-锌、铜-铀-稀土、钨-锡等不同类型矿床的时空分布规律研究发现，该地块的前寒武纪成矿具有四个特定的时期，其中，新太古代（ca. 2.8～2.5 Ga）、古-中元古代（ca. 2.3～1.5 Ga）和新元古代（1.0～0.7 Ga）三个成矿幕分别与凯诺兰超大陆、哥伦比亚超大陆和罗迪尼亚超大陆的聚合与裂解有关，且新太古代和古元古代两个最为强烈的成矿事件又与全球地壳增长的主峰相一致（图6.2）。Teixeira 等（2007）发现南美克拉通经历了古元古代（2.3～1.8 Ga）、中-新元古代（1.3～0.6 Ga）和新元古代—显生宙（650～500 Ma）的多次聚合与裂解，并分别伴随金-铀-铬-钨-锡矿化，以及金-钯-镍-铜-锌-铅等为主的矿化和铅-锌-铜等为主的矿化。

2. "幕式"地质事件

某些重要类型矿床尽管产于某一特定的构造环境，但可形成于地壳发展不同时期的相似构造背景，因而常表现出"幕式"或"重复"出现的特点。例如，造山型金矿的发生可达 30 亿年以上，在中太古宙到晚前寒武纪至显生宙的整个地史时期就表现了"幕式"产出特征，其特色是产于造山带中（Goldfarb and Groves, 2015），与全球超大陆的聚合与地壳增生事件相对应。Chen 等（2007）的研究还表明，中国境内的夕卡岩型金矿因受显生宙碰撞造山作用影响，其成矿作用和时空分布反映它们形成于碰撞造山带从挤压向伸

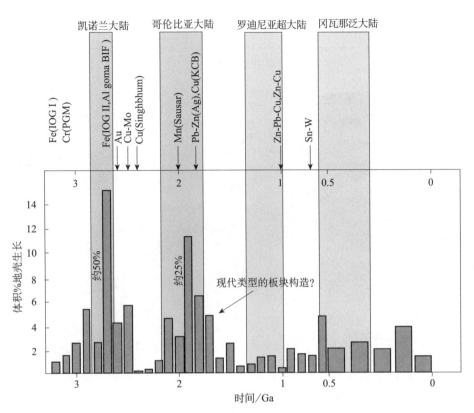

图 6.2　印度主要矿床类型与年轻地壳增长和超大陆聚合综合图

资料来源：Deb，2014

？表示不确定

展的过渡动力学环境，该认识对揭示该类型矿床"幕式"成矿的动力学机制具有一定意义。又如，世界上大多数斑岩型铜-钼-金矿床在空间上主要产于岩浆弧环境（图 6.3），典型的例子如产于安第斯山脉中部大陆弧（Cooke et al.，2005）和东太平洋岛弧环境内的斑岩型铜矿床（Sillitoe，2012）。再如世界上大多数沉积岩型铅锌矿床（密西西比河谷型、喷流沉积型等）主要与地壳发展历史时期的裂谷或被动大陆边缘环境有关（Leach et al.，2010）。此外，大量的研究证据表明，岩浆源区高氧逸度是铜、金等成矿金属元素进入熔体进而形成大型斑岩型矿床的关键条件（Richards，2011）。

3. 特定地质事件

世界上一些重要矿床类型通常分布于地壳演化的特定时期或其形成受特定地球动力学环境和重大地质事件的制约。例如，前寒武纪条带状含铁建造型铁

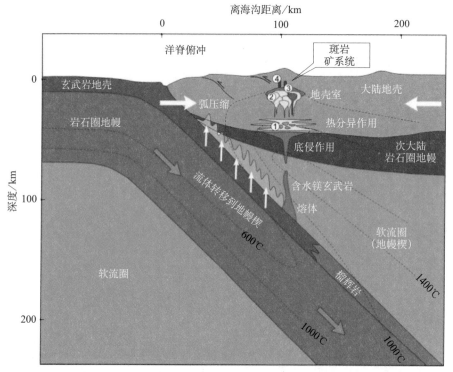

图 6.3   俯冲环境下斑岩型矿床形成模式图

资料来源：Wilkinson，2013

矿，其形成高峰主要在太古宙—古元古代（ca. 3.2～1.8 Ga），或认为与地幔柱活动事件有关（Isley and Abbott，1999），或是地幔柱活动和地壳迅速增生的结果（Rasmussen et al.，2012），或是地幔、构造、大洋和生物圈过程因复杂的相互作用而沉积的产物（Bekker et al.，2010）。条带状含铁建造矿床大约经历 10 亿年的消失后，又重新出现于新元古代的 ca. 0.85～0.6 Ga（Klein，2005），或认为与成冰纪—震旦纪时期的全球冰川事件有关（Hoffman et al.，1998）或是在约 825 Ma 前因地幔柱作用导致罗迪尼亚超大陆裂解的产物（Bekker et al.，2010）。条带状含铁建造矿床在前寒武纪特定时期的出现或消失，还反映了它们的成因与凯诺兰超大陆、哥伦比亚超大陆、罗迪尼亚超大陆的聚合和裂解的密切关系。又如，近 25 年已引起国际矿床学界广泛关注的热液铁氧化物铜金矿床，尽管可形成于地壳发展的不同时期，但主要与伸展构造事件（如陆内非造山岩浆环境、俯冲相关的大陆边缘弧伸展环境、陆内造山垮塌环境）及所伴随的脆-韧性剪切变形有着密切的关系（Williams et al.，2005）。

4. 地幔柱活动对成矿的影响

地幔柱作为一类特殊地球动力学环境下的产物，与大规模成矿的事实已引起了越来越广泛的研究（Pirajno et al.，2009）。在地壳发展演化过程中，因常伴有多期地幔柱活动，不仅导致了板内不同发展时期的大规模岩浆作用，出现大火成岩省，而且在地壳发展的不同时期也相应发生了世界级的正岩浆型铬、镍-铜-铂族元素硫化物矿床及与其伴生的大陆斑岩型铜-钼成矿系统和镍-钴-砷、金、锑-汞热液脉型矿床（Mao et al.，2008），因而使这些矿床成矿系统与地幔柱活动在时空分布上和成因上表现出强烈的一致性。典型的实例如澳大利亚始太古宙至现代不同时期的大火成岩省及相关的成矿系统（Pirajno et al.，2009）。亚洲大陆二叠纪—三叠纪大规模的火成岩事件及丰富的大型铜、镍、铂族元素、金和稀有、稀土矿床与超地幔柱活动也有密切的关系。引起板内大规模岩浆作用和沿走滑断裂带分布的岩浆-热液型银-锑、银-铅-锑、银-铅、银-汞-锑、锡-银矿床和脉型、浅成热液型、再活化脉型金矿床、镁铁-超镁铁质岩相关的镍-铜-铂族元素矿化，可能也是碰撞后地幔柱活动或软流圈上涌的结果。类似于条带状含铁建造矿床的成因，某些深海火山成因块状硫化物矿床（Berge，2013）、斑岩型铜-钼矿床及汞、金-汞、稀有金属和金成矿系统（Webber et al.，2013）也被认为与地幔柱活动具有直接的和/或间接的关系。Griffin 等（2013）进而认为大陆岩石圈地幔对岩浆型矿床可能起有意义的作用，因为其本身实际上就含有丰富的成矿元素。

五、构造转换、转折和叠加的控制

构造转换或转折及不同级别、不同类型、不同层次的构造叠加，也是控制成矿作用时空分布不均一性的重要因素，这些构造过程往往诱发多期成矿的叠加，因而某些矿床通常表现出多期成矿和富化的特征，以致难以用单阶段成矿模式解释它们的成因，典型的如我国内蒙古白云鄂博特大型稀土-铌-铁矿床（陈国达，1982）、海南省石碌大型富赤铁矿铁多金属矿床（Xu et al.，2014）。为阐明这些具复杂成因矿床的形成机理，陈国达（1982）曾提出多因复成矿床的概念，认为它是指"那些由于不止一次的大地构造阶段演化成矿作用的综合结果，以致明显地同时具有多方面的成因特征的一类矿床"，通常表现出"叠加富化、改造富化和再造富集"三种成因模式。我国大陆成矿作用一个鲜明的特色就是：由于不同构造域（如古亚洲、特提斯、环太平洋）在不同时期的转换和叠加（赵越等，1994），我国丰富的矿产资源显著分布于世界上三大巨型成矿带，即古亚洲成矿带、喜马拉雅-特提斯成矿带、环西太平洋成矿带，并在成矿作用特征、矿床成因类型、矿种和时空分布上显示出明显差异（Mao et al.，2011）。基于中国大陆特殊的地质构造发展和演化特征，我国学者还曾提出"叠加成矿"论（涂光炽，1979），用以解释中国大陆，特别是中国东部大陆中生代以来的大规模成矿富集事件与赋存规律，并认为构造叠加与成矿叠加是相互依存的。

近20年来，随着对成矿作用动力学研究的广泛深入，人们还逐步认识到：构造应力场转换与界面成矿是成矿作用动力学的关键和核心，并决定着矿床的形成与分布（邓军等，1998）。事实上，构造应力场转换与构造域的发生、发展和不同构造域体制的转折、转换、叠加有着密切的成因联系（翟明国等，2003；Sun et al.，2007），并往往表现为不同层次的构造叠加作用和韧-脆性变形的转换，以及同一构造层次不同时期、不同构造部位应力的转换，这些过程最终导致有利的构造物理化学成矿界面（吕古贤等，2001），进而制约了成矿作用性质和矿床/矿种类型及其空间分布和不均一性。例如，在矿田角度上，我国海南省石碌富铁矿的形成就与NE—NNE向褶皱叠加于早期NW向褶皱之上并引起富铁矿矿体主要赋存于复向斜核部有关（图6.4），这是因为多期褶皱叠加（即构造应力转换）常导致构造穹窿、构造盆地和鞍状构造等，并引起不同尺度的物质（包括地层、岩体、矿体、岩石、矿石等）的重叠、减薄和加厚变富（Ghosh and Mukhopadhyay，2007）。又如，从构造体制转换的角度来看，中生代时期，由于中国大陆、特别是中国中东部大陆经历了重大构造转折，即从晚古生代至早中生代初的板块边缘造山向中-新生代的板内或陆内造山的转变（Zhou et al.，2006），在中国东南部创造了世界级钨、锡、铋、钼、锑矿床（Mao et al.，2011）。

六、矿床形成与保存能力的共同控制

单个矿床类型的时空分布模式还反映了其形成和保存能力这一复杂的相互作用过程（Kesler and Wilkinson，2008）；这一过程反过来则折射出地球演化历史构造作用过程和环境条件的改变。由于某些特定矿床类型在时间分布上的周期性变化可能与地质历史时期周期性的超大陆聚合与裂解有着密切联系，而其他类型矿床可能与局部陆内伸展有关，如世界上的汞和金-汞矿床虽然主要位于环太平洋成矿带、特提斯成矿带和中亚成矿带，但古老克拉通的陆内裂谷和拗拉槽、不同时期造山带内的板内裂谷、活动大陆边缘也有利于这些矿床成矿系统的产生，因而超大陆旋回和从以地幔柱为主的构造演

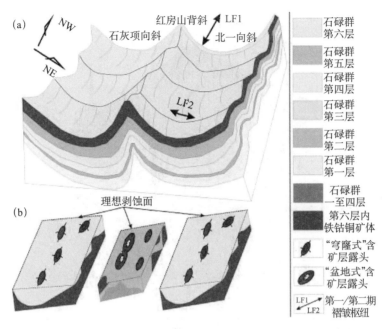

图6.4　海南省石碌铁多金属矿田叠加褶皱立体形态和理想剥蚀水平

化到类似现代板块的构造是造成矿床分布不均一性的一级控制因素（Kerrich et al.，2005）。从前寒武纪到显生宙，大陆壳增长速度的降低、陆下岩石圈地幔厚度和密度的改变，导致了整个地史时期矿床的形成和保存过程的进一步解耦，从而影响着包括造山型、斑岩型和浅成热液型、火山成因块状硫化物型、砂金型、铁氧化物铜金型、铂族元素类、钻石类和可能的喷流沉积型等各矿床类型在形成和保存时间上的分布模式（图6.5）。

　　由以上控制因素可见，成矿作用与大地构造演化及其地球动力学背景和重大地质事件存在着密切的成因联系，进而导致不同类型的矿床或矿种在空间、时间分布上的不均一性。这种不均一性主要体现在：①世界上一些重要矿床类型通常分布于地壳演化的某特定时期；②某些矿床成矿系统可能只出现于某特定构造环境或地球动力学背景下；③不同构造域在同一时期或同一构造域在不同发展阶段其成矿作用可能表现特殊性；④由于构造作用常出现叠加性，成矿作用也表现出叠加特点，往往形成一类大而富的矿床。一方面，超大陆的聚合和裂解所表现出的旋回性或周期性，同时也导致了成矿作用的旋回性或周期性特征；另一方面，不同构造域的地壳因在物质组成、结构构造和演化发展的阶段上存在差异，即出现地球化学成分的不均一性，

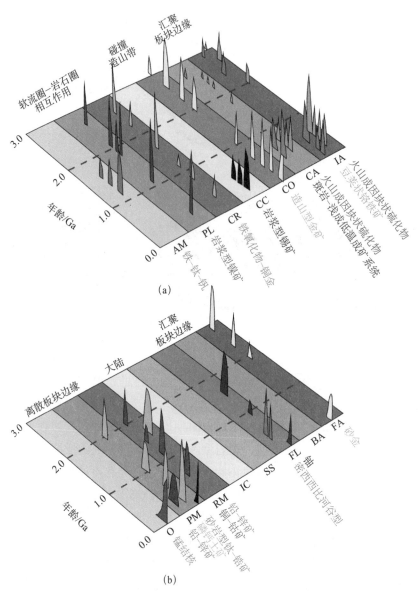

图 6.5　不同地球动力学环境下特定类型矿床的循环变化

（a）AM. 非造山岩浆岩；CA. 大陆弧；CC. 陆陆碰撞造山带；CO. 科迪勒拉型造山带；CR. 大陆裂谷；
IA. 洋内弧；PL. 地幔柱-岩石圈。斑岩型-浅成热液型和火山成因块状硫化物型矿床均产于洋内弧和
大陆弧环境，但为方便描述，前者投在大陆弧环境轨迹线。相似地，岩浆型锡矿应在科迪勒拉型造
山带和陆陆碰撞造山带环境均有产出，但只投影在陆陆碰撞造山带环境轨迹线内。（b）沉积盆地：
BA. 弧后盆地；FA. 弧前盆地；FL. 前陆盆地；IC. 陆内盆地；O. 大洋盆地；PM. 被动边缘盆地；RM. 大陆
裂谷盆地；SS. 走滑盆地。砂金矿在弧前盆地和弧后盆地两种环境中均有产出，但为方便描述，只投
影在弧前盆地环境轨迹线

资料来源：Kerrich et al.，2005

由此还造成了成矿作用上的多样性和特殊性。板块构造侧重解决了板块边缘的成矿问题，地幔柱构造则对解决板内或陆内成矿作用机制有独特的优势；而超大陆旋回在地壳演化过程的某些活跃期或活动高峰（如俯冲碰撞、裂谷或裂解）必然伴有强烈的地壳变形、岩浆活动和变质作用及盆地沉积，因此，成矿作用在空间上和时间上所表现的不均一性，实质上是超大陆旋回地壳演化至某些特定时期因大地构造体制差异或地球动力学环境不同的具体表现。

第四节　成矿作用空间不均匀性研究展望

全球矿产资源的发育特征和时空配置及形成机制是当今地球科学研究的重大课题之一。20世纪60年代末以来，随着全球板块构造和地幔柱构造等大地构造动力学理论的兴起与应用，对重新认识全球矿产资源的形成与时空分布规律已产生了深远影响，并推动了现代成矿学的创新和找矿勘查模式的深刻变革。但目前对全球、特别是对中国大陆矿产资源的时空分布规律研究仍存在以下薄弱点：①相比边缘成矿作用，对有关板内矿产资源的时空分布规律与成因机制的认识还较粗浅；②由于全球区域地质构造及其演化的多样性、复杂性或特殊性，目前研究局部性矿产资源的时空分布规律相对较多，而从全球角度开展对比性研究的相对较少；③针对浅部时空分布不均一性的研究较多，而对深部不均一性的研究较少；④针对单个矿种或单个矿床类型的研究较多，而对多矿种/类型的集成研究较少；⑤全球成矿作用时空分布不均匀性的机制尚有待深刻揭示；⑥对控制全球矿产资源时空分布不均一性的气候因素研究仍未引起足够的重视。此外，相对全球其他大陆，由于中国大陆地质构造的复杂性和特殊性，其本身的成矿作用还表现出显著的特色，但要深入阐明中国大陆矿产资源的时空分布规律仍任重道远。

因此，从全球板块构造的角度，结合全球大陆不同区域自身的地质构造演化特征，加强成矿作用非均一性的深部过程和全球性对比研究，是深入揭示中国大陆地球演化历史时期成矿作用特点与时空分布规律的关键；而多方法集成研究将是揭示全球矿产资源时空配置及其不均一性原因的另一发展趋势。

参 考 文 献

陈国达 . 1982. 多因复成矿床并从地壳演化看其形成机理 . 大地构造与成矿学，6（1）：33-55.

邓军，吕古贤，杨立强，等 . 1998. 构造应力场转换与界面成矿 . 地球学报，（3）：21-27.

邓军，侯增谦，莫宣学，等 . 2010. 三江特提斯复合造山与成矿作用 . 矿床地质，29（1）：27-42.

李文昌，任治机，王建华 . 2014. 中国斑岩铜矿时空分布规律 . 矿床地质，33（增）：19-20.

吕古贤，林文蔚，郭涛，等 . 2001. 金矿成矿过程中构造应力场转变与热液浓缩-稀释作用 .
地学前缘，8（4）：253-264.

毛景文，罗茂澄，谢桂青，等 . 2014. 斑岩铜矿床的基本特征和研究勘查新进展 . 地质学
报，88：2153-2175.

裴荣富，梅燕雄，李进文，等 . 2008a. 1：2500 万世界大型超大型矿床成矿图说明书 . 北
京：地质出版社 .

裴荣富，梅燕雄，毛景文，等 . 2008b. 中国中生代成矿作用 . 北京：地质出版社 .

涂光炽 . 1979. 矿床的多成因问题 . 地质与勘探，6：1-5.

翟明国，朱日祥，刘建明，等 . 2003. 华北东部中生代构造体制转折的关键时限 . 中国科学
（D 辑），33（10）：913-920.

赵越，杨振宇，马醒华 . 1994. 东亚大地构造发展的重要转折 . 地质科学，29（2）：105-119.

Bekker A，Slack J F，Planavsky N，et al. 2010. Iron formation：The sedimentary product of
a complex interplay among mantle，tectonic，oceanic，and biospheric processes. Economic
Geology，105：467-508.

Berge J. 2013. Likely "mantle plume" activity in the Skellefte district，Northern Sweden. A
reexamination of mafic/ultramafic magmatic activity：Its possible association with VMS and
gold mineralization. Ore Geology Reviews，55：64-79.

Chen Y J，Chen H Y，Zaw K，et al. 2007. Geodynamic setting and tectonic model of skarn
gold deposits in China：An overview. Ore Geology Reviews，31：139-169.

Cooke D R，Hollings P，Walshe J L. 2005. Giant porphyry deposits：Characteristics，
distribution，and tectonic controls. Economic Geology，100：801-818.

Deb M. 2014. Precambrian geodynamics and metallogeny of the Indian shield. Ore Geology
Reviews，57：1-28.

Ghosh G，Mukhopadhyay J. 2007. Reappraisal of the structure of the Western Iron Ore Group，
Singhbhum craton，eastern India：Implications for the exploration of BIF-hosted iron ore
deposits. Gondwana Research，12：525-532.

Goldfarb R J，Groves D I. 2015. Orogenic gold：Common or evolving fluid and metal sources
through time. Lithos，233：2-26.

Goldfarb R J，Baker T，Dubé B，et al. 2005. Distribution，character，and genesis of gold deposits in metamorphic terranes. Economic Geology 100th Anniversary：407-450.

Goldfarb R J，Bradley D，Leach D L. 2010. Secular Variation in Economic Geology. Economic Geology，105：459-465.

Griffin W L，Begg G C，O'Reilly S Y. 2013. Continental-root control on the genesis of magmatic ore deposits. Nature Geoscience，6：905-910.

Haggerty S E. 1999. A diamond trilogy：Superplumes，supercontinents，and supernovae. Science，285：851-860.

Hoffman P F，Kaufman A J，Halverson G P，et al. 1998. A neoproterozoic snowball earth. Science，281：1342-1346.

Hou Z Q，Zhang H R，Pan X F，et al. 2011. Porphyry Cu（-Mo-Au）deposits related to melting of thickened mafic lower crust：Examples from the eastern Tethyan metallogenic domain. Ore Geology Reviews，39：21-45.

Isley A E，Abbott D H. 1999. Plume-related mafic volcanism and the deposition of banded iron formation. Journal of Geophysical Research，104：15461-15477.

Kerrich R，Goldfarb R J，Richards J. 2005. Metallogenic provinces in an evolving geodynamic framework. Economic Geology 100th Anniversary：1097-1136.

Kesler S E，Wilkinson B H. 2008. Earth's copper resources estimated from tectonic diffusion of porphyry copper deposits. Geology，36：255-258.

Klein C. 2005. Some Precambrian banded iron-formations（BIFs）from around the world：Their age，geologic setting，mineralogy，metamorphism，geochemistry，and origin. American Mineralogist，90（10）：1473-1499.

Leach D L，Bradley D C，Huston D，et al. 2010. Sediment-hosted lead-zinc deposits in earth history. Economic Geology，105：593-625.

Mao J W，Pirajno F，Zhang Z H，et al. 2008. A review of the Cu-Ni sulphide deposits in the Chinese Tianshan and Altay orogens（Xinjiang Autonomous Region，NW China）：Principal characteristics and ore-forming processes. Journal of Asian Earth Sciences，32：184-203.

Mao J W，Pirajno F，Cook N. 2011. Mesozoic metallogeny in East China and corresponding geodynamic settings：An introduction to the special issue. Ore Geology Reviews，43：1-7.

Mao J W，Cheng Y B，Chen M H，et al. 2013. Major types and time-space distribution of Mesozoic ore deposits in South China and their geodynamic settings. Mineralium Deposita，48：267-294.

Misra K C. 1999. Understanding Mineral Deposits. Dodrecht：Kluwer Academic Publishers.

Nance R D，Murphy J B，Santosh M. 2014. The supercontinent cycle：A retrospective essay. Gondwana Research，25（1）：4-29.

Pirajno F，Ernst R E，Borisenko A S，et al. 2009. Intraplate magmatism in central Asia and

China and associated metallogeny. Ore Geology Reviews, 35：114-136.

Rasmussen B, Fletcher I R, Bekker A, et al. 2012. Deposition of 1.88-billion-year-old iron formations as a consequence of rapid crustal growth. Nature, 484：498-501.

Richards J P. 2011. High Sr/Y arc magmas and porphyry Cu +/_ Mo +/_ Au deposits：Just add water. Economic Geology, 106：1075-1081.

Romer R L, Kroner U. 2016. Phanerozoic tin and tungsten mineralization—tectonic controls on the distribution of enriched protoliths and heat sources for crustal melting. Gondwana Research, 31：60-95.

Santosh M, Pirajno F. 2014. Ore deposits in relation to solid earth dynamics and surface environment：Preface. Ore Geology Reviews, 56：373-375.

Sillitoe R H. 2012. Copper provinces. Society of Economic Geologists Special Publication, 16：1-18.

Sun W D, Ding X, Hu Y H, et al. 2007. The golden transformation of the Cretaceous plate subduction in the west Pacific. Earth and Planetary Science Letters, 262（3-4）：533-542.

Teixeira J B G, Misi A, da Silva M G. 2007. Supercontinent evolution and the Proterozoic metallogeny of South America. Gondwana Research, 11：346-361.

Webber A P, Roberts S, Taylor R N, et al. 2013. Golden plumes：Substantial gold enrichment of oceanic crust during ridge-plume interaction. Geology, 41：87-90.

Wilkinson J J. 2013. Triggers for the formation of porphyry ore deposits in magmatic arcs. Nature, 6：917-925.

Williams P J, Barton M D, Johnson D A. 2005. Iron oxide copper-gold deposits：Geology, space-time distribution, and possible mode of origin. Economic Geology, 100：371-405.

Xie X J, Cheng H X. 2001. Global geochemical mapping and its implementation in Asia-Pacific region. Applied Geochemistry, 16：1309-1321.

Xu D R, Wang Z L, Chen H Y, et al. 2014. Petrography and geochemistry of the Shilu Fe-Co-Cu ore district, South China：Implications for the origin of a Neoproterozoic BIF system. Ore Geology Reviews, 57：322-350.

Zaw K, Peters S G, Cromie P, et al. 2007. Nature, diversity of deposit types and metallogenic relations of South China. Ore Geology Reviews, 31：3-47.

Zaw K, Meffre S, Lai C K, et al. 2014. Tectonics and metallogeny of mainland Southeast Asia：A review and contribution. Gondwana Research, 26（1）：5-30.

Zhai M G, Santosh M. 2013. Metallogeny of the North China Craton：Link with secular changes in the evolving Earth. Gondwana Research, 24：275-297.

Zhou X M, Sun T, Shen W Z, et al. 2006. Petrogenesis of Mesozoic granitoids and volcanic rocks in South China：A response to tectonic evolution. Episode, 29（1）：26-33.

第七章
元素行为与成矿物质聚集机制

第一节　星云凝聚过程中的元素行为

　　地球是太阳系中最大的类地行星（rocky planet）。目前研究普遍认为，地球乃至整个太阳系都是通过星云凝聚形成的。同位素年代学定年结果显示，地球的形成时代约为46亿年。星云凝聚是地球上各种元素第一次发生大规模分异的过程。其主要控制因素是元素的挥发性。对于熔点高的难熔元素（refractory elements），其地球丰度与球粒陨石的丰度成正比；而对于挥发性元素（volatile elements），则随其半凝聚温度的不同有不同程度的丢失（McDonough and Sun，1995）。

　　对于难熔元素，如铼、锇、钨、锆、铪、铝、钪、钙、钛、钍、稀土、铱、钌、钼、铀等，其地球丰度值估算的方式是假设地球的初始成分是地球演化线与宇宙演化线的交点。例如，利用镁/硅-铝/硅图，可以得到接近球粒陨石值的初始地球成分。尽管有研究认为初始地球成分与球粒陨石和其他已经发现的陨石均有差异（Drake and Righter，2002），但是现在流行的地球初始成分中难熔元素还是沿用球粒陨石值推导出来的。

　　对于挥发性元素，估计的方法比较复杂。一般是根据地幔橄榄岩和幔源岩浆岩中该元素与相似的难熔元素的比值及其丰度来推算。以钾为例，地球化学家发现,钾在幔源玄武质岩浆的形成、演化过程中,其不相容性与铀接近。因此,玄武岩的钾/铀值与其源区是一致的,全球玄武岩的钾/铀值被认为可以代表硅酸盐地球的比值,因此,地幔中钾的丰度可以用钾/铀值和铀的丰度来计算。但这种估算方法存在较大的不确定性,争论很大(Arevalo et al.,2009;Gale et al.,2013)。最大问题是岩浆岩都是上地幔顶部100~200km形成的,因此,不一定能够反映整个硅酸盐地球。

由于地核的物质往往很难上升到地表,因此对于矿床学来说,我们更关心的是元素在硅酸盐地球中的丰度值。这些值考虑了核幔分异。对于不进入地核的难熔元素,彼此之间的丰度值与球粒陨石值的比值是彼此一致的。

根据现有主流模型,星云凝聚的晚期进入星子碰撞阶段。星云首先凝聚成各种大小不同的星子,星子之间相互碰撞形成原始地球胚胎。在地球生长到其现有质量的90%左右时,一个火星大小的星子,撞击原始地球,巨大的能量将地球融化,形成岩浆海(Benz et al.,1989)。与此同时,飞溅出去的物质再次凝聚,形成月球。一般认为,这一过程同时促进了核幔分异,亲铁元素与亲石元素发生很大的分异。目前仍然是国际研究热点。我国国内在此领域的研究较少,但是随着登月计划等的进行,相关研究将有可能成为国内研究热点。

在形成月球的大碰撞之后,还有很多小的碰撞。其中,最重要的是为地球带来水的彗星。地球处在太阳系雪线之内,应该是贫水的(图7.1)。有学者推断,在地球形成以后一亿年左右,一颗富水的星子与地球发生碰撞(Albarede,2009)给地球带来了约三个现今海洋的水。这些水中,一部分形成地表的大洋和冰川、湖泊、河流等,另一部分则进入岩石圈乃至地幔。最近的研究提出,大碰撞实际上就是一颗含水的星子与地球碰撞的产物(Taylor,2006)。上述模型有待进一步验证。

水的加入使地球与其他类地行星有了本质的区别,大幅度增加了其活力。首先,水的加入大幅度降低了地幔的固相线,促进了岩浆演化。更重要的是,在90km深度,地幔中的主要含水矿物韭闪石分解,使地幔中的自由水大幅度增加,在岩石圈底部出现了小比例部分熔融,这很可能是形成软流圈的主要因素(图7.2)(Green et al.,2010)。软流圈的黏滞系数远小于岩石圈,因此,漂浮于其上的岩石圈(包括岩石圈地幔和地壳)可以像巨舰一样,在软流圈上滑动,地球上就出现了板块运动。

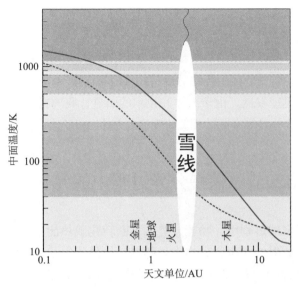

图 7.1　地球上水的来源

资料来源：Albarede，2009

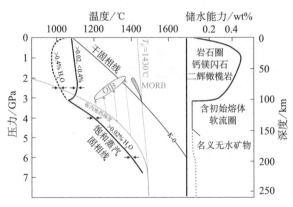

图 7.2　含水矿物稳定性与软流圈（wt% 表示质量分数）

资料来源：Green et al.，2010

　　板块运动对应着两类主要的熔融过程，在洋中脊软流圈上涌，发生部分熔融，形成大洋玄武岩。在俯冲带，俯冲板片脱水，引起地幔楔部分熔融，形成以演化程度更高的安山岩为主的岛弧岩浆岩，以及相关的浅成低温热液矿床等。此外，俯冲洋壳可以发生部分熔融，形成埃达克岩，它是斑岩铜金矿床形成的主要成矿母岩。由于有水、有板块运动，地球上的岩浆分异程度远远高于其他类地行星，出现大量花岗岩（Campbell and Taylor，1983），形成了大陆地壳和相关的矿床。实际上，目前人类所利用的矿产资源，95%以上来自大陆地壳。

近几年来，国内在高温高压实验研究领域发展迅速，其中，与矿床学相关的高温高压实验装置已经由传统的冷封式反应釜向水热金刚石压腔、毛细硅管和动态反应釜迅速发展。由于人才和技术的引进，我国在亲铜元素分配系数、温度梯度下元素分异等方面的相关研究已经基本处于与国际并行的阶段。

第二节　核幔分异过程中的元素行为

在星云凝聚的过程中，动能、势能不断转化成热能，此外，太阳系早期形成的短寿命放射性元素释放出大量的热，使星子中的易熔组分最先发生熔融。其中，铁镍合金的熔点远低于地幔橄榄岩，因此会在星子阶段就被融化。铁镍合金比重大，会逐渐渗滤到星子的中心，形成星子的金属核。在形成月球的"大碰撞"之后（Benz et al.，1989），整个地球被熔融，铁镍合金与硅酸盐分异的速度大大加快，促进了核幔分异。

根据铪-钨同位素等短半衰期同位素体系给出的年龄结果，地球在形成以后大约3000万年就基本完成了核幔分异（Yin et al.，2002），形成了以铁、镍为主的地核和以硅酸盐为主的地幔及大气圈。在这个过程中，微量元素也发生了强烈的分异，金属态的铂族元素等亲铁元素优先进入地核；氧化态的钾、钠、钙、镁、铝、铁等亲石元素优先进入地幔。铜、铅、锌等亲硫元素优先进入硫化物中。此外，碳大量与铁形成碳化铁而进入地核，剩下的则以金刚石、石墨或者碳酸盐的形式留在地幔中（Dasgupta et al.，2013；Stagno et al.，2013；Wood et al.，2013）。二氧化碳、氮气、惰性气体等优先进入大气圈。

值得指出的是，铂族元素是亲铁元素。按照分配系数计算，在地球分异过程中铂族元素应该几乎全部进入地核。但是地幔中铂族元素的含量远高于预期值。一般认为这是由于在核幔分异的同时，陨石不断撞击，因此地幔中铂族元素的含量远高于预期值，即所谓的"late veneer"有利于成矿。高温高压实验则认为分配系数随压力的变化而变化也是造成这种现象的重要因素（Li and Agee，1996）。

核幔分异后不久，就出现原始的地壳，至少在44亿年前就出现了花岗质的岩石（Wilde et al.，2001）。地壳进而分化出洋壳和大陆地壳，出现板块运动。成矿作用主要受控于板块运动及相关的岩浆作用、变质作用等。但国内相关领域研究较少，与矿产相关的研究尚未见报道。

第三节　板块运动、地幔柱与壳幔相互作用

板块俯冲过程中元素会发生很大的分异。在洋中脊，板块拉张造成洋中脊下面的软流圈被动上涌，产生减压部分熔融，形成大洋玄武岩。这一过程使不相容元素相对于亏损地幔富集了约 10 倍。在洋中脊可以形成海底热液活动，出现黑烟囱。

与扩张洋脊对应的是汇聚板块边缘的板块俯冲。在板块俯冲过程中，俯冲板片脱水甚至发生部分熔融，从而产生岛弧岩浆、埃达克岩浆和相关的矿床，即"俯冲工场"（Sun et al.，2014；孙卫东等，2015）。一些学者划分出的全球三大成矿域均与板块俯冲有关：环太平洋成矿域主要是法拉龙板块、伊泽纳吉板块和太平洋板块俯冲及相应的弧后盆闭合引起的；喜马拉雅特提斯成矿域则是新特提斯洋闭合产生的；中亚成矿域是蒙古洋闭合的产物。

板块俯冲将大量的水带入地球内部，其中绝大部分通过岩浆作用再循环回到地表。因此，与板块俯冲有关的矿床多数是热液矿床，如浅成低温热液矿床、斑岩铜金矿床等。其中，绝大多数斑岩铜金矿床与年轻洋壳俯冲引发的俯冲洋壳部分熔融有关（Sun et al.，2013，2015）。

全球约 80% 的铜资源来自斑岩铜矿。其中一半以上的斑岩铜矿分布在美洲西海岸，40% 左右的探明铜矿储量分布在智利这个国土面积不足 76 万 km^2 的国家。在智利的超大型斑岩铜金矿床中，埃尔特尼恩特（El Teniente）和丘基卡马塔（Chuquicamata）两矿的铜的储量接近 1 亿吨，仅此两矿就占全球探明铜储量的 15% 左右，这些矿床几乎全部是新生代以来形成的（孙卫东等，2015；Sun et al.，2013，2015）。

地幔柱是地球上另一个重要的地质过程。有人认为，板块运动是地球上最重要的水平运动方式，而地幔柱则是最重要的垂向运动方式。地幔柱假说是在 1963 年 Wilson 提出的热点假说（Wilson，1963）的基础上，经过多年的努力发展起来的（Morgan，1972；Hofmann and White，1982；Campbell et al.，1989）。目前，主流的观点认为地幔柱与俯冲洋壳的再循环有关（Hofmann，1997；Sobolev et al.，2005，2011；Sun et al.，2011）。也有观点认为地幔柱与俯冲再循环的岩石圈地幔有关（Niu and O'Hara，2003）。与地幔柱有关的矿

床主要有铜镍硫化物矿床、铂族元素矿床、钒钛磁铁矿、铬铁矿。也有人认为金伯利岩是地幔柱前期的表现形式，如果是这样，那么金刚石矿也与地幔柱有关（Torsvik et al.，2010）。最近的一些研究发现，冰岛附近洋中脊玄武岩中金的含量较普通玄武岩高很多，这暗示地幔柱可能也有利于金矿的形成。以上这些都是有待进一步研究的问题。

第四节　岩浆演化过程中的元素行为与岩浆矿床

干的岩浆体系往往形成岩浆矿床，其形成主要与分离结晶和岩浆熔离有关。如前所述，地幔柱岩浆往往是干的，容易形成岩浆矿床。例如，铜镍硫化物矿床、钒钛磁铁矿、铬铁矿等多与大火成岩省有关。与此相反，岛弧岩浆富水，因此一般不容易形成岩浆矿床。但是也不绝对，例如，阿拉斯加型的铜镍硫化物矿床就产出于汇聚板块边缘。但是，如何在岛弧环境中产出干的岩浆体系尚有待进一步研究。

与地幔柱有关的铜镍硫化物及铂族元素矿床很多。例如，俄罗斯的诺里尔斯克（Noril'sk）是世界第二大铜镍硫化物矿床，与西伯利亚大火成岩省有关；我国西南地区二叠纪铜镍硫化物矿床、铂族元素矿床则往往与峨眉山大火成岩省有关（Zhou et al.，2005；Wang et al.，2011）。世界上最大的铂族元素矿床都与布什维尔德（Bushveld）大火成岩省有关（Arndt et al.，1997）。这些矿床往往与硫化物熔离有关，即铜镍硫化物矿床的控制元素是硫。值得注意的是，实验表明，硫化物在岩浆中的溶解度随压力的升高而降低。因此，形成于地球深部的岩浆，在其上升过程中往往呈现出硫化物不饱和的状态。因此，一方面，硫化物熔离往往需要外来硫的加入，如来自蒸发岩等沉积物中的硫；另一方面，硫化物的密度远高于硅酸盐岩浆，在岩浆房中发生的硫化物熔离往往聚集在岩浆房的底部，不容易出露浅部而成为可以被利用的矿床。不少学者认为，在岩浆通道拐弯处形成的铜镍硫化物更容易出露地表，是找矿的一个方向。

镍在地幔岩浆过程中是相容元素，主要赋存在橄榄石中。因此，要使镍大量进入岩浆而成矿需要特殊的地质过程。一种可能的机理是，俯冲洋壳再循环过程中，部分熔融形成高硅熔体，该熔体与地幔橄榄岩发生反应，消耗形成辉石岩。在没有橄榄石的情况下，部分熔融形成高镍岩浆，有利于成矿。此外，东南亚地区有大量的红土型镍矿，应该加强相关研究，配合国家

"一带一路"倡议，开辟海外资源市场。

铂族元素是亲铜亲铁元素，因此，通常跟铜镍硫化物共生或者伴生。但是，由于铂族元素比铜镍更亲铜，也可以与铜镍分离，形成独立矿床，其控制因素是硫（Wang et al.，2010）。

另一种与地幔柱岩浆活动有关的矿床是钒钛磁铁矿。中国的攀枝花地区是世界上最大的钒钛磁铁矿集区，与峨眉山大火成岩省有关（Zhou et al.，2005）。非洲的布什维尔德岩体也有大量的钒钛磁铁矿。最新研究认为，攀枝花钒钛磁铁矿是在岩浆演化后期形成富铁岩浆与富硅岩浆不混熔的现象，最后形成了数十米厚的厚大矿体（Wang and Zhou，2013）。地幔柱岩浆容易形成钒钛磁铁矿可能与其初始铁含量高有关。地幔柱往往与再循环俯冲洋壳有关。俯冲洋壳中铁/镁值远高于地幔橄榄岩，因此，俯冲洋壳再循环形成的地幔柱岩浆可以更富铁。此外，这还可能与氧逸度有关。大火成岩省的氧逸度较低，抑制了磁铁矿的结晶，最终使铁的含量达到了足以发生不混熔的水平。

金刚石矿往往产出于古老克拉通地体中，与爆炸式喷发的金伯利岩有关，是属于与碳酸质金伯利岩有关的岩浆矿床。一般认为，古老克拉通巨厚岩石圈可以使金刚石稳定存在，是形成金刚石矿的关键（Shirey et al.，2002，2013）。但是，研究表明金伯利岩往往都很年轻（Torsvik et al.，2010），因此，金刚石与古老岩石圈之间的关系目前还存在争议。最新研究表明，金伯利岩往往与非洲和太平洋底下的超级地幔柱有关（Torsvik et al.，2010），可能是地幔柱的一种表现形式，金刚石究竟是来自岩石圈还是更深的地方，目前还在争论。但有一点可以肯定的是，金伯利岩和相应的金刚石矿与地幔碳酸岩熔体有关。当碳酸岩熔体与岩石圈底部接触后，会发生剧烈的反应，并释放出大量的二氧化碳，产生巨大的压力，从而形成爆炸式的喷发，形成金伯利岩筒（图7.3）（Russell et al.，2012）。

铬铁矿是我国紧缺的矿产资源。近年来虽然在罗布莎等铬铁矿的研究上取得了很多重要进展，但是对于铬铁矿的成因，目前争论仍然很大。

在过去十几年的时间里，我国地幔柱与成矿研究发展迅速。传统的铬铁矿成因研究很难解释铬铁矿的富集机理。一个可能的突破点是铬铁矿成因的高温高压实验研究，值得支持。从元素行为与成矿的角度看，该领域研究的重点是硫和铂族元素、铬铁矿矿床成因、碳在地球深部不同条件下的性质等。

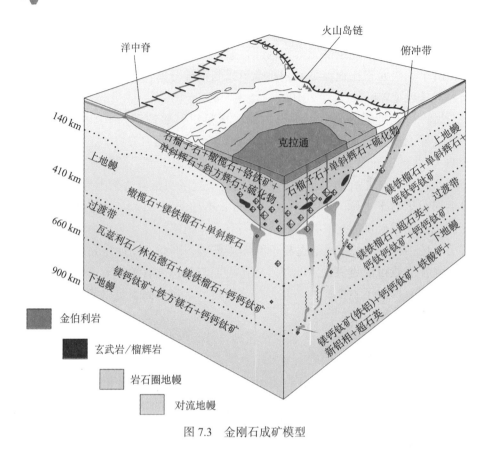

图 7.3 金刚石成矿模型

第五节 热液过程中的元素行为与热液矿床

热液矿床可以有多种不同的成因，成矿热液种类较多，可以简单地划分为岩浆热液、变质热液和热卤水等。岩浆热液矿床又可以分为斑岩型矿床（Sillitoe，2010）和浅成低温热液型矿床（Hedenquist and Lowenstern，1994）。这些矿床往往与汇聚板块边缘富水岩浆有关。造山型矿床或克拉通破坏型矿床（Zhu et al.，2015）则往往与变质热液有关（Sun et al.，2015）。密西西比河谷型铅锌矿往往与热卤水运移有关（Leach et al.，2006）。不同的矿床受控于相应元素的一些特殊性质，这里简单总结一下。

一、斑岩矿床

斑岩型矿床主要有两大类：斑岩铜金矿床和斑岩钼矿床。此外，还有斑岩金矿、斑岩铜钼矿床、斑岩钨钼矿、斑岩锡矿等。

斑岩铜、钼矿床往往是高氧逸度的，位于磁铁矿-钛铁矿型花岗岩的分界线磁铁矿一侧（Sun et al., 2015）。其成矿的魔幻数字是氧逸度高于铁橄榄石-磁铁矿和石英氧化还原缓冲线 2 个数量级以上（Mungall, 2002; Sun et al., 2013）。斑岩矿床成矿过程的实质是硫的价态变化。还原态的硫控制着亲铜元素，而氧逸度控制着硫的价态（Sun et al., 2015）。

以斑岩铜矿为例，铜是一种中度不相容的亲铜、亲硫元素。铜在硫化物和岩浆之间的分配系数达到 1400 左右（Liu et al., 2014），因此在部分熔融过程中，源区有少量残留的硫化物就会大幅度降低岩浆中铜的含量。在氧逸度高于铁橄榄石-磁铁矿和石英氧化还原缓冲线 2 个数量级以上时，岩浆中硫主要以硫酸根的形式存在（Sun et al., 2015）。硫酸根在岩浆中的溶解度比硫化物高约一个数量级，即由 1000×10^{-6} g/g 左右上升到 1%～2%，可以大大减少残留相中硫化物的含量。有意思的是，铜在基性的洋壳中丰度（80×10^{-6}～100×10^{-6} g/g）远高于地幔（约 30×10^{-6} g/g）和大陆地壳（约 27×10^{-6} g/g）（Sun et al., 2011）。因此，俯冲洋壳部分熔融是形成斑岩铜矿的最佳过程。模拟计算显示，在俯冲带高氧逸度环境下，俯冲洋壳部分熔融形成的初始岩浆中铜的含量可以达到 600×10^{-6} g/g 以上，只需再富集 6～7 倍即可达到斑岩铜矿的成矿平均品位。对于铜这样中度不相容的元素来说，岩浆演化可以富集 3 倍左右。加上热液过程中的富集，容易达到 0.4% 的成矿平均品位。显生宙以来，年轻洋脊的俯冲是最容易发生俯冲板片部分熔融的地质过程，是寻找大型、超大型斑岩铜矿的最佳目标（Sun et al., 2010）。

斑岩钼矿是另一类重要的斑岩矿床。目前全球的钼资源主要来自斑岩钼矿和斑岩铜钼矿。其中，斑岩钼矿包括高氟型的 Climax 斑岩钼矿和低氟型的斑岩钼矿（Seedorff and Einaudi, 2004; Ludington and Plumlee, 2009）。钼在硅酸岩地球中的丰度很低，只有 50×10^{-9} g/g，在大陆地壳中的丰度也只有 0.8×10^{-6} g/g，很难直接成矿。但是，钼在表生过程中可以大幅度富集。在地表氧化环境中，钼被氧化为可溶于水的钼酸根，可随河流进入海洋、湖泊，并富集在黑色页岩等富含有机物的沉积物中。这些富钼沉积物变质后，有机物丢失，氧逸度提高。在高氧逸度下部分熔融是形成斑岩钼矿的关键（Sun et al., 2016）。

二、夕卡岩矿床

夕卡岩是含矿岩体与灰岩接触后形成的矿床,有明显的接触变质作用(Meinert,1992),并形成大量的变质矿物,如硅灰石、透辉石、石榴子石、绿帘石、电气石、阳起石、绿泥石、石英等矿物,而灰岩则往往会大理岩化。夕卡岩成矿的核心是含矿岩浆与沉积碳酸盐岩接触,发生反应,释放出大量的二氧化碳,从而使岩浆中的成矿元素被卸载,形成富矿体。

三、浅成低温热液矿床

浅成低温热液矿床是汇聚板块边缘另一种常见的矿床(Hedenquist and Lowenstern,1994)。与斑岩矿床不同,浅成低温热液矿床在扩张洋脊中也常见。浅成低温热液矿床可以分为两类:高硫型和低硫型。顾名思义,高硫型的硫含量高,同时高硫型往往有大量的硫酸盐;低硫型则是硫含量低,以硫化物为主,没有或者很少有硫酸盐。浅成低温热液的实质是水溶液将岩浆中的成矿物质"洗"出来,在适当的地方堆积成矿(Sun et al.,2015)。成矿的控制因素是成矿元素在热液中的络合物稳定性。以铜金矿床为例,我们的研究结果表明,由于岛弧氧逸度系统高于洋中脊等构造环境,岩浆中硫主要以硫酸根的形式存在。在磁铁矿结晶等过程中,硫酸根被还原为氢硫酸根,与亲硫元素形成氢硫酸根络合物,进入流体相,形成成矿热液(Sun et al.,2004)。

对于高氧逸度的体系,硫酸根是热液中的主体,因此出现大量明矾等硫酸盐。笔者的观点是,高硫型浅成低温热液矿床下面往往有斑岩矿床的成矿条件(Sun et al.,2015)。紫金山就是一个典型的例子:其地表有大量的氧化性矿物组合,并在其深部发现了斑岩矿床。

四、变质热液矿床

金矿是最重要的与变质热液有关的矿床。金矿的种类很多,有造山型金矿、斑岩型金矿、卡林型金矿、铁氧化物铜金矿及砂砾岩型等沉积型金矿等。在这些矿床中,造山型和卡林型与变质热液有关(Sun et al.,2013)。最近,中国科学院地质与地球物理研究所朱日祥院士等提出了克拉通破坏型金矿(Zhu et al.,2015)。

金应该是人类利用的最早的金属。金的性质稳定,因此往往可以以自然金的形式产出,形成肉眼可见的明金,所以很早就被人类所利用。早在 2600

多年前,《管子·地数篇》中记述有黄帝大臣伯高的论断:"上有丹砂下有金。"笔者认为其指的应该是造山型金矿。

全球探明造山型金矿的储量约为 3 万 t,环太平洋地区探明储量超过 1.2 万 t。我们的研究认为南非威特沃特斯兰德金矿的原生矿很可能属于与变质热液有关的造山型金矿(Sun et al., 2013)。2010 年数据显示,该矿已开采出约 4.8 万 t 金,约占人类历史上黄金开采总量的 40%。这样,全球与造山型金矿相关矿床的总探明储量超过 8 万 t。

控制造山型金矿的主要元素是硫。造山型金矿的围岩最常见的变质相是绿片岩相到低角闪岩相。我们的研究发现,造山型金矿形成主要受控于三个因素。第一个控制因素是安山岩有利于成矿。这是因为,在地幔岩浆作用中,金是中度不相容元素,会随岩浆演化而富集数倍。但是,在岩浆演化到安山岩时,岩浆中金的含量会突然大幅度下降。因此,在常见的地球岩石中,岛弧安山岩中金的丰度最高,可以达到大陆地壳的 5~10 倍。造山型金矿的另一个控制因素是变质作用。在绿片岩相向低角闪岩相转变时,黄铁矿转变为磁黄铁矿和硫。这种硫弥散在岩石中,可以有效地萃取地体中的金,从而形成成矿流体。成矿流体在构造破裂时会因压力的突然降低而向上运移,同时析出金。最后一个控制因素是在造山带中由于挤压,会产生破裂,出现地震,有利于金矿的形成,被称为"黄金震后"(golden after shock),从而形成造山型金矿。

与造山型金矿不同,卡林型金矿往往与未变质的富碳沉积物有关。一种观点认为是岩浆作用形成成矿流体,将金带入富碳沉积物中。

最近提出的克拉通破坏型金矿,认为克拉通被破坏后,板块后撤扰动了软流圈,引起岩浆热液和变质热液,形成了华北和北美卡林型金矿(Zhu et al., 2015)。也有学者认为,软流圈被扰动后引起的变质作用是成矿的主要流体来源(Sun, 2015)。但以上这些说法还有待进一步研究,需要扶持。

整体看来,国内在板块俯冲与成矿领域的研究进展迅速。其中,"青藏高原地质理论创新与找矿重大突破"荣获 2011 年度国家科技进步奖特等奖,"大陆碰撞成矿的理论创建及应用"获得 2015 年度国家自然科学奖二等奖。国内学者还提出了克拉通破坏性金矿、洋脊俯冲与斑岩铜金成矿等理论。从元素与成矿的角度看,今后需要重点发展的是俯冲带高氧逸度的成因及元素在流体中的性质研究,如络合物水解、氧逸度与成矿等。

第六节 三 稀 元 素

三稀元素包括稀土金属、稀有金属和稀散元素。三稀元素有独特的性质，对国民经济具有重要的意义，但是长期以来，由于研究手段等方面的限制，有关这些元素成矿的研究相对落后，正因如此，这些研究是目前成矿研究的热点之一。

稀土元素不是"土"，而是金属。根据国际纯粹与应用化学联合会（International Union of Pure and Applied Chemistry，IUPAC）的定义，稀土元素包括镧、铈、镨、钕、钷、钐、铕、钆、铽、镝、钬、铒、铥、镱、镥、钪、钇等。这些元素性质类似，均列于元素周期表的第三副族。稀土元素其实并不十分稀少。例如，铈在陆壳中的平均丰度约为 43 ppm，高于常见的铜（26 ppm）、铅（11 ppm）、锡（1.7 ppm）等元素。

主要稀土矿床有三大类：碳酸岩型，如著名的白云鄂博；离子吸附型，如华南花岗岩风化壳型稀土矿；海底软泥。目前，对于稀土成矿物质的来源并没有统一的认识。一般认为稀土在岩浆过程中和表生过程中均可以富集。在地幔岩浆过程中，轻稀土是高度不相容元素，重稀土是中度不相容元素。因此，岩浆演化过程可以富集稀土。火成碳酸岩中稀土含量变化非常大，在表生过程中，稀土易于被黏土矿物等吸附，形成二次富集。早在 20 世纪 90 年代初科学家就发现深海鱼牙等样品中稀土含量非常高。近年来，发现深海软泥中也有数百乃至上千 ppm 的稀土，而且这些稀土容易萃取。

中国是稀土生产大国，2010 年前后，每年生产的稀土占全球稀土总产量的 95% 左右。但是，中国的稀土储量并不是原来认为的"占全球 90%"，最新的估计值是中国稀土储量占全球稀土总储量的 20%～30%，其中，白云鄂博是全世界最大的轻稀土矿，保守估计其稀土氧化物储量在 5000 万 t 左右。

稀有金属通常指铌、钽、锂、铍、锆、铪、锶、铷、铯等，这些元素通常为高度不相容元素，在岩浆过程中可以大幅度富集。铌、钽、锆、铪可以在金红石、锆石等副矿物中富集，且这些副矿物硬度高、耐风化，可以形成相应的砂矿。锂、铍、铷、锶则倾向于在热液中富集，形成伟晶岩矿床。锶由于与钙的性质接近，可以在火成碳酸岩中富集成矿。

稀散元素主要包括镓、锗、铟、铊、铼、镉、硒、碲等。一方面，这些元素在自然界中的丰度低，通常不能单独成矿，而是往往作为伴生元素，产出于与其性质接近的矿床中，如镉可以在铅锌矿中富集，铼可以在辉钼矿中富集；另一方面，这些元素多数是挥发性的，多数在低温成矿域产出。

随着三稀元素经济价值的提高，对其相应矿床的研究逐渐成为国际热点。虽然我国在相关领域的研究整体仍然落后，但是局部研究与国际并行乃至处于领跑状态。其中，西南低温成矿域、白云鄂博超大型稀土矿等研究有望取得突破，值得重点支持。

第七节　需要解决的主要科学问题

（1）斑岩和浅成低温热液硫化物矿床成矿元素的搬运形式和控制因素。

（2）铁的地球化学行为与玢岩式铁矿的成因。

（3）板块俯冲对成矿的控制作用及机理。

（4）氧逸度对成矿作用的控制及机理。

（5）钨、锡、铌、钽等元素的地球化学行为与大规模成矿的机理。

（6）三稀元素等的地球化学行为与大规模成矿的机理。

（7）高温高压下元素的地球化学行为、络合物水解与成矿。

参考文献

孙卫东，李贺，丁兴，等. 2015. "俯冲工场"研究进展 // 翟明国，肖文交. 板块构造、地质事件与资源效应——地质科学若干新进展. 北京：科学出版社.

Albarede F. 2009. Volatile accretion history of the terrestrial planets and dynamic implications. Nature，461：1227-1233.

Arevalo R，McDonough W F，Luong M. 2009. The K/U ratio of the silicate earth：Insights into mantle composition，structure and thermal evolution. Earth and Planetary Science Letters，278：361-369.

Arndt N T，Naldrett A J，Hunter D R. 1997. Ore deposits associated with mafic magmas in the Kaapvaal craton. Mineralium Deposita，32：323-334.

Benz W，Cameron A G W，Melosh H J. 1989. The origin of the Moon and the single-impact hypothesis Ⅲ. Icarus，81：113-131.

Campbell I H，Taylor S R. 1983. No water，no granites-No oceans，no continents. Geophysical Research Letters，10：1061-1064.

Campbell I H，Griffiths R W，Hill R I. 1989. Melting in an Archaean mantle plume：Heads it's basalts, tails it's komatiites. Nature, 339：697-699.

Crerar D A, Barnes H L. 1976. Ore solution chemistry V Solubilities of chalcopyrite and chalcocite assemblages in hydrothermal solution at 200 degrees to 350 degrees. Economic Geology, 71（4）：772-794.

Dasgupta R, Mallik A, Tsuno K, et al. 2013. Carbon-dioxide-rich silicate melt in the earth's upper mantle. Nature, 493：211-215.

Drake M J, Righter K. 2002. Determining the composition of the earth. Nature, 416：39-44.

Gale A, Dalton C A, Langmuir C H, et al. 2013. The mean composition of ocean ridge basalts. Geochemistry, Geophysics, Geosystems, 14：489-518.

Green D H, Hibberson W O, Kovacs I, et al. 2010. Water and its influence on the lithosphere-asthenosphere boundary. Nature, 467：448-497.

Hedenquist J W, Lowenstern J B. 1994. The role of magmas in the formation of hydrothermal ore-deposits. Nature, 370：519-527.

Hofmann A W. 1997. Mantle geochemistry：The message from oceanic volcanism. Nature, 385：219-229.

Hofmann A W, White W M. 1982. Mantle plumes from ancient oceanic crust. Earth and Planetary Science Letters, 57：421-436.

Leach D, Macquar J C, Lagneau V, et al. 2006. Precipitation of lead-zinc ores in the Mississippi Valley-type deposit at Trèves, Cévennes region of southern France. Geofluids, 6：24-44.

Li J, Agee C B. 1996. Geochemistry of mantle-core differentiation at high pressure. Nature, 381：686-689.

Liu X C, Xiong X L, Audetat A, et al. 2014. Partitioning of copper between olivine, orthopyroxene, clinopyroxene, spinel, garnet and silicate melts at upper mantle conditions. Geochimicaet Cosmochimica Acta, 125：1-22.

Ludington S, Plumlee G S. 2009. Climax-type porphyry molybdenum deposits. US Geological Survey open-file report.

McDonough W F, Sun S S. 1995. The composition of the earth. Chemical Geology, 120：223-253.

Meinert L D. 1992. Skarns and skarn deposits. Geoscience Canada, 19：145-162.

Morgan W J. 1972. Deep mantle convection plumes and plate motions. AAPG bulletin, 56：203-213.

Mungall J E. 2002. Roasting the mantle：Slab melting and the genesis of major au and au-rich cu deposits. Geology, 30：915-918.

Niu Y L, O'Hara M J. 2003. Origin of ocean island basalts：A new perspective from petrology, geochemistry, and mineral physics considerations. Journal of Geophysical Research：Solid

Earth, 108 : B4.

Russell J K, Porritt L A, Lavallee Y, et al. 2012. Kimberlite ascent by assimilation-fuelled buoyancy. Nature, 481 : 352-356.

Seedorff E, Einaudi M T. 2004. Henderson porphyry molybdenum system, Colorado : Ⅱ. Decoupling of introduction and deposition of metals during geochemical evolution of hydrothermal fluids. Economic Geology, 99 : 39-72.

Shirey S B, Harris J W, Richardson S H, et al. 2002. Diamond genesis, seismic structure, and evolution of the kaapvaal-zimbabwecraton. Science, 297 : 1683-1686.

Shirey S B, Cartigny P, Frost D J, et al. 2013. Diamonds and the geology of mantle carbon. Reviews in Mineralogy and Geochemistry, 75 : 355-421.

Sillitoe R H. 2010. Porphyry copper systems. Economic Geology, 105 : 3-41.

Sobolev A V, Hofmann A W, Sobolev S V, et al. 2005. An olivine-free mantle source of Hawaiian shield basalts. Nature, 434 : 590-597.

Sobolev A V, Hofmann A W, Jochum K P, et al. 2011. A young source for the hawaiian plume. Nature, 476 : 434-437.

Stagno V, Ojwang D O, McCammon C A, et al. 2013. The oxidation state of the mantle and the extraction of carbon from earth's interior. Nature, 493 : 84-88.

Sun W D. 2015. Decratonic gold deposits : A new concept and new opportunities. National Science Review, 2 : 248-249.

Sun W D, Arculus R J, Kamenetsky V S, et al. 2004. Release of gold-bearing fluids in convergent margin magmas prompted by magnetite crystallization. Nature, 431 : 975-978.

Sun W D, Ling M X, Yang X Y, et al. 2010. Ridge subduction and porphyry copper-gold mineralization : An overview. Science China Earth Sciences, 53 : 475-484.

Sun W D, Zhang H, Ling M X, et al. 2011. The genetic association of adakites and Cu-Au ore deposits. International Geology Review, 53 : 691-703.

Sun W D, Liang H Y, Ling M X, et al. 2013. The link between reduced porphyry copper deposits and oxidized magmas. Geochimica Et Cosmochimica Acta, 103 : 263-275.

Sun W D, Teng F Z, Niu Y L, et al. 2014. The subduction factory : Geochemical perspectives. Geochimica Et Cosmochimica Acta, 143 : 1-7.

Sun W D, Huang R F, Li H, et al. 2015. Porphyry deposits and oxidized magmas. Ore Geology Reviews, 65 : 97-131.

Sun W D, Li C Y, Hao X L, et al. 2016. Oceanic anoxic events, subduction style and molybdenum mineralization. Solid Earth Sciences, 1 : 64-73.

Taylor R. 2006. The moon : A Taylor perspective. Geochimica Et Cosmochimica Acta, 70 : 5904-5918.

Torsvik T H, Burke K, Steinberger B, et al. 2010. Diamonds sampled by plumes from the core-mantle boundary. Nature, 466 : 352-355.

Wang C Y, Zhou M F. 2013. New textural and mineralogical constraints on the origin of the Hongge Fe-Ti-V oxide deposit, SW China. Mineralium Deposita, 48 : 787-798.

Wang C Y, Zhou M F, Qi L A. 2010. Origin of extremely PGE-rich mafic magma system : An example from the Jinbaoshan ultramafic sill, Emeishan large igneous province, SW China. Lithos, 119 : 147-161.

Wang C Y, Zhou M F, Qi L. 2011. Chalcophile element geochemistry and petrogenesis of high-Ti and low-Ti magmas in the Permian Emeishan large igneous province, SW China. Contributions to Mineralogy and Petrology, 161 : 237-254.

Wilde S A, Valley J W, Peck W H, et al. 2001. Evidence from detrital zircons for the existence of continental crust and oceans on the Earth 4.4 Gyr ago. Nature, 409 : 175-178.

Wilson J T. 1963. A possible origin of the Hawaiian Islands. Canadian Journal of Physics, 41 : 863-870.

Wood B J, Li J, Shahar A. 2013. Carbon in the core : Its influence on the properties of core and mantle. Reviews in Mineralogy and Geochemistry, 75 : 231-250.

Yin Q Z, Jacobsen S B, Yamashita K, et al. 2002. A short timescale for terrestrial planet formation from Hf-W chronometry of meteorites. Nature, 418 : 949-952.

Zhou M F, Robinson P T, Lesher C M, et al. 2005. Geochemistry, petrogenesis and metallogenesis of the Panzhihuagabbroic layered intrusion and associated Fe-Ti-V oxide deposits, Sichuan Province, SW China. Journal of Petrology, 46 : 2253-2280.

Zhu R X, Fan H R, Li J W, et al. 2015. Decratonic gold deposits. Science China Earth Sciences, 58 : 1523-1537.

第八章
流体演化与成矿

第一节 引　　言

　　流体广泛发育在地球的各种环境中，（水质）流体是地球区别于其他星球的一个最重要特征，也是地球上生命产生的基本条件。地球上的流体见于水圈、气圈和岩石圈，它不仅涉及生物的生存，而且也关系到地球的演化。流体在地壳的化学和地球动力学演化过程中发挥着关键作用，流体的流动是地壳中质量和能量传输的主导过程（Yardley and Bondar，2014）。这些流体形成了热液矿床，影响了火山系统喷发行为和地幔的地球物理性质，并极大地影响着岩石变形与破裂的方式（Bodnar，2005）。

　　在各种地质作用过程中，广泛发育着流体作用，地质过程中产生的流体通常被称为"地质流体"（geofluids）。例如，形成于现代海底喷流系统的热液流体、深部岩浆作用造成的地热流体、火山喷发形成的岩浆流体、盆地演化形成的卤水及有机流体等。地质流体的形成及其演化过程对于地球环境变化和元素分布有着重要的影响。相对于古老的地质学来说，地质流体的研究是一门新兴学科，Barnes（1967）主编的《热液矿床地球化学》（*Geochemistry of Hydrothermal Ore Deposits*）一书首次对热液流体做了全面的阐述，Fyfe 等（1978）出版的《地壳中的流体》（*Fluid in the Earth's Crust*）是第一部全面总结地壳中流体的专著；Yardley 和 Bondar（2014）总结了地质流体研究的近期资料，并系统地论述了大陆地壳中的流体。

矿床的形成过程离不开流体的作用。成矿作用包括成矿物质的来源、搬运及沉淀，离不开流体，没有流体就没有矿床，大陆成矿过程也同样离不开流体作用。但是同时也应该看到，不是地球上所有的流体都能形成矿床，只有当某种流体变成成矿流体时才能形成矿床。成矿流体对金属矿床的形成起到了不可替代的、决定性作用。但使流体变成矿流体并且最终形成矿床涉及很多方面的因素，包括流体的来源、成矿物质的来源、热的来源；流体迁移的动力、流体运移的通道、流体与岩石的相互作用；流体沉淀的机理、物理化学条件、流体沉淀的空间和沉淀过程所需时间；等等（卢焕章，1997）。在全球分布的矿床类型中，热液矿床是最主要的矿床类型，它的形成与不同性质的水质热液流体（岩浆热液、火山热液、变质热液、盆地卤水等）直接相关，约占全部矿床的 80%；而与热液关系不大的岩浆型矿床则与岩浆流体直接相关，它是通过岩浆流体的结晶作用或熔离作用形成的，约占全部矿床的20%（叶天竺等，2015）。

虽然目前对流体成矿作用的重要性有了一定的了解，但人们在成矿流体的性质和演化等众多方面依然处于探索阶段。比如：初始成矿流体来源究竟始于地球什么部位？造成成矿流体流动运移的动因是什么？不同性质的成矿流体是如何对金属元素进行选择性迁移的？富含金属元素成分的成矿流体是通过什么途径、什么形式进行运移的？成矿流体所搬运的金属元素是通过什么机制最终卸载、沉淀，从而聚集成矿的？不同来源的成矿流体对成矿有何不同的贡献？这些关于成矿流体的科学问题正引领着当前矿床学研究的前沿，也是成矿作用研究的热点和难点。对流体精细成矿过程进行深入研究，将有助于我们确定矿床类型，建立准确的成矿模式，从而有效地指导找矿勘查工作的进行。

第二节　成矿流体研究的主要进展

一、成矿流体的性质和来源

成矿流体属于地质流体范畴，按产状和成因，成矿流体包括岩浆流体、变质流体、海水、热卤水（地热水、地层水）、地下水（大气降水）、石油和天然气等；按化学成分，地质流体可以分为岩浆-硅酸盐流体、水流体、水-

盐流体、水-盐-挥发分流体、有机流体等。成矿流体不是普通意义上的地质流体，它具有自身的特殊性，无论是从自然界正在形成的矿床来看，还是从保存古成矿流体的标本——流体包裹体来看，富含金属成矿元素都是成矿流体的最重要特征。

通过对现代热液系统的直接观察和测定，既可以获知成矿流体运移速度的定量化数据，又可以判定金属成矿流体的来源，还可以直接测定出金属成矿元素的含量。位于巴布亚新几内亚利希尔岛上的拉多拉姆金矿（图 8.1）（Simmons and Brown，2006）是目前唯一知道的活动的热液金矿，它的成矿作用目前仍然在持续进行中。这个金矿是世界上最大的金矿之一，赋存有1300t 金。在 1997 年金矿露天开采之前，拉多拉姆地区已经开展了地热钻探，并提供了研究深部热液流体至矿化带的很好的样品。

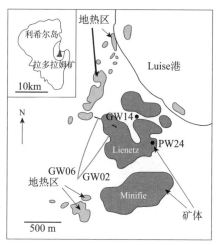

(a) 矿体（Minifie 和 Lienetz）和地热井　(b) 北东-南西剖面显示地热井和
（GW02、GW06、GW14、PW24）　Lienetz 矿体的关系

图 8.1　拉多拉姆金矿与含金热卤水
资料来源：Simmons and Brown，2006

对拉多拉姆金矿矿体下 1km 地热井热卤水的氢氧同位素研究揭示，这些深部卤水（金的成矿流体）是一种氧化的硫酸盐-氯化物型卤水，主要由岩浆水组成，可能起源于俯冲大洋板片的深部脱水作用（Simmons and Brown，2006）。测定结果同时揭示出这种金的成矿流体（热卤水）中含有很高的 Cl^-、SO_4^{2-}、HCO^-、Na^+、K^+ 含量，同时含有铜、铅、锌、金、银、锰、钼、锡、锑、碲、铊等多种元素，以及 CO_2、H_2S、CH_4、N_2、H_2 等气体组分，盐度 5wt%~10wt%NaCl$_{eq}$（eq 表示当量），温度可以超过 275℃，pH 近中性，偏

碱性,为 6.76～8.96。这种成矿流体高度富含金元素,金在热卤水中的平均值可达 15ppb[①](mg/t)(表 8.1),而且以比较快的速度向上迁移沉淀,按照目前的沉淀速度(每年沉淀 24 kg 的金),如此富金的成矿流体,在相似的成矿机制下,再过 55 000 年,即可富集 1600 t 金,形成较目前规模(1300 t 金)更大的金矿床(Heinrich,2006)。

表 8.1　地热井卤水中的主要元素和微量元素分析

钻井编号	GW02	GW06	GW06	PW24	PW24	GW14	GW14	Wairakei 212
分析对象	主量元素	主量元素	微量元素	主量元素	微量元素	微量元素	主量元素	新西兰地表胚样*
日期	29/09/2000	16/07/2002 a.m.	16/07/2002 p.m.	17/07/2002 p.m.	17/07/2002 p.m.	18/07/2002	26/05/2003	30/09/2002
深度 / m	1 350	1 500	1 500	360	360	550	680	950
Ph	7.12	8.58		6.76		8.69		
Cl⁻ / ppm	19 860	19 700		7 000		19 336		
SO₄²⁻ / ppm	31 255	32 380		7 511		29 605		
HCO₃⁻ / ppm	2 765	2 347		702		989		
Ag / ppb			6		< 1	5		0.6
As / ppm	16.2	14.5	17	39	1.5	18	13.2	51
Au / ppb			16		1	13		< 0.1
B / ppm	131	119	132	41	45	151	129	0.3
Br / ppm			36		13	39		2 400
Cu / ppb			4 450		10	1 590		22
Hg / ppb			1			0.7		0.52
K / ppm	4 842	4 490	4 200	1 491	1 440	4 900	5 057	< 0.1
Mn / ppb			620		4 900	120		38
Mo / ppb			430		10	350		6
Na / ppm	26 340	23 000	25 600	7 317	7 300	24 400	24 851	0.5
Pb / ppb			23		< 1	40		1.5
Sn / ppb			840		11	590		7.7
Sb / ppb			4		< 1	2		19
Te / ppb			< 1		< 1	4		0.4
Tl / ppb			69		2	68		< 0.1
V / ppb			690		7	950		< 0.01

① 　1ppb=1 × 10⁻⁹。

续表

钻井编号	GW02	GW06	GW06	PW24	PW24	GW14	GW14	Wairakei 212
分析对象	主量元素	主量元素	微量元素	主量元素	微量元素	微量元素	主量元素	新西兰地表胚样*
日期	29/09/2000	16/07/2002 a.m.	16/07/2002 p.m.	17/07/2002 p.m.	17/07/2002 p.m.	18/07/2002	26/05/2003	30/09/2002
Zn / ppb			185		260	300		125

*新西兰热液井：将 620mL 的去离子水放入取样器中，并在深部 -950m 处放置 10 分钟（255℃）；随后将取样器返回地表并重新得到胚样，同时将王水加入去离子水中冲洗，得到总量为 770mL 的地表胚样。

资料来源：Simmons and Brown, 2006

就世界上广泛分布的金属矿床而言，绝大多数形成于自太古宙以来的各个地质时代，对这些矿床成矿流体的认识主要来自保存于矿石矿物或伴生脉石矿物中的流体包裹体信息。以往对热液矿床成矿流体性质的了解，多数是通过与矿石矿物（金属矿物）伴生的石英、方解石等矿物中的流体包裹体来获得的，前提是假设这些脉石矿物与矿石矿物同时沉淀，因此从它们之中捕获的流体代表了成矿流体。

美国阿肯色州北部和爱尔兰是世界上密西西比河谷型铅锌矿的最重要产地，对这两个典型地区密西西比河谷型铅锌矿保存于闪锌矿的流体包裹体的研究表明，这类铅锌矿的矿石矿物中富含较高的成矿元素（铅、锌），而伴生的石英中成矿元素（铅、锌）的含量明显偏低，因此以往仅根据伴生的石英脉测定出的比较低的成矿元素含量，不能代表真实的密西西比河谷型铅锌矿的成矿流体特征（图 8.2）。

针对闪锌矿和伴生石英所进行的单个流体包裹体的激光剥蚀 ICP-MS 分析揭示：美国阿肯色州北部密西西比河谷型铅锌矿石英中含铅 0.2～3.5ppm，闪锌矿中含铅 10～400ppm；爱尔兰的密西西比河谷型铅锌矿石英中含铅 3.6～26ppm，闪锌矿中含铅 22～890ppm。据此可以计算出美国阿肯色州北部密西西比河谷型铅锌成矿流体中含锌可达 3000ppm；爱尔兰密西西比河谷型铅锌矿成矿流体中含锌更是可高达 5000ppm（Wilkinson et al., 2009）。根据美国阿肯色州北部和爱尔兰的密西西比河谷型铅锌矿矿石矿物（闪锌矿）流体包裹体研究可以获知成矿流体富含较高的铅、锌等成矿元素（大陆地壳平均含锌 70ppm，含铅 12.5ppm），采用成矿流体中获得的高含锌量进行估算，形成当前规模的密西西比河谷型铅锌矿并不需要以往认为的很长时间（几十至几百万年），而是仅需要 1 万年左右（图 8.3）（Bodnar, 2009）。密西西比河谷型铅锌矿的成矿流体温度分布于 50～250℃，多数在 90~150℃；盐度 10wt%~30wt%NaCl$_{eq}$（Leach et al.，2005）。通过对闪锌矿中流体包裹体氯/溴-钠/溴摩尔比值的测定，揭示出成矿流体具有盆地卤水的性质，且来源于近地表的蒸发海水（Kesler，1996；Viets et al.，1996）。

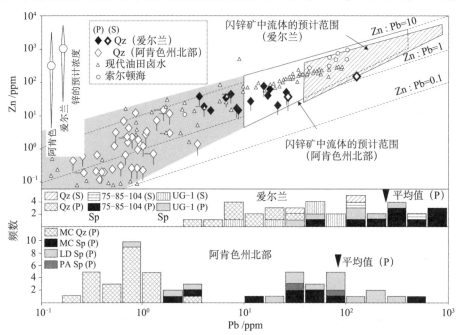

图 8.2　美国阿肯色州北部和爱尔兰的密西西比河谷型铅锌矿、闪锌矿和石英流体包裹体研究
阿肯色州北部 Pb：0.2~3.5ppm 石英；10~400ppm 闪锌矿。爱尔兰 Pb：3.6~26ppm 石英；
22~890ppm 闪锌矿

资料来源：Wilkinson et al.，2009

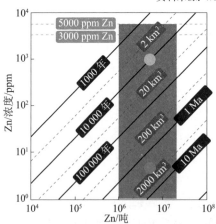

图 8.3　密西西比河谷型铅锌矿的形成时限
资料来源：Bodnar，2009

通过上面列举的例子可以得知，自然界中无论是正在形成的成矿热液系统，还是地质过程中形成的古成矿热液系统，都显示出高度富集成矿金属元素的特征，这些富含成矿元素的成矿流体来源是多样的，可以是岩浆水、蒸发的海水，也可以是其他来源的流体。它们是形成大规模成矿物质富集的物质基础。

二、成矿流体不同的形成途径

成矿流体与其他地质流体的不同之处在于它含有丰富的成矿物质，这些成矿物质构成了目前在矿床中看到的矿石矿物（如闪锌矿、方铅矿等）和脉石矿物（如石英、方解石等）。成矿流体的形成与这些矿物的溶解度具有密切关系，如闪锌矿、方铅矿的溶解度会随着温度和盐度的增高而升高，是自然界火山及地热流体中常见的组分（Barnes，1979）。它们在成矿流体中的存在形式不是单纯的离子形式，而可能是络合物形式。例如，石英在高温高压下的溶解度可达 35%，而成矿流体大多数是在高温高压的条件下形成，这也是为什么成矿流体中能溶解有较多的 SiO_2（Holland and Malinin，1979）。方解石较大的溶解度则出现在温度较低、P_{CO_2} 较高时，因此从地质角度来看，常温常压下的成矿流体中可含有更多的 $CaCO_3$。

成矿流体的形成往往伴随着重大地质事件，如板块离散-聚合形成的裂谷、拉分盆地、造山带，盆-山体系转换形成的沉积盆地等，这些地质事件不仅导致了大规模流体活动，同时也为流体的输运提供了有利通道。不同来源流体的演化、混合，流体-围岩的相互作用等，形成了富含成矿物质的成矿流体。目前研究结果表明，成矿流体的形成最主要有两种途径，一是某些原始的流体本身就可能具有成矿流体的特征，主要见于岩浆过程和变质过程；二是通过流体与岩石的相互作用，从围岩中获取成矿物质，从而形成成矿流体，常见于海底热液成矿系统。

岩浆演化过程中直接形成成矿流体的一个很好的例子，记录在阿根廷 Bajo de la Alumbrera 斑岩铜金矿的流体-熔体包裹体中。根据 Harris 等（2003）对该斑岩铜金矿的研究，揭示出形成 Bajo de la Alumbrera 矿床早期石英脉的流体，具有岩浆-热液过渡态性质，在这些早期形成的石英脉中，存在硅酸盐熔体包裹体与高盐水质流体-富气相的流体包裹体共存的现象。这些不同类型的流体-熔体包裹体对应于岩浆到热液之间的演化过程，其中熔体-流体包裹体类型显示在一个大的熔体包裹体中，分布有三个小的出溶的流体相，这些流体相富含盐类，有子矿物出现。这种现象对应于流体的第一次沸腾作用，指示了流体相从硅酸盐相的初始出溶阶段，是岩浆和流体之间的直接过渡。

在流体包裹体岩相学研究的基础上开展的 PIXE 分析，揭示出这些从熔体中出溶的流体相富含氯、钙，同时还富含铁、铜、锌、锰等金属元素，流体-熔体包裹体的 PIXE 分析也说明，当流体和熔体相分离时，铜（金）、锌、铁、锰等成矿金属更倾向于进入流体相中，与上述成矿金属元素在流体和熔体之间的配分特征一致。这表明这一类斑岩体在演化过程中可以直接分异出富含铜（金）、锌、铁、锰等的高盐度的成矿流体，Bajo de la Alumbrera 斑岩铜金矿的形成与富铜金的斑岩体密切相关（图 8.4）。

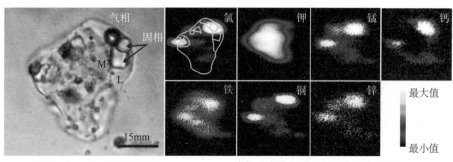

（a）包裹体由三个小的流体相（L）　　　　（b）PIXE分析结果揭示出流体相富含
和很大一部分的熔体相（M）组成　　　　　氯、钾、锰、钙、铁、铜、锌等元素

图 8.4　岩浆和斑岩铜金矿之间的直接联系

资料来源：Harris et al.，2003

　　变质作用过程可以直接产生富含金属的成矿流体，造山型金矿是这种变质成因富金成矿流体的最好记录。造山型金矿是世界上最重要的金矿类型之一，它广泛产出于前寒武纪地体，是太古宙、元古宙、到古生代的最重要金矿类型，中生代到新生代则降为次要地位（图 8.5）（Goldfarb et al.，2005）。这类金矿的形成时间与造山作用晚期阶段大体一致，矿体延伸可以在 2～20km 变化，从浅部脆性环境下的网脉、角砾状，到脆-韧性过渡带的层状裂隙充填脉，再到深部韧性环境下的交代和浸染状矿体。大多数造山型金矿产于绿片岩相变质岩中，也有产出于更低或更高的变质岩相中（Groves et al.，1998）。

　　目前一般认为，上述变质地体中初始的金可能是在海底热液过程通过海相黄铁矿，进入地壳的火山岩或沉积岩层序中，金的转移和富集与变质作用过程密切相关，也就是说变质流体的形成过程造成了富金流体的形成。这类成矿流体温度一般在 250～350℃或 250～400℃，拥有较低的盐度（小于 10wt%$NaCl_{eq}$），并且富含 CO_2。成矿流体具有近中性的、弱还原的性质，金主要通过硫的络合物方式迁移。成矿流体沿韧脆性剪切带上运移过程，显著的压力波动造成的 $NaCl-H_2O-CO_2$ 体系的不混溶和水岩反应过程中的去硫化作用是造成成矿物质卸载、聚集成矿的主要因素（Groves et al.，1998）。

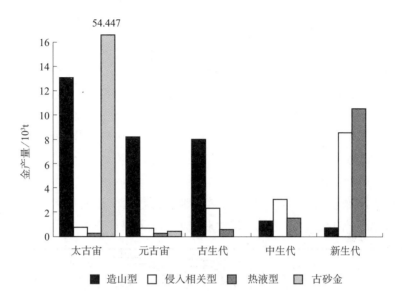

图 8.5　金矿床的产出随地质时代和成矿类型的变化

仅统计金大于 100 万盎司的矿床（产量＋储量）（1 盎司 =28.349 523 克）

资料来源：Goldfarb et al.，2005

　　通过流体与岩石的相互作用，获取成矿物质从而形成成矿流体，最典型的例子就是海底热液硫化物矿床。海底热液硫化物矿床是 20 世纪 60 年代发现的一种海洋矿产，分布于大洋中脊区、裂谷带和岛弧区岩浆活动带。其主要成矿元素是铜、锌、铅、银、钡、钙、金等。矿石矿物主要为黄铁矿、闪锌矿、黄铜矿、斑铜矿、白铁矿、方铅矿、磁黄铁矿等，脉石矿物有硬石膏、非晶质 SiO_2 黏土矿物等。通过对现代海底热液的直接测定或通过对保存在形成不久的重晶石热液等矿物中的流体包裹体的研究均揭示，该类矿床的成矿流体来源主要是海水，通过加热海水的对流循环，萃取海底基性火山岩中的铜、铅、锌、银、金等成矿元素，从而演化成富含成矿物质、温度高达 $350\sim400$℃的成矿流体。这些高温的成矿流体在洋底喷出时，与周围的海水发生混合，造成成矿流体温度骤降而形成大量金属硫化物沉淀。

　　火山成因块状硫化物矿床是形成于各种地质时代的海底热液硫化物矿床。Franklin 等（2005）总结了火山成因块状硫化物矿床的流体成矿模式（图 8.6）。热触发的水岩反应导致了热液对流循环系统的形成，并淋滤出火山岩中的金属元素，长期活动的对流系统最大限度地将热液流体通过深穿透的、与火山同期的断层导入海底，或紧靠海底之下的渗透层，从而形成火山成因块状硫化物矿床。在某些地区，金属也可以来自次火山岩浆。Gemmell 等（1998）对古生代火山成因块状硫化物矿床的研究，也揭示出海水对流体循环模式，研究结果表明古生代火山成因块状硫化物矿床成矿流体温度为200～350℃，盐度为2wt%～10wt%NaCl$_{eq}$。金属的沉淀是由于冷却作用或者与海水的混合作用，关于流体的来源，主体是海水，可能有岩浆水的加入，锌、铅、银可能是从火山岩中淋滤出来的，而铜、金既可以由火山岩中淋滤产生，也可能部分直接来自岩浆流体。因此，无论是对现代海底热液硫化物矿床，还是对地质时期形成的火山成因块状硫化物矿床而言，成矿流体的产生和流体与围岩的相互作用密切相关，流体经过大规模的循环，从火山岩中淋滤出成矿物质，并被深部岩浆房加热，从而形成含矿热液。这些含矿热液直接排除到海底，或者进入靠海底之下的渗透层，进而形成火山成因块状硫化物矿床。

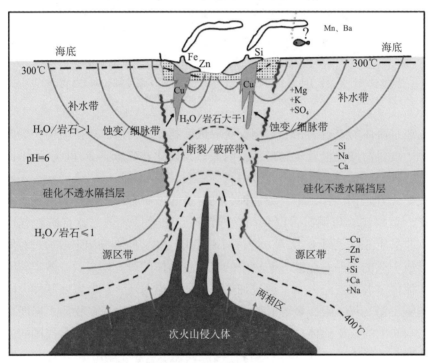

图 8.6　火山成因块状硫化物矿床的成矿模式

资料来源：Franklin et al.，2005

三、成矿流体搬运金属元素的方式

　　成矿作用是一种十分复杂的动力学过程，成矿流体对成矿物质的搬运过程和搬运方式是成矿流体研究中最重要的环节之一。一般来说，金属元素在地壳中的丰度值达不到工业品位，要形成有经济价值的矿体则需要金属元素巨量聚集。实现这一过程"最主要的介质"就是成矿流体。不同地质单元所含的金属元素含量是有一定差别的。例如，偏基性的洋壳较富含铜和金；中酸性的上地壳较富含铅、锌、钨、锡和钼；上地幔或更深的地质单元更富含铁、镍等。成矿流体从"母体"中萃取和搬运金属元素的过程与方式，是成矿作用的关键。成矿流体中，金属元素一般不能以简单的离子形式直接被搬运，而是以可溶解络合物的形式存在于流体中，下面以斑岩型铜金矿床和花岗岩型钨锡矿床为例来加以阐述。

在世界的铜矿资源中，斑岩型铜矿无疑是最大的铜矿类型。对其"萃取"的具体过程是当前成矿理论研究的热点。目前普遍接受的观点是，对斑岩型铜矿而言，铜可能通过三阶段的分异过程逐步富集：第一阶段是上地幔-下地壳环境下原始岩浆的形成和结晶分异，在高氧逸度和硫化物缺失的情况下，铜不相容，更趋向集中于熔体中（Liu et al.，2014），从而完成第一步的"萃取"过程；第二阶段是熔体与岩浆热液的分异，在这一过程，铜等金属元素优先配分于岩浆热液（水质流体）中，形成具备成矿潜质的富铜等金属元素的"热液卤水"；第三阶段是热液流体（成矿流体）气液相分离，这一过程造成高盐度、高密度的卤水和低盐度、低密度的蒸汽相产生，传统认为该过程中铜等金属元素会进一步保留在高盐度的卤水中，当达到饱和度时发生矿质沉淀。但近来的研究表明，在成矿流体相分离的过程中，相对于高盐度的流体相而言，铜、金、银、钼等金属元素也可能更易于配分并集中于低密度的"气相流体"中（图 8.7）（Seo and Heinrich，2013；Tattitch et al.，2015）。

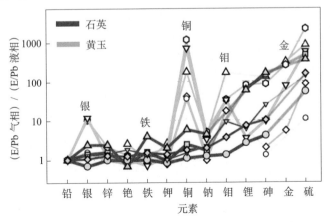

图 8.7　元素在同源气相包裹体与液相包裹体中的分配

资料来源：Seo and Heinrich，2013

铜在硫化物相与硅质熔体间的分配系数高达数百至上千，由此可见，硫化物相是控制岩浆作用过程中铜在结晶相和熔体间分配的重要因素。铜、金等在溶液和熔体间的配分取决于流体中的氯化物和硫的含量，当体系中存在氯化物时，铜配分进入溶液相的趋势大大增加。铜在成矿流体中主要以可溶性络合物的形式存在，常与 Cl^-、HS^-、OH^-、HCO_3^-、H_2O、F^-、S^{2-} 等结合成各种类型的络合物。其中对斑岩铜矿形成有重要意义的是 Cu^+ 的氯络合物。高温条件下，铜在热液中以 $CuCl^0$ 为主，在低温条件占主导的则是 $CuCl_2^-$、$CuCl_3^{2-}$、$CuCl_4^{3-}$。与铜相似，在热液中金主要以金-氯络合物和金-硫络合物的形式搬运，常见的金-氯络合物有 $AuCl_2^-$、$AuCl_4^-$，在中性富氯热液中，$AuCl_2^-$ 是主要的络合物形式；在压力为 50～100MPa，温度为 500℃，中到碱性流体中，$Au(HS)_2^-$ 是主要的络合物形式，在酸性条件下，$Au(HS)^0$ 占主导地位。

钨锡等矿床在世界上的最重要产地集中于中国东南部，其中该区产出的钨占世界钨总产量的 64%，锡占世界锡总产量的 20%。这些矿床无论是在时间上、空间上还是在成因上都与多期多阶段花岗岩演化和发展有着密切的关系。研究表明，钨（锡）等矿床成矿物质的"萃取"过程大致可以分为以下几个阶段：第一阶段是富钨（锡）基底地层发生部分融熔产生具有钨（锡）成矿潜力的花岗岩；第二阶段是随着岩浆的不断演化，钨（锡）等成矿物质进一步在晚期晚阶段花岗岩浆中得到富集，从而演化成为富钨（锡）花岗岩（南京大学地质学系，1981）；第三阶段是随着富钨（锡）等成矿元素的花岗岩浆进一步演化，水质流体在岩浆中达到过饱和状态，从而产生水质流体与岩浆熔体相分离，但当水质流体与岩浆熔体相分离时，由于钨在水溶液与熔体中的配分可以达到 1000:1，因此，在这一过程中绝大部分的钨进入水质流体相，这些富含钨（锡）和 SiO_2 的含矿流体上侵进入岩体顶部或围岩的裂隙中，从而富集形成黑钨矿-石英脉型钨矿床。

钨在花岗岩熔体中的溶解度可达 1000 ppm，因此，一般情况下钨很难在花岗岩熔体中达到饱和而形成钨矿物（陈骏等，2014）。钨在热液中的搬运形式主要有钨酸（根）（$H_2WO_4^0$、HWO_4^-、WO_4^{2-}），钨酸盐离子（$NaHWO_4^0$、$NaWO_4^-$），钨氯络合物（WCl_6^0、WO_3Cl^-），钨氟络合物（$(WO_4F)^{3-}$、$(WOF_5)^-$），杂多酸（$[H_3[Sb(WO_3O_{10})_4]·H_4[Si(W_3O_{10})_4]$）等；温度为 200～300℃时，成矿溶液中主要包含 HWO_4^-、$NaWO_4^-$，温度升至 400～600℃时，$NaHWO_4^0$ 成为主要络合物形式。锡具有强烈的亲氟化性，氟具有强烈的亲熔体性，富氟、富磷的环境会造成锡在残余熔体中的高度富集。锡在热液中以简单的氯化络合物为主要搬运形式，同时也以氯羟基络合物、氟化物络合物等形式存在（Na_2SnF_6、$NaSnCl_6$、$[Sn(F_{6-2}(OH)_2)]^2$），另外，锡的其他配体还有 Br^-、I^-、HS^-、SO_4^{2-}、SCN^-、HPO_4^- 等。

四、成矿流体运移的路径

携带成矿元素的流体如何从深部运移到浅部，最后到达成矿部位卸载成矿？了解成矿流体的迁移路径，将有助于理解成矿过程，建立成矿模型并指导找矿勘查。

成矿流体运移的动力主要有三种。一是重力作用，如通过结晶分异、热液流体与岩浆分离作用使质量较轻的熔体或热液向上运移；此外，Bradley 和 Leach（2003）的研究还表明，密西西比河谷型铅锌矿成矿流体（盆地卤水）的形成与重力驱使下的流体作用密切相关。碰撞造山后的侵蚀作用消除了造山带的部分负荷，造成幸存山脉的反弹，通过山前雨水补给，形成重力驱动的区域流体系统，大规模的流体被长距离搬运，最后形成矿床（图 8.8）。二是热传导（对流）作用，如与海相火山有关的火山成因块状硫化物矿床成矿系统中，通过淋滤火山地层而富含金属元素的海水在向下运移过程中，在深部岩浆热作用的影响下产生向上的对流运动，淋滤出为火山岩围岩中的成矿物质，这些富含铜、铅、锌、银、金等成矿元素的成矿流体在海底喷发形成火山成因块状硫化物矿床（图 8.6）。三是压力差异，流体从高应力场区向低应力场区转移，如在脉状矿床中常见的流体迁移过程，Groves 等（1998）曾对受韧脆性剪切带控制的脉状金矿（造山型金矿）进行过详细的研究和总结，他认为这类金矿的形成温度为 200～700℃，盐度为 3wt%～10wt% $NaCl_{eq}$，流体富 CO_2。矿床的形成深度变化为 2～20km，由此可见，巨大的压力差是引发该类型矿床成矿流体运移的主要动力。

成矿流体运移最常见的通道为断层或断裂。离开断裂系统，成矿流体可能无法运移到合适的成矿部位，不能形成有经济价值的矿体。不同尺度断裂系统的形成基本上都是由地震作用导致，如美国西海岸仍伴随强烈地震活动的圣安德里斯大断裂。这些断裂为大规模热流体的活动提供了通道，如地表出现的热泉等，新西兰等地喷至地表的热液卤水中甚至含有可形成工业品位的金。虽然人们对于流体和断裂系统互动作用的认识还十分有限，但是已经开展了有益的探索。Sibson（1987）、Sibson 等（1988）在对加拿大阿比提比绿岩带金矿的研究基础上，提出了"断层阀"模式，阐述了韧脆性转换带断层活动、流体作用与金成矿的关系。该模式揭示：断层破裂前，地壳中的岩层起到盖层作用，随着成矿流体的持续聚集，流体压力会增高，当流体压力超过静岩压力时，就会

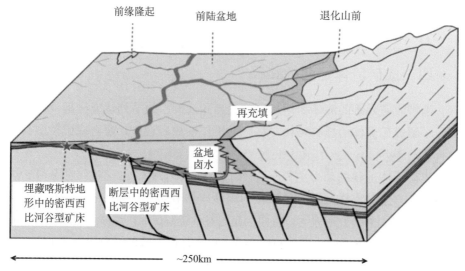

图 8.8   重力作用导致的成矿流体运移

资料来源：Bradley and Leach，2003

发生破裂，同时产生很多渗透性裂隙，成矿流体压力骤降，成矿流体充填在裂隙中形成含金石英脉。流体充填和矿石沉淀使渗透性裂隙逐渐愈合，渗透率再次降低，流体压力再次发生积聚，进入下一个循环（图 8.9）。

五、成矿流体对金属元素的卸载

当携带金属元素的成矿流体运移到合适部位时，通过卸载的方式沉淀金属元素或其络合物，形成具有经济价值的矿体。金属从流体中大规模地沉淀需要满足温压条件、容矿空间、围岩性质等多种苛刻的条件，这可能也是具有开采价值的金属矿床非常稀少的主要原因。引起金属元素从流体中沉淀的决定因素主要是金属络合物的稳定性。金属络合物稳定性破坏，可以导致成矿流体的卸载，从而沉淀出具有经济价值的金属元素或者化合物，形成通常意义上的金属矿床。目前已发现的比较常见的成矿流体卸载方式如下。

（1）温度骤降。金属成矿元素在高温、高压、富卤素和挥发分的条件下，往往具有较高的溶解度，当成矿流体的温度突然降低时，这些金属络合物的溶解度会产生大幅度降低，造成金属络合物的不稳定而导致沉淀。Crerar 和 Barnes（1976）的研究表明，当温度从 350℃降至 250℃时，$CuCl^0$ 的溶解度降低 2 个数量级，铁的溶解度降低 1 个数量级。

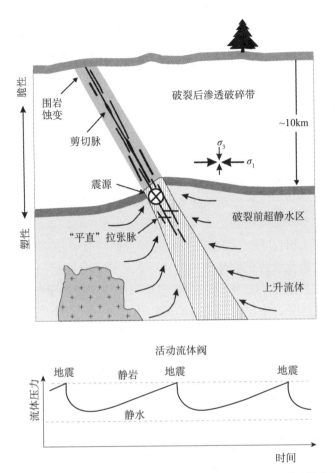

图 8.9　地震带附近的强大流体压力循环导致幕式的水力压裂和沿高角度
逆断层系统金的沉淀

资料来源：Sibson et al.，1988

（2）压力骤降易产生流体不混溶（或"沸腾"作用），从而直接破坏金属络合物的结构。原始单一的 $H_2O+NaCl$ 体系成矿流体溶液，由于压力骤降发生"沸腾"作用，释放出一种低密度的蒸气相和浓度相对加大的浓缩的盐水相，Drummond 和 Ohmoto（1985）的研究表明，沸腾主要发生在 300℃左右，最初 5% 的流体转化为蒸气就会引起大多数金属元素沉淀。这种"流体沸腾"导致的矿质卸载见于斑岩型铜、钼矿的成矿过程（Roedder，1971）。另外，原始单一的 H_2O+CO_2 体系，由于压力骤降可以发生不混溶，形成以 CO_2 为主的气相和贫 CO_2 盐水溶液相，这种"流体不混溶"过程是形成中温热液脉状金矿最主要的成矿机制。

（3）流体混合。不同性质的流体混合可能导致温度变化，增加元素种类并改变其含量，从而破坏原有络合物的稳定性。流体混合在各种类型热液矿床的形成中所起的作用越来越为人们所重视。很多矿床的形成与两种或多种流体的混合有关（Audetat et al., 1998），如常见的岩浆热液与大气水混合、变质水与大气水混合等。热的上升溶液与冷的地表附近的水体相混合时，促使成矿流体的温度降低从而造成矿物的沉淀，混合作用除了造成流体的温度变化，同时还可以造成流体氧逸度和 pH、Eh 的变化，从而导致成矿流体的卸载，形成一系列金属矿床。

（4）流体-岩石反应-成矿流体在传输过程中必然与周围岩层发生物质和能量的交换，形成蚀变围岩。流体-岩石反应（水-岩反应）不仅可以改变成矿流体的温度、pH、Eh、氧逸度、硫逸度等，同时可使某些组分从围岩中活化出来，从而改变成矿流体的成分，导致矿石组分沉淀。在水-岩反应中，往往伴有大量含水矿物的形成，这说明在成矿作用中大量的水通过水-岩反应"固化"在蚀变岩中，促成了含矿流体的浓缩。这一作用的直接结果是使残余（剩余）流体中金属浓度增高，促使金属络合物达到饱和，从而有利于成矿。

成矿流体中金属元素在其运移终结时可以表现为不同形式，如果容矿空间充足、围岩渗透性好、流体本身动力充足，则往往形成热液角砾或者呈交错状的脉体，热液矿物常直接从流体中沉淀形成胶结物和脉体；当流体运移能量较弱、围岩渗透性较差的时候，成矿流体常以"循序渐进"的扩散形式交代围岩，形成弥散状的蚀变矿化。叶天竺等（2015）根据容矿空间（成矿结构面）形成的不同驱动力将热液成矿流体的成矿结构面划分为四种类型：①压力梯度驱动形成的成矿结构面。压力驱动总是和流体驱动、构造驱动共同发生，形成水压网脉状裂隙和爆破角砾岩。②热力驱动的成矿结构面。由于温度差异大形成了对流循环系统，成矿物质形成大规模聚集沉淀。形成似层状、网脉状裂隙、破火山口构造、岩体接触面构造、大型区域断裂构造等。③热液流体驱动形成的成矿结构面。当岩体侵位时，热液流体发生沸腾而产生的流体压力大于围岩压力，从而形成大规模水压裂隙及爆破角砾岩体等成矿结构面。④构造应力驱动形成的成矿结构面。一是由于区域应力作用而形成的断裂和褶皱构造是驱动流体迁移的主要动力，常形成以断裂或裂隙为主的成矿结构面和脉状矿体；二是成矿物质向轴部聚集成矿。

成矿流体中金属元素卸载的过程中，不同元素金属络合物的稳定域也会造成不同的金属矿化分带。斑岩成矿系统中不同金属元素的沉淀过程能较好地诠释成矿流体卸载金属的机制及矿化分带现象：首先，斑岩体在地表以下2～3km的深度侵位到围岩（火山岩地层为主）中，岩体冷凝过程中由于体积缩小，在顶部和火山围岩中形成大量裂隙，从而为之后的矿质沉淀提供了容矿空间；岩浆分异出的含矿热液在进入这些裂隙系统时温度压力骤降，使得溶解度较低的富铜、铁硫化物等首先沉淀。其次，斑岩铜矿成矿流体中富含的铅锌等金属元素，由于其络合物具有较高的溶解度和稳定性，不易与铜、铁、金等同时沉淀，而是随剩余流体通过断裂系统运移到更远的地方或者近地表部位形成具有经济价值的矿体。最后，富含铅锌的成矿流体遇到碳酸盐地层等围岩时，成矿流体会与碳酸盐发生围岩反应，使铅锌浓度增加，络合物稳定性遭到破坏，从而集中沉淀形成矿体。这也很好地解释了为何在斑岩铜矿周边的沉积岩地层中常会出现具有一定规模的铅锌矿化（Heinrich et al.，1999）。

六、成矿流体与成矿机制

目前经典的热液成矿模式的建立过程都离不开成矿流体的研究资料。20世纪50年代以来，成矿流体（流体包裹体）的研究已经成为矿床学，尤其是热液矿床研究的一个必不可少的组成部分，很多热液矿床成矿模式的建立都离不开成矿流体的资料。热液矿床的成矿模式实质上就是成矿流体的沉淀模式。这种流体的成矿模式对于成矿机理的研究、成矿模式的建立，乃至热液矿床的找矿勘查都具有重要的理论和实际意义。

利用成矿流体探讨成矿机制，进而建立成矿模式的最经典，也是最早的实例来自对美国密西西比河谷型铅锌矿的研究，通过流体包裹体的研究获知，形成这类矿床的成矿流体属于 $NaCl-CaCl_2-H_2O$ 体系，均一温度低（75～150℃），可含很高盐度（大于 19 wt% $NaCl_{eq}$），除了两相水溶液包裹体外，还常见有机质包裹体（石油包裹体），极少含有子矿物且见不到流体沸腾的证据，密度大于地表水，一般大于 $1.10g/cm^3$（Roedder，1984）。结合其他地质证据，表明形成密西西比河谷型铅锌矿的成矿流体属于盆地卤水或油田卤水范畴，经过缓慢的长距离的迁移过程，在成矿流体形成的过程中从围岩获取了大量的锌、铅等成矿金属元素，是一种后成热液矿床。

利用成矿流体深入探讨成矿机制的另一个例子，来自对斑岩和浅成热液型矿床之间关系的研究。从世界范围来看，斑岩型矿床的周边往往伴生有浅成热液型矿床，那么这两种类型的矿床之间究竟有没有成因联系是矿床学领域中最令人感兴趣的问题之一。这个问题的解决主要来自对成矿流体的研究成果。成矿流体的研究表明，流体包裹体是判断斑岩型矿床的一个非常有效的手段，沸腾作用普遍发生于斑岩型矿床的形成过程中，它是形成斑岩型铜矿的最重要机制（Hedenquist and Lowenstern，1994）。利用 LA-ICP-MS 测定斑岩型铜矿中"沸腾"包裹体组合（富气相流体包裹体和富卤水相流体包裹体）中单个流体包裹体组成，揭示出铜、金等金属元素和砷、硼等非金属元素，相对于液相（卤水）而言，更易配分进入气相（图 8.10）（Heinrich et al.，1999）。Heinrich 等（2004）提出了金属元素的气相迁移理论，认为初始岩浆流体经过较深部位的沸腾作用，形成了斑岩型铜矿，在此过程中，很大一部分铜、金等金属元素进入气相。较之于液相组分，这些低密度的富含铜、金等成矿元素的气相组分，可以在更低渗透率的岩石中发生更长距离的迁移，迁移过程不再进气、液两相区，可以向地表更浅部位迁移，从而形成与斑岩型矿床伴生的浅成热液铜 / 金矿（图 8.11）。因此，根据浅部的浅成热液矿床，可以推测出深部斑岩型矿床的存在。

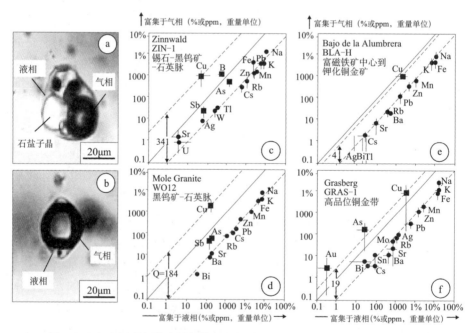

图 8.10　斑岩铜矿中沸腾包裹体两个端元（富气相和富子晶相流体包裹体）金属元素测定结果

资料来源：Heinrich et al.，1999

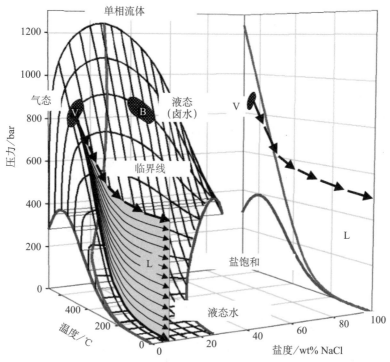

图 8.11 斑岩和浅成热液型矿床之间的联系

1bar = 10⁵Pa

资料来源：Heinrich et al., 2004

第三节 成矿流体研究的展望

成矿流体研究可以得出几点结论：①成矿流体虽然属于地质流体范畴，但它是一种富含金属成分的地质流体；②成矿流体迁移的动力来自重力驱动、压力梯度驱动、热力驱动、构造应力驱动等；③成矿流体可以来源于几乎所有的地质作用过程；④成矿流体的迁移运移方式是以金属络合物方式进行的；⑤成矿流体的卸载（沉淀）主要由流体的温度、压力、Eh、pH 等变化造成的；⑥成矿流体的研究是了解热液矿床成矿机制，建立成矿模式的重要内容。虽然在成矿流体的研究方面已经取得了许多成果和进展，但是尚有某些关键的重要科学问题亟待解决，以下仅仅列举其中一些方面的内容。

一、成矿流体的代表性

在成矿流体的研究中，流体包裹体是最主要的研究手段。以往针对流体包裹体的研究往往集中在对金属矿物伴生的脉石矿物中的流体包裹体来展开的，研究的前提是假设与金属矿物伴生的脉石矿物与金属矿物同时形成，捕获了同期的流体。但是20余年来的研究（Campbell and Robinson，1987，1990；Ni et al.，2015）表明，保存在黑钨矿中的成矿流体均表现出简单的成矿流体冷却过程，而伴生的脉石矿物石英中的流体则呈现出三种流体作用方式：简单冷却、流体不混溶和流体混合方式。此外，黑钨矿中的流体显示出比石英中更高的温度，以及更窄的盐度范围（图8.12）。

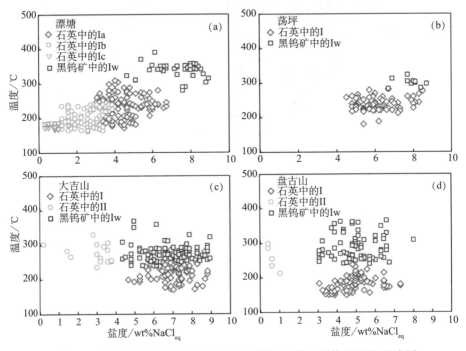

图8.12　赣南钨成矿带黑钨矿与伴生石英脉中流体包裹体的温度-盐度图

资料来源：Ni et al.，2015

金属矿物与伴生的脉石矿物除了流体包裹体温度、盐度等方面表现出不同的特征以外，两者的流体包裹体成分也表现出明显的不同。对美国阿肯色州北部和爱尔兰密西西比河谷型铅锌矿的单个流体包裹体金属元素测定结果表明，闪锌矿中保存的成矿流体富含成矿金属元素，其中铅、锌含量很高，可以高出伴生石英流体中铅、锌元素含量的100～300倍（Wilkinson et al.，2009）。

迄今为止已经开展的针对矿石矿物成矿流体的研究，揭示出某些矿床不仅在温度、盐度、流体作用方式，以及元素组成、含量等方面与通过对伴生脉石矿物的研究结果存在明显区别。那么随之而来的一个关键问题就是：以往对成矿流体的研究成果是否真实地反映了成矿流体的特征？针对这一关键问题，需要对以往主要成矿系统的成矿流体研究开展系统的矿石矿物与脉石矿物中成矿流体的系统研究，包括温度、盐度、单个流体包裹体成分等内容，用来探讨产生这些差别的内在机制，进而更深入地探讨成矿机制和成矿模式。

二、成矿流体过程的精细研究

目前对成矿流体的研究，无论是针对脉石矿物还是矿石矿物，都是基于野外地质观察分期、室内显微镜下岩相学观察的基础上开展的。但是最新的研究表明，矿石矿物的电子探针背散射图像和脉石矿物（石英等）的阴极发光图像能够很好地揭示出多期热液作用可以反映在同一矿物晶体中，通过对这些矿物晶体中微观多期流体活动的仔细解剖，可以精确地厘定出热液成矿过程（Audetat et al.，1998；Ni et al.，2017）。

对澳大利亚与摩尔花岗岩（Mole Granite）有关的洋基矿脉（Yankee Lode）富锡多金属矿床的成矿流体的精细解剖表明，根据阴极发光图像可以将与锡石伴生的石英晶体分成 28 个环带，这些环带大体可以归为三个大的流体作用期。通过对流体包裹体岩相学、显微测温及对 16 个流体包裹体组合（FIA）中 48 个单个流体包裹体 LA-ICP-MS 成矿元素含量的精确测定，揭示出成矿流体中富含较多的成矿元素锡（图 8.13）。尽管广泛出现低密度的气相和高密度的卤水组成的"沸腾组合"，但是成矿作用并不是由成矿流体的"沸腾"作用造成的，实际上锡的成矿作用发生在第三期流体作用过程，是由岩浆流体与大气降水的混合所致（Audetat et al.，1998）。

目前对大多数典型矿床的研究中，尚缺乏对成矿流体过程的精细解剖，因此对成矿的细节了解得并不多，迫切需要开展典型成矿系统及典型矿床的精细研究，从而获取更为可信的成矿流体资料，更为详细地了解整个成矿的流体演化过程及矿床沉淀富集阶段的流体特征，从而建立更为精确的成矿模式。

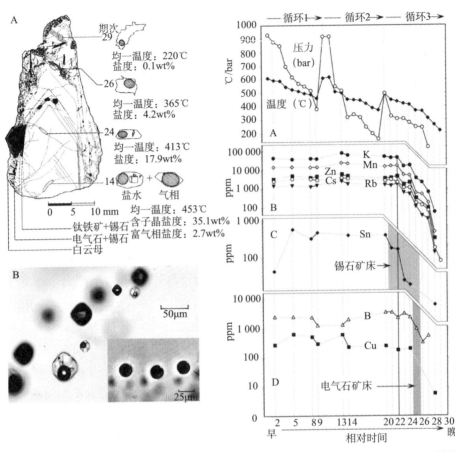

（a）CL 环带及沸腾包裹体组合　　　（b）不同环带单个包裹体的 LA-ICP-MS 分析结果

图 8.13　Yankee Lode 锡多金属矿床流体包裹体

资料来源：Audetat et al.，1998

三、成矿流体来源的多源同位素示踪体系

1. 成矿流体来源的氢氧同位素示踪

从上面的论述可以看出，要获取准确的成矿流体信息，一是最好以对矿石矿物作为直接研究对象，二是在宏观研究基础上，利用微观技术及单个流体包裹体成分测定来精细获取成矿流体资料。目前针对单个流体包裹体的 LA-ICP-MS 成分分析技术（金属、非金属微量元素）已经获得突破，为成矿流体的研究带来全新的认识，并且在矿床学研究方面取得瞩目的成果（Heinrich et al.，1999）。

目前对成矿流体来源的研究，除了流体包裹体温度、盐度数据之外，最重要的证据就是流体包裹体的氢-氧同位素数据，认为包裹体水的氢同位素可以直接测定，而氧氧同位素只能根据主矿物的氧同位素值和一定温度下主矿物和包裹体水的同位素交换计算出（Rye and O'Neil，1968）。遗憾的是，迄今为止对成矿流体的氢同位素测定都是针对包裹体群来开展的，由于自然界矿床的产出过程往往经历了多期的流体活动，这些多期流体活动形成的包裹体往往叠加在一起，在进行氢同位素测定时，很难区分出不同期次，导致的结果是获得的成矿流体氢-氧同位素资料往往是多期流体叠加的产物，严重制约了对成矿作用的准确厘定。从成矿流体来源的研究来看，发展单个流体包裹体的氢同位素分析技术是非常必要和非常迫切的，如果能在单个包裹体同位素分析技术方面加以突破，那么将会获得不同成矿阶段准确的成矿流体来源信息，加深对成矿流体演化的认识，将会为成矿流体及成矿机制的研究带来革命性的变化。

2. 地幔流体的成矿作用

地幔流体与成矿也是近 20 余年来的一个研究热点，主要是基于对保存在矿石矿物和伴生脉石矿物流体包裹体中氦-氩同位素来展开的。由于地幔来源的氦和地壳来源的氦同位素之间有着非常明显的差别，因此氦同位素可以作为是否存在地幔来源流体的一个有效判据（Simmons et al.，1987；Turner and Stuart，1992）。目前普遍认识，脉石矿物（石英）对氦-氩同位素的封闭性要远逊于矿石矿物（黄铁矿、黄铜矿、黑钨矿等），因此目前对地幔流体的研究主要是针对矿石矿物而开展的。Hu 等（2009，2012）曾对中国东南部的优势矿种——钨矿和铀矿，开展过系统的氦-氩同位素研究，研究结果表明，无论是在钨矿的成矿过程，还是在铀矿的成矿过程，氦-氩同位素研究都揭示出成矿流体中有较多的地幔流体加入。但是也有研究揭示出，这些分布于中国东南部的某些钨矿，氦-氩同位素揭示的成矿流体主要是壳源流体组分，成矿过程没有明显的地幔流体加入（Wang et al.，2010）。

基于传统地质、地球化学研究，一般将广泛分布于中国东南部的钨矿、铀矿等矿床，归属于与大陆地壳有关的成矿作用。因此，对这些矿床的成矿过程中是否有地幔流体加入，其所占成矿流体的比例等是值得关切的重要问题。此外，关于地幔流体研究的另外一个重要方面是，目前获得的氦-氩同位素资料只能表明成矿流体中是否含有地幔来源的挥发分，但是这些地幔挥发分加入成矿流体中的时间和机制尚没有统一的认识，地幔流体直接参与热液矿床形成的过程尚不明了。地幔流体在成矿过程究竟起到什么作用、地幔流体的成矿意义是什么，这些都是值得关注的重要问题。

四、成矿流体的年代学

成矿流体的直接定年技术已经开展多年，主要是针对成矿流体包裹体开展流体的铷-锶同位素等时年龄和氩-氩同位素坪年龄（Shepherd and Darbyshire，1981；Kelley et al.，1986；李华芹等，1993；邱华宁和彭良，1997）。这些成矿流体年龄的测定已经给矿床学的研究带来了很多有利证据。成矿流体的年代，尤其是成矿流体沉淀阶段流体的年龄，代表了矿床的形成时代。如果这些年代学资料能与矿石的直接定年相吻合，那么无疑是成矿年代的最好证据。与成矿物质来源的氢-氧同位素研究面临同样的状况，目前针对成矿流体包裹体的铷-锶同位素氩-氩同位素定年，都是针对矿石矿物（闪锌矿）或者脉石矿物（石英等）中的群体包裹体而展开的，由于成矿过程的长期性，成矿流体的形成往往也是多期的，这种群分析的结果无法完全排除多期流体叠加的影响，因此影响了对成矿流体包裹体的年龄测定，导致很多流体包裹体的成矿流体无法获得准确的铷-锶同位素和氩-氩同位素年代，很多情况下甚至没有办法获得年龄值，也难以获得不同流体成矿阶段年龄数据，因此，发展单个包裹体定年分析技术已经变得十分迫切，对单个流体包裹体中保存的成矿流体年代学测定技术的突破，必定会加深对不同成矿阶段成矿流体机制的认识，为矿床学的研究带来新的突破。

五、成矿流体的动力学

热液矿床的形成既包括地球化学过程也包括流体动力学过程，后者主要研究成矿流体的驱动力、流动方向、速度及持续时间（Chi，2015）。尽管确定流体动力学过程相对比较困难，但流体包裹体分析可为流体动力学过程提供制约，这是因为流体包裹体研究所得到的流体 P-V-T-X 性质与流体流动、热传导及质量迁移等控制方程直接相关。构造动力与成矿流体的相互作用过程实质上是成矿物质活化、迁移、聚集定位，即矿床的形成过程，大量研究成果也表明，构造动力能驱动大规模含矿流体和成矿物质的运移或周期性循环，并形成有经济意义的热液矿床（Sibson et al.，1988；Craw et al.，2002）。通过流体包裹体研究得出的流体压力状态为造山型成矿系统的超压驱动模式提供了关键证据。因此，成矿流体动力学的研究已成为矿床学的重要发展方向，具有重大的理论与实际意义。

参考文献

陈骏，王汝成，朱金初，等. 2014. 南岭多时代花岗岩的钨锡成矿作用，中国科学：地球科学，44（1）：111-121.

南京大学地质学系. 1981. 华南不同时代花岗岩类及其与成矿关系. 北京：科学出版社.

李华芹，刘家齐，魏琳. 1993. 热液矿床流体包裹体年代学及其地质应用研究. 北京：地质出版社.

卢焕章. 1997. 成矿流体. 北京：科学技术出版社.

邱华宁，彭良. 1997. ^{40}Ar-^{39}Ar 年代学与流体包裹体定年. 合肥：中国科学技术大学出版社.

叶天竺，吕志成，庞振山，等. 2015. 勘查区找矿预测理论与方法（总论）. 北京：地质出版社.

Audetat A，Günther D，Heinrich C A. 1998. Formation of a Magmatic-Hydrothermal OreDeposit：Insights with LA-ICP-MS Analysisof Fluid Inclusions. Science，279：2091-2094.

Barnes H L. 1967. Geochemistry of Hydrothermal Ore Deposits. New York：Holt，Rinehart and Winston.

Barnes H L. 1979. Solubilities of ore minerals // Barnes H L. Geochemistry of Hydrothermal Ore Deposits, 2nd ed. Chichester：John Wiley and Sons.

Bodnar R J. 2005. Fluids in planetary systems. Elements，1：9-12.

Bodnar R J. 2009. Heavy metals or punk rocks? Science，323：724-725.

Bradley D C，Leach D L. 2003. Textonic controls of Mississippi Valley-type lead-zinc mineralion inorogenic forelands. Mineralium Deposita，38：652-667.

Campbell A R，Robinson C S. 1987. Infrared fluid inclusion microthermometry on coexisting wolframite and quartz. Economic Geology，82：1640-1645.

Campbell A R，Panter K S. 1990. Comparison of fluid inclusions in coexisting（cogenetic?）wolframite，cassiterite，and quartz from St.Michael's Mount and Cligga Head，Cornwall，England. Geochimica et Cosmochimica Acta，54：673-681.

Chi G X. 2015. Constraints from fluid inclusion studies on hydrodynamic models of mineralization. Acta Petrologica Sinica，31（4）：907-917.

Craw D，Koons P O，Horton T，et al. 2002. Tectonically driven fluid flow and gold mineralization in active collisional orogenic belts：Comparison between New Zealand and western Himalaya. Tectonophysics，348：135-153.

Crerar D A，Barnes H L. 1967. Ore solution chemistry V Solubilities of chalcopyrite and chalcocite assemblages in hydrothermal solutions at 200℃ to 350℃. Economic Geology, 71：772-794.

Drummond S E，Ohmoto H. 1985. Chemical evolution and mineral deposition in boiling hydrothermal systems. Economic Geology，80：126-147.

Franklin J M，Gibson H L，Jonasson I R，et al. 2005. Volcanogenic Massive Sulfide Deposits. Economic Geology 100th Anniversary Volum：523-560.

Fyfe W S，Price N J，Thompson A B. 1978. Fluid in the Earth's Crust. Amsterdam：Elsevier.

Gemmell J B，Large R R，Zaw K. 1998. Palaeozoic vocanic-hosted massive sulphide deposits. Journal of Australian Geology & Geophysics，17（4）：129-137.

Goldfarb R J，Baker T，Dube B，et al. 2005. Distribution，character，and genesis of gold deposits in metamorphic terranes. Economic Geology，100th Anniversary volume：407-450.

Goldfarb R J，Bradley D，Leach D L. 2010. Secular Variation in Economic Geology. Economic Geology，105：459-465.

Groves D I，Goldfarb R J，Gebre-Mariam M，et al. 1998. Orogenic gold deposits：A proposed classification in the context of their crustal distribution and relationship to other gold deposittypes. Ore Geology Reviews，13：7-27.

Harris A C，Kamenetsky V S，White N C，et al. 2003. Melt inclusions in veins：Linking magmas and porphyry Cu deposits. Science，302：2109-2111.

Hedenquist J W，Lowenstern J B. 1994. The role of magmas in the formation of hydrothermal ore deposits. Nature，370：519-527.

Heinrich C A. 2006. How fast does gold trickle out of volcanoes? Science，314：263-264.

Heinrich C A，Günther D，Audétat A，et al. 1999. Metal fractionation between magmatic brine and vapor，determined by microanalysis of fluid inclusions. Geology，27（8）：755-758.

Heinrich C A，Driesner T，Stefánsson A，et al. 2004. Magmatic vapor contraction and the transport of gold from the porphyry environment to epithermal ore deposits. Geology，32（9）：761-764.

Holland H D，Malinin S D. 1979. The solubility and occurrence of non-ore minerals. Geochemistry of Hydrothermal Ore Deposits：461-508.

Hu R Z，Burnard P G，Bi X W，et al. 2009. Mantle-derived gaseous components in ore-forming fluids of the Xiangshan uranium deposit，Jiangxi province，China：Evidence from He，Ar and C isotopes. Chemical Geology，266：86-95.

Hu R Z，Bi X W，Jiang G H，et al. 2012. Mantle-derived noble gases in ore-forming fluids of the granite-related Yaogangxian tungsten deposit，Southeastern China. Miner Deposita，47：623-632.

Kelley S，Turner G，Butterfield A W，et al. 1986. The source and significance of argon isotopes in fluid inclusions from areas of mineralization. Earth and Planetary Science Letters, 79（3-4）: 303-318.

Kesler S E. 1996. Appalachian Mississippi Valley-type deposits : Paleoaquifersand brine provinces. Society of Economic Geologists Special Publication, 4 : 29-57.

Leach D L, Sangster D F, Kelly K D, et al. 2005. Sedment-hosted lead-zinc deposits : A global perspective. Economic Geology, 100th Anniversary volume : 561-607.

Liu X, Fan H R, Evans N J, et al. 2014. Cooling and exhumation of the mid-Jurassic porphyry copper systems in Dexing City, SE China : Insights from geo-and thermochronology. Mineralium Deposita, 49（7）: 809-819.

Ni P, Wang X D, Wang G G, et al. 2015. An infrared microthermometric study of fluid inclusions in coexisting quartz and wolframite from Late Mesozoic tungsten deposits in the Gannan metallogenic belt, South China. Ore Geology Reviews, 65 : 1062-1077.

Ni P, Pan J Y, Wang G G, et al. 2017. A CO_2-rich porphyry ore-forming fluid system constrained from acombined cathodoluminescence imaging and fluid inclusion studies of quartz veins from the Tongcun Mo deposit, South China. Ore Geology Reviews, 81 : 856-870.

Roedder E. 1971. Fluid Inclusion Studies on the Porphyry-Type Ore Deposits at Bingham, Utah, Butte, Montana, and Climax, Colorado. Economic Geology, 66 : 98-120.

Roedder E. 1984. Fluid inclusions // Reviews in mineralogy, vol 12. Washingtong DC : Mineralogical Society of America.

Rusk B G. Reed M H, Dilles J H. 2008. Fluid inclusion evidence for magmatic-hydrothermal fluid evolution in the porphyry copper-molybdenum deposit at Butte, Montana. Economic Geology, 103（2）: 307-334.

Rye R O, O'Neil J R. 1968. O^{18} Content of water in primary fluid inclusions from Providencia North-Central Mexico, Economic Geology, 163（3）: 232-238.

Seo J H, Heinrich C A. 2013. Selective copper diffusion into quartz-hosted vapor inclusions : Evidence from other host minerals, driving forces, and consequences for Cu-Au ore formation. Geochimica et Cosmochimica Acta, 113 : 60-69.

Shepherd T J, Darbyshire D P F. 1981. Fluid inclusion Rb-Sr isochronsfor datingineral-deposits. Nature, 290（5807）: 578-579.

Sibson R H. 1987. Earthquake rupturing as a mineralizing agent in hydrothermal systems. Geology, 15 : 701-704.

Sibson R H, Robert F, Poulsen K H. 1988. High-angle reverse faults, fluid-pressure cycling, and mesothermal gold-quartz deposits. Geology, 6 : 551-555.

Sillitoe R H. 2010. Porphyry copper systems. Economic Geology, 105 : 3-41.

Simmons S F，Brown K L. 2006. Gold in magmatic hydrothermal solutions and the rapid formation of a giant ore deposit. Science，314：288-291.

Simmons S F，Sawkins F J，Schlutter D J. 1987. Mantle-derived helium in two Peruvian hydrothermal ore deposits. Nature，329：429-432.

Tattitch B C，Candela P A，Piccoli P M，et al. 2015. Copper partitioning between felsic melt and H_2O-CO_2 bearing saline fluids. Geochimica et Cosmochimica Acta，148：81-99.

Turner G，Stuart F M. 1992. Helium/heat ratios and deposition temperatures of sulphides from the ocean floor. Nature，357：581-583.

Viets J G，Hofstra A H，Emsbo P，et al. 1996. The composition of fluid inclusions in ore and gangue minerals from Mississippi Valley type Zn-Pb deposits of the Cracow-Silesia region of southern Poland：Genetic and environmental implications // Gorecka E，Leach D L. Carbonate-hosted zinc-lead deposits in the Silesian-Cracow area，Poland：Warsaw，Poland，Prace Panstwowego Instytuti Geologicznego，154：85-104.

Wang X D，Ni P，Jiang S Y，et al. 2010. Origin of ore-forming fluid in the Piaotang tungsten deposit in Jiangxi Province：Evidence from helium and argon isotopes. Chinese Science Bulletin，55（7）：628-634.

Wilkinson J J，Stoffell B，Wilkinson C C，et al. 2009. Anomalously metal-rich fluids form hydrothermal ore deposits. Science，323：764-767.

Yardley B W D，Bondar R J. 2014. Fluid in the continental crust. Geochemical Perspectives，3（1）：1-127.

第九章

成矿过程的精细刻画

第一节 引 言

成矿物质迁移、聚集、沉淀的地质过程称为成矿过程。矿床的形成是通过成矿过程实现的，因此，要了解矿床的形成机理及成因机制就必须对成矿过程加以详细研究，包括对成矿物质来源、成矿条件、成矿环境和成矿时限等几个方面的研究，从而精确地厘定成矿物质的源区，揭示成矿元素是如何发生迁移和聚集的，又是如何发生沉淀和富集成矿的，以及矿床形成后是如何保存的。矿床形成过程中，有的是一个期次形成的，有的则是多期成矿的。

自然界有多种不同类型的矿床，如沉积矿床、岩浆矿床、热液矿床等；不同类型的矿床的成矿过程各有不同。例如，与沉积作用有关的矿床其成矿过程以在不同水体中成矿物质发生沉淀为特征，涉及的矿产主要有铁、锰、铝、磷、钾盐、岩盐、煤、油页岩等矿产。与岩浆作用有关的矿床其成矿过程与岩浆过程密切相关，包括地幔或岩浆源区部分熔融将成矿物质带入岩浆、岩浆熔离和结晶分异作用直接从岩浆熔体中形成各类矿床，如超基性岩型铬铁矿矿床、基性-超基性岩中的铜镍硫化物矿床和钒钛磁铁矿矿床，以及伟晶岩型稀有稀散元素矿床等。热液矿床的成矿过程包括成矿元素从源区（源岩）中的活化萃取并转入成矿流体中，成矿元素在流体中迁移与搬运，成矿元素从流体中卸载沉淀形成矿体（矿床）的整个过程。对这一过程的精细刻画，将回答成矿元素是如何活化迁移和富集沉淀的、成矿发生在什么物理空间、成矿作用是何时发生的、成矿的时间跨度有多长等关键科学问题。

总体而言，成矿过程是一种特殊的地质过程，它是通过各种地质作用如风化、沉积、火山喷发、岩浆侵入、构造运动、变质变形等过程形成矿床。成矿过程实质上是一个包含了时间轴的、复杂的、贯穿于源、运、储全链条的物理化学过程，了解该过程发生发展的轨迹和空间，将揭示矿床的形成机制，获得成矿元素在何时何地因何原因高度富集形成大型、超大型矿床的有用信息，进而指导找矿实践。因此，对成矿过程的研究是矿床学研究的一项重要内容，也是近年来研究的热点之一（Richard，2013）。

长期以来，对成矿作用研究的焦点是成矿的始态和终态，而对成矿过程的精细刻画及其驱动力的研究则较为薄弱。近年来，实验模拟技术的进步，分析测试手段的革新，为这些薄弱领域的深入研究提供了可能。以实验为手段，可以精细地研究各种成矿过程中元素活化、迁移和沉淀的物理化学条件，通过模拟实验研究与热力学和计算地球化学研究的结合，可以定量地表达各种成矿地球化学过程；将非线性科学和化学动力学理论引入成矿过程的研究中，可以定量地表达成矿系统的结构特征和与成矿作用有关的各种化学反应的机制和速率；运用高精度的微区微量分析测试技术，可以对整个成矿链条上不同阶段产物的元素和同位素组成开展原位测定，为精细了解成矿流体或成矿过程中不同演化节点上的组成特征提供了前提，从而精细刻画成矿过程、建立成矿模式。因此，运用各种较定量的理论、方法和手段，精细定量地了解成矿作用的历史进程，是成矿作用研究的重要发展趋势之一。

第二节　成矿过程研究的主要进展

一、成矿作用发生发展的空间及其主控因素

要精细刻画成矿过程，就必须了解成矿作用发生发展的空间及其控制因素。一般来讲，成矿作用过程可概略地用源、运、储体系来描述（图 9.1）。"源"涉及成矿物质从哪里来；"运"涉及成矿物质搬运的通道及搬运的方式；"储"涉及成矿物质的聚集与沉淀就位。前人对金矿床的研究表明，不同构造体制下，不同热液流体的运移与混合作用可以形成不同类型的金矿床（图 9.2）。

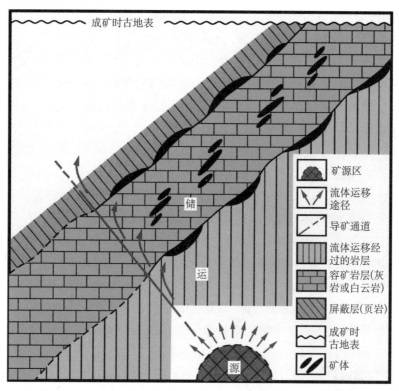

图 9.1　成矿过程的源、运、储体系示意图

资料来源: 据舍赫特曼等, 1982, 修改

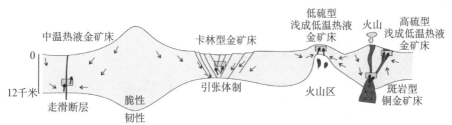

图 9.2　不同构造体制下岩浆源区、流体断裂通道、不同流体运移和
混合作用与金矿床形成示意图

资料来源: 据 Nesbitt, 1988, 修改

前人大量研究表明, 成矿作用经常发生在各种地质和物理化学界面上 (叶天竺等, 2014)。有利成矿的地质界面主要有岩性界面和构造界面。有利成矿的岩性界面通常包括如下几种, 即: ①不同类型岩石界面, 如侵入岩与

沉积岩接触界面；②不同物理性质的岩石界面，如硅质岩与砂岩、板岩交界面；③不同化学性质的岩石界面，如灰岩、白云岩与硅质岩交界面。有利于成矿的构造界面通常包括如下两类：①原生构造界面，如沉积岩的层理面、沉积不整合面、火山喷发间断面等；②后生构造界面，如断裂面、裂隙面、节理面、褶皱面及轴部等。有利成矿的物理化学界面包括地质体中温度、压力、酸碱度、氧化还原状态等的突变与转换界面。较典型的实例有砂岩型铀矿床中，铀矿化发生在同一岩性层内的氧化还原转换界面，如紫红色砂岩和灰绿色砂岩的交互地段。

叶天竺等（2014）通过对我国100多个典型矿床的总结，指出不同类型矿床和成矿地质体的空间关系如下。①岩浆型矿床位于岩体内、特殊构造岩相带、底部或倾伏端。②斑岩型矿床位于岩体顶部及上部内外接触带500～800m。③夕卡岩型矿床：铁矿位于岩体顶部、边部及外接触带500m；铅锌矿位于岩体外接触带1～3km；铜矿介于两者之间；铁铜矿也有位于岩体内捕虏体边部。④热液型矿床：高温矿床位于岩体顶部外接触带1.3～1.5km到内接触带300～500m；中低温矿床位于岩体2～3km。⑤火山喷发沉积型矿床：位于火山机构2～3km，火山岩和沉积岩之间，或者不同岩性火山岩之间。⑥火山热液型矿床：位于火山机构2km范围内，次火山岩体顶部内外接触带2km范围内。⑦沉积型矿床：位于沉积盆地边部及同生断裂发育部位或次级盆地构造部位的特定含矿层位内。⑧沉积变质型矿床：位于特定含矿地层内，褶皱构造轴部、转折端，特别是向斜构造轴部。⑨大型变形构造类矿床：位于韧性剪切带脆性构造部位或叠加脆性构造部位。

二、成矿时代的精确厘定

要精细刻画成矿过程，就必须精确测定矿床的形成时代。采用的方法主要为同位素地质年代学。由于成矿作用的复杂性和多期性及同位素测年方法的局限性，在矿床的同位素年代学研究方面一直进展缓慢，已成为制约矿床学研究取得突破的一个关键因素。在很多矿区，对成矿事件的年龄无法确定或者存在不同的认识，导致具有截然相反的成矿模式。

要获得精确的同位素年龄就必须满足如下条件：①获得适合同位素定年的相关样品；②这些样品必须具有同时性；③这些样品具有相同的初始比值；④样品来自封闭体系。对于许多金属矿床来说，要找到适合直接定年的矿石矿物非常困难，因而长期以来多采用一些间接的定年方法。例如，矿床中热液蚀变的含钾矿物（如云母和钾长石）的钾-氩同位素和 ^{40}Ar-^{39}Ar 同位素定年（Yin et al.，2002）。一些矿床中存在含铀副矿物，如热液锆石、独居石、金红石、磷钇矿及锡石等，适合开展铀-铅同位素和铅-铅同位素定年（Vielreicher et al.，2003）。一些脉石矿物，包括萤石、电气石、方解石等，也适合开展铷-锶同位素、钐-钕同位素定年（Chesley et al.，1991），但应通过详细的矿床地质和岩相学研究来确保这些脉石矿物是与矿石矿物是同时形成的。

近年来，对金属矿床直接定年的方法取得了很大进展，主要包括如下几方面。

（1）矿石矿物（如闪锌矿、黄铁矿、黑钨矿等）中流体包裹体的铷-锶同位素和 ^{40}Ar-^{39}Ar 同位素定年。Nakai 等（1990）最早用闪锌矿中流体包裹体的铷-锶等时线法获得了美国田纳西密西西比河谷型铅锌矿床的精确形成年龄为 377±29 Ma。Brannon 等（1992）采用相同的方法，获得了美国上密西西比地区西海登（West Hayden）铅锌矿床中两条闪锌矿的铷-锶等时线年龄为 270±4 Ma 和 269±6 Ma，从而揭示了北美的密西西比河谷型铅锌矿床具有两期成矿作用。York 等（1982）最早研究了太古宙金矿床中黄铁矿的 ^{40}Ar-^{39}Ar 定年，与共生的黑云母的 ^{40}Ar-^{39}Ar 年龄一致。

（2）矿石矿物的铷-锶同位素和钐-钕同位素定年。目前采用的方法包括硫化物的铷-锶同位素定年，如胶东金矿采用黄铁矿的铷-锶同位素定年获得了很好的结果（杨进辉和周新华，2000）。Tretbar 等（2000）利用内华达 Getchell 卡林型金矿中一种特殊的矿石矿物（硫砷砣汞矿，[（Cs, Tl）（Hg, Cu, Zn）$_6$（As, Sb）$_4$S$_{12}$]），开展铷-锶同位素定年，获得的成矿年龄为 39.0±2.1 Ma。Jiang 等（2000）利用加拿大沙利文铅-锌-银矿床中条带状铅-锌矿石（闪锌矿、方铅矿和磁黄铁矿）开展钐-钕同位素定年，获得了该矿床第一个精确的成矿年龄。Bell 等（1989）最早用白钨矿的钐-钕同位素体系对太古宙的阿比提比绿岩带金矿进行定年，获得一条等时线年龄为 2403±47 Ma。

（3）硫化物的铼-锇同位素定年。常用的测试矿物是辉钼矿，其他硫化物如黄铁矿、黄铜矿、斑铜矿和闪锌矿的铼-锇同位素定年也有越来越多成功的实例。

（4）硫化物和金属氧化物的铅同位素逐步淋滤法定年。Frei 和 Pettke（1996）最早对津巴布韦太古宙克拉通剪切带型金矿中含金磁黄铁矿和电气石进行了逐步淋滤法的铅-铅同位素测年，获得 1.93±0.05 Ga（磁黄铁矿）和 2.02±0.02 Ga（电气石）两条等时线年龄，因而提出该矿床存在多期的元古宙热液事件。

三、成矿物质和成矿流体的起源与演化

成矿物质是矿床形成的基础和核心。除极少数矿床成矿物质来源于宇宙空间外，地球上绝大多数矿床其成矿物质来源于地幔和地壳两个储库。成矿过程的研究就是要揭示成矿物质源区在哪里，它们是通过何种方式从源区（如地幔或深部地壳）带到地壳浅部而形成矿床的。因此，成矿物质迁移动力、路径和成矿介质（如岩浆熔体和热液流体）特征和来源在成矿过程的精细刻画研究中至关重要。

成矿流体在成矿过程中迁移的路径主要为断裂构造，区域性大型断裂构造可长达数十至数百千米，甚至可切穿岩石圈地幔，这些大型断裂构造的长期活动为成矿物质大规模迁移提供迁移通道。成矿流体迁移的驱动力主要为重力、压力及热能等。了解成矿物质源区对分析成矿过程有着重要的意义，因此，成矿物质和成矿介质源区的精确示踪是大型-超大型矿床解剖的重点内容之一。成矿物质主要有幔源和壳源，成矿流体则主要为岩浆热液、盆地热卤水（循环大气降水）、变质流体等。图 9.3 示意了形成矿床的几种主要物质源区及携带成矿元素迁移的介质（熔体和流体）。

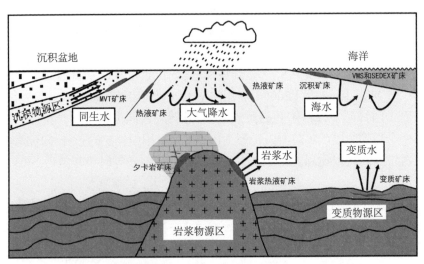

图 9.3　成矿物质源区及携带成矿元素迁移的介质示意图

资料来源：据 Robb，2005，修改

来源于地幔的成矿物质，一般都是通过幔源岩浆作用从深部带到地壳浅部并且通过岩浆结晶分异、熔离、喷溢等多种方式导致成矿物质聚集成矿。

多数铜镍硫化物矿床的成矿物质来自地幔，其成因与地幔柱岩浆活动形成的大火成岩省密切相关，如与西伯利亚大火成岩省相关的俄罗斯诺里尔斯克铜镍硫化物矿床，与峨眉山大火成岩省相关的、在我国西南地区大量发育的二叠纪铜镍硫化物矿床。

来自地壳的成矿物质，大多数也与岩浆作用有关，岩浆源区可以是壳幔混合源的，也可以只是壳源的。深部地壳物质部分熔融形成的花岗质岩浆，在上升和固结成岩过程中，可通过多种分异机制，如结晶分异、流体出溶、热液交代、流体混合等，导致岩浆中某些成矿物质聚集而形成矿床。伟晶岩中常含有丰富的稀有、稀散、放射性金属和非金属矿床，并与岩浆熔体关系密切，矿体即岩体。也有相当一部分矿床的形成只与热液作用有关，包括变质热液、盆地流体、大气降水热液等多种类型，如密西西比河谷型铅锌矿床、卡林型金矿床、造山型金矿床、兰德盆地砾岩型金铀矿床、砂岩型铀矿床、砂页岩型铜矿床等。

通过成矿物质和成矿流体特征分析，可精细分析成矿过程。岩浆热液矿床多具地幔硫特征，其 $\delta^{34}S$ 值多在零值附近，非岩浆源区 $\delta^{34}S$ 值则变化比较大。辉钼矿铼含量较高暗示含较多新生地壳物质，铼含量较低则表明其主要来自地壳。地幔流体的 $^3He/^4He$ 值在 6~9 Ra，地壳流体的 $^3He/^4He$ 值在 0.01~0.05 Ra，地幔流体的 $CO_2/^3He$ 值在 10^9 左右，而地壳流体的 $CO_2/^3He$ 值在 10^{12}~10^{13}，因此，测定成矿流体的 $^3He/^4He$ 值和 $CO_2/^3He$ 值可分析是否有幔源物质参与成矿。岩浆热液、变质热液、大气降水及盆地热卤水通常具不同的氢氧同位素组成，分析成矿流体的 δD-$\delta^{18}O$ 值可探讨成矿流体源区及成矿过程。如果成矿流体的氢氧同位素组成位于岩浆流体或变质流体同位素组成区域，则表明其主要为岩浆热液或变质热液，盆地热卤水则主要位于岩浆水和大气降水线之间。测定石英 δ^7Li-$\delta^{18}O$ 值可分析火山成因块状硫化物矿床中海水和岩浆水在成矿系统中的变化（Yang et al.，2015）。

四、成矿元素的沉淀机制

成矿元素的沉淀，即成矿过程从源、运发展到储的阶段。成矿元素被热液携带迁移，当外部环境发生变化时，成矿元素就可能发生卸载，并从热液中沉淀出来，形成矿体或矿床。因此，矿体或矿床受地质界面及物化环境突变界面的联合控制，如岩性-物化环境突变界面、不整合-物化环境突变界面及构造活动低压区-物化环境突变界面等。矿体多产于岩体顶部及其内外接触带、岩性突变界面、地层不整合面、构造破碎带及构造应力突变带如韧性和脆性构造转换带等（图9.4）。成矿元素在成流体中主要以各种络合物的形式存在，其溶解度受温度、压力、酸碱度、氧化还原电位及流体成分的影响。成矿系统中成矿元素发生大规模沉淀析出，形成矿床表明成矿系统中影响成矿元素溶解度的物化参数发生了突变。成矿元素沉淀析出主要控制因素包括温度、压力、酸碱度、氧化还原电位、流体成分、围岩性质等参数。

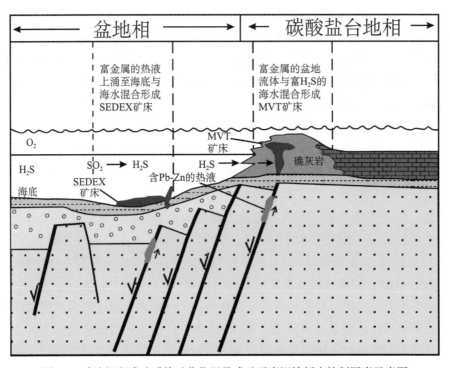

图9.4 喷流沉积成矿系统矿化位置及成矿元素沉淀析出控制因素示意图

除了温度和压力，成矿系统氧逸度的变化也是影响金属元素沉淀的一个重要因素。例如，在斑岩铜金成矿系统中，岩浆中的硫主要为氧化硫，成矿早期发生磁铁矿化，通过下列氧化还原反应，二价铁被氧化形成磁铁矿，氧化硫被还原成为还原硫：

$$12[FeO]+2H_2SO_4\Longrightarrow 4Fe_3O_4+2H_2S$$

$$8KFe_3AlSi_3O_{10}(OH)_2+2H_2SO_4\Longrightarrow 8KAlSi_3O_8+8Fe_3O_4+8H_2O+2H_2S$$

$$12FeCl_2+12H_2O+2H_2SO_4\Longrightarrow 4Fe_3O_4+24HCl+2H_2S$$

上述氧化还原反应形成的还原硫和金属结合，导致硫化物大量结晶析出，从而形成斑岩铜金矿床（Liang et al., 2009; Sun et al., 2013）。

围岩性质对矿质沉淀可起重要作用。在成矿流体运移过程中，必然会与运移通道中的围岩发生水岩交换化学反应，从而造成矿石沉淀。例如，Su 等（2009）根据我国卡林型金矿成矿流体中铁含量极低及泥质灰岩的蚀变特征，提出卡林型金矿成矿过程与富金成矿流体和含铁质围岩（主要为泥质灰类岩）反应有关，泥质灰岩析出的铁和成矿流体中的硫结合形成黄铁矿，随着流体中的硫和铁形成黄铁矿，金的硫络合物解体，金伴随黄铁矿析出，形成富金黄铁矿。

越来越多的证据表明，流体混合作用对矿床的形成具有重要意义。利用新的地球化学技术方法，可以有效地示踪流体的混合作用，解析不同成矿阶段矿石沉淀的原因。例如，Audetat 等（1998）对澳大利亚洋基矿脉富锡多金属矿床中矿化石英晶体的不同环带，利用 LA-ICP-MS 技术，对单个包裹体中成矿元素含量进行了精确测定，结合温度及压力变化，提出该成矿流体在成矿前经历了两次岩浆流体的贯入，而锡的大规模沉淀析出主要是岩浆流体与大气降水的混合所致。

五、成矿体系演化与叠加成矿过程

在成矿过程中，随着成矿系统中成矿流体性质、成矿温度和控矿地质因素的演变，矿床类型也发生相应的变化，从而形成多种矿床组合，构成一个较完整的成矿序列。陈毓川等（1989）通过对南岭地区的有色金属和稀有金属矿床的系统研究，划分了 5 个矿床成矿系列、6 个矿床成矿亚系列和 21 个矿床成矿模式。翟裕生等（1992）通过对长江中下游地区成矿带的详细解剖，提出了两大成矿系统的概念。华仁民等（2003）总结了华南地区与花岗岩有关的三大成矿系统。

研究成矿系统的演化，不但有助于揭示成矿机制、发展成矿理论，而且在找矿中可利用已掌握的环节（如已知的矿床类型）去查找有可能存在而尚未被发现的缺失环节（如其他相关类型的矿床）。例如，通过对南岭地区花岗岩类热液成矿系统的深入研究，证实了有关岩浆与热液过渡型矿化类型的存在，并提出与花岗岩有关流体系统的较完整成矿序列，即花岗岩晚期分异型→伟晶岩型→伟晶岩热液过渡型→高温热液型→中（低）温热液型的矿化类型，产钨、锡、稀土、铋、银、锑等矿种（林新多，1999）。

通过对蚀变矿物组合及矿床地质特征的详细分析，也可揭示成矿过程。例如，据蒙古国奥尤陶勒盖（Oyu Tolgoi）斑岩铜金矿床含 13t 铜和 528 t 金，其中，雨果•达米特（Hugo Dummett）斑岩矿床铜金含量较高（大于 2.5 wt% Cu，0.2～2 ppm Au），并可见高级泥化蚀变及高硫型浅成低温矿床矿物组合如斑铜矿、铜蓝、硫砷铜矿及黄铁矿等叠加于斑岩矿床之上，因此，该矿床被认为是早期斑岩成矿及晚期浅成低温成矿叠加形成的（Khashgerel et al.，2009）。

第三节　成矿过程的研究展望

成矿过程的精细刻画，是矿床学研究的核心内容，涉及多学科交叉研究、多方法联合应用，以及多对象综合解剖。虽然在成矿过程研究中已取得了诸多进展，但仍有一些重要的科学问题亟待解决，以下列举其中的一些方面。

一、成矿作用空间与成矿地质体研究

要精细刻画成矿过程，就必须了解成矿作用发生发展的空间及其控制因素。成矿元素无论从哪里来，到哪里去，要形成矿床就必然与成矿地质体密切相关。因此，研究成矿过程的一个核心问题就是确定成矿地质体，即研究有利于成矿元素聚集成矿的场所。许多沉积地层，或直接构成沉积成矿矿体或在沉积过程中造成成矿元素的预富集，构成"矿源层"，为后期的地质作用如热液成矿作用提供物质基础。正岩浆矿床，矿体即岩体，在硅酸盐熔体熔离与分异过程中固结成矿，也有不混熔熔体形成矿浆直接贯入成矿。岩浆热液矿床往往形成于岩浆侵入或喷发晚阶段，岩浆流体和岩浆加热地下水形成的流体在构造或岩性合适部位，如断裂带、岩体接触带、围岩不同岩性界面及岩体上部等，由于物化环境变化，成矿元素沉淀析出，形成矿床。对变质矿床，其形成既可与变质作用同时发生，因岩石发生重结晶作用而叠加富集成矿，也可发生在变质重结晶之后，借助于变质流体聚集形成矿床。与变质变形构造作用有关的矿床，多形成于韧性变形后期和脆性变形转换阶段。构造地质作用是成矿物质发生聚集和堆积成矿的一种重要外动力控制因素，特别是许多大型-超大型矿床的形成，正是在不同的构造体制转换过程中或在强烈的构造活动中，产生了地球化学环境的剧变，打破了原有的平衡，才造成成矿物质在有利的空间部位发生局部聚集，从而形成巨量矿质堆积。

虽然成矿作用经常发生在各种地质和物理化学界面上（叶天竺等，2014），但对于这些界面是如何控制成矿的这一问题仍有很大争议，因此有必要进一步研究不同界面的地质和地球化学特性，揭示界面化学反应机理，厘定成矿过程中温度、压力、酸碱度、氧化还原状态等因素对元素沉淀成矿的影响。

二、成矿作用时代与时间跨度的研究

虽然对矿床形成时代的精确测定已经取得了长足的进步，但许多矿床因为无法获得精确的形成年龄而成为制约矿床研究的一个瓶颈。这主要是由于：①缺乏合适的可用于定年的矿物；②缺乏合适的高精度定年方法；③矿床形成后遭受了多期地质事件的叠加和改造，使同位素体系受到扰动，不满足定年要求。

因此，摆在矿床学家和地球化学家面前的一个艰巨任务是，能否开发新的同位素定年方法，能否找到新的适合同位素定年的矿物。回顾历史，自从原位微区锆石铀-铅同位素定年方法开发成功并广泛应用后，解决了采用铷-锶和钾-氩方法获得各不相同的花岗岩侵位年龄带来的争议。辉钼矿铼-锇同位素方法的成功开发和广泛应用，使对含有辉钼矿的矿床形成年龄的精确测定成为可能。今后，应该进一步开展其他矿物的原位微区铀-铅同位素定年方法，特别是黑钨矿、锡石等矿石矿物的铀-铅同位素定年。应该进一步深入开展其他硫化物（如黄铁矿、黄铜矿、闪锌矿等）的铼-锇、铷-锶和钐-钕同位素体系的定年方法研究，探究方法的适用性和数据的准确性。

精确厘定热液成矿系统发生发展的时间跨度，也是成矿过程精细刻画的一项重要内容，目前这方面存在的争议较大，今后有必要加强对这方面的研究。例如，Roedder（1984）指出，只要成矿流体的来源充分，数千年的时间就足以形成一个热液矿床。Cathles 等（1997）通过热力学模拟计算，提出与小岩体有关的斑岩型矿床成矿系统时间跨度小于 1Ma。Ballard 等（2001）和梁华英等（2008）分别通过斑岩成矿岩体和有关矿床同位素定年，得出智利丘基卡马塔（Chuquicamata）超大型斑岩铜矿床及中国玉龙斑岩铜矿床成矿系统时间跨度小于 1Ma；而 Martin 和 Delles（2000）认为美国蒙大拿州比尤特（Butte）超大型斑岩钼矿床成矿系统时间跨度在 10 Ma 左右。Simmons 和 Brown（2006）据巴布亚新几内亚拉多拉姆现代热泉区深部流体金含量测定，提出 5.5 万年即可形成该区储量达 1300t 的超大型金矿床。因此，不同环境热液成矿系统的时间跨度可能并不相同，长的可达数百万年，短的可能仅为数千年，这一问题仍有待通过进一步的深入研究来回答。

三、成矿物质及其迁移介质的精确示踪研究

了解成矿物质及其迁移介质（流体或熔体）的起源、性质和演化对分析

成矿过程有着重要的意义，但是采用什么方法才能准确示踪成矿物质和成矿介质的成因是一项值得不断关注的重要科学问题。成矿物质和成矿介质源区的精确示踪是大型-超大型矿床重点解剖的内容之一。

能否直接分析获得成矿流体中成矿元素含量及其在成矿过程中的变化，对研究成矿机理、确定矿床成因有着重要的意义。分析矿床成矿流体中金属元素的含量，是一个具有挑战性的科学问题。近年来，随着单个流体包裹体原位 LA-ICP-MS 测试技术的长足发展，可以对热液矿床成矿流体中成矿元素含量进行精确测定，从而重新认识这些矿床的形成过程。Wilkinson 等（2009）对阿肯色州北部密西西比河谷型铅锌矿床及爱尔兰与大陆裂谷构造有关的米德兰盆地（Midland Basin）区的铅锌矿床进行研究，测定了共生石英和闪锌矿流体包裹体的铅含量，发现闪锌矿流体包裹体中铅的含量最高可达 890 ppm，比共生石英流体包裹体的铅含量大 1～3 个数量级。这说明大型中低温热液矿床成矿流体元素含量很高，同时表明，共生石英是成矿元素沉淀析出后结晶的产物，因此，共生石英流体包裹体的地球化学数据不能真实地反映成矿流体的特征。

值得指出的是，具有金属元素含量高的流体是成矿作用发生和矿床形成的前提条件，而成矿流体中的金属元素含量高，却不一定就能形成高品位和大规模的金属矿床。例如，Simmons 和 Brown（2007）发现，尽管新西兰陶波（Taupo）火山岩地热流体中金、银等元素的含量很高，该地区并没有发现金矿，但在该地区人工建造的地热井的井壁上却有十分壮观的含金银矿物的沉淀。因此，他们认为，聚焦的流体流动方式及流体沸腾作用对金属成矿作用具有重要意义，否则，无论地热流体中的金属通量有多大，都无法沉淀形成矿床。因此，研究流体的聚焦流动和流体沸腾将有助于揭示岩浆热液矿床形成的关键过程。

过去多认为成矿元素主要在液相中迁移，近年来一些证据如火山气、大陆和海洋地热系统、富气体包裹体及一些实验分析表明，气相（密度低于其超临界状态密度的水流体）可能在铜、金和银等金属的迁移过程中起着关键作用（Williams-Jones and Heinrich，2005）。特别是近年来 LA-ICP-MS 方法的革新，可以对单个包裹体的成分进行定量分析（Gunther et al.，1998）。例如，Heinrich 等（1999）应用这一方法对岩浆热液矿床中共存的不混溶卤水和蒸气包裹体进行了测量，发现金、砷、铜、锑等成矿元素在蒸气相中高度富集。这一发现揭示了斑岩型铜金矿床和浅成低温热液型铜金矿床在成因上的联系。因此，新的地球化学分析方法的开发和应用，将成为研究成矿元素迁移过程与机理的强有力手段。

气相迁移金属的能力随着水逸度增加而迅速增加，气相中铜溶解度可达数个百分数，金、银可达几十 ppm（Williams-Jones and Migdisov，2012）。美国亚利桑那州科珀克里克（Copper Greek）铜钼银矿床是从低密度超临界流体中析出的（Anderson et al.，2008）；智利埃印第奥（EI Indo）火山岩型金银矿床是从 550～400℃气相中析出的（Henley et al.，2012）；澳大利亚 Mole 银矿床发现高温（400～530℃）富银气相包裹体，银主要为气相搬运，后和大气降水混合，成矿元素沉淀析出形成矿床（Audetat et al.，2000）。因此，加强成矿金属元素和矿化剂元素的水热地球化学实验研究，将是今后发展的重要方向之一。

四、成矿元素的沉淀机制与元素分带性研究

对成矿元素沉淀机制的深入研究，是矿床学研究的一项重要内容。成矿体系物理化学条件，如温度和压力等的突变，是促使成矿物质从熔体或流体相向固体矿物相转换的一种重要因素。此时，熔体达到冷却时体系内相应组分转换为固相或流体中成矿金属元素达到过饱和而沉淀形成矿石矿物。任何物质，其固、液、气态的变换都有确定的物理化学数据可供借鉴。因此，研究成矿元素的沉淀机制，可通过研究矿物沉淀过程中温度、压力、酸碱度、氧化还原电位等物理化学参数来提供限制。成矿元素在流体中不同温压条件、pH 及氧化还原条件下的溶解度模拟实验，将为定量分析成矿元素沉淀析出、形成矿床提供良好的证据。因此通过矿物学、流体包裹体、同位素地球化学及模拟实验等多种方法来获取这些参数是成矿作用研究的一项重要任务。

不同流体的混合作用被认为是矿石沉淀的一个重要原因。不同物理和化学性质的流体发生混合时，会造成成矿体系中物理化学环境的突变，产生冷却效应、稀释效应、酸碱度和氧逸度变化及体系化学组成的变化，使原有的平衡被打破从而引发矿石沉淀。因此，应加强流体混合作用机理的理论和实验研究，应用新的地球化学手段来示踪不同流体的性质及其混合作用对成矿作用的制约。

在成矿元素迁移过程中，物理化学环境的剧变，导致原先在成矿介质中稳定迁移的金属元素不稳定，络合物分解而使成矿元素沉淀形成矿物。引起这些元素沉淀的条件或因素通常被地球化学家称为"地球化学障"。因此，

通过物理化学上的络合物理论、软硬酸碱理论、地球化学热力学和动力学等方法来研究地球化学障是成矿作用研究的一项重要内容。

成岩成矿系统中的高温流体会在压力降低时发生沸腾，成矿流体会从单一流体变成液相和气相。这一方面会引起成矿流体成分发生巨大变化，导致成矿元素大规模沉淀析出，另一方面可能使一些亲气相元素进入气相中迁移，造成成矿系统元素的分带性。

不同成矿元素在成矿流体中溶解度参数不同，一些元素在成矿体系物化参数发生变化时沉淀析出，另一些元素则可能继续迁移。这会导致成矿体系中发生成矿元素分带，如斑岩成矿系统元素分带。同一成矿系统的不同元素组合带中，主要致矿参数也可能不同，如斑岩成矿系统早期成矿元素沉淀析出主要受氧化还原电位及酸碱度控制（Sun et al., 2013），晚期则受大气降水混入影响。成矿元素沉淀析出往往不是单一因素所致，而是各种因素的综合。在多种致矿参数中识别主要致矿参数对阐明成矿过程及指导找矿实践都有着重要的意义。

五、成矿系统和大型、超大型矿床立典研究

我国学者提出了成矿系列和成矿系统的概念，但相关研究工作仍有待深入。通过研究成矿系统的演化，可以反演成矿过程、揭示成矿机制、发展成矿理论。今后，在继续重视大陆板块边缘成矿系统的研究外，应该进一步加强对大陆板块内部成矿系统的研究。随着对地幔柱和碰撞造山与成矿关系研究的不断深入，碰撞造山后大规模伸展构造、岩石圈减薄、岩石圈拆沉及幔源岩浆底侵等大陆板块内部演化阶段的地质过程对成矿作用的制约机制研究，正在成为矿床学研究取得重大突破的新生长点。

华南地区大规模成矿作用在国际上独具特色，主要体现在华南地区三大成矿系统的并存，即扬子西部的晚古生代地幔柱成矿系统、扬子西南缘的中生代大面积低温成矿系统和扬子东部及华夏地块中生代大花岗岩省成矿系统，它们是全球研究陆内成矿作用过程的理想基地。特别是花岗岩成矿系统的研究急需深化，这是厘定我国不同成矿带特别是南岭地区不同尺度成矿分带的关键因素。

我国还有一大批大型和超大型矿床，如白云鄂博稀土矿床、石碌铁矿床、凡口铅锌矿床、大厂锡多金属矿床、马坑铁钼矿床、大宝山多金属矿床、铜陵矿集区铜矿床等，但它们的成矿过程仍不清楚，成因争议十分激

烈，这影响了建立合理的成矿模式。因此，有必要加强这些矿床的立典式研究，发展成矿理论，并为指导找矿实践提供服务。

参考文献

陈毓川，裴荣富，张宏良，等．1989．南岭地区与中生代花岗岩类有关的有色及稀有金属矿床地质．北京：地质出版社．

华仁民，陈培荣，张文兰，等．2003．华南中、新生代与花岗岩类有关的成矿系统．中国科学：地球科学，33（4）：335-343．

梁华英，莫济海，孙卫东，等．2008．藏东玉龙超大型斑岩铜矿床成岩成矿系统时间跨度分析．岩石学报，24（10）：2352-2358．

林新多．1999．岩浆热液过渡型矿床．武汉：中国地质大学出版社．

舍赫特曼，科罗列夫，尼基福罗夫，等．1982．热液矿床详细构造预测图．石准立等译．北京：地质出版社．

杨进辉，周新华．2000．胶东地区玲珑金矿矿石和载金矿物 Rb-Sr 等时线年龄与成矿时代．科学通报，45（14）：1547-1553．

叶天竺，吕志成，庞振山，等．2014．勘查区找矿预测理论与方法．北京：地质出版社．

翟裕生，姚书振，林新多，等．1992．长江中下游地区铁铜（金）成矿规律．北京：地质出版社．

Anderson E D, Atkinson W W, Marsh T, et al. 2008. Geology and geochemistry of the Mammoth breccia pipe, Copper Creek mining district, southeastern Arizona：Evidence for a magmatic-hydrothermal origin. Mineralium Deposita, 44（2）：151-170.

Audetat A, Guenther D, Heinrich C A. 1998. Formation of a magmatic-hydrothermal ore deposit：Insights with LA-ICP-MS analysis of fluid inclusions. Science, 279（5359）：2091-2094.

Audetat A, Guenther D, Heinrich C A. 2000. Causes for large-scale metal zonation around mineralized plutons：Fluid inclusion LA-ICP-MS evidence from the Mole Granite, Australia. Economic Geology, 95（8）：1563-1581.

Ballard J R, Palin J M, Williams I S, et al. 2001. Two ages of porphyry intrusion resolved for the super-giant Chuquicamata copper deposit of northern Chile by ELA-ICP-MS and SHRIMP. Geology, 29（5）：383-386.

Bell K, Anglin C D, Franklin J M. 1989. Sm-Nd and Rb-Sr isotope systematics of scheelites：Possible implications for the age and genesis of vein-hosted gold deposits. Geology, 17（6）：500-504.

Brannon J C, Podosek F A, McLimans R K. 1992. Alleghenian age of the Upper Mississippi Valley zinc-lead deposit determined by Rb-Sr dating of sphalerite. Nature, 356 (6369): 509-511.

Cathles L M, Erendi A H J, Barrie T. 1997. How long can a hydrothermal system be sustained by a single intrusive event? Economic Geology, 92 (7-8): 766-771.

Chesley J T, Halliday A N, Scrivener R C. 1991. Samarium-neodymium direct dating of fluorite mineralization. Science, 252 (5008): 949-951.

Frei R, Pettke T. 1996. Mono-sample Pb-Pb dating of pyrrhotite and tourmaline: Proterozoic vs. Archean intracratonic gold mineralization in Zimbabwe. Geology, 24 (9): 823-826.

Gunther D, Audetat A, Frischknecht R, et al. 1998. Quantitative analysis of major, minor and trace elements in fluid inclusions using laser ablation inductively coupled plasma mass spectrometry. Journal of Analytical Atomic Spectrometry, 13 (4): 263-270.

Heinrich C A, Gunther D, Audetat A, et al. 1999. Metal fractionation between magmatic brine and vapor, determined by microanalysis of fluid inclusions. Geology, 27 (8): 755-758.

Henley R W, Mavrogenes J, Tanner D. 2012. Sulfosalt melts and heavy metal (As-Sb-Bi-Sn-Pb-Tl) fractionation during volcanic gas expansion: The El Indio (Chile) paleo-fumarole. Geofluids, 12 (3): 199-215.

Jiang S Y, Slack J F, Palmer M R. 2000. Sm-Nd dating of the giant Sullivan Pb-Zn-Ag deposit, British Columbia. Geology, 28 (8): 751-754.

Khashgerel B E, Rye R O, Kavalieris I, et al. 2009. The sericitic to advanced argillic transition: Stable isotope and mineralogical characteristics from the Hugo Dummett porphyry Cu-Au deposit, Oyu Tolgoi District, Mongolia. Economic Geology, 104 (8): 1087-1110.

Liang H Y, Sun W D, Su W C, et al. 2009. Porphyry copper-gold mineralization at Yulong, China, promoted by decreasing redox potential during magnetite alteration. Economic Geology, 104 (4): 587-596.

Martin M W, Delles J H. 2000. Timing and duration of the Butte porphyry Cu-Mo system. Geological Society of America, Cordilleran Section and Assoicated Societies, 96 Annual Meeting; Abstracts with Programs Geological Society of America, 32: 28.

Migdisov A A, Williams-Jones A E. 2013. A predictive model for metal transport of silver chloride by aqueous vapor in ore-forming magmatic-hydrothermal systems. Geochimica et Cosmochimica Acta, 104: 123-135.

Nakai S, Halliday A N, Kesler S E, et al. 1990. Rb-Sr dating of sphalerites from Tennessee and the genesis of Mississippi Valley type ore-deposits. Nature, 346 (6282): 354-357.

Nesbitt B E. 1988. Gold deposit continuum: A genetic model for lode Au mineralization in the continental crust. Geology, 16 (11): 1044-1048.

Richard J P. 2013. Giant ore deposits formed by optimal alignments and combinations of geological processes. Nature Geoscience, 6（11）: 911-916.

Robb L. 2005. Introduction to Ore-Forming Processes. Oxford : Blackwell Publishing.

Roedder E. 1984. Fluid inclusions. Reviews in Mineralogy, 12 : 644.

Simmons S F, Brown K L. 2006. Gold in magmatic hydrothermal solutions and the rapid formation of a giant ore deposit. Science, 314（5797）: 288-291.

Simmons S F, Brown K L. 2007.The flux of gold and related metals through a volcanic arc, Taupo Volcanic Zone、New Zealand. Geology, 35（12）: 1099-1102.

Su W C, Heinrich C A, Pettke T, et al. 2009. Sediment-hosted gold deposits in Guizhou, China : Products of wall-rock sulfidation by deep crustal fluids. Economic Geology, 104(3): 73-93.

Sun W D, Liang H Y, Ling M X, et al. 2013. The link between reduced porphyry copper deposits and oxidized magmas. Geochimica et Cosmochimica Acta, 103（2）: 263-275.

Tretbar D R, Arehart G B, Christensen J N. 2000. Dating gold deposition in a Carlin-type gold deposit using Rb/Sr methods on the mineral galkhaite. Geology, 28（10）: 947-950.

Vielreicher N M, Groves D I, McNaughton N J, et al. 2003. Hydrothermal phosphate geochronology : A way forward for dating gold mineralisation events in the Yilgarn craton of Western Australia. Mineral Exploration and Sustainable Development, 1/2 : 823-826.

Wilkinson J J, Stoffell B, Wilkinson C C, et al. 2009. Anomalously metal-rich fluids form hydrothermal ore deposits. Science, 323（5915）: 764-767.

Williams-Jones A E, Heinrich C A. 2005. Vapor transport of metals and the formation of magmatic-hydrothermal ore deposits. Economic Geology, 100（7）: 1287-1312.

Williams-Jones A E, Migdisov A A, Samson I M. 2012. Hydrothermal mobilisation of the rare earth elements-a tale of "ceria" and "yttria". Elements, 8（5）: 355-360.

Yang D, Hou Z Q, Zhao Y, et al. 2015.Lithium isotope traces magmatic fluid in a seafloor hydrothermal system. Scientific Reports, 5（3）: 13812.

Yin J W, Kim S J, Lee H K, et al. 2002. K-Ar ages of plutonism and mineralization at the Shizhuyuan W-Sn-Bi-Mo deposit, Hunan Province, China. Journal of Asian Earth Sciences, 20（2）: 151-155.

York D, Masliwec A, Kuybida P, et al. 1982. ^{40}Ar/^{39}Ar dating of pyrite. Nature, 300（5887）: 52-53.

第 三 篇

中国大陆特色成矿

第十章
古元古代成矿大爆发
与大氧化事件

第一节 引 言

　　成矿作用的实质是某种元素或物质在地球内部能量或外部能量（太阳能主导）的驱动下，聚集在地球浅部或表层某一空间位置的过程。鉴于地球演化具有某种程度的周期性、方向性（或不可逆性）、区域差异性，成矿作用也表现出了周期性、时控性、不可逆性和区域不均匀性，导致某些类型的矿床在某一时间或空间范围的超常富集或贫乏，即暴富或暴贫。例如，在空间上，南非异常聚集黄金，中国内蒙古白云鄂博地区则异常聚集稀土元素，即为暴富现象；相反，与很多造山带富含重要斑岩型铜金矿床相比，大别造山带迄今未见斑岩铜金矿床，则属暴贫现象。在时间上，兰德式金铀砾岩仅限于太古宙与元古宙之交，苏必利尔湖型条带状含铁建造铁矿仅限于古元古代早期。显然，研究和掌握这种时间和空间上的成矿暴贫、暴富现象的原因和规律，不但可以提高成矿预测和找矿勘查的效率，而且可以有效地揭示地球演化的周期性、方向性、区域差异性，重现地球演化历史、重大事件和规律，促进地球科学发展。

矿床是研究地球表层系统变化和深部地球动力学过程的有效探针，很多地球科学领域的重大创新或突破来源于成矿暴贫暴富现象的研究。例如，基于加拿大萨德伯里（1.85Ga）超大型镍矿床研究，科学家证实了陨石撞击成矿作用的存在和撞击作用的巨大影响。南非威特沃特斯兰德金铀砾岩中发现了磨圆的碎屑黄铁矿和晶质铀矿，指示含金铀砾岩沉积时（大于2.34Ga）的地球表层系统属于还原性质（Frakes，1979）。结合2.3Ga之后超大型菱镁矿、硼矿、石墨矿和条带状含铁建造铁矿爆发式形成，以及沉积物稀土配分形式的变化，我国学者提出地球表层环境在2.3Ga左右发生突变，由还原性转为氧化性（陈衍景，1990），即大氧化事件（Holland，2002）。全球磷成矿爆发于元古宙与显生宙之交，通过研究这一时期含磷地层的古生物化石，科学家发现了埃迪卡拉（Ediacara）生物群、澄江动物群及寒武纪生命大爆发事件（Shu et al.，2001）。由上可见，成矿暴贫暴富现象指示着地质作用或地质背景的异常，蕴涵着许多重大科学问题，孕育着研究创新。

第二节 古元古代成矿大爆发

冥古宙和太古宙总计长达大于20亿年，其间成矿类型非常简单，主要为造山型金矿，次为阿尔戈马型条带状含铁建造铁矿和火山成因块状硫化物铜矿，少数科马提岩容矿的铜镍硫化物-铂族元素矿床及时代和成因尚待进一步明确的兰德式金铀矿床（图10.1、表10.1）。元古宙一开始，即古元古代，不同种类的矿床爆发式出现，矿床规模巨大；在中元古代及其以后，很多矿床类型不再出现，或者规模明显变小。古元古代成矿大爆发事件蕴涵众多待解之谜，值得学界进行深入研究。

在我国，早前寒武纪（大于1.8Ga）岩石可见于各重要构造单元，但出露较为局限，主要分布于华北克拉通、塔里木克拉通边缘、扬子克拉通边缘及显生宙造山带内。相对而言，华北克拉通面积最大、演化历史最长（至少可追溯到3.8Ga）、地质记录最完整，特别是新太古代陆壳巨量生长和古元古代构造体制转变及大氧化事件等重大事件（表10.1、图10.2）。华北克拉通古元古代成矿大爆发事件强烈，与世界其他克拉通相比具有特色，介绍如下。

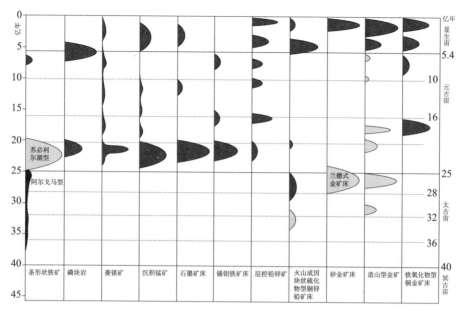

图 10.1 重要矿床形成时期示意图（黄色表示中国贫乏此类矿床）

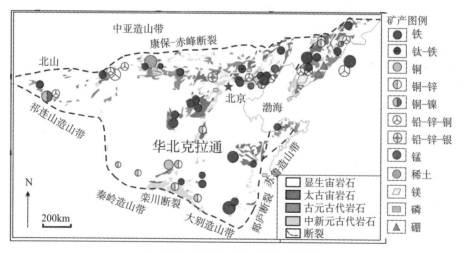

图 10.2 华北克拉通及其重要矿产

资料来源：Zhai and Santosh，2013

表 10.1　古元古代大氧化事件和成矿大爆发事件

	大氧化事件之前	大氧化事件期间
阿尔戈马型条带状含铁建造	大量、较重要	不发育
苏必利尔湖型条带状含铁建造	少	大量、重要
沉积锰矿	少	爆发
石灰岩、白云岩	薄层透镜体	爆发、厚层，成矿
菱镁矿、菱铁矿	不发育	爆发、成矿
磷块岩	无	爆发、成矿
蒸发岩：石膏、硼酸盐	无	爆发、成矿
含石墨地层	不发育	爆发，成矿
稀土铁建造	无	可见，成矿
层控铅锌矿	无	爆发
砂岩型铜矿	无	重要
砂岩型铀矿	无	重要
富铝变质沉积物	不发育	爆发，成矿
铁氧化物铜金矿床	无	重要
火山成因块状硫化物矿床	铜为主	锌为主
铁帽、风化壳矿床	无	常见
风化淋积型铀矿	无	发育
兰德式金铀矿床	常见，巨大	无
磨圆黄铁矿/晶质铀矿	可见	无
风化壳 Fe_2O_3/FeO 值	向上降低	向上增高
陆相红层	无	爆发
生命证据：化石	零星	大量叠层石
冰碛岩	缺乏	爆发，全球性冰期
火山活动	强烈	微弱
科马提岩	常见	无
沉积物有机碳含量	平均 0.7%	平均 1.6%
沉积物稀土元素型式	正铈异常，∑稀土元素低，LR/HR 高	负铈异常，∑稀土元素高，LR/HR 低
沉积物 U、Th、Th/U	低	高
沉积物 La/Sc、Th/Sc、K_2O/Na_2O、Fe_2O_3/FeO	较低	较高
碳酸盐 $\delta^{13}C$	无异常	显著正异常
碳酸盐 $^{87}Sr/^{86}Sr$	低	高
硫同位素非质量分馏	显著	消失
水气系统氧逸度	低	高
推测水圈的部分离子成分	低价离子：SCN^-、CN^-、HS^-、S^{2-}、Eu^{2+}、Fe^{2+}、Mn^{2+}	高价离子：SO_4^{2-}、CO_3^{2-}、NO_3^-、PO_4^{3-}、Eu^{3+}、Fe^{3+}、Mn^{4+}
推测大气圈部分气体成分	NH_3、CH_4、PH_3、H_2S、CO	O_2、NO_2、P_2O_5、CO_2、SO_3、SO_2

资料来源：据陈衍景，1990，1996；Anbar et al.，2007；Tang et al.，2013

（1）铁是需求量巨大的大宗矿产，世界级超大型铁矿床几乎均来自苏必利尔湖型条带状含铁建造矿床。然而，华北克拉通早前寒武纪条带状含铁建造矿床，尽管部分（如霍邱、铁山庙、虎盘岭、袁家村等）被视为苏必利尔湖型（陈衍景，1990），但多数学者认为它们属于阿尔戈马型，造成我国阿尔戈马型条带状含铁建造矿床暴富、苏必利尔湖型条带状含铁建造矿床暴贫的现象。

（2）铜镍硫化物矿床是最主要的镍资源、重要的铜资源和铂族元素的来源。在世界范围内，古元古代是最重要的铜镍硫化物矿床成矿期，以萨德伯里、布什维尔德、斯蒂尔沃特（Stillwater）等为代表。华北克拉通在古元古代和中元古代发生多次裂解，基性-超基性岩浆活动强烈，但迄今尚未发现相关的重要铜镍硫化物矿床。

（3）在新太古代陆壳快速增生（Kenor超大陆）和古元古代哥伦比亚超大陆汇聚过程中，大量造山型（或绿岩带型）金矿床爆发式形成（Goldfarb et al.，2001），如阿比提比和卡尔古利（Kalgoorlie）成矿带等。然而，我国华北克拉通、扬子克拉通和塔里木克拉通虽然都经历了这两次重要的地质事件，但迄今尚未发现与这两次事件相关的重要金矿床。

（4）铁氧化物铜金矿床以铜-金成矿为特征，在世界前寒武纪克拉通中有不少重要发现，如澳大利亚的奥林匹克坝矿床。在我国，已确定的前寒武纪铁氧化物铜金矿床实例较少，白云鄂博矿床是普遍被认可的实例之一，但其成矿元素是铁、稀土、铌、钛、氟，铜和金矿化较弱，没有回收价值。

（5）菱镁矿是最重要的镁金属来源，古元古代是最重要的菱镁矿形成时期。辽东、胶东和皖北都发现了大型、超大型菱镁矿，辽宁大石桥地区菱镁矿储量达 30 多亿吨，在世界菱镁总储量中属最大。另外，辽东地区辽河群中还发育世界著名的滑石矿床和硼矿床，翁泉沟超大型硼-铁矿 B_2O_3 储量为 2180 万吨，占全国 B_2O_3 总储量的 45.5%，铁矿石储量为 2.83 亿吨。

（6）中国是世界上最重要的石墨产地和出口国，中国的石墨资源主要来自在华北克拉通，特别是大鳞片石墨资源（陈衍景等，2000）。与世界其他前寒武纪克拉通相比，虽然华北克拉通规模偏小，但恰恰聚集了大量石墨矿床，而加拿大苏必利尔、南非巴伯顿（Barberton）、澳大利亚伊尔冈（Yilgarn）等著名克拉通反而缺乏石墨矿床，这种现象令人困惑。华北克拉通的石墨矿床集中分布在边缘地带，如南缘的华熊地块、东南缘的胶东地块、东北缘的吉林南部及北缘的"内蒙地轴"，相反，华北克拉通内部的中条地块、嵩箕地块、鲁西地块和五台地体则缺乏石墨矿床。

第三节 大氧化事件与成矿大爆发事件

1980 年之前，科学家普遍认为地球表层系统，特别是水–气系统（水圈＋大气圈）的氧化过程是缓慢的、渐变的，至少始于 3.8Ga，主要发生在 2.6～1.9Ga（Cloud，1968；Schidlowski et al.，1975；Frakes，1979）。1980 年之后，受白垩纪末期恐龙灭绝事件和天体化学研究的影响，学者们开始认识到这次水–气系统充氧事件及其相关变化的短时性、剧烈性和系统性，如表 10.1 所示（陈衍景，1990，1996；Melezhik et al.，1999），包括各大陆大量发育苏必利尔湖型条带状含铁建造矿床（Huston and Logan，2004），沉积含叠层石厚层碳酸盐和菱镁矿（Melezhik et al.，1999；Tang et al.，2013），出现大陆红层、蒸发岩（石膏、硼酸盐等）、磷块岩（陈衍景，1996）、冰川事件（Tang and Chen，2013；Young，2013），大量有机碳快速堆埋并变质为石墨矿床（陈衍景等，2000），沉积物出现铈亏损（Chen and Zhao，1997；Tang et al.，2013）并出现稀土铁建造（Tu et al.，1985），碳酸盐碳同位素显著正向漂移（Tang et al.，2013），硫同位素非质量分馏效应的消失（Guo et al.，2009）及硫、氮、钼等同位素显著分馏（Schidlowski，1988；Holland，2002；Anbar et al.，2007）。据 Karhu 和 Holland（1996）估算，大气中自由氧含量在 2.4～2.2Ga 从小于 10^{-13} 增至 15%PAL（present atmosphere level）；Guo 等（2009）证明在沉积厚度不足 300m 的时间范围内大气氧含量增加 1000 倍以上，足见充氧量之大、速度之快，因此，被称为环境突变（environmental catastrophe）（陈衍景，1990）或大氧化事件（Holland，2002）。环境突变事件揭示的是最近 30 年世界前寒武纪地球演化研究的最大进展，促进前寒武纪事件地质学（Gradstein et al.，2004）的发展，成为前寒武纪地球演化与成矿研究的新方向（Tang and Chen，2013；Zhai and Santosh，2011，2013）。

地球表层系统性质的变革表现在各个方面，表现为一些鲜明的次级事件辐射性和锁链式迸发。但是，关于这些次级事件的发生顺序和时间的研究较薄弱，制约着事件本质和起因的认识。Melezhik 等（1999）首先提出了大氧化事件次级事件序列（图 10.3），将休伦冰期置于大氧化事件之前，苏必利尔湖型条带状含铁建造矿床大爆发置于全球性冰川事件之后。相反，有学者认为（陈衍景，1990，1996；Tang and Chen，2013），全球性冰川事件是大气中 CH_4/CO_2 等温室气体含量降低、O_2 等冷室气体含量增高的直接结果，是大氧化事件的有力证据（Young，2013；Rasmussen et al.，2013）；而且，如果大

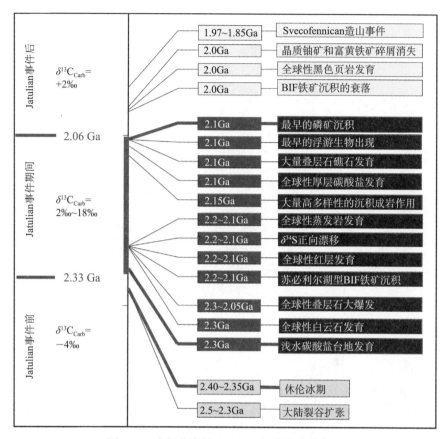

图 10.3　大氧化事件（Jatulian）次级事件序列

资料来源: Melezhik et al., 1999

氧化事件具有全球性，冰碛岩发育也必然具有全球性和等时性。

Tang 和 Chen（2013）详细对比了世界各大陆古元古代典型地层剖面，发现冰碛岩之下大量发育苏必尔湖型条带状含铁建造矿床，冰碛岩之上苏必尔湖型条带状含铁建造矿床反而较少；冰碛岩之上发育红层和蒸发岩，冰碛岩之下缺乏红层；冰碛岩之上的碳酸盐地层具有 $\delta^{13}C$ 正异常；冰碛岩之下火山岩较少，冰碛岩之上大量发育火山岩。据此他们提出了新的大氧化事件谱系，其关键性次级事件序列为苏必尔湖型条带状含铁建造矿床→休伦冰碛岩→红层 / 蒸发岩 /$\delta^{13}C_{carb}$ 正异常（图 10.4）。根据世界各地古元古代冰碛岩年龄范围，厘定全球性冰川事件的时限为 2.29～2.25Ga。根据冰碛岩层位，提出了先水圈氧化、后大气圈充氧的两阶段大氧化过程模式。生物光合作用在 2.5Ga 时增强，使水圈在 2.5～2.3Ga（成铁纪）逐步氧化，全球范围

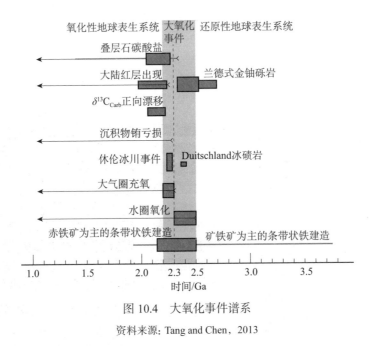

图 10.4　大氧化事件谱系

资料来源: Tang and Chen，2013

爆发式发育苏必利尔湖型条带状含铁建造矿床。2.3Ga 之后，即水圈氧化之后，大气圈快速充氧，CH_4 和 CO_2 转变成有机质堆埋减少，全球气候变冷；同时，水圈氧化后，抑制生物发育的 SCN^-、CN^- 不复存在，为生物繁盛提供了条件，叠层石碳酸盐在各大陆爆发式发育。

　　虽然关于大氧化事件与成矿大爆发事件的客观性已在宏观上取得共识，但对于两者的诸多细节和深层次问题尚不清楚或存争议，有待研究解决。举例如下：①关于大氧化事件起因，有超级地幔柱活动或超级大陆裂解与陨石撞击等认识。②由于不同方法或现象之间给出的结果相差甚远，特别表现在同位素方法上，急需探索有效而具有公信力的标识方法。③不同现象出现的顺序、条件及其内在联系或因果关系。④是生命爆发导致大氧化事件，还是大氧化事件导致生命爆发。⑤生命爆发的诱因是什么。例如，Konhauser 等（2009）提出镍含量减少抑制了甲烷细菌活动，使蓝绿藻类光合作用所产生的氧气不受破坏且迅速积累。⑥成矿大爆发事件与大氧化事件之间的内在联系，特别是元素在大氧化事件期间及其前后的地球化学行为，以及"源""运""储"条件的变化。⑦后期构造热事件中大氧化事件现象的变化和保存程度，不同地质地球化学示踪方法的有效或适用程度。

第四节　未来研究问题与学科发展

前述表明，成矿大爆发事件与重大地质事件关系密切，23亿年左右以大氧化为标志的环境突变导致了古元古代成矿作用性质的改变，使多种类型矿床的爆发形成，也造成了一些矿床类型突然消失。展望未来，如下问题是制约探究爆发式成矿规律的瓶颈，也是成矿理论发展过程中所必须解决的问题，它们将成为学界研究热点，孕育着成矿理论研究的创新。

（1）重大地质事件的客观性和准确性。其包括重大地质事件的性质、起止时间、影响区域，特别是判定事件属性指标体系的科学性、有效性、共识性和全球统一性。目前，不同学者对同一地质体属性的认识往往存在分歧、莫衷一是，这种认识的不一致性一方面严重制约对成矿规律的认识，另一方面也显示了研究思路和方法的缺陷。

（2）成矿暴贫暴富现象的客观性。作为成矿学研究的切入点，暴贫暴富现象的客观性对于成矿研究创新的影响不言而喻。目前，关于成矿暴贫暴富现象的认识总体属于定性判断，以大数据统计为支撑的定量研究成为急需。勘查程度制约着所揭示成矿暴贫或暴富现象的客观性。例如，学者们曾认为中国缺乏500吨以上规模的金矿床，近期超深钻探工程证明了胶东地区存在500吨以上规模的金矿床，而且单位体积内的矿化程度不亚于世界著名矿田。再如，学者们长期认为中国缺乏苏必利尔湖型条带状含铁建造矿床，最新研究显示霍邱铁矿和袁家村铁矿属于苏必利尔湖型铁矿。

（3）爆发式成矿与重大地质事件时空耦合及其机理。目前，很多学者倾向于以"年龄一致"作为成矿与地质事件有关的判定依据，然后套用已有的成矿模式解释矿床成因。其实，这只是认识成矿机理的开始，应该基于此开展更细致的矿床地质地球化学解剖，用现代物理化学知识（含实验模拟）认识地质事件过程中某种元素为何成矿、如何成矿、何处成矿、何时成矿等问题。例如，为什么苏必利尔湖型条带状含铁建造矿床的规模和经济价值远大于阿尔戈马型？

（4）成矿物质巨量迁移聚集的机理。这始终是成矿理论研究的核心问题。只有依据矿区或矿田地质条件的详细调查和深入分析，方可破解同一地质事件中成矿强度的区域不均一性。例如，关于白云鄂博矿床巨量稀土元素聚集的问题，已有观点几乎囊括了人类所能想象到的所有可能性，但却仍然无法说明为什么有些碳酸岩脉不含矿。

（5）大氧化事件的过程细节和元素富集。虽然关于古元古代环境变化研究的历史悠久，但学术思路从渐变转变为突变，提出大氧化事件概念，并成为国际研究热点，毕竟只有30年的历史，可谓方兴未艾。因此，研究工作不断突破，倍受关注，可以期待更多更大的创新。

（6）与世界其他前寒武纪克拉通古元古代地层相比，中国古元古代地层多已变质变形，甚至变质程度达到麻粒岩相，恢复原始沉积特征和环境变化的难度较大；另外，即使较准确地恢复了原始沉积记录，其被国际同行认可的难度也明显较大。因此，未来我国同类研究要兼顾到国外著名克拉通，如南非德兰士瓦（Transvaal）盆地、加拿大苏必利尔湖区的休伦超群。

参 考 文 献

陈衍景. 1990. 23亿年地质环境突变的证据及若干问题讨论. 地层学杂志，14（3）：178-186.

陈衍景. 1996. 沉积物微量元素示踪地壳成分和环境及其演化的最新进展. 地质地球化学，第3期（专刊）：1-125.

陈衍景，刘丛强，陈华勇，等. 2000. 中国北方石墨矿床及赋矿孔达岩系碳同位素特征及有关问题讨论. 岩石学报，16（2）：233-244.

Anbar A D, Duan Y, Lyons T W, et al. 2007. A whiff of oxygen before the Great Oxidation Event? Science, 317（5846）：1903-1906.

Chen Y J, Zhao Y C. 1997. Geochemical characteristics and evolution of REE in the Early Precambrian sediments : Evidences from the southern margin of the North China craton. Episodes, 20（2）：109-116.

Cloud P E. 1968. Atmospheric and hydrospheric evolution on the primitive earth. Science, 160（3829）：729-736.

Frakes L A. 1979. Climates Throughout Geologic Time. Amsterdam : Elsevier.

Goldfarb R J, Groves D I, Gardoll S. 2001. Orogenic gold and geologic time : A global synthesis. Ore Geology Reviews, 18（1）：1-75.

Gradstein F M, Ogg J G, Smith A G, et al. 2004. A new geologic time scale, with special reference to Precambrian and Neogene. Episodes, 27（2）：83-100.

Guo Q J, Strauss H, Kaufman A J, et al. 2009. Reconstructing earth's surface oxidation across the Archean-Proterozoic transition. Geology, 37（5）：399-402.

Holland H D. 2002. Volcanic gases, black smokers, and the Great Oxidation Event.

Geochimica et Cosmochimica Acta, 66（21）: 3811-3826.

Hollis S P, Yeats C J, Wyche S, et al. 2015. A review of volcanic-hosted massive sulfide（VHMS）mineralization in the Archean Yilgarn Craton, Western Australia: Tectonic, stratigraphic and geochemical associations. Precambrian Research, 260: 113-135.

Huston D L, Logan G A. 2004. Barite, BIFs and bugs: Evidence for the evolution of the earth's early hydrosphere. Earth and Planetary Science Letters, 220（1）: 41-55.

Jiang S Y, Slack J F, Palmer M R. 2000. Sm-Nd dating of the giant Sullivan Pb-Zn-Ag deposit, British Columbia. Geology, 28（8）: 751-754.

Karhu J A, Holland H D. 1996. Carbon isotopes and the rise of atmospheric oxygen. Geology, 24（10）: 867-870.

Konhauser K O, Pecoits E, Lalonde S V, et al. 2009. Oceanic nickel depletion and a methanogen famine before the Great Oxidation Event. Nature, 458（7239）: 750-753.

Melezhik V A, Fallick A E, Medvedev P V, et al. 1999. Extreme^{13}C$_{carb}$ enrichment in ca. 2.0 Ga magnesite-stromatolite-dolomite-'red beds' association in a global context: A case for the worldwide signal enhanced by a local environment. Earth-Science Reviews, 48（1）: 71-120.

Mossman D J, Harron G A. 1983. Origin and distribution of gold in the Huronian Supergroup, Canada: The case for Witwatersrand type paleoplacers. Precambrian Research, 20: 543-583.

Pirajno F. 2009. Hydrothermal Processes and Mineral System. Berlin: Springer.

Rasmussen B, Bekker A, Fletcher I R. 2013. Correlation of Paleoproterozoic glaciations based on U-Pb zircon ages for tuff beds in the Transvaal and Huronian Supergroups. Earth and Planetary Science Letters, 382: 173-180.

Schidlowski M. 1988. A 3800-million-year isotopic record of life from carbon in sedimentary rocks. Nature, 333（6171）: 313-318.

Schidlowski M, Eichmann R, Junge C E. 1975. Precambrian sedimentary carbonates: Carbon and oxygen isotope geochemistry and implications for the terrestrial oxygen budget. Precambrian Research, 2（1）: 1-69.

Shu D G, Morris S C, Han J, et al. 2001. Primitive deuterostomes from the Chengjiang Lagerstatte（Lower Cambrian, China）. Nature, 414（6862）: 419-424.

Tang H S, Chen Y J. 2013. Global glaciations and atmospheric change at ca. 2.3 Ga. Geoscience Frontiers, 4（5）: 583-596.

Tang H S, Chen Y J, Santosh M, et al. 2013. C-O isotope geochemistry of the Dashiqiao magnesite belt, North China Craton: Implications for the Great Oxidation Event and ore genesis. Geological Journal, 48（5）: 467-483.

Tu G Z, Zhao Z H, Qiu Y Z. 1985. Evolution of Precambrian REE mineralization. Precambrian Research, 27 (1/3): 131-151.

Young G M. 2013. Precambrian supercontinents, glaciations, atmospheric oxygenation, metazoan evolution and an impact that may have changed the second half of Earth history. Geoscience Frontiers, 4 (3): 247-261.

Zhai M G, Santosh M. 2011. The Early Precambrian odyssey of the North China Craton: A synoptic overview. Gondwana Research, 20 (1): 6-25.

Zhai M G, Santosh M. 2013. Metallogeny of the North China Craton: Link with secular changes in the evolving Earth. Gondwana Research, 24 (1): 275-297.

第十一章
华北克拉通破坏与成矿

第一节 引　　言

　　克拉通是大陆的稳定构造单元。古老克拉通岩石圈以厚度大、热流低、难溶、低密度、地震波速快和无明显的构造-岩浆活动为特点，不易受到其他地质作用的影响而长期稳定存在。除了少数来自地球深部的岩浆活动外，基本不发生岩石圈或地壳内部的构造变形、岩浆活动和成矿作用。华北克拉通具有 38 亿年地壳结晶岩石，是世界上最古老的克拉通之一（Liu et al.，1992，2008），但却显示与南非卡普瓦尔（Kaapvaal）、加拿大苏必利尔省克拉通等世界上其他太古宙克拉通明显不同的行为。华北克拉通自 18 亿年克拉通化之后至早中生代，一直保持相对稳定，并保存有巨厚的太古宙岩石圈根。对古生代金伯利岩及新生代玄武岩中地幔橄榄岩包体的对比研究显示，华北克拉通东部岩石圈在显生宙期间则发生了明显的减薄与破坏，使其原应具有的稳定特征荡然无存。自中生代以来，华北克拉通，特别是其东部，发生了大规模的构造变形和岩浆活动，并伴随有大规模的金、钼等金属成矿作用。

第二节 华北克拉通破坏的机制与特征

华北克拉通中奥陶纪含金刚石金伯利岩中难熔石榴子石橄榄岩（路凤香等，1991；郑建平，1999；Gao et al.，2002；Zhang et al.，2008）和新生代玄武岩中饱满的尖晶石橄榄岩（鄂莫岚和赵大升，1987；樊祺诚和刘若新，1999；Rudnick et al.，2004；Zheng et al.，2007）的存在表明，华北克拉通中部和东部的岩石圈地幔从古生代以来，特别是中生代期间发生了至少100 km的减薄。学界对于华北克拉通的破坏或岩石圈地幔减薄的机制一直存在争议（Menzies et al.，1993；Griffin et al.，1998；Menzies and Xu，1998；Xu，2002；Gao et al.，2004；Xu et al.，2004，2009；Wu et al.，2006；Yang et al.，2008）。主要有两种认识：一是热化学侵蚀机制（徐义刚，1999；Zheng et al.，2007）；二是拆沉机制（高山等，2009）。虽然两者均可造成岩石圈地幔的减薄及其性质的转变，但前者强调自下而上的过程，而后者则强调自上而下的过程。

地质、地球物理和地球化学综合研究表明，华北克拉通在晚中生代遭受了强烈的破坏与改造，峰期约为 125 Ma（Zhu et al.，2012），其动力机制被归结为古太平洋板块的俯冲、后撤及岩石圈内熔/流体增多等多种因素联合作用（Zhu and Zheng，2009；朱日祥等，2011；Zhu et al.，2015）。华北克拉通破坏具有不均匀性，克拉通东部陆块发生巨厚岩石圈去根（邓晋福等，2004；Menzies et al.，2007），形成面积性中酸性岩；中部陆块岩石圈发生改造，形成近南北向展布的太行山岩浆带（Li and Santosh，2014；Hou et al.，2015）；西部陆块未受改造，仍保存着岩石圈根，即华北克拉通东部（太行山以东）、中部（太行山-吕梁山）和西部（鄂尔多斯地块）分别为破坏区、改造区和未破坏区。

晚中生代古西太平洋板块的俯冲效应主要表现为：①俯冲作用导致东亚大陆之下的地幔呈快速流动和不稳定状态，造成华北克拉通上地幔中熔/流体含量的明显增加和岩石圈黏度的大幅度降低（Zheng et al.，2008）；②不稳定地幔流动造成华北克拉通东部岩石圈发生强烈伸展（朱日祥等，2012）；③在岩石圈地幔熔/流体含量的增加、黏度降低及强烈伸展的共同作用下，华北克拉通东部古老岩石圈地幔发生了根本性变化，其属性趋于类似年轻（小于 200 Ma）大洋岩石圈地幔的组成和性质（Zhang et al.，2008；Tang et al.，2011，2013），或完全丧失了克拉通岩石圈的属性（朱日祥等，2011）。古东太平洋板块俯冲对美洲克拉通的影响与古西太平洋板块俯冲对华北克拉通的影响非常相似，前者造成了北美怀俄明（Wyoming）克拉通（Carlson et al.，2005；Lee et al.，2001）和南美巴西克拉通（Beck and Zandt，2002）的局部破坏或改造。综合分析全球克拉通破坏机制，朱日祥等（2015）认为，克拉通破坏与七种因素的共同作用相关：①大洋板块的俯冲；②俯冲大洋板块的后撤；③俯冲板片在地幔过渡带的滞留；④滞留俯冲板片导致地幔过渡带熔融过程发生；⑤熔融过程导致上地幔发生非稳态流动；⑥非稳态地幔流动导致岩石圈地幔属性的改变——克拉通破坏；⑦洋脊俯冲造成的机械破坏。由此可见，仅仅大洋板块俯冲不能造成克拉通的破坏。

第三节　华北克拉通晚中生代金、钼成矿作用

克拉通内部矿产资源的赋存通常与克拉通形成过程密切相关。稳定后的克拉通由于缺乏大规模构造变形和岩浆活动，所以很少形成新的金属矿产资源（Groves and Bierlein，2007）。然而，华北克拉通东部在晚中生代发生了强烈的岩浆活动和大规模成矿作用，形成大型和超大型金、钼等多金属矿床。胶东地区和小秦岭地区已成为我国最重要的金矿集区，探获的黄金储量可达4000吨，为世界最为重要的金矿集区之一（Goldfarb and Santosh，2014）。在华北克拉通的南缘和北缘，已探明的钼资源量为世界第一，是全球最重要的钼矿带，早白垩世是华北克拉通钼矿的主要成矿时代（Mao et al.，2011；Li et al.，2012a；Zeng et al.，2013），但成矿机制还有待深入研究。华北克拉通大型和超大型金等矿床主要形成于早白垩世（Yang et al.，2003），成矿时代与克拉通破坏峰期基本一致。这种时代上的吻合表明华北克拉通大规模金成矿作用与华北克拉通破坏过程密切相关。

一、华北克拉通金矿床

华北克拉通是我国最重要的产金区，也是世界上最重要的金产地之一。区内金矿床多分布于克拉通边缘（图 11.1），主要金成矿集中区包括克拉通东缘胶东地区、克拉通南缘小秦岭-熊耳山地区、克拉通北缘内蒙古中南段-冀北-冀东-辽东-吉南-夹皮沟地区，以及克拉通中部太行山中段的阜平和五台-恒山地区等。这些金矿床赋矿围岩虽然多种多样，但以太古宙变质岩和显生宙花岗岩类为主。

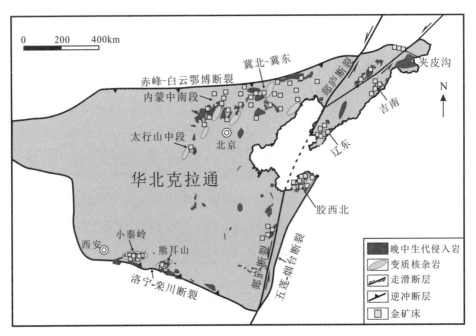

图 11.1　华北克拉通金矿分布图

资料来源：据 Li et al., 2012b, 改绘

1. 华北克拉通东部

胶东地区位于华北克拉通东部、苏鲁超高压变质带北段西侧和郯庐断裂以东的盆岭区，是一个主要由前寒武纪基底岩石和超高压变质岩块组成，中生代构造与岩浆强烈发育的内生热液金矿成矿集中区。区内金矿众多，储量巨大，构成了我国最重要的金矿产地，目前已查明的金资源量和黄金产量均居全国之首，以 0.2% 的土地面积占有了全国近 1/4 的黄金储量。此区现已探明的特大型金矿床 7 处，大型金矿床十余处，中小型金矿床 100 余处，金总储量占全国现有储量的 1/4，是我国第一大黄金产出集中区。自西向东，胶东矿集区金矿可分为三个成矿带，它们分别位于招远-莱州-平度、蓬莱-栖霞和牟平-乳山（图 11.2），其间多以侏罗-白垩纪火山-沉积盆地相隔。矿集区的东部以米山断裂为界，在米山断裂以东，虽然有报道在文登-荣成等地花岗岩中有零星的金矿化，但基本没有发现成形的金矿床。

前人对胶东地区的金矿类型有不同的划分方案，目前被广泛接受的主要

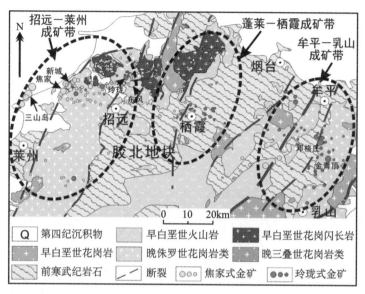

图 11.2　胶东矿集区地质和金矿分布图

资料来源：据 Fan et al.，2003，改绘

为两个类型，石英脉型和破碎带蚀变岩型，被分别称为玲珑式金矿和焦家式金矿。蚀变岩型金矿以三山岛、焦家、新城、大尹格庄、夏甸等金矿床为代表，多分布在胶东矿集区西部。金矿化受区域断裂带、碎裂岩带（局部片理化带）和蚀变带复合控制，往往呈浸染型细脉状产在紧靠区域断裂带下盘遭受广泛碎裂变形和热液蚀变带中。单个矿体规模一般较大，产状稳定，矿体与主裂面总体走向一致；石英脉型金矿以玲珑、邓格庄、金青顶、马家窑、黑岚沟等金矿床为代表，多分布在胶东矿集区中部、东部，其特征为多阶段含金硫化物叠加于规模较大的石英脉的有利构造部位而形成的矿床（体），主要矿体一般不超越石英脉。次级断裂带控制着石英脉的产出位置，而石英脉的形态、规模及其中的更次级断裂带联合控制矿体；矿体数量多，但单个矿体规模小；矿石品位相对较高，但变异性较大，具有特高品位。

胶东地区侵入前寒武纪基底变质岩和超高压变质岩块中的中生代花岗岩类主要有三期，分别是晚三叠世后碰撞花岗岩、晚侏罗世钙碱性花岗岩、早白垩世中期高钾钙碱性花岗岩和晚期（钙）碱性花岗岩。金矿床主要赋存在晚侏罗世和早白垩世中期高钾钙碱性花岗岩中。晚中生代中基性脉岩大致分为两期，侵位年龄分别为早白垩世 136～105Ma 和晚白垩世 95～87Ma，其中早白垩世脉岩岩浆来源于富集的岩石圈地幔，晚白垩世脉岩岩浆来源于新增生亏损岩石圈地幔的部分熔融。近年来不同学者采用了与胶东金矿脉体伴生的蚀变矿物绢云母、白云母和钾长石氩-氩法，含金石英脉石英氩-氩法，载金矿物黄铁矿铷-锶法，以及含金石英脉中热液锆石 SHRIMP 铀-铅法等同位素定年手段，对胶东地区金矿进行了精细定年 [图 11.3（a）]。从各个矿区和各种成矿类型金矿得到的金成矿年龄具有一致性，成矿年龄在 120±10 Ma 的范围内。

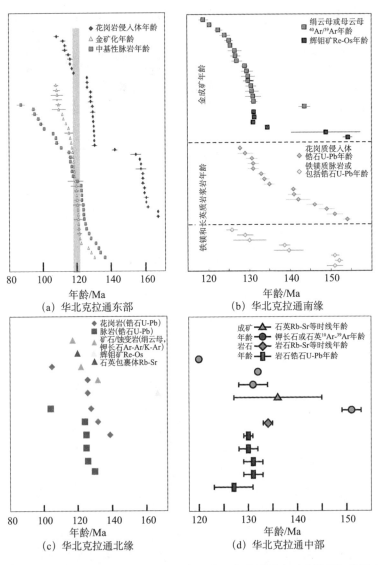

图 11.3　华北克拉通不同矿集区金矿床、中生代花岗质岩石及脉岩年代谱系

2. 华北克拉通南缘

华北克拉通南缘（简称华北南缘）与秦岭造山带北缘毗邻，两者以洛南-栾川断裂为界。华北南缘由小秦岭、崤山、熊耳山、外方山等隆起区及卢氏、洛宁、栾川、鲁山等凹陷区组成，区内金属矿产类型多样，尤以金、钼资源最为丰富，资源储量巨大，是我国著名的多金属成矿区。华北南缘的金矿床主要集中在小秦岭地区和熊耳山地区（图11.4），其中小秦岭地区是我国规模仅次于胶东地区的第二大金矿集区（Mao et al.，2002）。依据金矿脉的空间分布可将小秦岭金矿集区划分为四个矿带，包括大月坪-潼峪口矿带（西矿带）、老鸦岔-杨砦峪矿带（南矿带）、七树坪-雷家坡矿带（中矿带）及五里村-灵湖矿带（北矿带）。熊耳山地区自20世纪70年代初在熊耳山地区发现祁雨沟爆破角砾岩筒金矿、80年代发现上宫金矿后，熊耳山地区陆续探明大、中、小型金矿床十几个，金矿点数十个，并在近十年来不断有新的

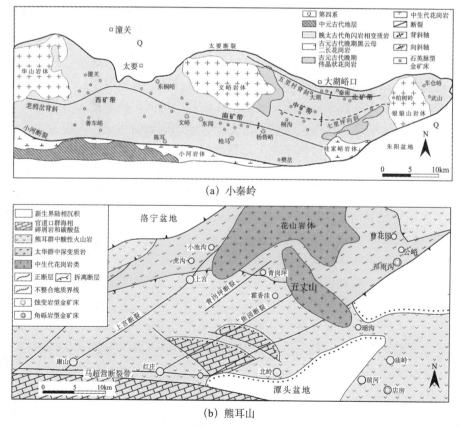

(a) 小秦岭

(b) 熊耳山

图 11.4 华北南缘小秦岭和熊耳山矿集区地质和金矿分布图

矿床被发现，成为仅次于胶东地区和小秦岭地区的又一重要黄金产地。最近，熊耳山地区金矿勘查又取得重大突破，由河南第二地质矿产地质调查院探明的槐树坪大型金矿床和东湾中型金矿床黄金储量达 40t。

华北南缘的金矿床类型主要包括石英脉型、构造蚀变岩性和隐爆角砾岩型。小秦岭地区是石英脉型金矿床最为典型的地区，金矿体的形态、产状及空间分布均严格受近东西向分布的脆-韧性断裂构造带控制，空间上具有密集成群、平行排列的特点。矿体一般由达到工业品位的含金石英脉和部分构造蚀变岩组成，两者关系密切，后者多位于含金石英脉的两侧或其延长部分，一般宽几十厘米。矿体多呈脉状和透镜状，在走向和倾向上具有舒缓波状、膨大狭缩、尖灭再现、分枝复合等特征；构造蚀变岩型金矿主要集中在熊耳山地区，金矿床受断裂构造控制十分明显，但与石英脉型金矿床不同的是，构造蚀变岩型金矿床的区内大量发育的北东向断裂构造带是重要的导矿构造，这些北东向断裂构造带的次级断裂表现为一系列的含矿构造破碎带，其分布具有近等间距（约 10 km）的特征。构造蚀变岩型金矿体的空间分布、形态、产状及规模严格受断裂构造带的控制，矿体主要为细长条状、脉状、细豆荚状、透镜状等，走向上略显舒缓波状，并具膨大缩小、分支复合等现象，且沿走向、倾向延伸稳定，矿化连续性强，矿体厚度、品位变化系数较大；爆破角砾岩型金矿床主要集中在熊耳山地区，典型矿床有祁雨沟金矿床和店房金矿床。祁雨沟金矿床由七个含金角砾岩筒组成，围岩为太华群角闪岩相变质岩，角砾岩体平面上呈椭圆状、纺锤状或不规则的长条状，剖面上呈陡倾筒状或漏斗状。角砾成分主要为太华群片麻岩，少量为熊耳群安山岩。角砾岩体与围岩一般呈突变接触，接触界线多数为齿状，局部平直陡立。多数情况下角砾岩筒与围岩的接触关系截然，但也有一些角砾岩筒旁侧的围岩发育几米至几十米宽的震碎带。

华北克拉通南缘小秦岭地区和熊耳山地区金矿床中蚀变矿物绢云母、黑云母与黄铁矿、黄铜矿等矿石矿物紧密共生，与金的沉淀具有密切的时间上和成因上的联系，是成矿过程中成矿流体与围岩相互作用的产物，因而多利用蚀变矿物的 $^{40}Ar/^{39}Ar$ 年龄结合辉钼矿定年来限定金矿床的成矿时代。现有数据证明该矿集区大规模金成矿作用的成矿时代主要集中在晚中生代早白垩世，但小秦岭地区也存在印支期（晚三叠世）的成矿作用［图 11.3（b）］，如小秦岭地区北矿带的大湖金矿给出了晚三叠世的辉钼矿铼-锇年龄和独居石的铀-铅年龄（李厚民等，2007；李诺等，2008；Li and Pirajno，2017），一般认为小秦岭地区存在晚三叠世和早白垩世两次成矿事件，绝大多数金矿床是后者早白垩世成矿作用的产物。

3. 华北克拉通北缘

华北克拉通北缘金矿床分布广泛，是我国另一个重要的金矿成矿带，发育了 60 余个大中型金矿床和百余个小型金矿床。从西到东都有分布，具有集中成区（带）分布的特点，根据金矿分布的规律及控制的主要因素，将华北克拉通北缘划分为七个金矿化集中区（带）:辽东金矿集区、吉林老岭金矿带、吉林夹皮沟金矿带、冀东金矿集区、赤峰-朝阳金矿带、张家口金矿集区和内蒙古包头金矿集区（图 11.5）。

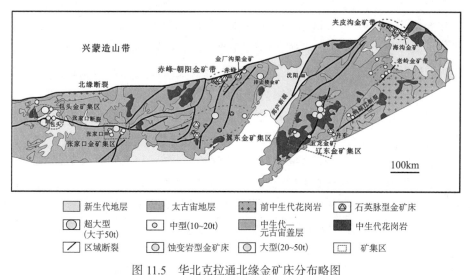

图 11.5 华北克拉通北缘金矿床分布略图

华北克拉通北缘金矿床按其矿化特征分为石英脉型金矿和蚀变岩型金矿两类。前者以辽宁五龙金矿、吉林海沟金矿、内蒙古金厂沟梁金矿等为代表；后者以辽宁青城子矿田内金矿床、辽西排山楼、冀西北东坪金矿、内蒙古哈达门沟、内蒙古浩尧尔忽洞金矿床等为代表。两类矿床总体上矿体多呈脉状，均受断裂构造控制，且与岩浆活动均具有密切的时间、空间及成因关系。

华北北缘金矿床主要岩浆活动包括两期：晚古生代至早中生代、早白垩世，而相应的金成矿作用也主要发生两期。岩浆活动包括两种就位方式：一种为侵入岩体，一种为脉岩。侵入岩体一般呈岩株状，金矿脉（床）一般定位于成矿岩体附近几千米以内。脉岩一般在金矿区内极为发育，同金矿脉一样多产于同一断裂构造内，脉岩活动包括了多个阶段（矿体就位前、就位过程中及就位后阶段），但总体上时间间隔不大，脉岩对金矿的形成起到了重要的作用。例如，辽宁五龙金矿，金矿产于早白垩世三股流花岗闪长岩体北侧，矿区内脉岩包括花岗斑岩、闪长岩及辉绿岩和煌斑岩脉等，这些脉岩与矿脉具有密切的时间及空间关系。

金矿床矿脉均受断裂构造控制，包括 NE 向、NW 向、NNE 向及 EW 向等，一般表现为多级构造控矿作用：一级构造为区域性断裂构造，控制区域矿带的展布；二级构造为一级构造的次级断裂，控制矿化区或矿床的分布；三级或四级构造控制矿脉的产出。例如，华北克拉通北缘断裂控制克拉通边缘金矿带的展布，包头-张家口断裂控制金矿带的分布，鸭绿江断裂控制 NE 向金矿带的分布等。矿床的定位常受一组区域断裂控制或两组交叉断裂控制，而矿脉的产出则受更低级的断裂构造控制。这些断裂一般都经历了多期的活动，早期一般为压扭性，成矿期多为张性。矿脉的控制构造可分为两类，一类为脆性断裂构造，包括断层及破碎带两个亚类，前者主要形成石英脉型金矿床，后者表现为破碎带或密集破裂带，主要形成蚀变岩型金矿床；另一类为韧性剪切带，构造岩以糜棱岩或糜棱岩化岩石为主，主要形成蚀变岩型金矿床等。

华北克拉通北缘金矿床成岩成矿时代研究表明，与成矿有关的花岗岩侵入体形成时代可分为两个阶段：晚古生代至早中生代和早白垩世，相应的中基性、酸性脉岩活动主要发生在三叠纪和早白垩世两个时期，同样已有的金矿床的成矿年龄也集中分布于这两个时期［图 11.3（c）］。但仍有许多金矿床成矿时代不清楚，只是推测其成矿时代，这部分金矿床一般被认为形成于中生代，如辽东青城子矿田内多数金矿床根据区域花岗岩侵入时代或石英 Ar-Ar 年龄确定其为三叠纪，但同一矿区则有不同的年龄数据。

4. 华北克拉通中部

华北克拉通中部的金矿床主要分布于太行山中段的阜平矿集区和五台-恒山矿集区（图 11.6）。其中，阜平矿集区主要有土岭-石湖金矿和西石门金矿。根据近年的预测找矿成果，石湖金矿的金资源量超过 50 t（Li et al.，2013）；西石门金矿勘查程度较低，目前为小型规模（李青等，2013）。五台-恒山矿集区金矿床主要有恒山的义兴寨金矿和辛庄金矿，五台地区有茶坊铁金矿和后峪铜钼金矿。义兴寨金矿的金资源量也超过 50 t（Li et al.，2014b），后峪铜钼金矿具中型矿床规模，其他均为小型矿床。

华北克拉通中部的金矿床有石英脉型、斑岩型和夕卡岩型等多种类型。石英脉型以阜平矿集区的土岭-石湖、西石门金矿和恒山地区的义兴寨金矿、辛庄金矿为代表，是华北克拉通中部金的主要来源，斑岩型和夕卡岩型分别以五台地区的后峪斑岩铜钼金伴生矿和茶坊夕卡岩铁金伴生矿为代表。

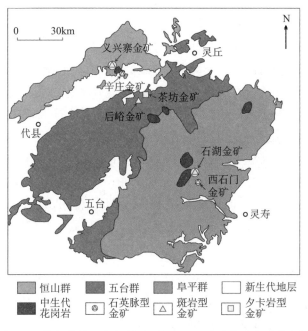

图 11.6 华北克拉通中部阜平、恒山、五台矿集区金矿分布图

资料来源: Li et al., 2014b

华北克拉通中部金矿集中区处于岩石圈厚度较小部位，其中石英脉型金矿均产于前寒武纪变质岩中，同成矿期发育中酸性和中性岩株及中基性到中酸性岩脉，在义兴寨矿区还发育隐爆角砾岩。石英脉型矿体由富硫化物石英脉组成，严格受近南北向和北北西及北西向脆性断裂构造控制，矿体群总体走向与断裂走向一致。矿脉的金品位变化较大，其中富矿段常呈棋盘格式分布，常与不同方向的断裂交接有关；本区的斑岩型和夕卡岩型伴生金矿床产出的大地构造背景与石英脉型金矿相同，成矿时间也基本一致。矿体受同期小型中酸性岩枝或岩株的内外接触带控制，矿床规模不大。

华北克拉通中部阜平、恒山、五台矿集区金矿时代多为早白垩世［图 11.3（d）］。Li 等（2013）利用 LA-ICP-MS 锆石铀-铅年代学方法，系统地研究了华北克拉通中部与石湖金矿和西石门金矿空间上密切相关的麻棚岩体及其外围中性脉岩的成岩年龄，取得了麻棚岩体幔部似斑状花岗闪长岩加权平均年龄为 131±2 Ma（MSWD=1.6），中部二长花岗岩的加权平均年龄为 130±2 Ma（MSWD=3.9），两件石英闪长岩脉的加权平均年龄分别为 131±2 Ma（MSWD=3.1）和 130±1 Ma（MSWD=1.3）。该结果显示麻棚岩体及其东南侧广泛发育的石英闪长岩脉为同一岩浆事件的产物。前人对石湖金矿热液成因矿物钾长石和石英的同位素年龄测定结果显示，矿床的形成时代为 140～120Ma（Cao et al.，2010，2012a，2012b；Wang et al.，2010），其中，热液成因钾长石的两个年龄分别为 132 Ma 和 120 Ma，与麻棚岩体及中性脉岩年龄基本一致，这反映了成矿事件与成岩事件的密切联系。对与义兴寨金矿空间关系密切的孙庄岩体石英二长闪长岩锆石 LA-ICP-MS 铀-铅同位素年代学研究表明，该岩体的形成年龄为 134±1 Ma（MSWD=2.2）（Li et al.，2014b）。叶荣等（1999）测得金矿石中早期和晚期石英的 ^{40}Ar-^{39}Ar 坪年龄分别为 150.7±2.3 Ma 和 131.4±3.1 Ma；田永清等（1998）测得义兴寨金矿含金石英的铷-锶等时线年龄为 136±9 Ma，Li 和 Santosh（2014）通过对孙庄岩体与成矿关系研究，认为金矿的形成年龄也应为 130Ma 左右。

5. 金矿床成矿机理

在华北克拉通东部胶东地区，无论是蚀变岩型金矿还是石英脉型金矿，其成矿流体在成矿早期都属于中高温（250～410℃）、富含 CO_2、低盐度（小于 9 wt% $NaCl_{eq}$）的 H_2O-CO_2-$NaCl$ 流体体系；主成矿期，成矿流体演化为中低温（200～330℃）、含少量 CO_2、盐度变化范围较大（0.5 wt%～15 wt% $NaCl_{eq}$）的 CO_2-H_2O-$NaCl$ 流体体系；成矿晚期流体演化为低温（100～230℃）、低盐度（小于 5 wt% $NaCl_{eq}$）、基本不含 CO_2 的 H_2O-$NaCl$ 体系流体，流体成分简单（Fan et al.，2003；Yang et al.，2009；Hu et al.，2013；Wang et al.，2015；Wen et al.，2015，2016）。克拉通南缘的小秦岭、熊耳山及太行山中段的石湖、义兴寨等金矿床成矿流体性质与胶东金矿带基本一致（Jiang et al.，1999；Fan et al.，2000；倪智勇等，2008），但少数矿床，如熊耳山祁雨沟、太行山义兴寨等受隐爆角砾岩筒控制的金矿床，成矿流体盐度较高，可达 35 wt% $NaCl_{eq}$（Chen et al.，2009；Fan et al.，2011；路英川等，2012），但主要矿床集中在 6 wt%～22 wt% $NaCl_{eq}$，峰值小于或接近 10 wt% $NaCl_{eq}$，可能与下伏岩体有关。

虽然华北克拉通石英脉型和蚀变岩型金矿的流体性质和流体演化过程相似，但两者的流体成矿机制截然不同。成矿流体的相分离作用是导致石英脉型金矿床金沉淀的主要原因；蚀变岩型金矿通常发育大规模蚀变带，成矿流体与围岩发生强烈的水-岩相互作用，从而改变了成矿流体的物理化学性质，进而诱发金的沉淀（Fan et al.，2003；Li et al.，2012b；Wen et al.，2015，2016）。

二、华北克拉通中生代钼矿床

华北克拉通是世界上规模最大的钼矿资源产地，钼矿发育于克拉通南北缘及东部，钼矿成岩成矿作用发生于中生代，包括三个成矿期：三叠纪、侏罗纪和早白垩世（图 11.7）（李永峰等，2005；Zeng et al.，2013），但是大规模钼矿化发生于早白垩世。统计结果表明，华北克拉通钼资源量为 1297 万 t，其中三叠纪、侏罗纪和早白垩世钼矿分别为 119 万 t、122 万 t 和 1055 万 t，分别约占华北钼资源总量的 9.2%、9.8% 和 81%。三期钼成矿作用受控于不同的构造体制，其形成的地球动力学环境目前仍有较大争论（李诺等，2007；朱赖民等，2008；Mao et al.，2011；陈衍景等，2012；Zeng et al.，2013）。但华北克拉通九个 50 万 t 以上的超大型钼矿床形成时代均为早白垩世，其累计钼资源量为 971 万 t，占整个华北钼资源总量的 75%。以下重点讨论早白垩世钼矿。

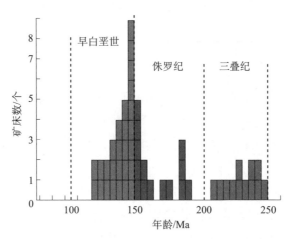

图 11.7   华北克拉通钼矿铼-锇年龄成矿年代学统计结果

华北克拉通早白垩世大型、超大型钼矿在空间上主要分布于克拉通南缘及北缘的中部，以南缘产出最多（图 11.8）。钼矿类型主要为斑岩型及斑岩-夕卡岩型，如东沟、金堆城、鱼池岭、沙坪沟、千鹅冲、曹四夭等超大型斑岩型钼矿，上房沟、南泥湖-三道庄、夜长坪等超大型斑岩-夕卡岩型钼矿。矿石具有细脉浸染状、角砾状构造特点，矿体厚度大，最大厚度可达数百米，矿床围岩蚀变极为发育，蚀变类型包括硅化、绢云母化、钾长石化、绿泥石化、黑云母化、碳酸盐化等，并具有明显的蚀变强弱分带，中心为绢英岩化带，蚀变范围在几平方千米至十几平方千米。

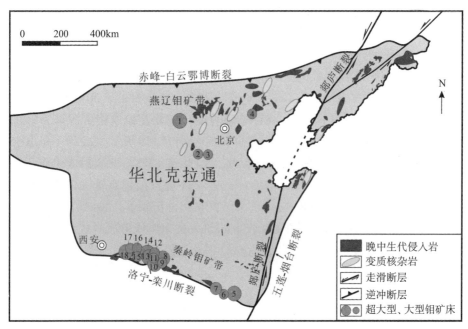

图 11.8　华北克拉通早白垩世主要钼矿床分布图

1.曹四夭; 2.大湾; 3.木吉村; 4.小李沟; 5.沙坪沟; 6.汤家坪; 7.千鹅冲; 8.东沟; 9.猪缘沟; 10.鱼池岭; 11.石窑沟; 12.雷门沟; 13.南泥湖-三道庄; 14.上房沟; 15.夜长坪; 16.木龙沟; 17.石家湾; 18.金堆城

资料来源: 底图据朱日祥等, 2015

　　早白垩世大规模钼成矿作用具有以下特点。①钼成矿作用与早白垩世酸性花岗斑岩或二长花岗斑岩密切相关, 钼矿化发生于斑岩体内部或顶部围岩中。成岩与成矿时间近于同时或具有较小的时差, 一般在 1～4Ma。②成矿斑岩一般是复式侵入岩体演化晚阶段的产物, 成矿岩体 SiO_2 含量变化于 63%～76%, 平均为 71%, K_2O+Na_2O 含量变化于 5.8%～12.7%, $K_2O>Na_2O$, 具有高硅、富碱高钾的特征。成矿岩石属高钾钙碱性-钾玄岩系列 (Zeng et al., 2013) 成矿岩体锶-钕-铪同位素特征反映其源区物质可能主要来自古老的下地壳, 但有幔源物质的加入 (戴宝章等, 2009; 李洪英等, 2011; 王晓霞等, 2011)。③钼矿成矿构造为斑岩侵入体构造系统, 包括水压致裂裂隙、隐爆角砾岩筒及放射状和环状断裂, 为同一构造-岩浆-流体活动的产物, 是同一序次的构造组合关系。④钼矿体形态与成矿斑岩体的形态有关, 一般为皮壳状、柱状、筒状、似层状等。⑤矿石矿物主要有黄铁矿、辉钼矿, 其次为黄铜矿、方铅矿、闪锌矿, 少量为磁铁矿, 黑钨矿、磁黄铁矿。脉石矿物主要有石英、钾长石、斜长石、黑云母、白云母、绢云母、高岭土、绿泥石、绿帘石、萤石等。矿石组合包括单一钼、钼-钨、钼-铅-锌-银组合。
⑥钼矿床热液矿化期一般发育多阶段钼矿化（三阶段以上）叠加，并具有较
为明显的元素及矿物分带：矿物分带在平面上表现为深部（中心）为辉钼矿
（黄铜矿）、浅部（外侧）为方铅矿、闪锌矿组合。由矿化中心或深部向外侧
或浅部金属元素分带为：钼-钨-铜-铅-锌-银。

钼矿床热液阶段石英 H-O 同位素研究表明，成矿流体主要来源于岩浆
热液，成矿晚阶段有大气降水的加入（图 11.9）。矿床硫铅同位素研究结果
表明，成矿物质主要来源于深源岩浆，部分矿床有围岩地层物质的加入（代
军治等，2006；郭波等，2009；周珂，2009；Ni et al.，2014；Li and Pirajno，
2017）。钼矿床黄铁矿流体包裹体的 $^3He/^4He$ 值在 1.38～3.64Ra，$^{40}Ar/^{36}Ar$ 值
为 295.68～346.39，指示了钼矿成矿流体为壳幔混合成因斑岩体同源的高温
深源流体和富含地壳放射成因氦但具有空气氩同位素组成特征的低温大气降
水的混合流体（朱赖民等，2008）。

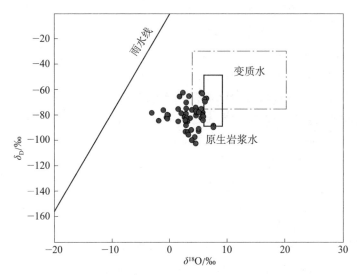

图 11.9　华北克拉通早白垩世钼矿床氢-氧同位素图解

资料来源：周珂，2009；郭波等，2009；Li et al.，2014a；Ni et al.，2015

第四节　克拉通破坏与大规模金属成矿

大规模成矿作用是指在地质历史演化过程中某一较短时期内，在区域性

的地质构造单元中某些成矿元素发生大面积的超常富集并形成一系列大型、超大型矿床。显然，大规模成矿作用需要巨量的成矿物质和持续的热源及流体的供给，且与特殊的重大地质事件有关。对世界主要金矿床或金矿集区的研究发现，大规模成矿作用受岩石圈尺度的因素控制（Groves et al.，2005；Bierlein et al.，2006；Emsbo et al.，2006），其中最根本的是由软流圈地幔上涌主导的陆下岩石圈减薄和伸展，这是因为上涌的软流圈作为一个巨大的热引擎，不仅导致地幔岩石圈和地壳的广泛熔融，持续驱动地壳流体在上千千米区域内流动和循环，而且可将地幔中的成矿物质输送到地壳层次和热液体系中参与成矿。这种成矿作用往往形成由多种矿床类型组成、不同矿床类型间又相互联系的巨型成矿系统，其规模可能是大陆尺度的，延伸可达上千千米。

虽然克拉通的岩石圈破坏不仅限于华北克拉通，但华北克拉通破坏的强度是世界上前寒武纪克拉通中独一无二的。与此相对应的是，华北克拉通金矿床的成矿时间比克拉通的形成时间至少晚17亿年，这在全世界也是独一无二的。鉴于华北克拉通金矿床在时间上和空间上与大面积的中酸性侵入岩、广泛分布的变质核杂岩及断陷盆地具有密切关系，而这些构造-岩浆时间已被证明是华北克拉通岩石圈破坏的浅表地质响应。在华北克拉通东部，克拉通破坏的主要表现之一是岩石圈厚度的巨大减薄和丢失，这势必引起热的软流圈地幔上涌，导致残余岩石圈地幔和下地壳的大规模熔融及岩石圈的整体伸展，诱发地壳范围内发生大规模岩浆活动（Turner and Rushmer，2010）和成矿作用（Muntean et al.，2011；Zhu et al.，2015）。

克拉通破坏诱发的大范围岩浆活动及强烈的岩石圈伸展为金矿床的形成提供了重要条件。幔源岩浆及壳源岩浆在冷凝结晶过程中的流体出溶可能是华北克拉通很多金矿床成矿流体的重要来源之一，这已为上述稳定同位素和稀有气体同位素资料所证实。由于华北克拉通的岩石圈地幔自古元古代以来多次受到板块俯冲的改造，大量地壳组分和流体加入岩石圈地幔，从而大大提高了岩石圈地幔的氧逸度，这种氧化性岩石圈地幔的部分熔融将使地幔中的硫化物和金得以转移进入部分熔体并最终参与成矿。另外，岩石圈伸展过程中形成的地壳断裂和裂隙网络为含矿流体上升、循环和沉淀提供了有力的场所。

华北克拉通钼矿的形成与克拉通的构造演化密切相关，钼矿化从三叠纪开始出现，钼矿规模较小，以中小型为主。侏罗纪时期，华北克拉通构造体制与古太平洋板块俯冲作用有关，形成一定规模的钼矿化，出现少量大型钼矿床。早白垩世时期，华北克拉通转为伸展构造体制，发生强烈的克拉通破坏作用，钼成矿作用达到顶峰，形成众多大型、超大型钼矿床。大规模钼矿化出现峰期（140Ma）略早于华北克拉通早白垩世金矿床形成的峰值（120Ma），这可能与克拉通破坏发展演化有关，在较早阶段，地幔流体作用相对较弱，以壳源岩浆及地壳流体作用为主，发生以钼为特色的成矿作用；而在较晚阶段，克拉通破坏达到最强，地幔流体作用强烈，从而产生以金为特色的金属成矿作用。华北克拉通内发育大规模的金矿化、钼矿化，尽管它们大规模矿化的时间有先后，但都是克拉通破坏不同阶段的产物，从成矿学角度说明了大规模的克拉通破坏是从早白垩世140Ma左右开始，至早白垩世120Ma达到顶峰。华北克拉通内不同时期金、钼矿化是克拉通破坏不同发展阶段的重要响应。

参考文献

陈衍景，张成，李诺，等. 2012. 中国东北钼矿床地质. 吉林大学学报（地球科学版），42（5）：1223-1268.

代军治，毛景文，杨富全，等. 2006. 华北北缘燕辽钼（铜）成矿带矿床地质特征及动力学背景. 矿床地质，25（5）：598-612.

戴宝章，蒋少涌，王孝磊. 2009. 河南东沟钼矿花岗斑岩成因：岩石地球化学、锆石U-Pb年代学及Sr-Nd-Hf同位素制约. 岩石学报，25（11）：197-209.

邓晋福，苏尚国，赵国春，等. 2004. 华北燕山造山带结构要素组合. 高校地质学报，10（3）：315-323.

鄂莫岚，赵大升. 1987. 中国东部新生代玄武岩及深源岩石包体. 北京：科学出版社.

樊祺诚，刘若新. 1999. 汉诺坝玄武岩中高温麻粒岩捕虏体. 科学通报，41（3）：235-238.

高山，章军锋，许文良，等. 2009. 拆沉作用与华北克拉通破坏. 科学通报，54（14）：1962-1973.

郭波，朱赖民，李犇，等. 2009. 东秦岭金堆城大型斑岩钼矿床同位素及元素地球化学研究. 矿床地质，28（3）：265-281.

李洪英，毛景文，王晓霞，等. 2011. 陕西金堆城钼矿区花岗岩Sr、Nd、Pb同位素特征及其地质意义. 中国地质，38（6）：1536-1550.

李厚民，叶会寿，毛景文，等. 2007. 小秦岭金（钼）矿床辉钼矿铼-锇定年及其地质意义. 矿床地质，26（4）：417-424.

李诺，陈衍景，张辉，等. 2007. 东秦岭斑岩钼矿带的地质特征和成矿构造背景. 地学前缘，14（5）：188-200.

李诺，孙亚莉，李晶，等. 2008. 小秦岭大湖金钼矿床辉钼矿铼锇同位素年龄及印支期成矿事件. 岩石学报, 24 (4): 810-816.

李青, 李胜荣, 张秀宝, 等. 2013. 河北省灵寿县西石门金矿黄铁矿热电性标型及其找矿意义. 地质学报, 87 (4): 542-553.

李永峰, 毛景文, 胡华斌, 等. 2005. 东秦岭钼矿类型、特征、成矿时代及其地球动力学背景. 矿床地质, 24 (3): 292-304.

路凤香, 韩柱国, 郑建平, 等. 1991. 辽宁复县地区古生代岩石圈地幔特征. 地质科技情报, S1: 2-20.

路英川, 葛良胜, 申维, 等. 2012. 山西省义兴寨金矿流体包裹体特征及其地质意义. 矿床地质, 31: 83-93.

倪智勇, 李诺, 管申进, 等. 2008. 河南小秦岭金矿田大湖金-钼矿床流体包裹体特征及矿床成因. 岩石学报, 24 (9): 2058-2068.

田永清, 王安建, 余克忍, 等. 1998. 山西省五台山-恒山地区脉状金矿成矿的地球动力学. 华北地质矿产杂志, (4): 301-456.

王晓霞, 王涛, 齐秋菊, 等. 2011. 秦岭晚中生代花岗岩时空分布、成因演变及构造意义. 岩石学报, 27 (6): 1573-1593.

徐义刚. 1999. 岩石圈的热-机械侵蚀和化学侵蚀与岩石圈减薄. 矿物岩石地球化学通报, (1): 1-5.

叶荣, 赵伦山, 沈镛立. 1999. 山西义兴寨金矿床地球化学研究. 现代地质, 23 (4): 415-418.

郑建平. 1999. 中国东部地幔置换作用与中新生代岩石圈减薄. 武汉: 中国地质大学出版社.

周珂, 叶会寿, 毛景文, 等. 2009. 豫西鱼池岭斑岩型钼矿床地质特征及其辉钼矿铼-锇同位素年龄. 矿床地质, 28 (2): 170-184.

朱赖民, 张国伟, 郭波, 等. 2008. 东秦岭金堆城大型斑岩钼矿床 LA-ICP-MS 锆石 U-Pb 定年及成矿动力学背景. 地质学报, 82 (2): 204-220.

朱日祥, 陈凌, 吴福元, 等. 2011. 华北克拉通破坏的时间、范围与机制. 中国科学: 地球科学, 41 (5): 583-592.

朱日祥, 徐义刚, 朱光, 等. 2012. 华北克拉通破坏. 中国科学: 地球科学, 42: 1135-1159.

朱日祥, 范宏瑞, 李建威, 等. 2015. 克拉通破坏型金矿床. 中国科学: 地球科学, 45 (8): 1153-1168.

Beck S L, Zandt G. 2002. The nature of orogenic crust in the Central Andes. Journal of Geophysical Research. Solid Earth, 107 (B10): ESET-1-ESET-16.

Bierlein F P, Crowe D E. 2000. Phanerozoic orogenic lode gold deposits. Review of Economic Geology, 13: 103-139.

Bierlein F P, Groves D I, Goldfarb R J, et al. 2006. Lithospheric controls on the formation of provinces hosting giant orogenic gold deposits. Mineralium Deposita, 40（8）: 874.

Cao Y, Li S R, Zhang H F, et al. 2010. Laser probe ^{40}Ar/^{39}Ar dating for quartz from auriferous quartz veins in the Shihu gold deposit, western Hebei Province, North China. Chinese Journal of Geochemistry, 29（4）: 438-445.

Cao Y, Carranza E J M, Li S R, et al. 2012a. Source and evolution of fluids in the Shihu gold deposit, Taihang Mountains, China : Evidence from microthermometry, chemical composition and noble gas isotope of fluid inclusions. Geochemistry : Exploration, Environment, Analysis, 12 : 177-191.

Cao Y, Li S R, Xiong X X, et al. 2012b. Laser Ablation ICP-MS U-Pb Zircon Geochronology of Granitoids and Quartz Veins in the Shihu Gold Mine, Taihang Orogen, North China : Timing of Gold - mineralization and Tectonic Implications. Acta Geologica Sinica（English edition）, 86（5）: 1211-1224.

Carlson R W, Pearson D G, James D E. 2005. Physical, chemical, and chronological characteristics of continental mantle. Review in Geophysics, 43 : RG/001.

Chen Y J, Pirajno F, Li N, et al. 2009. Isotope systematics and fluid inclusion studies of the Qiyugou breccia pipe-hosted gold deposit, Qinling orogeny, Henan province, China : Implications for ore genesis. Ore Geology Reviews, 35 : 245-261.

Emsbo P, Hofstra A H, Lauha E A, et al. 2003. Origin of high-grade gold ore, source of ore fluid components, and genesis of the Meikle and neighbouring Carlin-type deposits, northern Carlin trend, Nevada. Economic Geology, 98 : 1069-1100.

Emsbo P, Groves D I, Hofstra A H, et al. 2006. The giant Carlin gold province : A protracted interplay of orogenic, basinal, and hydrothermal processes above a lithospheric boundary. Mineralium Deposita, 41（6）: 517-525.

Fan H R, Zhai M G, Xie Y H, et al. 2003. Ore-forming fluids associated with granite-hosted gold mineralization at the Sanshandao deposit, Jiaodong gold province, China. Mineralium Deposita, 38 : 739-750.

Fan H R, Xie Y H, Zhao R, et al. 2000. Dual origins of Xiaoqinling gold-bearing quartz veins : Fluid inclusion evidences. Chinese Science Bulletin, 45 : 1424-1430.

Fan H R, Hu F F, Wilde S A, et al. 2011. The Qiyugou gold-bearing breccia pipes, Xiong' ershan region, central China : Fluid inclusion and stable isotope evidence for an origin from magmatic fluids. International Geology Review, 53 : 25-45.

Gao S, Rudnick R L, Carlson R W, et al. 2002. Re-Os evidence for replacement of ancient mantle lithosphere beneath the North China craton. Earth and Planetary Science Letters, 198 : 307-322.

Gao S, Rudnick R L, Yuan H L, et al. 2004. Recycling lower continental crust in the North

China craton. Nature, 432: 892-897.

Goldfarb R, Santosh M. 2014. The dilemma of the Jiaodong gold deposits: Are they unique? Geoscience Frontiers, 5: 139-153.

Griffin W L, Zhang A D, O'Reilly S Y, et al. 1998. Phanerozoic evolution of the lithosphere beneath the Sino-Korean craton // Flower M, Chung S L, Lo C H, et al. Mantle Dynamics and Plate Interactions in East Asia. American Geophysical Union, Washington, DC: 107-126.

Groves D I, Bierlein F P. 2007. Geodynamic settings of mineral deposit systems. Journal of the Geological Society London, 164: 19-30.

Groves D I, Condie K C, Goldfarb R J, et al. 2005. Secular changes in global tectonic processes and their influence on the temporal distribution of gold-bearing mineral deposits. Economic Geology, 100: 203-224.

Hou F H, Zhang X H, Li G, et al. 2015. From passive continental margin to active continental margin: Basin recordings of Mesozoic tectonic regime transition of the East China Sea shelf basin. Oil Geophysical Prospecting, 50: 980-990.

Hu F F, Fan H R, Jiang X H, et al. 2013. Fluid inclusions at different depths in the Sanshandao gold deposit, Jiaodong Peninsula, China. Geofluids, 13: 528-541.

Jiang N, Xu J, Song M. 1999. Fluid inclusion characteristics of mesothermal gold deposits in the Xiaoqinling district, Shaanxi and Henan provinces, People's Republic of China. Mineralium Deposita, 34: 150-162.

Lee C T A, Yin Q, Rudnick R L, et al. 2001. Preservation of ancient and fertile lithospheric mantle beneath the southwestern United States. Nature, 411: 69-73.

Li C Y, Wang F Y, Hao X L, et al. 2012a. Formation of the world's largest molybdenum metallogenic belt: A plate-tectonic perspective on the Qinling molybdenum deposits. International Geology Review, 54: 1093-1112.

Li J W, Bi S J, Selby D, et al. 2012b. Giant Mesozoic gold provinces related to the destruction of the North China craton. Earth and Planetary Science Letters, 349-350: 26-37.

Li N, Pirajno F. 2017. Early Mesozoic Mo mineralization in the Qinling Orogen: An overview. Ore Geology Reviews, 81: 431-450.

Li N, Chen Y J, Deng X H, et al. 2014a. Fluid inclusion geochemistry and ore genesis of the Longmendian Mo deposit in the East Qinling Orogen: Implication for migmatitic-hydrothermal Mo-mineralization. Ore Geology Reviews, 63: 520-531.

Li S R, Santosh M. 2014. Metallogeny and craton destruction: Records from the North China Craton. Ore Geology Reviews, 56: 376-414.

Li S R, Santosh M, Zhang H F, et al. 2013. Inhomogeneous lithospheric thinning in the central North China Craton : Zircon U-Pb and S-He-Ar isotopic record from magmatism and metallogeny in the Taihang Mountains. Gondwana Research, 23 : 141-160.

Li S R, Santosh M, Zhang H F, et al. 2014b. Metallogeny in response to lithospheric thinning and craton destruction : Geochemistry and U-Pb zircon chronology of the Yixingzhai gold deposit, central North China Craton. Ore Geology Reviews, 56 : 457-471.

Liu D Y, Nutman A P, Compston W, et al. 1992. Remnants of 3800 Ma crust in the Chinese part of the Sino-Korean Craton. Geology, 20 : 339-342.

Liu D Y, Wilde S A, Wan Y S, et al. 2008. New U-Pb and Hf isotopic data confirm Anshan as the oldest preserved segment of the North China Craton. American Journal of Science, 308 : 200-231.

Mao J W, Goldfarb R J, Zhang Z W, et al. 2002. Gold deposits in the Xiaoqinling-Xiong'ershan region, Qinling Mountains, central China. Mineralium Deposita, 37 : 306-325.

Mao J W, Pirajno F, Xiang J F, et al. 2011. Mesozoic molybdenum deposits in the east Qingling-Dabie orogenic belt : Characteristics and tectonic setting. Ore Geology Reviews, 43 : 264-293.

Menzies M A, Xu Y G. 1998. Geodynamics of the North China Craton. In Mantle Dynamics and Plate Internationals in East Asia // Flower M, Chung S L, Lo C H, et al. Mantle Dynamics and Plate Interactions in East Asia. Washington : American Geophysical Union.

Menzies M A, Fan W M, Zhang M. 1993. Paleozoic and Cenozoic lithoprobes and the loss of >120 km of Archean lithosphere, Sino-Korean craton, China // Prichard H M, Alabaster H M, Harris T, et al. Magmatic Processes and Plate Tectonics. Geological Society, London, Special Publications, 76 (1): 71-81.

Menzies M A, Xu Y G, Zhang H F, et al. 2007. Integration of geology, geophysics, and geochemistry : A key to understanding the North China Craton. Lithos, 96 : 1-21.

Muntean J L, Cline J S, Simon A C, et al. 2011. Magmatic-hydrothermal origin of Nevada's Carlin-type gold deposits. Nature Geoscience, 4 : 122-127.

Ni P, Wang G G, Yu W, et al. 2015. Evidence of fluid inclusions for two stages of fluid boiling in the formation of the giant Shapinggou porphyry Mo deposit, Dabie Orogen, Central China. Ore Geology Reviews, 65 : 1078-1094.

Ni Z Y, Li N, Zhang H. 2014. Hydrothermal mineralization at the Dahu Au-Mo deposit in the Xiaoqinling gold field, Qinling Orogen, central China. Geological Journal, 49 : 501-514.

Rudnick R L, Gao S, Ling W L, et al. 2004. Petrology and geochemistry of spinel peridotite xenoliths from Hannuoba and Qixia, North China craton. Lithos, 77 : 609-637.

Stein H J, Markey R J, Morgan J W, et al. 1997. Highly precise and accurate Re-Os ages for molybdenite fromthe East Qinlingmolybdenumbelt, Shaanxi Province, China. Economic

Geology, 92：827-835.

Tang Y J, Zhang H F, Nakamura E, et al. 2011. Multistage melt/fluid-peridotite interactions in the refertilized lithospheric mantle beneath the North China Craton：Constraints from the Li-Sr-Nd isotopic disequilibrium between minerals of peridotite xenoliths. Contribution to Mineralogy and Petrology, 161：845-861.

Tang Y J, Zhang H F, Ying J F, et al. 2013. Widespread refertilization of cratonic and circum-cratonic lithospheric mantle. Earth-Science Reviews, 118：45-68.

Turner S, Rushmer T. 2010. Similarities between mantle-derived A-type granites and voluminous rhyolites in continental flood basalt provinces. Transactions of the Royal Society of Edinburgh. Earth and Environmental Sciences, 100：51-60.

Wang B D, Niu S Y, Sun A Q, et al. 2010. Temporal-spatial distribution and ore-forming material source of gold, copper and silver polymetallic ore deposits in the Fuping mantle structure zone. Chinese Journal of Geochemistry, 29：270-277.

Wang Z L, Yang L Q, Guo L N, et al. 2015. Fluid immiscibility and gold deposition in the Xincheng deposit, Jiaodong Peninsula, China：A fluid inclusion study. Ore Geology Reviews, 65：701-717.

Wen B J, Fan H R, Santosh M, et al. 2015. Genesis of two different types of gold mineralization in the Linglong gold field, China：Constrains from geology, fluid inclusions and stable isotope. Ore Geology Reviews, 65：643-658.

Wen B J, Fan H R, Hu F F, et al. 2016. Fluid evolution and ore genesis of the giant Sanshandao gold deposit, Jiaodong gold province, China：Constrains from geology, fluid inclusions and H-O-S-He-Ar isotopic compositions. Journal of Geochemical Exploration, 171：96-112.

Wu F Y, Walker R J, Yang Y H. 2006. The chemicaltemporal evolution of lithospheric mantle underlying the North China Craton. Geochim Cosmochim Acta, 70：5013-5034.

Xu Y G. 2002. Evidence for crustal components in the mantle and constraints on crustal recycling mechanisms：Pyroxenite xenoliths from Hannuoba, North China. Chemical Geology, 182：301-322.

Xu Y G, Huang X L, Ma J L, et al. 2004. Crustal–mantle interaction during the thermotectonic reactivation of the North China Craton：SHRIMP zircon U-Pb age, petrology and geochemistry of Mesozoic plutons in western Shandong. Contribution to Mineralogy and Petrology, 147：750-767.

Xu Y G, Li H Y, Pang C J, et al. 2009. On the time and duration of the destruction of the North China Craton. Chinese Science Bulletin, 54：3379-3396.

Yang J H, Wu F Y, Wilde S A. 2003. A review of the geodynamic setting of large-scale Late

Mesozoic gold mineralization in the North China craton : An association with lithospheric thinning. Ore Geology Reviews, 23 : 125-152.

Yang J H, Wu F Y, Wilde S A, et al. 2008. Mesozoic decratonization of the North China block. Geology, 36（6）: 467-470.

Yang L Q, Deng J, Guo C Y, et al. 2009. Ore-forming fluid characteristics of the Dayingezhuang gold deposit, Jiaodong gold province, China. Resource Geology, 59 : 181-193.

Zeng Q D, Liu J M, Qin K Z, et al. 2013. Types, characteristics, and time-space distribution of molybdenum deposits in China. International Geology Review, 55 : 1311-1358.

Zhang H F, Goldstein S L, Zhou X H, et al. 2008. Evolution of subcontinental lithospheric mantle beneath eastern China : Re-Os isotopic evidence from mantle xenoliths in Paleozoic kimberlites and Mesozoic basalts. Contribution to Mineralogy and Petrology, 155 : 271-293.

Zheng J P, Griffin W L, O'Reilly S Y, et al. 2007. Mechanism and timing of lithospheric modification and replacement beneath the eastern North China Craton : Peridotitic xenoliths from the 100 Ma Fuxin basalts and a regional synthesis. Geochimica et Cosmochimica Acta, 71 : 5203-5225.

Zheng T Y, Zhao L, Xu W W, et al. 2008. Insight into the geodynamics of cratonic reactivation from seismic analysis of the crust-mantle boundary. Geophysical Research Letters, 35 : L08303.

Zhu R X, Zheng T Y. 2009. Destruction geodynamics of the North China Craton and its paleoproterozoic plate tectonics. Chinese Science Bulletin, 54 : 3354-3366.

Zhu R X, Yang J H, Wu F Y. 2012. Timing of destruction of the North China Craton. Lithos, 149 : 51-60.

Zhu R X, Fan H R, Li J W, et al. 2015. Decratonic gold deposits. Science China : Earth Sciences, 58 : 1523-1537.

第十二章
华南地区中生代陆壳再造与大花岗岩省成矿

第一节 引 言

在地球演化历史中，大陆地壳在一个较短时期内（如数亿年间）不断发生结构重建和成分重组的地质过程称为陆壳再造，它是大陆地质演化中一个十分重要的地质现象。陆壳再造的物质表现形式为以花岗岩类为代表的大规模岩浆活动，并且在这一过程中往往伴随着多种金属元素的巨量聚集与成矿。陆壳再造机制及巨量金属堆积成矿机理研究，是国内外地学界关注的一个基础性前沿领域，既有重要的科学意义，又有巨大的社会经济价值。

地球上有广泛发育的花岗岩，花岗岩构成了大陆地壳岩石的主要组成部分。巨量花岗岩的形成，是强烈陆壳再造的直接结果，反映了壳-幔物质与能量的交换过程。地幔物质的上涌，导致大陆地壳的张裂和伸展，大量幔源岩浆底侵到地壳底部，其提供的热源大规模引发下部地壳变质作用和深熔作用，形成巨量花岗岩浆，使大陆物质发生循环和增生，并因此塑造了地壳岩浆系统。这种以幔源岩浆底侵和幔源-壳源岩浆混合成因为突破口，来探索花岗质岩石的成岩过程及其动力学机制的研究，是近年来地学研究的一个重要前沿课题。

岩浆演化分异是元素迁移富集成矿的重要途径，花岗岩作为演化分异程度最高的岩石，它的形成和演化与许多大型、超大型金属矿床密切相关。世界上著名的大花岗岩省都是国际研究热点，如澳大利亚的拉克兰河造山带、澳大利亚的塔斯马尼亚、法国的海西造山带等。

华南陆块主要由华夏陆块和扬子陆块在约 1Ga 时拼合而成。华南地区是世界级多金属成矿省，成矿潜力巨大，长期受到地学界的重视。其中，钨、锡、锑、铋储量全球第一；铜、金、铅、锌、银等储量在中国占有重要地位。华南地区的最大特点是由于中生代地壳再造，形成东西宽约 1000km、面积约 100 万 km^2 的面状大花岗岩省和与其有关的钨锡多金属大爆发成矿。但是有关华南陆壳再造形成面状大花岗岩省的机制，由于缺少坚实的证据仍是激烈争鸣的问题。目前主流的观点认为华南大地构造上属于环太平洋成矿域，华南中生代地质过程主要受控于太平洋板块俯冲（Zhou and Li，2000；Zhou et al.，2006；Li et al.，2007）。但是，有关太平洋板块俯冲与中国东部中生代岩浆事件和成矿的关系学界一直存在不同的看法，需要有坚实的证据来揭示两者之间的关系。

华南地区的钨锡成矿具有爆发性特点，在 230～200Ma、160～150Ma、100～90Ma 三个时段内，南岭地区形成了全球最大的钨锡成矿带（Hu et al.，2012；Sun et al.，2012；Mao et al.，2013）。一方面，全球 50% 以上的钨集中在华南地区，该地区锡储量约占全球锡总储量的 20%，但同属环太平洋成矿域的太平洋东岸钨锡储量则很少。另一方面，华南斑岩型铜矿储量不到全球铜矿总储量的 2%，太平洋东岸则在全球铜矿总储量的比例中高达 60%；华南的钼也很少，而太平洋东岸钼储量约占全球钼总储量的 50%。造成太平洋两岸这种巨大差异的原因是什么？目前还没有答案。已有大量研究认为，华南大花岗岩省及其金属元素大规模堆积成矿，主要发生在中生代陆内岩石圈伸展的构造环境下。但为什么陆内岩石圈伸展的构造环境对形成大花岗岩省及其成矿作用有利？为什么同为伸展环境的华北陆块东部的岩浆作用与成矿，无论在规模上还是矿床密度上均与华南陆块有很大的不同？华南大花岗岩省内中生代的大规模成矿具有明显的分区特点，南岭地区主要是钨、锡、铀、稀土、铌、钽、铍等的成矿，长江中下游地区主要是铜、铁、金、钼的成矿，这种分区产出不同优势矿产的机制目前也并不清楚。

上述问题是华南中生代陆壳再造形成大花岗岩省及其巨量金属堆积成矿

领域存在的主要问题，对这些问题的解决或认识上的重大突破，将极大地推动矿床学研究和找矿勘查的大发展。

第二节　华南中生代陆壳再造
与大花岗岩省成矿的主要进展

一、陆壳再造与华南大花岗岩省的形成

1. 华南大花岗岩省的基本特征

华南主要由华夏陆块和扬子陆块在约 1Ga 时拼合而成。华南陆块的最大特点是由于中生代陆壳再造，形成东西宽约 1000km、面积约 100 万 km^2 的面状大花岗岩省和与其有关的钨锡多金属大爆发成矿。如此大面积的花岗岩省和相应的多金属爆发式成矿全球罕见。

华南大陆与世界上相对稳定的美洲、俄罗斯-波罗的、澳大利亚和非洲大陆不同，它是由多个小块体在不同时期幕式增生形成的，经历了块体与块体之间复杂的裂开与聚合历史，直至印支期华南各块体最终完成拼合并与华北地块拼合构成了统一的中国大陆。拼合后的华南大陆又经历了多次的活动和改造，特别是发育异常强烈的中生代陆壳再造与构造-岩浆-成矿作用。因此，华南陆块既不同于洋-陆俯冲作用形成的环太平洋型造山增生带，也有别于陆陆碰撞作用形成的阿尔卑斯-喜马拉雅型造山增生带，而是以扬子和华夏两大地块为核心发育起来的，形成了新元古代—古生代—中生代多陆块与多聚合带相嵌、中新生代山盆耦合构成的独特地质构造格局。

华南中生代大花岗岩省的形成可能与该时期发生的构造动力学上的两个方面的重大转换有关：①构造体制由东西向的古特提斯构造域向北东向的太平洋构造域的转换。南岭地区燕山早期花岗岩呈东西向展布，而燕山晚期花岗岩则总体已呈北东向展布，这一特征可能体现了上述构造体制的转换。②大陆动力学机制经历了由"挤压-岩石圈增厚"向"拉张-岩石圈减薄"的转换过程，华南花岗岩类及相关的火山活动明显受这一转换的控制。印支运动是陆-陆碰撞的造山作用，导致地壳增厚，形成陆壳重熔岩石（S 型花岗岩）。在印支期后，由于发生了造山岩石圈根的拆沉-去根作用，中国东部的岩石圈在燕山期减薄了 50km 以上；而这些岩石圈物质被软流圈物质取代所

产生的不平衡可能成为本区燕山期强烈的岩浆构造事件的深层次原因。前人大量的研究资料基本明确了中生代陆壳再造的时间和空间分布规律。近年来，人们利用高精度锆石铀-铅同位素定年方法，对华南地区中生代花岗质岩石的成岩时间进行了大量研究，积累了一批高精度的测年数据（王强等，2005；Li et al.，2007，2009；彭建堂等，2008；郭春丽等，2012；Huang et al.，2013；毛建仁等，2014；Zhao et al.，2015）。通过统计发现，华南地区中生代花岗岩形成时间主要集中分布在晚三叠世（243～204Ma）、中晚侏罗世（170～150Ma）和早中白垩世（137～86Ma）三个阶段，而且晚三叠世花岗岩出露面积较小，其主要分布在华南地区内陆和武夷-云开山脉，中晚侏罗世花岗岩主要分布在南岭地区和钦杭结合带中西段，在南岭地区这些花岗岩呈东西向分布于三个"带"（北部骑田岭-九峰花岗岩带、中部大东山-贵东花岗岩带、南部佛冈-新丰江花岗岩带），早中白垩世花岗岩则主要分布在东南沿海和长江中下游地区。

2. 华南大花岗岩省形成的动力学机制

印支期是中国东部大地构造演化的重要转折阶段，此时，华南陆块与其西南缘的印支陆块和北缘的华北克拉通碰撞拼合（张国伟等，1996；任纪舜等，1999），形成了华南陆块复杂而独具特色的地质构造，其以挤压构造为主要背景，表现为以湘赣古裂陷带为中心的巨型花状构造（Wang et al.，2005），其变形时限被初步限定在245～190 Ma(Wang et al.，2005)；与此相对应的是，地壳叠置加厚和深熔作用形成了一套面型展布于湖南、广西、广东、江西、福建的强过铝质-准铝质花岗岩（243～200Ma）（Wang et al.，2005，2007）。

侏罗纪以来，华南陆块经历了构造格局的重大调整、复杂的壳幔相互作用与巨量花岗质岩石的生成。自20世纪90年代以来，不少研究（Gilder et al.，1991，1996；Chung et al.，1997）表明，华南大花岗岩省所在区域晚中生代以来也同样存在分区性的岩石圈减薄事件，但比华北更为复杂（李廷栋，2006）。与华北不同的是，中生代时期在华南自西向东发育了上千千米宽的侏罗纪—白垩纪中酸性岩浆岩带，这些岩石的成因及壳幔相互作用自20世纪70年代以来即有广泛研究。较早的研究认为，它们的形成可能与太平洋板块的西向俯冲关系密切。但相较于其他汇聚板块边缘，由于华南中生代岩浆作用有着宽得多的活动范围，目前越来越多的研究者认为，除武夷山一线以东靠近华南大陆边缘的燕山期岩浆活动（K_1-K_2）具有陆缘弧岩浆性质，而可能与太平洋板块的西向俯冲有关（周新民，2007）外，华南内陆地区的燕山期岩浆活动可能受控于其他大陆动力学过程（Li et al.，2007）。

近年的研究表明，中侏罗世以来华南花岗质岩石主要形成于岩石圈伸展的构造背景，中侏罗世以来华南地区已发生大范围的岩石圈伸展作用并形成很具特色的盆岭系统（Gilder et al.，1996；李献华等，1997；Chen and Jahn，1998；Hong et al.，1998；Li，2000；范蔚茗等，2003；胡瑞忠等，2004；周新民等，2007；Li et al.，2007）。华南存在几条低 t_{DM} 和高 ε_{Nd} 花岗岩带，这种低 t_{DM} 和高 ε_{Nd} 带被认为是岩石圈伸展和壳幔之间强烈相互作用的证据（Gilder et al.，1996；Chen and Jahn，1998；Hong et al.，1998）。陆内岩石圈伸展-减薄造成的减压熔融和玄武质岩浆底侵引起的复杂壳幔相互作用，可能是华南燕山期大规模花岗质岩浆活动的主要机制（Zhou et al.，2006），这一动力学背景也响应于华南内部晚中生代一系列断陷盆地及星子、武功山、幕阜山等变质核杂岩的形成（Faure et al.，1996，1998；舒良树等，1998；Lin et al.，2000；Wang et al.，2001；胡瑞忠等，2004）。

研究表明，多阶段的岩石圈伸展-减薄、玄武质岩浆底侵和大规模花岗质岩浆活动，可能是华南内陆地区侏罗纪以来标志性的大陆动力学事件。这些标志性大陆动力学事件的启动机制，目前仍是地学界学术争鸣最为激烈的内容之一。例如，有的研究者认为华南腹地导致燕山期大规模花岗岩浆活动的伸展作用和玄武质岩浆底侵作用，是地壳拆沉作用的结果（Wang et al.，2005），亦有研究者把其归结为陆内伸展造山的结果（Zhou et al.，2006），也有研究者相信它们是陆内加厚地壳造山后垮塌所致（Wang et al.，2007），还有研究者认为它们是太平洋俯冲板片断离的产物（Li et al.，2007）。

胡瑞忠等（2015）研究表明，华南中生代的构造-岩浆驱动机制可能复杂多样，并非太平洋板块俯冲一种机制就能够解释的。他们提出了三种可能的机制：①燕山晚期（小于 145Ma）华南陆块东侧主要受太平洋板块俯冲影响，南盘江一带与特提斯关系更为密切；②燕山早期主要为伸展背景下软流圈上涌的陆内构造格局；③印支期则与特提斯多陆块相互作用有关（图 12.1）。

近些年来，对华南中生代花岗岩研究的另一个重要进展是强调壳幔相互作用与花岗岩成因的相互关系。通过对前人大量研究资料的总结发现，地幔物质和能量对侏罗纪—白垩纪花岗岩的成因发挥了重要作用，而对晚三叠世（也称印支期）花岗岩形成的贡献则较为有限。

中晚三叠世（印支期）是中国大地构造演化的重要转折阶段，此时，华南陆块与其西南缘的印支陆块和北缘的华北陆块碰撞拼合，碰撞开始时间为 258～243Ma（Carter et al.，2001；Zhou et al.，2006；Wang et al.，2007；Chen

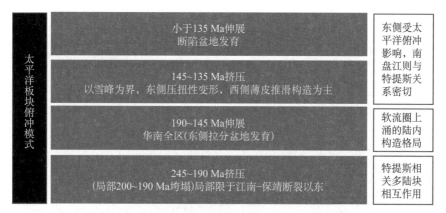

图 12.1　华南陆块中生代岩石圈演化阶段及动力学背景

资料来源：胡瑞忠等，2015

et al.，2008），其以挤压构造为主要背景，形成了一些以过铝质为主的 S 型花岗岩，成岩年龄的统计主要形成于 243～204Ma。总体而言，华南晚三叠世花岗岩主要起源于古老地壳沉积物质的部分熔融，地幔在物质上的贡献微乎其微，但幔源岩浆底侵作用可能为该期晚阶段花岗岩浆形成提供了必要的热源（Gao et al.，2016a，2016b）。

　　对于侏罗纪—白垩纪花岗岩而言，主要形成于两个阶段，分别是 170～150Ma 和 137～86Ma，也被称为燕山早期和燕山晚期。大多数学者认为该时期花岗岩的形成主要由地幔提供的热量诱发地壳物质发生熔融并产生壳幔混合岩浆，花岗岩中幔源组分参与的比例或大或小，壳幔相互作用非常强烈。总体而言，从燕山早期到晚期，幔源物质的贡献越来越大。就燕山早期花岗岩而言，朱金初等（2006）在华南地区划分出了一条典型的 A 型花岗岩带，位于钦杭结合带的中西段，这条花岗岩带一直被认为是燕山早期壳幔岩浆混合形成的代表性花岗岩。Li 等（2009）提出南岭地区的里松和佛冈花岗质岩体为幔源岩浆与变沉积岩的部分熔融产生的熔体发生不同程度的混合产物。总体上，幔源岩浆均为该期花岗岩的形成提供了必要的热源，而地幔组分参与花岗岩形成的比例非常有限，大多数花岗岩并没有显示有明显地幔物质加入。燕山晚期花岗质岩浆作用则主要集中于东南沿海地区，形成了一条长约 800km、宽 60～80km，沿 NE—NNE 方向延伸的花岗岩带（邱检生等，1999，2000，2008；Zhou et al.，2006；Chen et al.，2013；Zhao et al.，2015，2016），区内花岗岩组合的最主要特征是钙碱性 I 型花岗岩与碱性 A 型花岗岩常呈复合杂岩体产出，此外也可见少量中基性侵入体（辉长岩、辉长闪长岩等）与钙碱性 I 型花岗岩相伴产出。这些 I 型花岗岩普遍具偏高的 ε_{Nd}（t）值（-6.8~-1.5）（Li et al.，2014），同时，该类花岗岩中普遍发育各种暗色微粒闪长质包体，有时甚至呈包体群出现。许多研究者通过系统的锆石铪同位素研究，结合全岩锶-钕同位素提出该类型花岗岩形成于壳幔岩浆混合作用，并且与燕山早期花岗岩相比，其幔源组分明显增加（Griffin et al.，2002；邱检生等，2008；Li et al.，2012）。此外，浙闽沿海还存在大量的燕山晚期 A 型花岗岩。这些 A 型花岗岩与 I 型花岗岩在空间上密切共生，它们被大多数学者认为是壳幔岩浆混合作用形成的，但幔源组分的贡献大于同期的 I 型花岗岩（Martin et al.，1994；邱检生等，1999；Qiu et al.，2004；肖娥等，2007；Yang et al.，2012；Chen et al.，2013；Zhao et al.，2016）。

二、华南地区中生代大规模成矿

华南地区以中生代成矿大爆发著称于世。对该区大规模的矿产资源科学研究始于 20 世纪 70 年代并取得了重要的研究成果，包括建立了有重要影响的宁芜玢岩铁矿成矿模式、赣南钨矿矿化蚀变五层楼模式，划分了南岭地区的有色和稀有金属 5 个矿床成矿系列、6 个矿床成矿亚系列和 21 个矿床成矿模式（陈毓川等，1990），提出了长江中下游地区铜铁矿床两大成矿系列的概念（常印佛等，1991；翟裕生等，1992），以及超大型矿床与深部过程的耦合性、超大型矿床对矿床类型的选择性和超大型矿床的时空偏在性等重要认识（裴荣富等，1998；涂光炽等，2000；赵振华等，2003）。

除中生代外，华南其他时期也存在规模不等的陆壳再造事件，并伴随相应的成矿作用。例如，四堡期和晋宁-澄江期的铜、铁、锡、钨矿床（陈毓川等，1990；陈骏，2000），加里东期的铜、金、钨矿床（梁子豪等，1985；王秀璋，1992；吴健民和刘肇昌，1998），海西-印支期的铜、镍、铅-锌、铁、金、钛矿床（徐克勤等，1980；顾连兴，1987；沈苏，1988；徐珏等，2004）。但相应的研究工作还十分薄弱，有待加强。

华南地区中生代大规模成矿作用具有以下基本特征。

（1）该地区中生代成矿大爆发主要与当时广泛而强烈的花岗质岩浆活动有密切的成因关系（Hu and Zhou，2012；Mao et al.，2013）。华南地区钨-锡-铌-钽和铜-金-铅-锌等在岩浆演化过程的迁移富集机理研究取得了一些重要研究成果，初步明确了这些成矿元素的地球化学行为及在岩浆演化过程中的控制因素（Lee et al.，2012；Sun et al.，2013；Wang et al.，2013；李洁和黄小龙，2013；Li et al.，2015；Richards，2015；Dewaele et al.，2016）。

（2）主要存在两大系列不同金属元素组合的成矿作用，其中钨、锡、铌、钽、锂、铍与传统意义上的S型花岗岩联系较密切，而铜、铁、铅、锌、金、银与传统意义上的I型花岗岩相联系（中国科学院地球化学研究所，1979；莫柱荪等，1980；南京大学地质系，1981；Ye et al.，1998；华仁民等，2003）。

（3）成矿作用具有多阶段性（毛景文等，2004；华仁民等，2004；Hu and Zhou，2012；Mao et al.，2013），成矿作用大致发生在如下几个阶段：①三叠纪（230～210Ma），主要分布在南岭和武夷–云开成矿带，形成钨–锡等矿床（蔡明海，2006）；②中晚侏罗世（170～150Ma），发育于南岭地区及其邻区，主要为钨锡多金属矿床和铜钼金铅锌多金属矿床（毛景文等，2004；Peng et al.，2006；路远发等，2006；Hu et al.，2012；Huang et al.，2015；卢友月等，2015；Zhao et al.，2016）；③白垩纪（144～76Ma），该阶段矿化在华南地区的分布特点是面积广泛，矿床类型丰富，呈不连续的矿集区出现。主要有滇东南–桂西钨锡成矿区，成矿年龄比较集中，为89～76Ma（刘玉平等，2007；杨宗喜等，2008；程彦博等，2010）；东南沿海的斑岩–浅成低温型热液铜–金–银矿床和花岗岩有关的钨–锡成矿区，成矿年龄主要集中在110～90Ma（张德全等，2003；刘晓东和华仁民，2005；陈毓川等，2014）；长江中下游主要有与高钾钙碱性花岗岩类有关的斑岩–夕卡岩型铜铁金钼多金属矿床成矿区，主要形成年龄为144～130Ma。一些研究者详细论述了不同成矿阶段的背景与深部过程（胡瑞忠等，2007，2010；蒋少涌等，2008；毛景文等，2008a，2008b；Hu and Zhou，2012）。图12.2显示了华南中生代钨锡成矿表现为三个成矿高峰期，分别为230～200Ma、160～150Ma和100～85Ma。

（4）与花岗岩有密切成因关联的许多矿床成岩成矿时差很小，如锡钨多金属矿床，尽管成矿过程中不可避免地有大气降水的参与，但成矿初始流体与花岗岩浆的分异作用具有密切关系（中国科学院地球化学研究所，1979；南京大学地质系，1981；Mckee et al.，1987；Giuliani et al.，1988；Liu et al.，1999；Pan and Dong，1999；Yin et al.，2002；Zhang et al.，2003；Lu et al.，2003；华仁民等，2005）；但也有一些以花岗岩为容矿岩石的热液矿床，如花岗岩型铀矿床，成岩成矿时差较大，是后期其他成因的热液浸取出铀源岩石中的铀而成矿的（杜乐天和王玉明，1984；陈跃辉等，1998；李子颖和李秀珍，1999；胡瑞忠等，2004，2007；Hu et al.，2008；Luo et al.，2015）。

（5）壳幔相互作用对成矿，特别是大型、超大型矿床的形成，具有重要

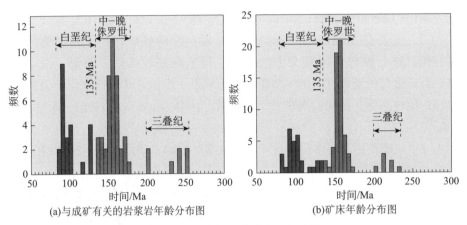

(a)与成矿有关的岩浆岩年龄分布图   (b)矿床年龄分布图

图 12.2　华南钨锡成矿的三个时期

资料来源: Mao et al., 2013

意义。近年来的研究发现，南岭地区广泛发育的与钨矿化有关的花岗岩，一直被认为是"地壳物质重熔"形成的 S 型花岗岩。这些花岗岩（钨矿成矿流体）中大量地幔氦的存在表明（图 12.3），原被认为是"地壳物质重熔"形成的 S 型花岗岩，实际上是壳幔相互作用的产物，至少地幔提供了"地壳物质重熔"所需的热源（Hu et al., 2012）。

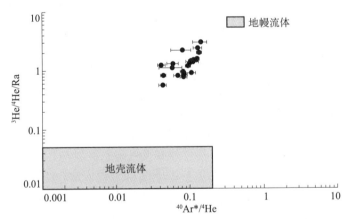

图 12.3　瑶岗仙钨矿床成矿流体的 $^3He/^4He$-$^{40}Ar*/^4He$ 图解

资料来源: Hu et al., 2012

第三节 陆壳再造与大花岗岩省成矿的研究展望

华南地区由于中生代构造体制的重大变革、强烈的壳幔相互作用，大范围的花岗岩浆活动和大规模的爆发式成矿作用，在全球背景中极具特色。以往研究已经基本明确了陆壳再造和大花岗岩省成矿的时空分布规律，初步明确了成矿元素在陆壳再造过程中地球化学行为的控制因素，强调了壳幔相互作用与陆壳再造的关系，提出了一些大花岗岩省形成的驱动机制，且有关华南地区中生代大规模成矿作用研究取得了很多重要的进展。尽管如此，目前关于华南大花岗岩省的形成机制还在激烈争鸣当中，华南地区中生代大规模成矿作用过程和成矿机理亦远未揭示，还有较多的重要科学问题亟待解决。

一、华南大花岗岩省形成的驱动机制

（1）华南中生代大花岗岩省形成的动力学机制。以往的研究存在很大的认识分歧，先后提出的模式主要有三种：①活动大陆边缘构造-岩浆作用模式（Charvet et al.，1994；Martin et al.，1994；Lan and Hudleston，1996；Lapierre et al.，1997；Zhou and Li，2000；Zhou et al.，2006；Li et al.，2007；Meng et al.，2012）。②阿尔卑斯型大陆碰撞模式（Hsü et al.，1988，1990）；③大陆拉张-裂解模式（Gilder et al.，1991，1996；Li，2000；Li et al.，2003）。目前一般认为华南大地构造上属于环太平洋成矿域（Zhou and Li，2000；Zhou et al.，2006；Li et al.，2007）。但是，对于太平洋板块俯冲与中国东部中生代岩浆事件和成矿的关系也存在不同的看法，如对俯冲作用控制华南花岗岩-火山岩形成的起始时间仍有分歧。Zhou 等（2006）认为从侏罗纪开始的古太平洋板块对欧亚大陆板块的低角度俯冲及消减作用，诱导了华南燕山期花岗岩-火山岩岩浆活动。Li 和 Li（2007）则认为太平洋板块向华南大陆的平板式俯冲起始于 265 Ma 前，并诱发了华南印支期花岗岩的形成，俯冲大洋板片的断裂拆离直接导致了大规模燕山早期板内岩浆活动。

中生代时期，华南地区处于两次大的构造转折事件（由挤压到拉张伸展构造的转换、由东西向的特堤斯构造域到北东向的太平洋构造域的转换）发生和发展的地球动力学背景。

今后对华南地区中生代大花岗岩省形成的动力学机制的研究，应该更加关注从全球构造尺度和东亚大陆岩石圈演化的尺度来开展研究，加强不同构造单元的区域对比研究。应更加强调地质学和地球物理学研究的结合，通过地学大断面和地震三维层析成像研究来揭示华南深部岩石圈三维结构。

（2）华南大花岗岩省形成过程中的壳幔相互作用。尽管大量研究表明，在华南大花岗岩省的形成过程中，壳幔相互作用具有不可或缺的重要作用，但与之相关的许多重要科学问题仍有待深入探究，如华南中生代壳幔相互作用过程中物质和能量传输的机制和效应，壳幔混合与陆壳增生的动力学过程，岩浆运移和定位的控制因素。幔源组分在花岗岩成岩过程中的重要性和普遍性已日益为人们所重视，它既为地壳物质熔融产生花岗质岩浆提供热能，同时也作为物质组分直接参与花岗岩的形成，如一般认为 I 型花岗岩可以是壳幔混源岩浆作用的产物，甚至一些 S 型花岗岩的成岩过程中也可以有幔源组分的参与（Clemens，2003）。尽管目前普遍认为华南许多花岗岩的形成存在明显地幔组分贡献，但对幔源组分参与花岗岩成岩的方式目前还存在不同认识，一种观点认为由幔源岩浆与其诱发地壳物质部分熔融形成的长英质岩浆在地壳深部混合，幔源岩浆直接参与花岗岩的形成（Castro，1991；Castro et al.，1995；Kemp et al.，2007；邱检生等，2008；Li et al.，2009；Zhu et al.，2009）；另一种观点则认为由幔源岩浆首先侵入地壳基底岩石中形成初生地壳（juvenile crust），然后在后期热事件的影响下，初生地壳物质再发生部分熔融，即通过二阶段的方式参与花岗岩的形成（Wu et al.，2006；Zheng et al.，2008；Li et al.，2012；Wang et al.，2013）。

目前对中生代参与花岗岩成岩的幔源组分的源区性质同样存在截然不同的观点。例如，Wang 等（2005）和 He 等（2010）根据对福建洋坊霓辉石正长岩和铁山黑榴石正长岩的锶-钕-铪同位素研究，认为华南印支期的陆下地幔为 EM II 型富集地幔，但湖南道县玄武岩中发现的印支期辉长岩捕虏体的同位素研究则表明，华南板块印支期陆下地幔具有亏损特征（Guo et al.，1997；Zhao et al.，1998；Dai et al.，2008）。福建沿海地区的白垩纪辉长质岩石通常富集轻稀土和大离子亲石元素，而亏损高场强元素（如铌、钽等），具有中等富集的锶-钕同位素特征，因而不少研究者也主张这些辉长质岩石应该起源于富集地幔源区的部分熔融（Xu et al.，1999；杨祝良等，1999；周金城和陈荣，2001；Zhao et al.，2004，2007；董传万等，2006），但众多花岗质岩石的锆石镥-铪同位素组成（Griffin et al.，2002；邱检生等，2008）及东南部沿海代表性玄武岩和辉长岩的铼-锇同位素资料（周金城等，2006）又指示晚中生代时期，东南沿海"大陆弧"下的地幔可能并不是富集的岩石圈地幔，而极可能为具有亏损特性的软流圈地幔。

今后对华南中生代大花岗岩省形成过程中的壳幔相互作用的研究，不但应进一步加强对花岗岩岩石自身的研究，而且应更加关注对与花岗岩同时期的基性岩脉和火山岩的研究，加强对花岗岩中基性暗色包体的研究。在方法学上，应更多地运用各类矿物（如锆石、磷灰石及造岩硅酸盐矿物）的微区原位微量元素和同位素的示踪研究。应进一步加强实验岩石学研究，揭示岩浆混合过程机理及岩浆形成和演化的控制因素和条件。

二、华南中生代大规模成矿作用机理

（1）环太平洋成矿域成矿差异性对比研究。一方面，与同属环太平洋成矿域的太平洋东岸相比，华南铜储量不到全球铜总储量的2%，而东岸约占全球铜总储量的60%；华南的钼也很少，而太平洋东岸钼储量约占全球钼总储量的50%。另一方面，全球50%以上的钨集中在华南地区，锡储量约占全球锡总储量的20%，相比之下太平洋东岸的钨、锡则很少。因此，通过与太平洋东岸科迪勒拉-安第斯山成岩成矿作用特征对比，揭示太平洋东西两岸成岩成矿作用的共性与差异性，弄清造成这种差异性的原因是揭示相关矿床成矿规律的切入点，将极大地推动矿床学研究的发展。

（2）岩石圈伸展构造与成矿关系研究。大量研究认为，华南大花岗岩省及其金属元素大规模堆积成矿主要发生在中生代陆内岩石圈伸展的构造环境下。但为什么陆内岩石圈伸展的构造环境对形成大花岗岩省及其成矿作用有利？为什么同为伸展环境的华北地块东部的岩浆作用与成矿，无论在规模上还是矿床密度上均与华南地块岩浆作用与成矿有很大的不同？因此，有必要进一步加强对华南陆内伸展构造的研究，开展华南岩石圈与华北岩石圈伸展构造的对比研究，深入探究岩石圈减薄与大规模岩浆成矿作用的关系。

（3）巨量岩浆-成矿作用差异性研究。华南大花岗岩省内中生代的大规模成矿具有明显的分区特点，南岭地区主要是钨、锡、铀、稀土、铌、钽、铍、铅锌、铜和钼的成矿，长江中下游地区主要是铜、铁、金、钼的成矿，造成这种成矿特征差异的原因尚有待深入研究。因此，有必要加强不同成矿带构造-岩浆-成矿作用的对比研究，关注不同基底物质对成矿的贡献，探究岩浆起源深度、岩浆物源、岩浆结晶分异程度、岩浆氧逸度等物理化学条件对不同类型矿床和不同金属成矿的制约。

（4）花岗岩的成矿专属性研究。一般认为，S型花岗岩与钨等元素成矿有关，I型花岗岩与铜铅锌等成矿元素有关。针对我国华南花岗岩成矿作用的研究，徐克勤等（1983）最早提出铜-铅-锌多金属成矿作用与同熔型花岗岩有关，而钨-锡-铀-铌-钽等金属成矿作用与改造型花岗岩有关。最近一些学者提出我国华南地区一些铜-金矿床与高氧化的埃达克质花岗岩有关（Wang et al.，2006，2014）。但华南地区近年来相继发现钨、铜等元素组合的矿床，如湖南铜山岭铜-铅-锌-钨-钼多金属矿床和赣北朱溪矿床、大湖塘钨-铜矿床，这给传统理论带来了挑战。因此，有关花岗岩的成矿专属性还需进一步探讨。

（5）壳幔相互作用-花岗岩浆活动-成矿作用的耦合机制研究。华南地区许多大型和超大型矿床的形成很可能与地幔流体作用有关，但相关研究还十分薄弱。例如，目前普遍认为柿竹园钨锡钼铋多金属超大型矿床成矿作用与千里山壳源花岗岩有着密切的关系。然而，已发现该地区广泛发育基性岩墙群，千里山花岗岩很可能是幔源岩浆底侵引起地壳物质的部分熔融而形成。那么幔源岩浆底侵过程中有没有提供成矿物质？它们对成矿的贡献有多大？这些均是悬而未决的问题。因此，有关花岗岩成矿过程中幔源物质和流体的贡献还需进一步探讨。

三、战略建议

针对华南中生代陆壳再造、大花岗岩省形成和大规模成矿作用这一科学主题，建议国家有关部门尽快设立"华南大陆再造与成矿"重大研究计划，尽快实施"华南陆内成矿系统的深部过程与物质响应""华南陆内成矿系统时空演化机理与成矿过程"等科技专项，从而促使我国科学家在这一研究领域走在国际前沿，引领国际学科发展，并服务于国家矿产资源重大需求。

参考文献

蔡明海，陈开旭，屈文俊，等 . 2006. 湘南荷花坪锡多金属矿床地质特征及辉钼矿 Re-Os 测年 . 矿床地质，25（3）：263-268.

常印佛，刘湘培，吴言昌 . 1991. 长江中下游铜铁成矿带 . 北京：地质出版社 .

陈骏，王汝成，周建平，等 . 2000. 锡的地球化学 . 南京：南京大学出版社 .

陈毓川，裴荣富，张宏良 . 1990. 南岭地区与中生代花岗岩类有关的有色及稀有金属矿床地质 . 地球学报，1：79-85.

陈毓川，王登红，徐志刚，等 . 2014. 华南区域成矿和中生代岩浆成矿规律概要 . 大地构造与成矿学，38（2）：219-229.

陈跃辉，陈肇博，陈祖伊，等.1998.华东南中新生代伸展构造与铀成矿作用.北京：原子能出版社.

程彦博，毛景文，陈小林，等.2010.滇东南薄竹山花岗岩的 LA-ICP-MS 锆石 U-Pb 定年及地质意义.吉林大学学报（地球科学版），40（4）：869-878.

董传万，张登荣，徐夕生，等.2006.福建晋江中−基性岩墙群的锆石 SHRIMP U-Pb 定年和岩石地球化学.岩石学报，22（6）：1696-1702.

杜乐天，王玉明.1984.华南花岗岩型、火山岩型、碳硅泥岩型、砂岩型铀矿成矿机理的统一性.放射性地质，3：1-10.

范蔚茗，王岳军，郭锋，等.2003.湘赣地区中生代镁铁质岩浆作用与岩石圈伸展.地学前缘，10（3）：159-169.

顾连兴.1987.江西乐华层状锰矿与脉状铅−锌矿的成因联系.地质论评，33（3）：267-274.

郭春丽，郑佳浩，楼法生，等.2012.华南印支期花岗岩类的岩石特征，成因类型及其构造动力学背景探讨.大地构造与成矿学，36（3）：457-472.

胡瑞忠，毕献武，苏文超，等.2004.华南白垩——第三纪地壳拉张与铀成矿的关系.地学前缘，11（1）：154-160.

胡瑞忠，毕献武，彭建堂，等.2007.华南地区中生代以来岩石圈伸展及其与铀成矿关系研究的若干问题.矿床地质，26（2）：139-152.

胡瑞忠，毛景文，范蔚茗，等.2010.华南陆块陆内成矿作用的一些科学问题.地学前缘，17（2）：13-26.

胡瑞忠，毛景文，华仁民，等.2015.华南陆块陆内成矿作用.北京：科学出版社.

华仁民，毛景文.1999.试论中国东部中生代成矿大爆发.矿床地质，18（4）：300-308.

华仁民，陈培荣，张文兰，等.2003.华南中新生代与花岗岩有关的成矿系统.中国科学（D 辑），33（4）：335-343.

华仁民，张文兰，陈培荣.2004.华南燕山期三次大规模成矿作用//第二届全国成矿理论与找矿方法学术研讨会论文集.贵阳：中国矿物岩石地球化学学会.

华仁民，陈培荣，张文兰，等.2005.南岭与中生代花岗岩类有关的成矿作用及其大地构造背景.高校地质学报，11（3）：291-304.

蒋少涌，赵葵东，姜耀辉，等.2008.十杭带湘南—桂北段中生代 A 型花岗岩带成岩成矿特征及成因讨论.高校地质学报，14（4）：496-509.

李洁，黄小龙.2013.江西雅山花岗岩岩浆演化及其 Ta-Nb 富集机制.岩石学报，29（12）：4311-4322.

李廷栋.2006.中国岩石圈构造单元.中国地质，33（4）：700-710.

李武显，周新民，李献华，等.2001.庐山"星子变质核杂岩"中伟晶岩锆石 U 伟晶岩年龄及其地质意义.地球科学，26（5）：491-495.

李献华, 胡瑞忠, 饶冰. 1997. 粤北白垩纪基性岩脉的年代学和地球化学. 地球化学, 26 (2): 14-31.

李子颖, 李秀珍. 1999. 试论华南中新生代地幔柱构造铀成矿作用及其找矿方向. 铀矿地质, 15 (1): 9-17.

梁子豪, 朱清涛, 韩梦合, 等. 1985. 浙江治岭头金-银矿床成矿条件的研究. 地质论评, 31 (4): 330-339.

刘晓东, 华仁民. 2005. 福建碧田金银铜矿床冰长石的 $^{40}Ar/^{39}Ar$ 年龄. 地质论评, 51 (2): 151-155.

刘玉平, 徐伟, 廖震, 等. 2007. 老君山变质核杂岩隆升的热历史解析与动力学机制探讨. 北京: 中国矿物岩石地球化学学会第 11 届学术年会.

卢友月, 付建明, 程顺波, 等. 2015. 湘南铜山岭铜多金属矿田成岩成矿作用年代学研究. 大地构造与成矿学, 39 (6): 1061-1071.

路远发, 马丽艳, 屈文俊, 等. 2006. 湖南宝山铜-钼多金属矿床成岩成矿的 U-Pb 和 Re-Os 同位素定年研究. 岩石学报, 22: (10): 2483-2492.

毛建仁, 厉子龙, 叶海敏. 2014. 华南中生代构造-岩浆活动研究: 现状与前景. 中国科学: 地球科学, 12: 2593-2617.

毛景文, 华仁民, 李晓波. 1999. 浅议大规模成矿作用与大型矿集区. 矿床地质, 18 (4): 291-299.

毛景文, 谢桂青, 李晓峰, 等. 2004. 华南地区中生代大规模成矿作用与岩石圈多阶段伸展. 地学前缘, 11 (1): 45-55.

毛景文, 谢桂青, 郭春丽, 等. 2008a. 南岭地区大规模钨锡多金属成矿作用: 成矿时限及地球动力学背景. 岩石学报, 23 (10): 2329-2338.

毛景文, 谢桂青, 郭春丽, 等. 2008b. 华南地区中生代主要金属矿床时空分布规律和成矿环境. 高校地质学报, 14 (4): 510-526.

莫柱苏, 叶伯丹, 潘维祖. 1980. 南岭花岗岩地质学. 北京: 地质出版社.

南京大学地质系. 1981. 华南不同时代花岗岩类及其与成矿关系. 北京: 科学出版社.

裴荣富, 熊群尧, 吴良士. 1998. 中国特大型金属矿床成矿偏在性与成矿构造聚敛（场）. 北京: 地质出版社.

彭建堂, 胡瑞忠, 袁顺达, 等. 2008. 湘南中生代花岗质岩石成岩成矿的时限. 地质论评, 54 (5): 617-625.

邱检生, 王德滋, Mcinnes B I A. 1999. 浙闽沿海地区 I 型-A 型复合花岗岩体的地球化学及成因. 岩石学报, 15: 78-87.

邱检生, 王德滋, 蟹泽聪史, 等. 2000. 福建沿海铝质 A 型花岗岩的地球化学及岩石成因. 地球化学, 29 (4): 313-321.

邱检生, 肖娥, 胡建, 等. 2008. 福建北东沿海高分异 I 型花岗岩的成因: 锆石 U-Pb 年代学、地球化学和 Nd-Hf 同位素制约.岩石学报，24（11）：14-30.

任纪舜，牛宝贵，刘志刚.1999.软碰撞、叠覆造山和多旋回缝合作用.地学前缘，3：85-93.

沈苏.1988.岩溶对攀西地区钒钛磁铁矿的控制作用（摘要）.中国岩溶，（S2）：72-73.

沈苏，金明霞，陆元法.1988.西昌-滇中地区主要矿产成矿规律及找矿方向.重庆：重庆出版社.

舒良树，孙岩，王德滋.1998.华南武功山中生代伸展构造.中国科学 D 辑，5：431-438.

涂光炽，等.2000.中国超大型矿床（Ⅰ）.北京：科学出版社.

王强，赵振华，简平，等.2005.华南腹地白垩纪 A 型花岗岩类或碱性侵入岩年代学及其对华南晚中生代构造演化的制约.岩石学报，21（3）：795-808.

王秀璋，程景平，张宝贵，等.1992.中国改造型金矿床地球化学.北京：科学出版社.

吴健民，刘肇昌.1998.扬子台西缘海相火山岩建造及其控矿特征.矿床地质，17（4）：321-329.

肖娥，邱检生，徐夕生，等.2007.浙江瑶坑碱性花岗岩体的年代学、地球化学及其成因与构造指示意义.岩石学报，23（6）：1431-1440.

徐珏，陈毓川，王登红，等.2004.中国大陆科学钻探主孔 100～2000 米超高压变质岩中的钛矿化.岩石学报，20（1）：119-126.

徐克勤，朱金初，任启江.1980.论中国东南部几个断裂拗陷带中某些铁铜矿床的成因问题//国际交流地质学术论文集（2）.北京：地质出版社.

徐克勤，胡受奚，孙明志，等.1983.论花岗岩的成因系列——以华南中生代花岗岩为例.地质学报，（2）:107-118.

杨祝良，沈渭洲，陶奎元，等.1999.浙闽沿海早白垩世玄武岩锶、钕、铅同位素特征——古老富集型地幔的证据.地质科学，1：59-68.

杨宗喜，毛景文，陈懋弘，等.2008.云南个旧卡房矽卡岩型铜（锡）矿 Re-Os 年龄及其地质意义.岩石学报，24（8）：1937-1944.

翟裕生，姚书振，林新多，等.1992.长江中下游地区铁，铜等成矿规律研究.矿床地质，11（1）：1-12.

张德全，丰成友，李大新，等.2003.福建碧田矿床冰长石的 $^{40}Ar/^{39}Ar$ 年龄及其地质意义.矿床地质，22（4）：360-364.

张国伟，孟庆任，于在平，等.1996.秦岭造山带的造山过程及其动力学特征.中国科学 D 辑：地球科学，26（3）：193-200.

赵振华，涂光炽，等.2003.中国超大型矿床（Ⅱ）.北京：科学出版社.

中国科学院地球化学研究所.1979.华南花岗岩类的地球化学.北京：科学出版社.

周金城，陈荣.2001.闽东南晚中生代壳幔作用地球化学.地球化学，30（6）：547-558.

周金城，蒋少涌，王孝磊，等.2006.东南沿海晚中生代镁铁质岩的 Re-Os 同位素组成.岩石学报，22（2）：407-413.

周新民．2007. 南岭地区晚中生代花岗岩成因与岩石圈动力学演化. 北京：科学出版社．

朱金初，张佩华，谢才富，等．2006. 南岭西段花山-姑婆山 A 型花岗质杂岩带：岩石学，地球化学和岩石成因. 地质学报，80（4）：529-542.

Carter A，Roques D，Bristow C. 2001. Understanding Mesozoic accretion in southeast Asia：Significance of Triassic thermotectonism（Indosinian orogen）in Vietnam. Geology，29：211-214.

Castro A. 1991. H-type（hybrid）granitoids：A proposed revision of the granite-type classification and nomenclature. Earth Science Reviews，31：237-253.

Castro A，de la Rosa J D，Fernández C，et al. 1995. Unstable flow，magma mixing and magma-rock deformation in a deep-seated conduit：The Gil-Márquez Complex，south-west Spain. Geologische Rundschau，84：350-374.

Charvet J，Lapierre H，Yu Y W.1994.Geodynamic significance of the Mesozoic volcanism of southeastern China. Journal of Southeast Asian Earth Sciences，9：387-396.

Chen C H，Jahn B M，Lee T，et al. 1990. Sm-Nd isotopic geochemistry of sediments from Taiwan and implications for the tectonic evolution of southeast China. Chemical Geology，88：317-332.

Chen C H，Lee C Y，Shinjo R. 2008. Was there Jurassic paleo-Pacific subduction in South China?：Constraintsfrom ^{40}Ar/^{39}Ar dating，elemental and Sr-Nd-Pb isotopic geochemistry of the Mesozoic basalts. Lithos，106：83-92.

Chen J F，Jahn B. 1998. Crustal evolution of southeastern China：Nd and Sr isotopic evidence. Tectonophysics，284（1-2）：101-133.

Chen J Y，Yang J H，Zhang J H，et al. 2013. Petrogenesis of the Cretaceous Zhangzhou batholith in southeastern China：Zircon U-Pb age and Sr-Nd-Hf-O isotopic evidence. Lithos，162-163：140-156.

Chung S L，Cheng H，Jahn B M. 1997. Major and trace element，and Sr-Nd isotope constraints on the origin of Paleogene volcanism in South China prior to the South China Sea opening. Lithos，40（2-4）：203-220.

Clemens J D. 2003. S-type granitic magmas—petrogenetic issues，models and evidence. Earth-Science Reviews，61（1-2）：1-18.

Dai B Z，Jiang S Y，Jiang Y H，et al. 2008. Geochronology，geochemistry and Hf-Sr-Nd isotopic compositions of Huziyan mafic xenoliths，southern Hunan Province，South China：Petrogenesis and implications for lower crust evolution. Lithos，102：65-87.

Dewaele S，Hulsbosch N，Cryns Y，et al. 2016. Geological setting and timing of the world-class Sn，Nb-Ta and Li mineralization of Manono-Kitotolo（Katanga，Democratic Republic of Congo）. Ore Geology Reviews，72（Part 1）：373-390.

Faure M, Sun Y, Shu L, et al. 1996. Extensional tectonics within a subduction-type orogen : The case study of the Wugongshan dome (Jiangxi Province, southeastern China) . Tectonophysics, 263 (1-4) : 77-106.

Faure M, Lin W, Sun Y, et al. 1998. Doming in the southern foreland of the Dabieshan (Yangtse block, China) . Terra Nova, 10 (6) : 307-311.

Gao P, Zhao Z F, Zheng Y, et al. 2016a. Magma mixing in granite petrogenesis : Insights from biotite inclusions in quartz and feldspar of Mesozoic granites from South China. Journal of Asian Earth Sciences, 123 : 142-161.

Gao P, Zheng Y, Zhao Z. 2016b. Distinction between S-type and peraluminous I-type granites : Zircon versus whole-rock geochemistry. Lithos, 258-259 : 77-91.

Gilder S A, Keller G R, Luo M, et al. 1991. Eastern Asia and the Western Pacific timing and spatial distribution of rifting in China. Tectonophysics, 197 : 225-243.

Gilder S A, Gill J, Coe R S, et al. 1996. Isotopic and paleomagnetic constraints on the Mesozoic tectonic evolution of south China. Journal of Geophysical Research, 101 (B7) : 16137-16154.

Giuliani G, Li Y D, Sheng T F. 1988. Fluid inclusion study of Xihuashan tungsten deposit in the southern Jiangxi province, China. Mineralium Deposita, 23 (1) : 24-33.

Griffin W L, Wang X, Jackson S E, et al. 2002. Zircon chemistry and magma mixing, SE China : In-situ analysis of Hf isotopes, Tonglu and Pingtan igneous complexes. Lithos, 61 : 237-269.

Guo F, Fan W M, Lin G, et al. 1997. Sm-Nd isotopic age and genesis of gabbro xenoliths in Daoxian County, Hunan Province. Chinese Science Bulletin, 42 : 1814-1817.

He Z Y, Xu X S, Niu Y L. 2010. Petrogenesis and tectonic significance of a Mesozoic granite-syenite-gabbro association from inland South China. Lithos, 119 : 621-641.

Hong D W, Xie X L, Zhang J S. 1998. Isotope geochemistry of granitoids in South China and their metallogeny. Resource Geology, 48 (4) : 251-263.

Hsü K J, Sun S, Li J L, et al. 1988. Mesozoic overthrust tectonics in south China. Geology, 16 : 418-421.

Hsü K J, Li J L, Chen H H, et al. 1990. Tectonics of South China : Key to understanding West Pacific geology. Tectonophysics, 183 : 9-39.

Hu R Z, Zhou M F. 2012. Multiple Mesozoic mineralization events in South China-an introduction to the thematic issue. Mineralium Deposita, 47 : 579-588.

Hu R Z, Bi X W, Zhou M F, et al. 2008. Uranium metallogenesis in South China and its relationship to crustal extension during the Cretaceous to Tertiary. Economic Geology, 1033 : 583-598.

Hu R Z, Bi X W, Jiang G H, et al. 2012. Mantle-derived noble gases in ore-forming fluids of the granite-related Yaogangxian tungsten deposit, Southeastern China. Mineralium Deposita, 47 (6): 623-632.

Huang J C, Peng J T, Yang J H, et al. 2015. Precise zircon U-Pb and molybdenite Re-Os dating of the Shuikoushan granodiorite-related Pb-Zn mineralization, southern Hunan, South China. Ore Geology Reviews, 71: 305-317.

Huang X L, Yu Y, Li J, et al. 2013. Geochronology and petrogenesis of the early Paleozoic Ⅰ-type granite in the Taishan area, South China: Middle-lower crustal melting during orogenic collapse. Lithos, 177: 268-284.

Kemp A, Hawkesworth C J, Foster G L, et al. 2007. Magmatic and crustal differentiation history of granitic rocks from Hf-O isotopes in zircon. Science, 315 (5814): 980-983.

Lan L, Hudleston P. 1996. Rock rheology and sharpness of folds in single layers. Journal of Structural Geology, 18: 925-931.

Lapierre H, Jahn B M, Charvet J, et al. 1997. Mesozoic felsic arc magmatism and continental olivine tholeiites in Zhejiang Province and their relationship with the tectonic activity in southeastern China. Tectonophysics, 274: 321-338.

Lee C T A, Luffi P, Chin E J, et al. 2012. Copper systematics in arc magmas and implications for crust-mantle differentiation. Science, 336: 64-68.

Li J, Huang X L, He P L, et al.2015. In situ analyses of micas in the Yashan granite, South China: Constraints on magmatic and hydrothermal evolutions of W and Ta-Nb bearing granites. Ore Geology Reviews, 65 (4): 793-810.

Li S G, Jagoutz E, Chen Y Z, et al. 2000. Sm-Nd and Rb-Sr isotopic chronology and cooling history of ultrahigh pressure metamorphic rocks and their country rocks at Shuanghe in the Dabie Mountains, Central China. Geochimica et Cosmochimica Acta, 64 (6): 1077-1093.

Li X H, 2000. Cretaceous magmatism and lithospheric extension in Southeast China. Journal of Asian Earth Sciences, 18: 293-305.

Li X H, Chen Z G, Liu D Y, et al. 2003. Jurassic gabbro-granite-syenite suites from southern Jiangxi Province, SE China: Age, origin, and tectonic significance. International Geology Review, 45: 898-921.

Li X H, Li Z X, Li W X, et al. 2007. U-Pb zircon, geochemical and Sr-Nd-Hf isotopic constraints on age and origin of Jurassic I-and A-type granites from central Guangdong, SE China: A major igneous event in response to foundering of a subducted flat-slab?. Lithos, 96 (1-2): 186-204.

Li X H, Li W X, Wang X C, et al. 2009. Role of mantle-derived magma in genesis of early Yanshanian granites in the Nanling Range, South China: In situ zircon Hf-O isotopic constraints. Science in China Series D : Earth Sciences, 52 : 1262-1278.

Li Z X, Li X H.2007. Formation of the 1300-km-wide intracontinental orogen and postorogenicmagmatic province in Mesozoic South China : A flat-slab subduction model. Geology, 35 : 179-182.

Li Z, Qiu J S, Xu X S. 2012. Geochronological, geochemical and Sr-Nd-Hf isotopic constraints on petrogenesis of Late Mesozoic gabbro-granite complexes on the southeast coast of Fujian, South China : Insights into a depleted mantle source region and crust-mantle interactions. Geological Magazine, 149 (3): 459-482.

Li Z, Qiu J S, Yang X M. 2014. A review of the geochronology and geochemistry of Late Yanshanian (Cretaceous) plutons along the Fujian coastal area of southeastern China : Implications for magma evolution related to slab break-offand rollback in the Cretaceous. Earth-Science Reviews, 128 : 232-248.

Lin W, Faure M, Monié P, et al. 2000. Tectonics of SE China : New insights from the Lushan massif (Jiangxi Province). Tectonics, 19 (5): 852-871.

Liu C S, Ling H F, Xiong X L, et al. 1999. An F-rich, Sn-bearing volcanic-intrusive complex in Yanbei, South China. Economic Geology, 94 (3): 325-342.

Lu H Z, Liu Y, Wang C, et al. 2003. Mineralization and fluid inclusion study of the Shizhuyuan W-Sn-Bi-Mo-F skarn deposit, Hunan Province, China. Economic Geology, 98 (5): 955-974.

Luo J C, Hu R Z, Fayek M, et al. 2015. In-situ SIMS uraninite U-Pb dating and genesis of the Xianshi granite-hosted uranium deposit, South China. Ore Geology Reviews, 65 : 968-978.

Mao J W, Zhou Z H, Wu G, et al. 2013. Metallogenic regularity and minerogenetic series of ore deposits in Inner Mongolia and adjacent areas. Mineral Deposits, 32 (4): 715-729.

Martin H, Bonin B, Capdevila R, et al.1994. The Kuiqiperalkaline granitic complex (SE China): Petrology and geochemistry. Journal of Petrology, 35 : 983-1015.

McKee E H, Rytuba J J, Xu K. 1987. Geochronology of the Xihuashan composite granitic body and tungsten mineralization, Jiangxi Province, South China. Economic Geology, 82 (1): 218-223.

Meng L F, Li Z X, Chen H L, et al. 2012. Geochronological and geochemical results from Mesozoic basalts in southern South China Block support the flat-slab subduction model. Lithos, 132-133 : 127-140.

Pan Y, Dong P. 1999. The Lower Changjiang (Yangzi/Yangtze River) metallogenic belt, east central China : Intrusion-and wall rock-hosted Cu-Fe-Au, Mo, Zn, Pb, Ag deposits. Ore Geology Reviews, 15 (4): 177-242.

Peng J T, Zhou M F, Hu R Z, et al. 2006. Precise molybdenite Re-Os and mica Ar-Ar dating of the Mesozoic Yaogangxian tungsten deposit, central Nanling district, South China.

Mineralium Deposita, 41 : 661-669.

Qiu J S, Wang D Z, Mclnnes B I A, et al. 2004. Two subgroupsof A-type granites in the coastal area of Zhejiang and Fujian Provinces, SE China : Age and geochemical constraints on their petrogenesis. Transactions of the Royal Society of Edinburgh : Earth Sciences, 95 : 227-236.

Richards J P. 2015. The oxidation state, and sulfur and Cu contents of arc magmas : Implications for metallogeny. Lithos, 233 : 27-45.

Sun W D, Yang X Y, Fan W M, et al. 2012. Mesozoic large scale magmatism and mineralization in South China : Preface. Lithos, 150 : 1-5.

Sun W D, Liang H Y, Ling M X, et al. 2013. The link between reduced porphyry copper deposits and oxidized magmas. Geochimica et Cosmochimica Acta, 103 : 263-275.

Wang D Z, Shu L S, Faure M, et al. 2001. Mesozoic magmatism and granitic dome in the Wugongshan Massif, Jiangxi province and their genetical relationship to the tectonic events in southeast China. Tectonophysics, 339 (3): 259-277.

Wang F, Liu S A, Li S, et al. 2014. Zircon U-Pb ages, Hf-O isotopes and trace elements of Mesozoic high Sr/Y porphyries from Ningzhen, eastern China : Constraints on their petrogenesis, tectonic implications and Cu mineralization. Lithos, 200 : 299-316.

Wang Q, Zhao Z H, Jian P, et al. 2005. Geochronology of Cretaceous, A-type granitoids or alkaline intrusive rocks in the hinterland, South China : Constraints for late-Mesozoic tectonic evolution. Acta Petrologica Sinica, 21 (3): 795-808.

Wang Q, Xu J F, Jian P, et al. 2006. Petrogenesis of adakitic porphyries in an extensional tectonic setting, Dexing, South China : Implications for the genesis of porphyry copper mineralization. Journal of Petrology, 47 : 119-144.

Wang Y J, Fan W M, Zhao G C, et al. 2007. Zircon U-Pb geochronology of gneissic rocks in the Yunkai massif and its implications on the Caledonian event in the South China Block. Gondwana Research, 12 (4): 404-416.

Wang Y J, Fan W M, Zhang G W, et al. 2013. Phanerozoic tectonics of the South China Block : Key observations and contro-versies. Gondwana Research, 23 : 1273-1305.

Wu R X, Zheng Y F, Wu Y B, et al. 2006. Reworking of juvenile crust : Element and isotope evidence from Neoproterozoic granodiorite in South China. Precambrian Research, 146 : 179-212.

Xu X S, Dong C W, Li W X, et al. 1999. Late Mesozoic intrusive complexes in the coastal area of Fujian, SE China : Thesignificance of the gabbro-diorite-granite association. Lithos, 46 : 299-315.

Yang S Y, Jiang S Y, Zhao K D, et al. 2012. Geochronology, geochemistry and tectonic significance of two Early Cretaceous A-type granites in the Gan-Hang Belt, Southeast China. Lithos, 150 : 155-170.

Ye Y, Shimazaki H, Shimizu M, et al. 1998. Tectono-magmatic evolution and metallogenesis along the Northeast Jiangxi Deep Fault, China. Resource Geology, 48（1）: 43-50.

Yin J, Kim S J, Lee H K, et al. 2002. K-Ar ages of plutonism and mineralization at the Shizhuyuan W-Sn-Bi-Mo deposit, Hunan Province, China. Journal of Asian Earth Sciences, 20（2）: 151-155.

Zhang W H, Zhang D H, Liu M. 2003. Study on ore-forming fliuds and the ore-forming mechanisms of the Yinshan Cu-Pb-Zn-Au-Ag deposits Jiangxi province. Acta Geologica Sinica, 19（2）: 242-250.

Zhao J H, Hu R Z, Liu S. 2004. Geochemistry, petrogenesis, and tectonic significance of Mesozoicmafic dikes, Fujian Province, southeastern China. International Geology Review, 46 : 542-557.

Zhao J H, Hu R Z, Zhou M F, et al. 2007. Elemental and Sr-Nd-Pb isotopic geochemistry of Mesozoic mafic intrusions in southern Fujian Province, SE China : Implications for lithospheric mantleevolution. Geological Magazine, 144 : 937-952.

Zhao P, Yuan S, Mao J, et al. 2016. Geochronological and petrogeochemical constraints on the skarn deposits in Tongshanling ore district, southern Hunan Province : Implications for Jurassic Cu and W metallogenic events in South China. Ore Geology Reviews, 7 : 120-137.

Zhao Z F, Gao P, Zheng Y F, 2015. The source of Mesozoic granitoids in South China : Integrated geochemical constraints from the Taoshan batholith in the Nanling Range. Chemical Geology, 395 : 11-26.

Zhao Z H, Bao Z W, Zhang B Y. 1998. Geochemistry of the Mesozoic basaltic rocks in southern Hunan Province. Science in China Series D : Earth Sciences, 41（suppl.）: 102-112.

Zheng Y F, Wu R X, Wu Y B, et al. 2008. Rift melting ofjuvenile arc-derived crust : Geochemical evidence from Neoproterozoic volcanicand granitic rocks in the Jiangnan Orogen, South China. Precambrian Research, 163 : 351-383.

Zhou X M, Li W X. 2000. Origin of Late Mesozoic igneous rocks in Southeastern China : Implications for lithosphere subduction and underplating of mafic magmas. Tectonophysics, 326（3）: 269-287.

Zhou X M, Sun T, Shen W Z, et al. 2006. Petrogenesis of Mesozoic granitoids and volcanic rocks in South China : A response to tectonic evolution. Episodes, 29（1）: 26-33.

Zhu J, Wang R, Zhang P, et al. 2009. Zircon U-Pb geochronological framework of Qitianling granite batholith, middle part of Nanling Range, South China. Science in China Series D : Earth Sciences, 52（9）: 1279-1294.

第十三章
中亚型造山与成矿作用

第一节 引 言

矿产资源的形成、演化、分布不仅与成岩作用和大地构造格局关系密切。而且某些矿床只产于特定的大地构造背景下，不同的大地构造发展阶段，可形成不同的岩石组合及相伴的矿床类型（Meyer，1981；Wang and Qin，1989；Sawkins，1990；Ishihara，1998）。因此，查明一个地区的大地构造背景对于找矿勘查的部署具有指导作用（裴荣富和吴良士，1994；Qin and Ishihara，1998）。更重要的是，成矿系统的演化与大地构造的演化密不可分。矿床的形成-改造（变质、再成矿）-改变（位置）-演化-消亡等的研究和重建也正是大地构造环境、大陆地壳演化与成矿研究内容的一部分，对这方面的研究也可为某些矿床的预测提供客观的科学依据。

我国学者早就注意到中国大陆具有小陆块、多缝合带、软碰撞、多旋回缝合的特点，中国大陆围绕华北克拉通、扬子地台和塔里木地台，依次向外增生（Wang and Qin，1989；许靖华等，1998；Zhai and Santosh，2011），并受到古亚洲、特提斯、环太平洋三大动力学体系的作用（许靖华等，1998；任纪舜等，1999；王鸿祯等，2006）。微、小陆块的软碰撞和多旋回缝合及由此而产生的多旋回复合造山带和多旋回构造岩浆成矿作用是其非常重要的特征。古亚洲洋沿南天山-索伦山-西拉木伦河缝合线闭合（Gao et al., 1998, 2009；高俊等, 2006；Xiao et al., 2003, 2004a, 2004b；Li, 2001），天山-兴蒙造山带拼贴到塔里木地台和华北克拉通，与西伯利亚板块和哈萨克斯坦板块焊接；原、古、新特提斯洋在显生宙沿秦岭-祁连-昆仑、羌塘-双湖、雅鲁藏布江缝合线依次向欧亚大陆拼贴（姜春发等, 2000；Ding et al., 2003；Li and Li, 2007；吴福元等, 2008；Pan et al., 2012）。中国东部太平洋俯冲影响所波及的活动大陆边缘及太平洋构造域对中亚造山带的干涉与叠加、北方造山带（中亚造山带）增生改造、复合造山过程中的壳幔作用与大规模成矿机理，是国际造山带与成矿作用的重大科学问题和研究前沿。

我国及周边造山带十分发育，北方大陆以中亚造山带发育为显著特点。迫切需要对中国北方大陆形成演化特点（西段复杂俯冲增生造山与东段三大构造体制复合造山演化）及其对金属矿产矿种类型、时空分布制约有一个明晰的认识，以提高找矿选区的科学性与成功率。从地球演化角度，即从地壳及上地幔的运动与壳幔过程、陆块与造山带组成格局、陆壳增生、陆块拼贴、造山带演化、地壳成熟度角度来研究成矿作用及其战略选区，这是当代地球科学与矿产勘查学的研究热点与主要方向。

造山带研究的发展推动了区域成矿学与成矿预测学的快速发展。基于中亚造山带研究揭示了成矿作用的多样性、复杂性和独特性，提出"中亚成矿域"的概念（涂光炽, 1999）；同时，认识到大陆内部广泛存在改造型成矿作用（Tu, 1995），建立起中亚造山带构造演化阶段与矿床组合的内在联系（秦克章, 2000；Qin et al., 2003, 2005），提出了古大陆边缘有利于多类成矿系统发育（翟裕生等, 2002），将大陆地区的矿床划分出多种成矿系列（陈毓川等, 2006）。由上可见，造山带样式与金属组合、大型矿集区与大型矿床形成机制和分布规律是造山带成矿学研究的核心问题。对其进行深入研究，将提高对中国大陆主要成矿带成矿环境与成矿前提的认识，将有力推动找矿的重大突破。

本章基于对中亚型造山带构造演化、小陆块与造山带组成格局和多块体拼合造山、地幔柱对造山带的叠置的系统分析总结，试图阐明中国北方造山带成矿特色与其内在联系，从增生造山带与复合造山带演化的宏观视角来研究中国北方造山带的成矿特色、成矿物质时空分布规律，分析中国北方造山带成矿存在问题，从而探寻其未来研究方向。

第二节 中亚型造山与古生代大规模成矿

中亚造山带（成矿域）是全球规模最大的增生型造山带和显生宙大陆地壳生长最显著的地区（肖序常等，1992；李继亮等，1999；Sengör and Natal'in，1996；Gao et al.，1998，2009；Xiao et al.，2004a，2004b，2009；Xu et al.，2013；Wang et al.，2015）。多块体-小洋盆复杂格局的演变包含了比环太平洋型造山更复杂的侧向增生过程，多块体拼合后的地壳垂向增生也比阿尔卑斯-喜马拉雅型造山更为显著。中亚成矿域既发育增生造山阶段的弧环境相关矿床（蛇绿岩型铬铁矿、斑岩铜矿、火山成因块状硫化物型），也发育与碰撞造山（造山型金矿、石棉、滑石、白云母）和后碰撞陆内岩石圈伸展相关的大陆环境矿床（岩浆铜镍矿、斑岩钼矿、热液金矿、砂岩铀矿等）（秦克章等，1999b；Wang et al.，1999；秦克章，2000；Qin et al.，2002，2003，2011）。

中亚地区以古生代多陆块拼合造山、中新生代陆内造山与山盆体系构成独特的地质构造格局。中亚型造山带具有多块体、多缝合带镶嵌、山盆耦合的大地构造格局，地壳经历了古生代地块拼合增生过程和中新生代陆内造山过程；陆块规模小于现代大陆板块，陆间洋盆小于现代大洋；多期蛇绿岩、高压变质岩、富碱花岗岩带的发现，指示地壳增生过程复杂多样；地壳经历了多旋回的造山和增生；中亚大型、超大型矿床总体上表现出网格状（矿结）分布特征和聚矿带的菱形镶嵌状展布规律。相比之下，环太平洋与特提斯成矿域则更具有"线性"特征；中亚古生代碰撞造山与成矿作用具有多岛海特征。

中亚造山带东段——大兴安岭地区，还产有我国最古老的斑岩铜矿——奥陶纪多宝山-铜山（Zeng et al.，2014）和中硫型浅成低温金矿——争光金矿（宋国学等，2015），由于早中生代蒙古-鄂霍茨克洋俯冲-闭合（Wang et al.，2015）和晚中生代伊始古太平洋俯冲的影响，得尔布干地区表现为印支期、燕山早期、燕山晚期多期岩浆活动和成矿作用集中发育（秦克章等，1990；Qin，1997；陈志广等，2010），古老矿床普遍遭受后期改造甚至错断如铜山铜矿（庞绪勇等，2016），该区地壳成熟度高，产有我国第一大、世界第三大钼矿——岔路口斑岩钼矿床（Li et al.，2014）。

一、中亚成矿域多块体拼合造山过程与大陆地壳生长机制

古亚洲洋最终闭合，以及塔里木地块与中亚增生造山带南缘拼贴事件发生的时间一直存在争议，也成为制约认识中亚成矿域西段大陆地壳生长机制

和大规模成矿地球动力学背景的一个最重要科学问题。通过对北疆阿尔泰、准噶尔、天山造山带的构造变形、蛇绿岩、高压-超高压变质岩、花岗岩等多学科的综合解剖，精确限定古亚洲洋西段最终闭合和塔里木-伊犁地块之间的碰撞发生晚石炭世末期（高俊等，2006；Qian et al.，2009；Lin et al.，2009；Xu et al.，2013b，2015），进一步确认中亚增生造山以多岛洋格局为特征，大陆地壳生长通过双向增生实现，强烈壳幔作用过程中形成了一系列大型、超大型矿床。

中亚造山带的显生宙大规模地壳生长可以用这两阶段模型解释（图13.1）（Gao et al.，2009），早期洋陆俯冲阶段岛弧物质的侧向添加、晚期后碰撞幔源物质垂向底垫，大陆地壳生长伴随着多类型的壳幔强烈相互作用和巨量流体活动，从而诱发金属成矿元素的超常富集，形成大型、超大型矿床。

二、北疆主要金属矿床系八大构造阶段的产物

秦克章（2000）、Qin等（2003，2005）按照板块构造观点并结合最新的系统同位素年代学资料，将北疆古生代金属矿床（兼顾某些构造环境指向明确的非金属矿床如石棉、滑石等）划分为八大构造阶段组合。

（1）稳定古陆环境中的前寒武纪矿床——沉积铁、铜-镍、锰、磷矿床。

（2）裂谷发育期（初始拉张期）矿床——铁、锰、磷矿床。

（3）洋壳（小洋盆）扩张阶段矿床——蛇绿岩套铬矿床。

（4）板块汇聚边缘早期阶段挤压陆缘环境矿床——斑岩铜-金矿床。

（5）板块汇聚边缘晚期过渡壳扩张阶段矿床——火山成因块状硫化物型铜-铅-锌矿床。

（6）碰撞造山期矿床——造山型金、石棉、云母矿、岩浆铜-镍矿床。

（7）造山期后伸展构造阶段矿床——岩浆铜-镍矿床、金、斑岩钼矿。

（8）盆山耦合阶段沉积成矿——砂岩铀矿、钾盐等。

新疆北部100余个已知矿床系统的同位素年代学研究，揭示出海西期（400～250Ma）是新疆北部有色金属和贵金属成矿高峰期（秦克章，2000；Qin et al.，2002，2005）。整个北疆地区陆相环境中金、铜-镍、锡、银等矿床主要就位于晚古生代末碰撞造山挤压-伸展转变期，与大规模的块体旋转、压剪、走滑拉张及陆内俯冲造山、地幔柱叠置等独特的现象有成因联系。铜矿主要集中于中泥盆世、石炭纪，铜镍矿于早二叠世爆发成矿。金矿跨越时限为泥盆纪—早三叠世。其中早石炭世，主要为火山岩浅成低温型金矿床，晚石炭

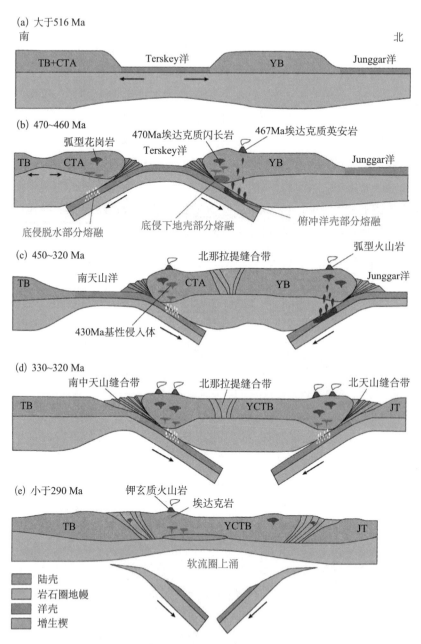

图 13.1　古亚洲洋两阶段增生造山演化模式

资料来源：改自 Gao et al.，2009；Long et al.，2011

TB. 塔里木板块；CTA. 中天山弧；YB. 伊犁板块；JT. 准噶尔地块；YCTB. 伊犁-中天山板块

世—早二叠世以形成韧性剪切破碎带型金矿为特征，两者共同的特点均产出于俯冲带的边缘带近陆一侧（岛弧带-弧后盆地交接部位）。这表明海西期构造、岩浆、成矿作用对中亚造山带-北疆-北山-南蒙古地区具有普遍及重要的意义。

三、矿床时空分布记录所反映的构造环境及其演化

成矿带和区域矿化组合与时空分布样式可用来反演大地构造环境及其演化程度（Meyer，1981；秦克章，1993；裴荣富和吴良士，1994）。晚志留世—早泥盆世、晚泥盆世、晚石炭世—早二叠世是北疆三个主要聚合阶段。成矿高潮期与低潮期交相出现，分别与北疆古生代的三次扩张-聚合相对应（秦克章，2000；Qin et al.，2005）。第一期（震旦纪—奥陶纪）主洋盆扩张，保存下来的矿床不多；第二期（早-中泥盆世）裂解-弧后扩张阶段，是新疆主要成矿阶段之一，已有迹象的岛弧具有洋壳或过渡壳不成熟岛弧的特点；第三期（早石炭世—早二叠世）弧后盆地阶段拉张规模有限，相应的矿床较小。而此时岛弧上则形成了大型斑岩铜矿，且显示出陆缘成熟弧的特点。

三期挤压聚合，第一期（晚志留世—早泥盆世）形成与俯冲和对接相伴随的刚玉、红柱石、石棉等变质矿产组合；第二期（晚泥盆世）仅形成白云母、稀有金属等矿产；第三期（晚石炭世—二叠纪）碰撞造山最强烈，随后发生造山后伸展走滑，广泛的岩浆侵入活动，产生富有新疆特色的复合岩浆弧带，形成富有新疆特色的金、铜、镍、钒、钛、铁和锂、铍、铌、钽、云母、宝石等矿床，伟晶岩稀有金属成矿可一直延续到早侏罗世（Zhou et al.，2015）。

四、西准噶尔成矿带与哈萨克斯坦成矿带的对比与链接

哈萨克斯坦产出以科翁腊德超大型斑岩铜矿代表的一系列大型、超大型矿床。我国准噶尔与这些重要的成矿带比邻。它们在我国境内如何延伸，对指导准噶尔一带的矿产勘查具有重要意义。

新疆西准噶尔由古生代火山弧和增生楔组成，是哈萨克斯坦造山带的东延部分，发育近东西向扎尔玛-萨吾尔和波谢库尔-成吉斯火山弧。东哈萨克斯坦火山弧向东延入新疆的具体位置存在争议。近年来针对新疆及邻区斑岩铜矿床和成矿带开展了一系列国际合作对比研究（李光明等，2008；Shen et al.，2013；Li et al.，2016）。Shen 等（2012，2013，2015）研究指出，在西准噶尔北部和东哈萨克斯坦，古生代洋壳连续向南俯冲形成了两个平行的火山弧（北部，波谢库尔-成吉斯早古生代成矿带；南部，扎尔玛-萨吾尔火

山弧晚古生代成矿带），西准噶尔北部古生代金属成矿作用与这两个火山弧不断向南俯冲增生有关。新疆西准噶尔谢米斯台-沙尔布提成矿带是哈萨克斯坦波谢库尔-成吉斯成矿带的东延部分，构成波谢库尔-成吉斯-谢米斯台-沙尔布提早古生代斑岩型和火山成因块状硫化物型铜金多金属成矿带；新疆西准噶尔南部巴尔鲁克-克拉玛依成矿带是哈萨克斯坦北巴尔喀什成矿带的东延部分，构成北巴尔喀什-巴尔鲁克-克拉玛依晚古生代岩浆弧，形成了晚古生代斑岩型-云英岩型 Cu-Mo-W-Au 成矿带。从而明确地回答了巴尔喀什巨型斑岩铜矿带可延至中国新疆，对跨境成矿带的对比及中国境内超大型斑岩铜矿的寻找具有重要意义。

哈萨克斯坦的巴尔喀什斑岩铜矿带，产有百万吨级斑岩铜矿十余处，其中科翁拉德斑岩铜矿、阿克斗卡斑岩铜矿铜储量达千万吨级，产于长期增生的成熟弧环境（Li et al., 2016；Cao et al., 2014，2016）。哈萨克斯坦一侧古生代斑岩铜矿成矿则表现为多期、多矿种、长期演化且大规模产出的特点（李光明等，2008），似乎更具有平坦俯冲的特征。但新疆境内至今尚未发现一处百万吨级以上的较大规模斑岩铜矿床。从中哈萨克斯坦地质演化中不难看出，沿南东方向地质历史逐渐变年轻，同时中哈萨克斯坦北西部被证实存在古老的前寒武纪结晶基底（Kröner et al., 2008），这表明古亚洲洋可能长期向前寒武纪结晶基底下俯冲，而古老基底的存在（Wang et al., 2014a，2014b；Xu et al., 2013b，2015）更有利于形成平坦俯冲（曹明坚等，2011）。因此，古亚洲洋东西两段构造分区、地质演化、洋壳俯冲增生样式的差别及其对成矿控制的精细研究与分段解剖亟待加强。

第三节　中亚造山带南缘岩浆铜镍硫化物矿床成矿特点与成因争议

全球大型、超大型岩浆铜镍硫化物矿床多产出于稳定克拉通的内部（Zhang et al., 2006；Song et al., 2008；Zhou et al., 2008）。长期以来，国外主要关注产出在稳定克拉通地区而且成岩成矿时代较老的镁铁-超镁铁岩体及其中赋存的硫化物铜镍矿床，国内以金川元古宙矿床为代表。而中亚成矿域近年来也发现了一系列大型造山带型岩浆铜镍硫化物矿床（秦克章等，2002，2012），其构造背景迥异。中亚造山带以蕴含有特提斯和环太平洋两个成矿域所没有的铜镍硫化物矿床为鲜明特色,其成矿环境与成矿机理一定有其特别之处。其成矿作用特征、成矿机制及与壳幔作用的关系都是亟待探索的前沿科学问题。已有研究(陈汉林等,1997;Yang et al.,2007;Li et al.,2011;Xu et al.,2014)厘定了塔里木大火成岩省为早二叠世地幔柱产物。近十年来对东天山和北山,以及准噶尔盆地北缘的 20 多处代表性的镁铁-超镁铁岩体和铜镍矿床进行了系统的野外调查和岩相学、年代学、全岩锶-钕、锆石铪-氧同位素及铂族元素地球化学研究工作,取得了一系列新进展。

不同于稳定地台中的金川式铜镍矿,东天山造山带铜镍矿带和喀拉通克岩体群均显示出钙碱系列而非拉斑系列的演化趋势,它们形成于碰撞期后陆壳伸展期,且含矿岩体以规模小、多阶段侵入、岩相分带清楚、成群成带出现为特点。

岛弧拉斑-钙碱性玄武岩浆镍的丰度要比大陆板内拉斑玄武岩低得多,相反,铜的丰度则要高。因此,造山带型铜镍矿床则以高的铜/镍值为特征,如香山矿区,铜/镍值近乎 1,而在喀拉通克铜镍矿区,铜/镍值则大于 1,这在全球铜镍矿床中均属少见。

准噶尔盆地北缘-东天山-北山铜镍矿床具有如下基本特点:①与韧性剪切带或深大断裂相伴,具有跨构造单元特征;②成岩成矿期集中在286~279Ma;③小岩体成大矿,岩体面积多为 0.03~10km^2;④含水矿物(角闪石、金云母)发育;⑤北疆早二叠世含铜镍镁铁-超镁铁岩全岩稀土元素较低,分布曲线平坦,铕具正异常,东天山-北山及喀拉通克的晚古生代地幔具有锶-钕-铅同位素略显富集的亏损特征,亏损高场强元素锆、铪、铌、钽,富集 LILE/HSFE 和洋壳流体交代的特征,表明该区的地幔受到了俯冲板片的改造(Qin et al.,2011;Tang et al.,2011;Su et al.,2011,2012;姜常义等,2009;钱壮志等,2009;Song et al.,2009;Zhang et al.,2011);⑥ Co含量高(大于 400ppm),多达工业品位;⑦东天山-北山铂族元素偏低(小于等于 0.4 ppm)(唐冬梅等,2010),喀拉通克略高(钱壮志等,2009);⑧(钒)钛磁铁矿与铜镍矿共生。

近年来多方面的研究确认东天山-北山的镁铁-超镁铁侵入与塔里木盆地广泛出露的二叠纪溢流玄武岩、辉长岩脉一道构成一个大火成岩省,提出东天山-北山早二叠世镁铁质-超镁铁岩与铜-镍矿形成环境为地幔柱对造山带的叠置(Qin et al.,2011;Su et al.,2011,2013,2014);厘定该区含铜镍镁铁-超镁铁岩的时代集中于 285~276Ma,且与塔里木大火成岩省同期。原始岩浆均为高镁玄武岩浆,俯冲流体交代明显(Tang et al.,2011,2013;Su et al., 2012；Mao et al., 2014，2016；Xue et al., 2016）。位于中心部位的北山岩体多出现橄长岩，为更高温干体系（1300～1400℃）；北山地区熔融程度高，可能系地幔柱的头部（图13.2）。同时揭示了地壳混染在东天山岩浆铜镍硫化物矿床中的作用（Tang et al., 2012；Mao et al., 2016）。证实源区不同程度的俯冲流体加入，降低了熔点，使北疆地区岩体源区部分熔融程度增高，从而形成富含铜-镍等成矿元素的母岩浆，有利于形成岩浆铜镍硫化物矿床。

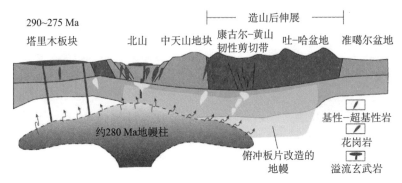

图13.2　塔里木早二叠世地幔柱对中亚造山带叠置成岩成矿模型

资料来源：改自 Qin et al., 2011；Su et al., 2011

该地幔柱与造山带叠置背景下的东疆岩浆铜镍矿床成矿作用模型，极大地拓展了东天山-北山乃至整个北疆铜镍矿床和钒钛磁铁矿床的找矿空间。

中亚造山带是世界上最大的显生宙增生型造山带，其增生方式不仅有侧向增生，也有明显的垂向增生。垂向增生的表现形式主要为大量的幔源岩浆活动，对幔源岩浆活动的时空分布、成分特征及其变化规律的研究是认识中亚造山带增生演化过程的重要手段，也是了解在造山带演化过程中地幔源区成分变化的重要窗口。造山带是岩石圈剧烈构造变动、物质与结构重新组建的强烈变形带，是俯冲增生、板块碰撞和壳幔相互作用最为强烈和复杂的地带，造山过程造就了众多大型、超大型矿床和矿集区。东天山地区和北山地区与幔源岩浆有关的晚古生代镁铁-超镁铁岩体颇为发育，且已构成我国继金川铜镍矿床之后最重要的铜镍矿产基地，也已成为研究该区垂向增生过程和地幔源区性质的重要解剖对象。在我国特别是北方造山带基性-超基性岩型铜-镍矿，小岩体成大矿和深部熔离与贯入成因是普遍的成矿现象，典型实例还有喀拉通克铜-镍矿和红旗岭铜-镍矿等。因此，小岩体成大矿和深部熔离成矿现象是普遍的，其成矿机制与评价准则也是具有普遍意义的科学问题。

近年来甘肃、内蒙古中部和青海昆仑山在空白区也相继发现新的铜镍矿床，以产于造山带、小岩体成矿为鲜明特色，其成因存在碰撞造山后伸展、增生弧和地幔柱等不同认识，其成矿机理及巨大的成矿潜力尚待揭开。

第四节　中亚造山带东段复合造山与复合成矿

一、中亚造山带东段成矿特色

古生代阶段，北部古亚洲大陆逐步形成。早古生代成矿作用主要为古亚洲洋早古生代岛弧富金斑岩铜矿（多宝山-铜山-争光-白乃庙）。

晚古生代成矿作用空间上推移到阿尔泰造山带、天山造山带、准噶尔周缘和内蒙古-大兴安岭造山带，与古板块构造、大陆地壳拗陷和岩浆作用有关，既有海底火山喷发与海底热泉活动，又有镁铁质-超镁铁质（塔里木大火成岩省）和花岗质岩浆作用，主要形成火山岩块状硫化物型、沉积岩块状硫化物型、铜镍型、钒钛磁铁矿型和斑岩型铜矿（王之田等，1994；秦克章等，1999a，1999b，2017）。

中、新生代阶段，在滨太平洋构造域形成和发展阶段，大型矿床明显与典型板块构造和地台活化引起的中酸性火山-岩浆杂岩带有关，主要有斑岩型、夕卡岩型、浅成低温热液型，有时出现两个至三个类型的复合。成矿作用集中在额尔古纳地块、大兴安岭、张广才岭，成矿主要为燕山期，次为印支期。其中，早-中生代成矿作用主要集中在德尔布干地区和兴安北段，与蒙古-鄂霍茨克洋的闭合相伴（Qin et al.，1995；陈志广等，2010；Wang et al.，2015）。

二、中亚造山带东段复合造山与燕山期陆壳改造成矿特色

中亚造山带东段俯冲增生斑岩铜-金矿与陆壳再造银-铅-锌-钼-锡矿床共存，造就了独具特色的复合成矿省。中亚造山带东段中生代主要表现为受蒙古-鄂霍茨克洋和古太平洋俯冲及复合改造所形成的复合造山带和活动陆缘（崔盛芹和李锦蓉，1983；董树文等，2008），它主要发生于侏罗纪、白垩纪，并在不同地区伴随有岩浆活动、火山喷发、褶皱及断裂、断陷盆地的形成及成矿作用等。既生成了众多的具有中生代特色的银-铅-锌、钨-锡-钼等矿床，又因其构造-岩浆活动的强烈而对古老变质基底中的矿床（或矿源层）进行改造（Song et al.，2014；Zhang et al.，2014）。适度的改造可使原

有的成矿组分活化转移，参加到燕山期岩浆热液成矿作用中，为形成新的金矿、铅-锌矿等做出贡献。由于燕山运动是在地质历史晚期才出现的，它不可避免地要给早期形成的沉积物、岩浆岩、地层、矿床等带来影响和留下烙印。中国地壳活动性较强，多旋回演化引起的成矿继承性、多种类型共存和多成因复合成矿现象明显（Wang and Qin，1989；王之田和秦克章，1991；Tu，1995；秦克章等，1999a，1999b；翟裕生等，2000）。21世纪以来内蒙古-大兴安岭超过秦岭跃为全球第一大钼矿省（Zeng et al.，2013，2015）。斑岩钼矿床分别产于俯冲、碰撞、转换、伸展多种构造环境。锶-钕-铅、铪分析揭示斑岩型钼矿成矿斑岩多来源：既可来自俯冲带沉积物的卷入，如安第斯（Ishihara and Qin，2014）、西藏努日（Chen et al.，2012，2015）、古老下地壳熔融，以及内蒙古车户沟、西藏沙让（Wan et al.，2009；Zhao et al.，2014），也可来源于新生地壳的熔融，如黑龙江岔路口（Li et al.，2014）。北方造山带东段成为世界最大钼矿省的关键因素：含有多个小陆块的复合造山带、高度演化的成熟陆壳晚中生代爆发成矿、古亚洲洋、蒙古-鄂霍茨克洋、古太平洋的多次构造叠加、高分异演化岩浆、多期斑岩套合成矿，以及上述有利因素的最佳配置。

古亚洲成矿域则以盛产块状硫化物铜铅锌矿、斑岩铜矿和穆龙套型金矿、地幔柱叠置造山带环境下岩浆铜镍硫化物、富碱侵入岩型矿床为特色。铜、金、银、铬、镍、铂族金属、稀有金属和可地浸型砂岩铀矿等是中亚成矿域的优势矿种。中亚地区以古生代多陆块拼合造山、中新生代陆内造山与山盆体系构成独特的地质构造格局。中亚成矿域既发育增生造山阶段的弧环境相关矿床（蛇绿岩型铬铁矿、斑岩铜矿、火山成因块状硫化物型），也发育与碰撞造山（造山型金矿、石棉、滑石、白云母）相关及二叠纪地幔柱对造山带叠置环境下的岩浆铜镍钴矿床和后碰撞陆内岩石圈伸展相关的大陆环境矿床（斑岩钼矿、热液金矿、伟晶岩稀有金属矿、砂岩铀矿、盆地钾盐）。北疆古生代主要矿床类型及其组合与构造地质环境和东南亚新生代多岛海成矿作用具相似性（秦克章等，1999b）。东南亚俯冲更强烈，岛弧斑岩铜-金矿规模巨大，北疆山-盆系碰撞期及碰撞期后演化更充分，相对应的矿床也更发育，如韧性剪切带金矿、超基性岩铜-镍矿、穆龙套（Murutau）式金矿、伟晶岩矿床等。由于二叠纪塔里木地幔柱对造山带的叠置（Qin et al.，2011；Su et al.，2011，2013），中亚造山带还产出一系列铜镍硫化物矿床。

第五节　前沿科学问题展望

中亚造山带西段阿尔泰-天山增生造山带、东段蒙古-鄂霍茨克洋和古太平洋复合造山带等关键的地质构造单元和成矿区带，为开展大陆演化、造山带特色成矿与当代矿产资源的研究提供了天然的实验室。中国大陆小陆块增生造山成矿、复合造山成矿还存在诸多未解之谜，有待立足于中国大陆不同性质的造山带矿床时空分布基本事实与成矿特色，从全球对比及国际科学前沿，从国家需求与地球系统科学整体发展来深入梳理关键科学问题，提炼多块体拼合造山、地壳演化与成矿学科前沿的重大科学问题和前沿问题，值得注意的若干问题与趋势，体现在板块构造登陆与碰撞造山成矿、三大构造体制复合造山与复合成矿问题、岩石圈深部过程、壳幔作用与成矿、中国北方大陆的形成过程与特色成矿、重要成矿带、矿集区控矿因素的最佳配置、矿田尺度大型成矿系统深浅部结构、特色成矿系统和成矿过程的精细刻画等方面。

中亚造山带西段小陆块拼贴造山、东段复合造山与特色成矿中的前沿科学问题主要如下。

（1）造山带演化阶段与矿床类型组合的时空耦合关系。

（2）古弧盆体系的鉴别及其中火山成因块状硫化物-斑岩-浅成低温矿床的保存条件。

（3）巨型造山带对比与跨国成矿带链接问题（巴尔喀什、南蒙古大矿是否能过国界），造山带与主要成矿区带的宏观地质格架不清、地质演化历史不明、与成矿有关的深部作用，以及对浅部的控制作用不清是制约我们认识中亚造山带矿产资源潜力的关键科学问题。

（4）北方东段复合造山带中古亚洲洋、蒙古-鄂霍茨克洋及古太平洋构造体制各自端元的物质组成与鉴别标志。

（5）北方东段复合造山带三大构造域复合造山过程。

（6）复合造山带壳幔作用、陆壳成熟度演进与金属省的耦合关系。

（7）中亚造山带东段复合造山带的叠合成矿作用。

（8）平坦俯冲的识别与长期活动成熟弧的圈定，将优化超大型斑岩铜矿的选区。

（9）幔壳循环、基底性质（地壳-地幔，洋壳-陆壳，古老陆壳-新生地壳）对金属组合的控制。

（10）构造环境与成矿的关系：俯冲作用对岩石圈地幔的改造，以及其后的造山后伸展／地幔柱对时间上和空间上的主导作用。

（11）塔里木早二叠世地幔柱在中亚造山带的影响范围与空间结构，包括：①多期镁铁-超镁铁岩体的识别／演化问题；②单一造山后伸展和地幔柱岩浆产物的鉴别。

（12）俯冲增生造山与陆壳再造成矿作用对比。

（13）东北大花岗岩省、大火山岩省地壳成熟度与世界级银铅锌钼矿省的形成。

（14）世界第一钼矿省（内蒙古-大兴安岭）为何产在我国东北部。

（15）矿产分布的不均匀性：元素超常富集与超大型矿床的成因。

（16）重要成矿带和大型矿集区（阿尔泰、东-西准噶尔、天山、南蒙古、大兴安岭、张广才岭、吉黑地区等）的深部结构与成矿制约。

（17）如何把造山带不同构造单元区域成矿模式的研究和区域找矿模型的建立结合起来。

（18）主要矿床类型与大型成矿系统的综合辨识体系和预测标志的建立与完善，实现从二维预测全面拓展到三维定量成矿预测。

参考文献

曹明坚，秦克章，李继亮 . 2011. 平坦俯冲及其成矿效应的研究进展、实例分析与展望 . 岩石学报，27（12）：3727-3748.

陈汉林，杨树锋，董传万，等 . 1997. 塔里木盆地二叠纪基性岩带的确定及大地构造意义 . 地球化学，26（6）：77-87.

陈衍景 . 2013. 大陆碰撞成矿理论的创建及应用 . 岩石学报，29（1）：1-17.

陈毓川，裴荣富，王登红 . 2006. 三论矿床的成矿系列问题 . 地质学报，（10）:1501-1508.

陈志广，张连昌，卢百志，等 . 2010. 内蒙古太平川铜钼矿成矿斑岩时代、地球化学及地质意义 . 岩石学报，26（5）：1437-1449.

程裕淇，沈永和，张良臣，等 . 1995. 中国大陆的地质构造演化 . 中国区域地质，（4），289-294.

崔盛芹，李锦蓉 . 1983. 试论中国滨太平洋带的印支运动 . 地质学报，57（1）：51-62.

董树文，张岳桥，陈宣华，等 . 2008. 晚侏罗世东亚多向汇聚构造体系的形成与变形特征 . 地球学报，29（3）：306-317.

高俊，龙灵利，钱青，等 . 2006. 南天山：晚古生代还是三叠纪碰撞造山带？岩石学报，

22（5）：1049-1061.

黄汲清，任纪舜，姜春发，等.1977.中国大地构造基本轮廓.地质学报，51（2）：117-135.

姜常义，夏明哲，钱壮志，等.2009.新疆喀拉通克镁铁质岩体群的岩石成因研究.岩石学报，25（4）：749-764.

姜春发，王宗起，李锦轶，等.2000.中央造山带开合构造.北京：地质出版社.

李春昱，王荃，刘雪亚，等.1982.亚洲大地构造图（1：800万）及说明书.北京：地质出版社.

李光明，秦克章，李金祥.2008.哈萨克斯坦环巴尔喀什斑岩铜矿地质与成矿背景研究.岩石学报，24（12）：2679-2700.

李继亮，孙枢，郝杰等.1999.论碰撞造山带的分类.地质科学，34（2）：129-138.

刘光鼎.2013.中国金属矿的地质与地球物理勘查.北京：科学出版社.

庞绪勇.2016.中亚造山带东段铜山断裂变形特征与早古生代铜山斑岩铜矿蚀变带-矿体复原//2016中国地球科学联合学术年会论文集（七）——专题15：中央造山系构造演化、专题16：华南大陆构造、专题17：中亚造山带与成矿.北京：中国地球物理学会.

庞绪勇，秦克章，王乐，等.2017.黑龙江铜山断裂的变形特征及铜山铜矿床蚀变带-矿体重建.岩石学报，33（2）：398-414.

裴荣富，吴良士.1994.金属成矿省演化与成矿.地学前缘，1（3-4）：95-99.

钱壮志，孙涛，汤中立，等.2009.东天山黄山东铜镍矿床铂族元素地球化学特征及其意义.地质论评，55（6）：873-884.

秦克章.1993.试论大型-超大型铜矿床的主要控制因素.地学探索，（8）：39-45.

秦克章.2000.新疆北部中亚型造山与成矿作用.北京：中国科学院地质与地球物理研究所博士学位论文.

秦克章，王之田，潘龙驹.1990.满洲里-新巴尔虎右旗铜、钼、铅、锌、银带成矿条件与斑岩体含矿性评价标志.地质论评，36（6）：479-488.

秦克章，孙枢，陈海泓，等.1999a.新疆北部金属矿床时空分布格局——古生代多岛海型碰撞造山带的标志//陈海泓，侯林泉，肖文交.中国碰撞造山带研究.北京：海洋出版社.

秦克章，汪东波，王之田，等.1999b.中国东部铜矿床类型、成矿环境、成矿集中区与成矿系统.矿床地质，（4）：359-371.

秦克章，方同辉，王书来，等.2002.东天山板块构造分区、演化与成矿地质背景研究.新疆地质，（4）：302-308.

秦克章，唐冬梅，苏本勋，等.2012.北疆二叠纪镁铁-超镁铁岩铜、镍矿床的构造背景、岩体类型、基本特征、相对剥蚀程度、含矿性评价标志及成矿潜力分析.西北地质，45（4）：83-116.

秦克章，翟明国，李光明，等.2017.中国陆壳演化、多块体拼合造山与特色成矿的关系.岩石学报，33（2）：305-325.

任纪舜，王作勋，陈炳蔚，等. 1999. 从全球看中国大地构造——中国及邻区大地构造图简要说明. 北京：地质出版社.

宋国学，秦克章，王乐，等. 2015. 黑龙江多宝山矿田争光金矿床类型、U-Pb 年代学及古火山机构. 岩石学报，31（8）：2402-2416.

唐冬梅，秦克章，肖庆华，等. 2010. 天宇铜镍矿床铂族元素和 Re-Os 同位素特征对成矿作用的指示. 矿床地质，29（S1）：509-510.

涂光炽. 1999. 初议中亚成矿域. 地质科学，34（4）：397-404.

王鸿祯，何国琦，张世红. 2006. 中国与蒙古之地质. 地学前缘，13（6）：1-13.

王之田，秦克章. 1991. 中国大型铜矿床类型、成矿环境与成矿集中区的潜力. 矿床地质，10（2）：119-130.

王之田，秦克章，张守林. 1994. 大型铜矿地质与找矿. 北京：冶金工业出版社.

吴福元，徐义刚，高山，等. 2008. 华北岩石圈减薄与克拉通破坏研究的主要学术争论. 岩石学报，24（6）：1145-1174.

肖序常，汤耀庆，冯益民，等. 1992. 新疆北部及其邻区大地构造. 北京：地质出版社.

许靖华，孙枢，王清晨，等. 1998. 中国大地构造相图（1∶4 000 000）. 北京：科学出版社.

翟明国. 2010. 华北克拉通的形成演化与成矿作用. 矿床地质，29（1）：24-36.

翟明国. 2016. 矿产资源形成之谜与需求挑战. 北京：科学出版社.

翟裕生，邓军，彭润民. 2000. 矿床变化与保存的研究内容和研究方法. 地球科学，（4）：340-345.

翟裕生，邓军，汤中立，等. 2002. 古陆缘成矿系统. 北京：地质出版社.

朱训. 1999. 中国矿情第二卷（金属矿产）. 北京：科学出版社.

Cao M J, Qin K Z, Li G M, et al. 2014. Baogutu: An example of reduced porphyry Cu deposit in western Junggar. Ore geology Reviews, 56: 159-180.

Cao M J, Li GM, Qin KZ, et al. 2016. Assessing the magmatic affinity and petrogenesis of granitoids at the giant aktogai porphyry Cu deposit, central kazakhstan. American Journal of Science, 316（7）: 614-668.

Chen L, Qin K Z, Li J X, et al. 2012. Fluid inclusions and hydrogen, oxygen, sulfur isotopes of Nuri Cu-W-Mo deposit in the southern Gangdese, Tibet. Resource Geology, 62（1）: 42-62.

Chen L, Qin K Z, Li M, et al. 2015. Zircon U-Pb ages, geochemistry, and Sr-Nd-Pb-Hf isotopes of the Nuri intrusive rocks in the Gangdese area, southern Tibet: Constraints on timing, petrogenesis, and tectonic transformation. Lithos, 212-21: 379-396.

Ding L, Kapp P, Zhong D L, et al. 2003. Cenozoic volcanism in Tibet: Evidence for a transition from oceanic to continental subduction. Journal of Petrology, 44（10）: 1833-1865.

Gao J, Li M S, Xiao X C, et al. 1998. Paleozoic tectonic evolution of the Tianshan Orogen, northwestern China. Tectonophysics, 287（1-4）: 213-231.

Gao J, Long L L, Klemd R, et al. 2009. Tectonic evolution of the South Tianshan Orogen and adjacent regions, NW China: Geochemical and age constraints of granitoid rocks. International Journal of Earth Sciences, 98: 1221.

Hu A Q, Rogers G. 1992. Discovery of 3.3 Ga Archaean rocks in north Tarim block of Xinjiang, western China. Chinese Science Bulletin, 37（18）: 1546-1549.

Ishihara S. 1998. Granitoid series and mineralization in the Circum-Pacific Phanerozoic granitic belts. Resource Geology, 48（4）: 219-224.

Ishihara S, Qin K Z. 2014. Some pertinent features of mo-mineralized granitoids in the circum-pacific region. Resource Geology, 64（4）: 367-378.

Jahn B. 2004. The Central Asian Orogenic Belt and growth of the continental crust in the Phanerozoic. Geological Society, London, Special Publications, 226（1）: 73-100.

Kerrich R, Goldfarb R, Groves D, et al. 2000. The geodynamics of world-class gold deposits: Characteristics, space-time distribution, and origins // Hagemann S G, Brown P E. Gold in 2000. Reviews in Economic Geology, 13: 501-551.

Kröner A, Hegner E, Lehmann B, et al. 2008. Palaeozoic arc magmatism in the Central Asian Orogenic Belt of Kazakhstan: SHRIMP zircon ages and whole-rock Nd isotopic systematics. Journal of Asian Earth Sciences, 32（2/4）: 118-130.

Li G M, Qin K Z, Li J X. 2008. Geological features and tectonic setting of porphyry copper deposits rounding the Balkhash region, central Kazakhstan, central Asia. Acta Petrologica Sinica, 24（12）: 2679-2700.

Li G M, Cao M J, Qin K Z, et al. 2016. Petrogenesis of ore-forming and pre/post-ore granitoids from the Kounrad, Borly and Sayak porphyry/skarn Cu deposits, Central Kazakhstan. Gondwana Research, 37: 408-425.

Li J L, Sun S, Hao J, et al. 1999. On the classification of collision orogenic belts. Scientia Geologica Sinica, 34（2）: 129-138.

Li J Y .2001. Continental amalgamation and evolution in northeast China and its neighboring areas during the Paleozoic and Mesozoic. Gondwana Research, 4（4）: 681-682.

Li Z L, Chen H L, Song B, et al. 2011. Temporal evolution of the Permian large igneous province in Tarim Basin in Northwestern China. Journal of Asian Earth Sciences, 42（5）: 917-927.

Li Z X, Li X H. 2007. Formation of the 1300-km-wide intracontinental orogen and postorogenic magmatic province in Mesozoic South China: A flat-slab subduction model. Geology, 35（2）: 179-182.

Li Z Z, Qin K Z, Li G M, et al. 2014. Formation of the giant Chalukou porphyry Mo deposit in northern Great Xing'an Range, NE China : Partial melting of the juvenile lower crust in intra-plate extensional environment. Lithos, 202 : 138-156.

Lin W, Faure M, Shi Y H, et al. 2009. Palaeozoic tectonics of the south-western Chinese Tianshan : New insights from a structural study of the high-pressure/low-temperature metamorphic belt. International Journal of Earth Sciences, 98 (6): 1259-1274.

Long L L, Gao J, Klemd R, et al. 2011. Geochemical and geochronological studies of granitoid rocks from the Western Tianshan Orogen : Implications for continental growth in the southwestern Central Asian Orogenic Belt. Lithos, 126 (3/4): 321-340.

Mao J W, Pirajno F, Xiang J F, et al. 2011. Mesozoic molybdenum deposits in the east Qinling-Dabie orogenic belt : Characteristics and tectonic settings. Ore Geology Reviews, 43 (1): 264-293.

Mao Y J, Qin K Z, Li C S, et al. 2014. Petrogenesis and ore genesis of the Permian Huangshanxi sulfide ore-bearing mafic-ultramafic intrusion in the Central Asian Orogenic Belt, western China. Lithos, 200-201 : 111-125.

Mao Y J, Qin K Z, Tang D M, et al. 2016. Crustal contamination and sulfide immiscibility history of the Permian Huangshannan magmatic Ni-Cu sulfide deposit, East Tianshan, NW China. Journal of Asian Earth Sciences, 129 : 22-37.

Meyer C. 1981. Ore-forming processes in geologic history. Economic Geology, 75 : 6-41.

Pan G T, Wang L Q, Li R S, et al. 2012. Tectonic evolution of the Qinghai-Tibet plateau. Journal of Asian Earth Sciences, 53 : 3-14.

Pei R F, Wu L S. 1994. On the evolution of metallogenetic province and metallogeny. Earth Sciences Frontiers, 1 (3/4): 95-99.

Qian Q, Gao J, Klemd R, et al. 2009. Early Paleozoic tectonic evolution of the Chinese South Tianshan Orogen : Constraints from SHRIMP zircon U-Pb geochronology and geochemistry of basaltic and dioritic rocks from Xiate, NW China. International Journal of Earth Sciences, 98 (3): 551-569.

Qin K Z, Ishihara S. 1998. On the possibility of porphyry copper mineralization in Japanese Islands. International Geology Review, 40 (6): 539-551.

Qin K Z, Wang Z T, Pan L J. 1990. Metallogenic conditions and criteria for evaluating the ore potentiality of porphyry bodies in the Manzhouli-Xinbaerhuyouqi Cu, Mo, Pb, Zn and Ag metallogenic belt. Geological Review, 36 (6): 479-488.

Qin K Z, Wang Z T, Pan L J. 1995. Magmatism and metallogenic systematics of the Southern Ergun Mo, Cu, Pb, Zn and Ag belt, Inner Mongolia, China. Resource Geology Special Issue, 18 : 159-169.

Qin K Z, Li H M, Ishihara S. 1997. Intrusive and Mineralization Ages of the Wunugetushan Porphyry Cu-Mo Deposit, NE-China. Shigen-Chishitsu, 47（5）: 293-298.

Qin K Z, Sun S, Li J L, et al. 2002. Paleozoic epithermal Au and porphyry Cu Deposits in North Xinjiang, China : Epochs, features, tectonic linkage and exploration significance. Resource Geology, 52（4）: 291-300.

Qin K Z, Zhang L C, Xiao W J, et al. 2003. Overview of major Au, Cu, Ni and Fe deposits and metallogenic evolution of the eastern Tianshan Mountains, Northwestern China // Mao J W, Goldfarb R J, Seltmann R. Tectonic Evolution and Metallogeny of the Chinese Altay and Tianshan. London : Natural History Museum of Landon, IAGOD Guidebook Series, 10 : 227-249.

Qin K Z, Xiao W J, Zhang L C, et al. 2005. Eight stages of major ore deposits in northern Xinjiang, NW-China : Clues and constraints on the tectonic evolution and continental growth of Central Asia // Mao J W, Bierlein F. Mineral Deposit Research : Meeting the Global Challenge. Berlin, Heidelberg : Springer.

Qin K Z, Su B X, Sakyi P A, et al. 2011. SIMS zircon U-Pb geochronology and Sr-Nd isotopes of Ni-Cu-bearing mafic-ultramafic intrusions in eastern tianshan and beishan in correlation with flood basalts in tarim basin（NW China）: Constraints on a ca. 280 ma mantle plume. American Journal of Science, 311（3）: 237-260.

Richards J P. 2003. Tectono-magmatic precursors for porphyry Cu-（Mo-Au）deposit formation. Economic Geology, 98（8）: 1515-1533.

Sawkins F J. 1990. Intracontinental Hotspots, Anorogenic Magmatism, and Associated Metal Deposits. Metal Deposits in Relation to Plate Tectonics. Heidelberg: Springer .

Sengör A M C, Natal'in B A. 1996. Turkic-type orogeny and its role in the making of the continental crust. Annual Review of Earth and Planetary Sciences, 24（1）: 263-337.

Shen P, Shen Y C, Pan H D, et al. 2012. Geochronology and isotope geochemistry of the Baogutu porphyry copper deposit in the West Junggar region, Xinjiang, China. Journal of Asian Earth Sciences, 49 : 99-115.

Shen P, Pan H D, Xiao W J, et al. 2013. Two geodynamic-metallogenic events in the Balkhash（Kazakhstan）and the West Junggar（China）: Carboniferous porphyry Cu and Permian greisen W-Mo mineralization. International Geology Review, 55（13）: 1660-1687.

Shen P, Pan H D, Seitmuratova E, et al. 2015. A Cambrian intra-oceanic subduction system in the Bozshakol area, Kazakhstan. Lithos, 224-225 : 61-77.

Song G X, Qin K Z, Li G M, et al. 2014. Scheelite elemental and isotopic signatures : Implications for the genesis of skarn-type W-Mo deposits in the Chizhou Area, Anhui Province, Eastern China. American Mineralogist, 99 : 303-317.

Song H B, He M Q, Zhang S Z, et al. 2008. Chemical composition of the ore and occurrence state of the elements in Jingbaoshan platinum-palladium deposit. Chinese Journal of Geochemistry, 27（1）: 104-108.

Song S G, Su L, Niu Y L, et al. 2009. Two types of peridotite in North Qaidam UHPM belt and their tectonic implications for oceanic and continental subduction : A review. Journal of Asian Earth Sciences, 35（3-4）: 285-297.

Su B X, Qin K Z, Sakyi P A, et al. 2011. U-Pb ages and Hf-O isotopes of zircons from Late Paleozoic mafic-ultramafic units in the southern Central Asian Orogenic Belt : Tectonic implications and evidence for an Early-Permian mantle plume. Gondwana Research, 20（2/3）: 516-531.

Su B X, Qin K Z, Sun H, et al. 2012. Subduction-induced mantle heterogeneity beneath Eastern Tianshan and Beishan : Insights from Nd-Sr-Hf-O isotopic mapping of Late Paleozoic mafic-ultramafic complexes. Lithos, 134-135 : 41-51.

Su B X, Qin K Z, Santosh M, et al. 2013. The Early Permian mafic-ultramafic complexes in the Beishan Terrane, NW China : Alaskan-type intrusives or rift cumulates?. Journal of Asian Earth Sciences, 66 : 175-187.

Su B X, Qin K Z, Zhou M F, et al. 2014. Petrological, geochemical and geochronological constraints on the origin of the Xiadong Ural-Alaskan type complex in NW China and tectonic implication for the evolution of southern Central Asian Orogenic Belt. Lithos, 200 : 226-240.

Tang D M, Qin K Z, Li C S, et al. 2011. Zircon dating, Hf-Sr-Nd-Os isotopes and PGE geochemistry of the Tianyu sulfide-bearing mafic-ultramafic intrusion in the Central Asian Orogenic Belt, NW China. Lithos, 126（1/2）: 84-98.

Tang D M, Qin K Z, Su B X, et al. 2013. Magma source and tectonics of the Xiangshanzhong mafic-ultramafic intrusion in the Central Asian Orogenic Belt, NW China, traced from geochemical and isotopic signatures. Lithos, 170-171 : 144-163.

Tang G J, Wang Q, Wyman D A, et al. 2012. Late Carboniferous high $\varepsilon_{Nd}(t) - \varepsilon_{Hf}(t)$ granitoids, enclaves and dikes in western Junggar, NW China : Ridge-subduction-related magmatism and crustal growth. Lithos, 140 : 86-102.

Tu G Z. 1995. Some problems pertaining to superlarge ore deposits of China. Episodes, 18（1/2）: 83-86.

Tu G Z. 1999. On the Certral Asia metallogenic province. Scientia Geologica Sinica, 34（4）: 397-404.

Wan B, Hegner E, Zhang L C, et al. 2009. Rb-Sr geochronologyof chalcopyrite from the Chehugou porphyry Mo-Cu deposit（northeast China）and geochemical constraints on the origin of hosting granites. Economic Geology, 104（3）: 351-363.

Wang F, Xu W L, Gao F H, et al. 2014a. Precambrian terrane within the Songnen-

Zhangguangcai Range Massif, NE China : Evidence from U-Pb ages of detrital zircons from the Dongfengshan and Tadong groups. Gondwana Research, 26 (1): 402-413.

Wang H Z, He G Q, Zhang S H. 2006. The geology of China and Mongolia. Earth Science Frontiers, 13 (6): 1-13.

Wang J B, Deng J N, Zhang J H, et al. 1999. Massive sulphide deposits related to the volcano-passive continental margin in the Altay region. Acta Geologica Sinica-English Edition, 73 (3): 253-263.

Wang Q, Zhao Z H, Xu J F, et al. 2003. Petrogenesis and metallogenesis of the Yanshanian adakite-like rocks in the Eastern Yangtze Block. Science in China Series D : Earth Sciences, 46 (S1): 164-176.

Wang T, Guo L, Zhang L, et al. 2015. Timing and evolution of Jurassic-Cretaceous granitoid magmatisms in the Mongol-Okhotsk belt and adjacent areas, NE Asia : Implications for transition from contractional crustal thickening to extensional thinning and geodynamic settings. Journal of Asian Earth Sciences, 97 : 365-392.

Wang X S, Gao J, Klemd R, et al. 2014b. Geochemistry and geochronology of the Precambrian high-grade metamorphic complex in the Southern Central Tianshan ophiolitic mélange, NW China. Precambrian Research, 254 : 129-148.

Wang Z T, Qin K Z. 1989. Types, metallogenic environments and characteristics of temporal and spatial distribution of copper deposits in China. Acta Geologica Sinica-English Edition, 2 (1): 79-92.

Wu F Y, Huang B C, Ye K, et al. 2008. Collapsed Himalayan-Tibetan orogen and the rising Tibetan Plateau. Acta Petrologica Sinica, 24 (1): 1-30.

Wu F Y, Sun D Y, Ge W C, et al. 2011. Geochronology of the Phanerozoic granitoids in northeastern China. Journal of Asian Earth Sciences, 41 (1): 1-30.

Xiao W J, Windley B F, Hao J, et al. 2003. Accretion leading to collision and the Permian Solonker suture, Inner Mongolia, China : Termination of the central Asian orogenic belt. Tectonics, 22 (6): 1069.

Xiao W J, Windley B F, Badarch G, et al. 2004a. Palaeozoic accretionary and convergent tectonics of the southern Altaids : Implications for the lateral growth of central Asia. Journal of the Geological Society, 161 (3): 339-342.

Xiao W J, Zhang L C, Qin K Z, et al. 2004b. Paleozoic accretionary and collisional tectonics of the eastern Tianshan (China): Implications for the continental growth of central Asia. American Journal of Science, 304 (4): 370-395.

Xiao W J, Windley B F, Yuan C, et al. 2009. Paleozoic multiple subduction-accretion processes of the southern Altaids. American Journal of Science, 309 (3): 221-270.

Xu B，Charvet J，Chen Y，et al. 2013a. Middle Paleozoic convergent orogenic belts in western Inner Mongolia（China）: Framework, kinematics, geochronology and implications for tectonic evolution of the Central Asian Orogenic Belt. Gondwana Research，23（4）: 1342-1364.

Xu X W，Jiang N，Li X H，et al. 2013b. Tectonic evolution of the East Junggar terrane : Evidence from the Taheir tectonic window, Xinjiang, China. Gondwana Research，24（2）: 578-600.

Xu X W，Li X H，Jiang N，et al. 2015. Basement nature and origin of the Junggar terrane : New zircon U-Pb-Hf isotope evidence from Paleozoic rocks and their enclaves. Gondwana Research，28（1）: 288-310.

Xu Y G，Wei X，Luo Z Y，et al. 2014. The early Permian Tarim large igneous province : Main characteristics and a plume incubation model. Lithos，204 : 20-35.

Xue S C，Qin K Z，Li C S，et al. 2016. Geochronological, petrological, and geochemical constraints on Ni-Cu sulfide mineralization in the poyi ultramafic-troctolitic intrusion in the northeast rim of the Tarim Craton, Western China. Economic Geology，111（6）: 1465-1484.

Yang S F，Li Z L，Chen H L，et al. 2007. Permian bimodal dyke of Tarim Basin, NW China : Geochemical characteristics and tectonic implications. Gondwana Research，12（1/2）: 113-120.

Zeng Q D，Liu J M，Zhang Z L，et al. 2011. Geology and geochronology of the Xilamulun molybdenum metallogenic belt in eastern Inner Mongolia, China. International Journal of Earth Sciences，100（8）: 1791-1809.

Zeng Q D，Liu J M，Qin K Z，et al. 2013. Types, characteristics, and time-space distribution of molybdenum deposits in China. International Geology Review，55（11）: 1311-1358.

Zeng Q D，Liu J M，Chu S X，et al. 2014. Re-Os and U-Pb geochronology of the Duobaoshan porphyry Cu-Mo-（Au）deposit, northeast China, and its geological significance. Journal of Asian Earth Sciences，79 : 895-909.

Zeng Q D，Sun Y，Chu S X，et al. 2015. Geochemistry and geochronology of the Dongshanwan porphyry Mo-W deposit, Northeast China : Implications for the Late Jurassic tectonic setting. Journal of Asian Earth Sciences，97 : 472-485.

Zhai M G. 2016. The Formation Puzzle and Demand Challenge of Mineral Resources in China. Beijing : Science Press.

Zhai M G，Santosh M. 2011. The early Precambrian odyssey of the North China Craton : A synoptic overview. Gondwana Research，20（1）: 6-25.

Zhai M G，Zhao Y，Zhao T P. 2016. Main Tectonic Events and Metallogeny of the North China

Craton. Singapore : Springer.

Zhai Y S, Deng J, Tang Z L, et al. 2002. Metallogenic systems on the paleocontinental margin of the North China Craton. Acta Geologica Sinica-English Edition, 78（2）: 592-603.

Zhang C L, Li H K, Santosh M, et al. 2012. Precambrian evolution and cratonization of the Tarim Block, NW China : Petrology, geochemistry, Nd-isotopes and U-Pb zircon geochronology from Archaean gabbro-TTG-potassic granite suite and Paleoproterozoic metamorphic belt. Journal of Asian Earth Sciences, 47 : 5-20.

Zhang J E, Xiao W J, Han C M, et al. 2011. A Devonian to Carboniferous intra-oceanic subduction system in Western Junggar, NW China. Lithos, 125（1-2）: 592-606.

Zhang L C, Xiao W J, Qin K Z, et al. 2006. The adakite connection of the Tuwu-Yandong copper porphyry belt, eastern Tianshan, NW China : Trace element and Sr-Nd-Pb isotope geochemistry. Mineralium Deposita, 41（2）: 188-200.

Zhang Z H, Hou T, Santosh M, et al. 2014. Spatio-temporal distribution and tectonic settings of the major iron deposits in China : An overview. Ore Geology Reviews, 57 : 247-263.

Zhao J X, Qin K Z, Li G M, et al. 2014. Collision-related genesis of the Sharang porphyry molybdenum deposit, Tibet : Evidence from zircon U-Pb ages, Re-Os ages and Lu-Hf isotopes. Ore geology Review, 56:312-326.

Zhou M F, Arndt N T, Malpas J, et al. 2008. Two magma series and associated ore deposit types in the Permian Emeishan large igneous province, SW China. Lithos, 103（3）: 352-368.

Zhou Q F, Qin, K Z, Tang D M, et al. 2015. Formation Age and Evolution Time Span of the Koktokay No.3 Pegmatite, Altai, NW China : Evidence from U-Pb Zircon and ^{40}Ar-^{39}Ar Muscovite Ages. Resource Geology, 65（3）: 210-231.

第十四章
塔里木陆块及其周缘造山带演化与成矿

第一节　研究现状及问题提出

塔里木克拉通是中国三大克拉通研究相对薄弱的一个，其在全球超大陆聚散研究中的相对位置，以及与华北、华南克拉通的关系存在较大争议。塔里木克拉通周缘近年来找矿有重大发现，西南缘西昆仑西段发现潜力巨大的玛尔坎苏优质锰矿，南缘探得火烧云超大型富铅锌矿床，北缘、东缘的柴达木、阿拉善地块中产有中国最重要的三大岩浆铜镍硫化物矿床（金川、夏日哈木和坡一）。这些国家急缺矿产的形成环境及成矿作用的深入研究，对理解中国大陆演化及其成矿作用与找矿潜力的意义重大。

新元古代时期，塔里木与华北、华南克拉通的关系，存在相互远离（Evans，2009）、与华北相连（Rino et al.，2008）、与华南和澳大利亚大陆相连（Yu et al.，2008）三种认识，并认为超地幔柱作用导致新元古代罗迪尼亚超大陆的裂解，新元古代金川超大型岩浆铜镍硫化物矿床是该超地幔柱作用的结果（Pirajno，2013）。早古生代以来塔里木克拉通与华北克拉通相连，与华南克拉通相离（Stampfli et al.，2013），但总体上是冈瓦纳大陆北缘的组成部分。随着古亚洲洋的收缩汇聚，塔里木、华北和华南克拉通北移构成了劳亚大陆的南缘。但古亚洲洋闭合时限存在很大争议，至少存在泥盆纪末、石炭纪晚期和三叠纪初期三种观点（李文渊，2015）。古亚洲洋闭合过程中，古特提斯开始裂解并于石炭纪裂解成洋（Ren et al.，2013）。古特提斯洋何时开始裂解，学界并未形成统一的认识。目前学界多认为南缘昆仑造山带地质演化为两期构造拼合事件的产物（Xiao and Luo，2002），即早古生代和中生代两期碰撞造山作用，古特提斯洋在中生代闭合之前，在早古生代存在一次所谓原特提斯洋的闭合事件。或许并不存在原特提斯洋，只是古亚洲洋冈瓦纳大陆的边缘海或弧后盆地，于志留纪早期（440～420 Ma）先于古亚洲洋闭合之前就已闭合，并使塔里木克拉通与柴达木微陆块连为一体（肖序常，2000；张建新等，2011）。近来东昆仑造山带中新发现的411Ma的夏日哈木超大型岩浆铜镍矿床，在矿区除了含矿的铁质镁铁-超镁铁质岩体外，还发现了形成稍早的镁质橄榄岩和榴辉岩，它们可能就是边缘海或弧后盆地碰撞缝合的产物。至于夏日哈木铜镍矿床含矿岩体岛弧岩浆地球化学的特点（Li et al.，2015），可能反映了先期边缘海或弧后盆地俯冲消减板片在部分熔融物质来源上的贡献。同样，塔里木克拉通北缘北山造山带中的坡一铜镍硫化物矿，含矿镁铁-超镁铁岩体俯冲消减地球化学特点，也是古亚洲洋闭合过程中俯冲消减物质在软流圈遗留的信息，并不代表成岩的地球动力学背景，坡一铜镍硫化物矿是塔里木早二叠世大火成岩省地球动力-岩浆物质的组成。近来，西昆仑晚古生代石炭纪玛尔坎苏一带沉积型优质锰矿，以及喀喇昆仑中-新生代火烧云一带超大型铅锌矿带的发现，使塔里木南缘的构造演化与成矿作用关系更受关注。

塔里木克拉通边缘经历了复杂的地质演化历史，包括新元古代超大陆裂解、复杂的古生代造山、垮塌作用和板内伸展过程（图14.1），在不同时期存在不同的成矿地质背景和成矿构造环境，从而产出不同类型和不同成因的大型-超大型铜-镍矿床。Zhao 等（2014）根据塔里木盆地北缘新元古代地层中获得古地磁数据进行了新元古代塔里木古位置复原。最近，在塔里木盆地南缘的阿尔金地区和铁克里克地区也发现了大量确切的新元古代地质信息。而上述信息主要反映了塔里木克拉通大量的罗迪尼亚超大陆裂解事件的地质记录。但是，塔里木克拉通与罗迪尼亚超大陆裂解事件相关的地幔柱事件性质、超大陆裂解与超大型铜镍矿的成因联系等问题还需进一步研究。

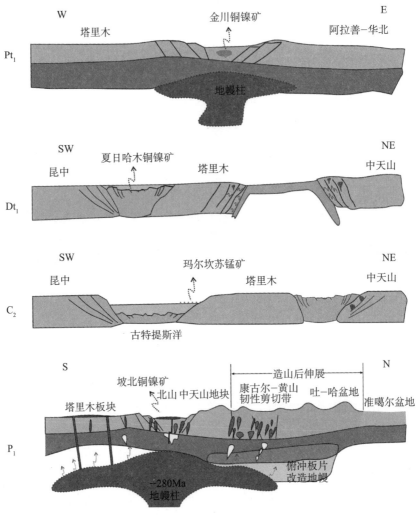

图 14.1　塔里木克拉通周缘演化与超大型矿床形成模式图

第二节　陆块边缘及造山带构造演化与主要成矿作用

一、对塔里木克拉通周缘构造演化的认识

在漫长的地球演化历史中，全球主要陆块至少发生了四次超大陆的汇聚和裂解，包括古元古代哥伦比亚超大陆、新元古代罗迪尼亚超大陆、古生代早期冈瓦纳超大陆和古生代晚期的潘吉亚超大陆。塔里木克拉通是我国三大

克拉通之一，它被古生代和中生代造山带围限，塔里木克拉通边缘记录了丰富的地质演化历史，这与全球大地构造演化格局息息相关。

塔里木克拉通前寒武纪地质体虽然出露较分散，但是保存的信息丰富，如塔里木克拉通主要被中新生代沉积覆盖，前寒武纪地质体主要分布于在塔里木周缘。近年来在塔里木边缘取得了一些新的进展，如确切的太古宙—古元古代地层年代学信息、四期新元古代冰水沉积、大量850～700 Ma的新元古代岩浆作用记录（基性岩墙群、火山岩、花岗岩等）。新的研究表明，塔里木克拉通和阿拉善地块在新元古代为一个统一的陆块，其南缘为大陆裂谷边缘，以铁克里克和金川大陆裂谷岩浆作用为特征。金川超镁铁岩体位于阿拉善地块西南缘，形成于830～827 Ma，其形成很可能与罗迪尼亚超大陆裂解的地幔柱活动有关（李献华等，2004）。

塔里木克拉通边缘在古生代受到了强烈地质改造。它被古生代造山带——昆仑-阿尔金-祁连造山带和南天山包围，南缘有中生代造山带的叠加。其实就是古亚洲洋和古特提斯洋构造演化事件的影响。这些造山带演化过程中往往包括大洋俯冲、大陆碰撞造山和造山带伸展多个演化过程。东昆仑夏日哈木超大型铜镍矿形成时代为411Ma左右（Li et al.，2015；Zhang et al.，2016），研究认为其形成于造山带伸展阶段。反映了目前关于产于造山带中含铜镍矿镁铁-超镁铁岩形成环境认识上的争议。在晚古生代，塔里木克拉通与周缘造山带连接拼合，增生形成更大的陆块。在其北侧，南天山洋盆闭合，形成天山及邻区石炭纪—早二叠世大火成岩省（Xia et al.，2004）。在塔里木北缘，石炭纪—二叠纪处于地质历史上一个成矿的爆发期，形成了时代为285～280 Ma的黄山-镜儿泉地区和坡北地区铜镍矿成矿带。其成因很可能与二叠纪地幔柱作用有关板块构造和地幔柱活动在空间上的共存和在时间上的延续叠加有关（李文渊等，2012）。在其南缘，石炭纪发育裂谷环境，并在裂谷盆地基础上形成了玛尔坎苏锰矿带。

大火成岩省通常指的是在较短的时间内以镁铁质成分为主的喷出岩和侵入岩在地壳内的巨量侵位，与洋中脊海底扩张和消减作用有关的大规模岩浆事件不属于大火成岩省的范畴。国际地学界目前认为大火成岩省包括有大陆溢流玄武岩、火山裂谷边缘、大洋台地（oceanicplateaus）、大洋盆地溢流玄武岩、海岭（submarineridges）、洋岛和海山链（Coffin and Eldholm，1994）。大多数大火成岩省是在小于10Myr[①]的时间内侵位，其主体岩浆作用在小于1Myr的时间内完成；但是，某些情况下，大火成岩省的岩浆活动可以

---

① Myr 表示某一地质事件的延续时间或时间间隔。

持续几千万年；活动时间最长的，如加拿大的基维诺大火成岩省，可以延续120～110Ma。通常认为大火成岩省的形成与地幔柱活动有关（Xia et al.，2004）。大陆大火成岩省至少在其喷发序列中显示有岩石圈包括地壳和岩石圈地幔（CLM）卷入的成分证据。大量的研究表明，除去地壳混染作用不谈，在大火成岩省的形成中，除了来自深部地幔的地幔柱物质外，岩石圈地幔也起着重要的作用。塔里木克拉通北缘古元古代晚期铜镍硫化物矿床是与地幔柱有关的典型矿床（板块边界构造活动频繁，不利于矿化），它们与塔里木已知"隐伏大火成岩省"的同时性（280±5Ma）意味着二者可能有成因上的关联。

二、塔里木克拉通与阿拉善的关系及其金川超大型铜镍矿床形成

Hoffman（1991）提出全球范围内 1.3～1.0 Ga 的造山作用形成了罗迪尼亚超大陆，新元古代晚期劳伦古被动边缘指示了 750 Ma 的裂解。广泛分布的新元古代镁铁质岩墙群、陆内镁铁质-超镁铁质、长英质侵入体和火山岩，对应于 825～740 Ma 的大陆裂谷，825 Ma、780 Ma 和 750 Ma 三个时期对应于超级地幔柱事件（Li et al.，2008）。有研究显示，塔里木和华北古元古代即为一个克拉通（Wang et al.，2014）。但此问题并未解决。柴达木地块似乎在新元古代时也是塔里木克拉通的组成部分（Wang et al.，2013），但塔里木克拉通周缘新元古代地层碎屑锆石谱系，南北缘的铁克里克、阿克苏和库鲁克塔格地区的碎屑锆石谱系相似，主要由新元古代和古元古代年龄组成（Wang et al.，2015），而南阿尔金地区与上述地区均不相同，主要由新元古代和中元古代年龄组成（Wang et al.，2013），反映了塔里木克拉通组成整体与东南缘阿尔金组成上的差异，基底组成明显不同，如果柴达木地块是塔里木克拉通的组成部分，则也是新元古代以后拼贴上的。

金川矿床是中国最大的镍铜钴（铂族元素）硫化物矿床，位于华北克拉通西南缘（图 14.2）。金川赋矿岩体现呈岩墙状，小角度不整合侵入于古元古界白家嘴子组混合岩和大理岩之间。岩体被北东东向压扭性断层错断，由西向东依次划分为Ⅲ、Ⅰ、Ⅱ、Ⅳ矿区［图 14.3（a）］，由西向东主要矿体为24 号、1 号和 2 号［图 14.3（b）］。

Li 等（2005）首次从金川岩体中挑选出锆石和斜锆石，并测得其SHRIMP U-Pb 年龄分别为 827±8 Ma 和 812±26 Ma。Zhang 等（2010）报道了金川岩体斜长二辉橄榄岩中斜锆石的 ID-TIMS 年龄为 831.8±0.6 Ma。这一时间恰好与罗迪尼亚超大陆的裂解时间相吻合（830～790 Ma），故据此认

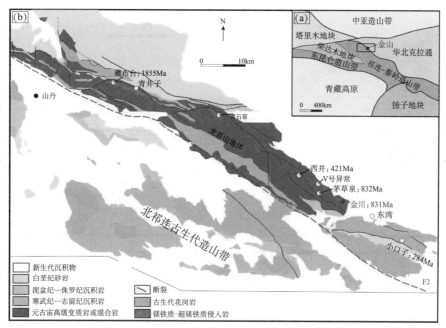

图 14.2　金川矿床大地构造位置（a）及龙首山地区镁铁-超镁铁岩分布图（b）

资料来源：汤中立和李文渊，1995，修改；金川年龄引自 Zhang et al.，2010；茅草泉年龄引自焦建刚等，
2012；西井年龄引自段俊等，2015

为其是罗迪尼亚超大陆裂解的产物（Li et al.，2004；Li and Ripley，2011）。同样在塔里木克拉通北缘库鲁塔格地区也发育有新元古代幔源岩浆活动的产物（Zhang et al.，2009；Tang et al.，2016），Qin 等（2012）报道了兴地塔格镁铁-超镁铁质岩体的锆石 SHRIMP 铀-铅年龄为 760～735 Ma，据此认为其形成也与罗迪尼亚超大陆的裂解有关，可能和金川矿床为同一构造背景的产物（Zhang et al.，2011）。

　　通过模拟计算，前人得出金川赋矿岩体原生岩浆为高镁拉斑玄武质岩浆（Chai and Naldrett，1992；Li and Ripley，2011），与世界范围内其他铜镍硫化物矿床原生岩浆性质一致。尽管一些学者质疑深部岩浆房赋矿岩浆及矿浆发生长距离的运移具有相当大的难度，但是越来越多证据表明金川矿床是"深部分异熔离——多期贯入终端岩浆房"成岩成矿的产物，并且这一模式也适用于国内其他铜镍硫化物矿床。研究认为金川矿床母岩浆在进入深部岩浆房之前和贯入终端岩浆房（浅部岩浆房）之后都发生了少量的硫化物熔离作用（陈列锰等，2009），但是硫化物的熔离主要发生在深部岩浆房内，且导致硫化物熔离的关键因素是地壳硫的加入（Duan et al.，2016）。

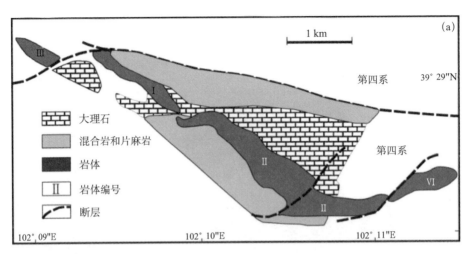

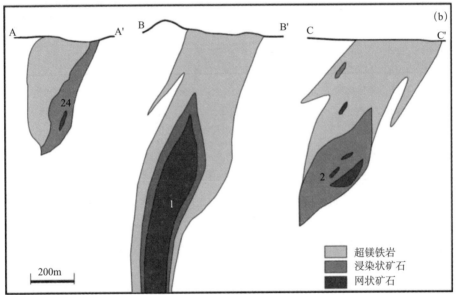

图 14.3　金川赋矿岩体矿区地质简图（a）和矿体纵剖面图（b）

资料来源：据汤中立和李文渊，1995，有改动

通过对金川矿床不同部位矿石中铂族元素进行系统的研究（李文渊，1996；Song et al.，2009；江金进等，2013；Duan et al.，2016），发现金川矿床 2 号矿体硫化物矿石中的铂族元素和亲铜元素的含量主要受硫化物熔离作用的约束，硫化物熔体分离结晶和后期热液蚀变影响较弱。2 号矿体浸染状矿石的 100% 硫化物中，铂族元素和亲铜元素含量总体低于 1 号矿体浸染状矿石的含量，但 2 号矿体西段的样品与 1 号矿体东段的样品的元素含量相当，

这暗示二者是从同一岩浆通道系统中硫化物熔离的产物，并且硫化物熔离形成 2 号矿体时具有比 1 号矿体低的 "R" 值，这表明深部岩浆房内存在不同期次岩浆的参与成矿。依据金川矿床综合研究成果，我们进一步建立了金川矿床的成矿模型（图 14.4），该模型认为金川矿床是新元古代地幔柱作用下诱发上地幔物质发生部分熔融的产物，与 Rodinia 超大陆裂解密切相关。部分熔融形成的高镁玄武质岩浆上升至地壳深度，地壳物质混染，尤其是地壳中硫的加入导致了深部岩浆房内硫化物的大量熔离；在后期构造作用下，携带硫化物的岩浆及硫化物矿浆侵入金川岩体现存空间形成金川超大型镍铜钴（铂族元素）矿床，同时可能仍有一些赋矿岩体可能侵入其他部位，有待于进一步勘查。贫镍、铜及铂族元素成矿元素的岩浆喷出地表或侵入其他部位。

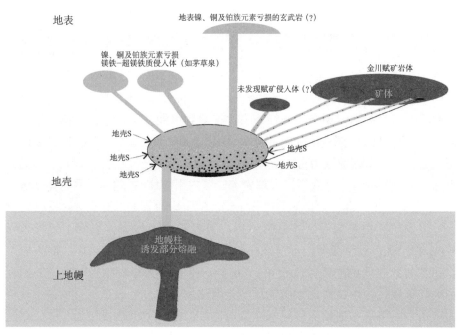

图 14.4　金川矿床成矿模型

资料来源：据汤中立和李文渊，1995；Song et al.，2009，修改

? 表示不确定

三、塔里木克拉通与柴达木地块的关系及其夏日哈木超大型铜镍矿床形成

在塔里木克拉通南缘存在典型的碰撞造山带，大陆俯冲碰撞作用导致地

壳加厚，发生高压超高压变质作用（张建新等，1999；杨经绥等，2003；宋述光等，2004；刘良等，2005）。这些古生代造山带加厚的地壳"去根"作用引起地壳减薄，造山带发生垮塌作用。在造山带垮塌过程中，加厚的岩石圈底部可以被软流圈地幔侵蚀，从而产生镁铁质岩浆。早古生代祁漫塔格造山带垮塌成因镁铁质岩浆与夏日哈木超大型铜镍矿形成（411Ma）时代吻合。现在多数学者认为夏日哈木铜镍矿床是原特提斯洋俯冲消减板片至软流圈熔融形成的岛弧背景岩浆的产物（Li et al.，2015），这与整个岩浆铜镍硫化物矿床成因认识产生重大分歧。该矿床是早古生代碰撞后拉伸环境而成，还是一个新的构造演化体系开始时地幔部分熔融物质上涌形成的，将涉及整个柴达木周缘、祁连山南缘早古生代末—晚古生代早期铜镍镁铁-超镁铁质小岩体成矿背景的认识。

青海省夏日哈木岩浆铜镍硫化物矿床位于柴达木地块南缘东昆仑造山带西段祁漫塔格早古生代岩浆弧内，研究发现该矿床形成时代为411Ma（张照伟等，2015；Li et al.，2015）。2014年在对夏日哈木矿区填图过程中，发现该矿区内除出露与铜镍矿化有关的铁质系列基性-超基性岩石外，还发育大量具有构造意义的地幔橄榄岩和榴辉岩，推测其可能为早古生代原特提斯洋俯冲-碰撞缝合带的产物，而矿床的形成可能与冈瓦纳裂解时古特提斯洋裂解作用有关。矿区出露地层为古元古界金水口岩群，岩石类型为黑云斜长片麻岩、眼球状混合片麻岩、玄武岩及大理岩等。区内出露镁铁-超镁铁质岩体共五个（编号为Ⅰ、Ⅱ、Ⅲ、Ⅳ、Ⅴ）（图14.5），围岩均为金水口群变质岩系。

镍铜矿体主要分布于Ⅰ号岩体内。夏日哈木Ⅰ号岩体表现了轻稀土元素相对重稀土元素富集，亏损高场强元素，具有普遍负铌异常，推测岩浆作用伴有弧物质的卷入（Li et al.，2015）。综合认为早古生代时期，在冈瓦纳大陆聚散过程中，柴达木微地块与羌塘陆块碰撞，形成东昆仑早古生代碰撞造山带。柴达木地块与塔里木克拉通连接，并与羌塘陆块接为一体。东昆仑地区在这个过程中遭受了原特提斯洋和古亚洲洋构造演化事件的影响。这些造山带演化过程中包括了大洋俯冲、大陆碰撞和造山带垮塌多个演化过程。大陆俯冲碰撞作用导致地壳加厚，发生高压超高压变质作用（宋述光等，2004）。这些古生代造山带加厚的地壳"去根"作用引起地壳减薄，造山带发生垮塌作用。在造山带垮塌过程中，加厚的岩石圈底部可以被软流圈地幔侵蚀，从而产生镁铁质岩浆。夏日哈木超大型铜镍矿是古特提斯洋演化开始大陆裂解的产物（李文渊，2015），并非是早古生代碰撞后拉伸环境而成，而是一个新的构造演化体系开始时地幔部分熔融物质上涌形成的。

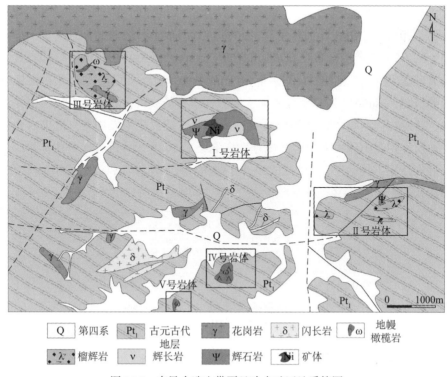

图 14.5　东昆仑造山带夏日哈木矿区地质简图

资料来源：据李文渊，2015，有改动

四、塔里木大火成岩省岩浆活动与铜镍成矿作用

依据石炭纪火山的分布、性质和火山岩 $\varepsilon_{Nd}(t)$ 正值的特点，Xia 等（2004）提出天山及邻区石炭纪—早二叠世大火成岩省的认识。杨树锋等（2005）研究提出了塔里木大火成岩省的主张。新疆有大量的早二叠世与基性-超基性岩有关的铜镍矿产出，这些铜镍矿是中国重要的镍产地与储备地。坡北地区基性-超基性岩的来源存在着来自软流圈地幔和岩石圈地幔的争议。最新研究认为，坡北地区的基性-超基性岩与塔里木地幔柱密切相关，是早二叠世塔里木大火成岩省岩浆活动的结果（王亚磊等，2013；汤庆艳等，2015），并形成了一系列岩浆铜镍硫化物矿床，坡一是其主要表现（Liu et al.，2016）。

在图 14.6 中也可以看出塔里木盆地内部的早二叠世地质体：瓦吉利塔格岩体、塔里木玄武岩相对于塔里木东北缘的早二叠世地质体具有相对低的 $\varepsilon_{Nd}(t)$，说明其更加富集。北山裂谷玄武岩的 $\varepsilon_{Nd}(t)$ 分布在 5～10，$(^{87}Sr/^{86}Sr)_i$ 分布在 0.703～0.706（姜常义等，2007）；而塔里木玄武岩 $\varepsilon_{Nd}(t)$ 分布在 −5～0，$(^{87}Sr/^{86}Sr)_i$ 分布在 0.706～0.708（Li et al.，2012），显然塔里木玄武岩更具有富集特征，富集特征很可能是地壳混染的结果。为准确判断岩体混染围岩的情况，Liu 等（2015）选取邻区库鲁克塔格的太古宙、古元古代、中元古代、新元古代地质体的锶–钕同位素进行模拟。通过模拟发现若只混染古元古代地层，则北山和中天山地区超基性岩混染了 5%～10% 的古元古代地层；若只混染新元古代地层，则北山和中天山地区基性–超基性岩混染了 10%～20% 的新元古代地层。

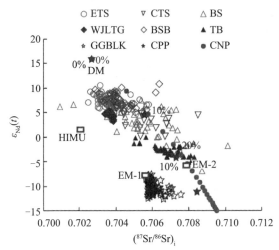

图 14.6　塔里木东北缘铜镍矿 $\varepsilon_{Nd}(t)$ - $(^{87}Sr/^{86}Sr)_i$ 关系图

ETS. 东天山早二叠世镍矿；CTS. 中天山早二叠世铜镍矿；BS. 北山早二叠世镍矿；

WJLTG. 瓦吉利塔格钒–钛–铁矿；BSB. 北山早二叠世玄武岩；TB. 塔里木

早二叠世玄武岩；GGBLK. 且干布拉克超基性岩–碳酸岩岩体；

CPP. 混染古元古代地层；CNP. 混染新元古代地层

资料来源：Liu et al.，2015

北山和中天山基性–超基性岩铪同位素的地壳模式年龄在 1100～700Ma，东天山的在 500～300Ma。铪同位素地壳模式年龄可代表混染地层的平均时代（Ortega-Obregon et al.，2014）。坡北铜镍矿的围岩为古元古代黑云石英片岩（2203±74Ma）和中元古代片麻状黑云斜长花岗岩（1311Ma）、云母石英片岩和大理岩（校培喜，2004）；中天山的铜镍矿为天宇铜镍矿、白石泉铜镍矿，围岩主要为元古宙地层，元古宙地层分为长城系星星峡群（ChX）和蓟县系卡瓦布拉克群（JxK）。长城系星星峡岩群（ChX）呈东西向狭长带状展布，遍布中天山全区，与蓟县系卡瓦布拉克群（JxK）及古生代地层均为断层接触，主要岩性为黑云母石英片岩、片麻岩夹混合岩（董连慧等，2005）。

东天山地区的铪同位素地壳模式年龄为 500～300Ma，这与其基性-超基性岩的围岩为奥陶系（485～444Ma）和石炭系（359～299Ma）是一致的，说明东天山铜镍矿混染了围岩。坡北、中天山地壳两阶段模式年龄分别为1200～800Ma 和 1100～700Ma，说明其除了混染了中元古代特别是新元古代的地层，但中天山和坡北的围岩均未有新元古代地层。在高磁异常带所代表的裂谷南北两侧有新元古代的地层分布，新元古代的裂谷系统为早二叠世的岩浆活动提供了通道，但坡北地区和中天山地区却没有新元古代地层，新元古代地层分布在远离北山和中天山的西南方向，推测可能是北山、中天山早二叠世岩浆利用新元古代断裂系统上侵过程中混染了新元古代地层，这从一个侧面也支持地幔柱熔浆向北东向迁移的模式。

塔里木盆地内部的早二叠世地质体相对东北缘地质体更加显示富集的特征。北山、中天山基性-超基性岩用元古代地层 Sr-钕同位素两端元模拟显示其混染了 5%～10% 的地壳物质，用新元古代地层模拟显示其混染程度为10%～20%，锆石铪同位素地壳模式年龄显示北山、中天山具有明显的中元古代、新元古代地层的混染，东天山主要是泥盆纪—石炭纪地层的混染。中天山、北山基性-超基性岩岩体围岩没有新元古代地层，很可能在早二叠世塔里木克拉通底部存在着北东高、北西低的情况，早二叠世地幔柱岩浆具有从塔里木克拉通底部向北东克拉通边缘流动的趋势，这与磁力、重力及岩相古地理是一致的，在流动过程中可能利用了新元古代的裂谷通道，导致了中天山、北山基性-超基性岩新元古代地层的混染。地幔柱中心位置可能在巴楚地区，但地幔柱熔浆在塔里木之下存在着向北东方向流动过程中，同时受到了俯冲物质或地壳混染，地幔柱的底辟作用形成了北山大陆边缘裂谷，经结晶分异同时受到俯冲物质或地壳物质的混染，最终导致了坡北岩体群的形成。

五、塔里木克拉通西南缘与西昆仑造山带的关系及其成矿意义

西昆仑造山带位于青藏高原西北缘、塔里木盆地西南缘，经历了长期、复杂的演化历史。康西瓦-苏巴什洋可能于晚古生代打开，而后持续向北俯冲；

泥盆纪开始，康西瓦-苏巴什洋壳开始向南北两个方向双向俯冲（崔建堂等，2006）；石炭纪时期由于西昆仑再一次的强烈扩张（姜春发等，2000），在塔里木南缘昆北地区形成了石炭纪裂谷，以及巨厚基性火山岩。随后在晚石炭世，在弧后裂谷盆地浅海相陆棚环境，形成氧化还原分层的海洋系统，深部缺氧带有机质含量较高；同时，海底热水活动使得海水中储存了大量溶解态的 Mn^{2+}。在海侵过程中，Mn^{2+} 被氧化以锰氧化物或氢氧化物沉淀；海退过程中，锰氧化物大量下沉被掩埋在缺氧带（弱碱性 pH 大于 7.78、还原环境）之下，在成岩过程中和有机物质相互作用形成菱锰矿并被保存下来，形成了玛尔坎苏沉积型富锰矿带。富锰矿岩系主要为上石炭统喀拉阿特河组，东西延伸 65km，锰资源量已达 3000 万 t，以奥尔托喀讷什、穆呼等为代表（图 14.7）。西段奥尔托喀讷什已发现的锰矿层赋存于背斜北翼（图 14.8）；东段玛尔坎土、穆呼锰矿层赋存于背斜南翼，矿体形态受南翼次级向斜控制，背斜北翼被中、新生代地层逆掩。矿体呈层状产出，连续性好，未见分枝复合现象，平均品位达 30%～35%。矿石类型以菱锰矿为主，含少量软锰矿及蔷薇辉石。

在晚二叠世—晚三叠世，康西瓦-苏巴什洋收缩成残余盆地，同时冈瓦纳大陆发生向北的裂离，对其施加巨大的挤压动力，使其发生被动俯冲的

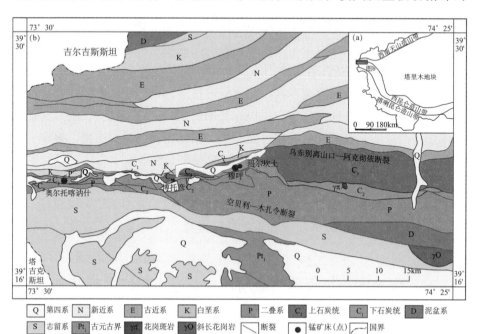

图 14.7　西昆仑玛尔坎苏地区地质矿产图

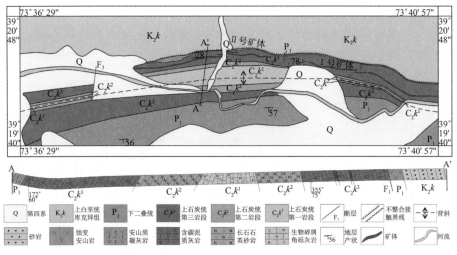

图 14.8　西昆仑奥尔托喀讷什锰矿矿区地质图

同时，残留盆地被大量陆源碎屑充填并发生褶冲变形，最终实现了洋-陆转化。并形成石炭纪—侏罗纪岩浆弧，喀喇昆仑-羌塘地体与昆南地体南缘发生碰撞。俯冲的洋壳在古生代增生带上侵入形成了西昆仑造山带规模最大的三叠纪花岗岩带（李荣社等，2008）。中三叠世以后，西昆仑地区进入陆内演化阶段，开始陆相沉积，形成断陷盆地和坳陷盆地，沉积了侏罗系—白垩系碎屑岩、碳酸盐岩，早白垩世晚期受全球海侵影响，海水自西向东侵入形成混积陆表海，为一套碎屑岩-碳酸盐岩-膏泥岩建造，为火烧云、多宝山等铅锌矿的形成提供了重要的物质来源与赋矿空间。受中-新生代青藏高原北缘热液成矿作用的影响，在喀喇昆仑形成热液铅锌硫化物矿带，受后期热隆起的影响，硫化物氧化形成含矿热液，并在不同构造部位发生差异交代成矿作用，火烧云矿床赋存于侏罗系龙山组，属围岩交代成因，硫化物矿体受风化淋滤伴随热液运移至附近碳酸盐地层，含矿热液交代灰岩形成菱锌矿、白铅矿；而北侧的多宝山大型铅锌矿床赋存于白垩系铁龙滩组，为构造角砾岩带控矿，矿石矿物为方铅矿、闪锌矿、菱锌矿、白铅矿，属原地直接交代类型。截止到目前，火烧云矿床铅锌资源量已达 1894 万 t，已发现 13 个矿体，主矿体呈层状，长 1500m，宽 1000m，厚达 3.47m（图 14.9），锌平均品位为 23.58%，铅平均品位为 5.63%，铅锌矿石主要为块状、条带状构造，矿石矿物主要为菱锌矿和白铅矿。

　　在新近纪晚期陆内造山阶段，西昆仑造山带遭受严重挤压，伴随大规模走滑、推覆构造活动等。玛尔坎苏地区整体发生推覆，使得晚石炭世含锰岩系发生大规模褶皱，形成背斜及倒转向斜为主的构造；矿体受后期构造影响，与顶、底板含炭灰岩的接触带多发生滑脱、碎裂，充填大量后期方解石脉，并同时在脉中形成蔷薇辉石。

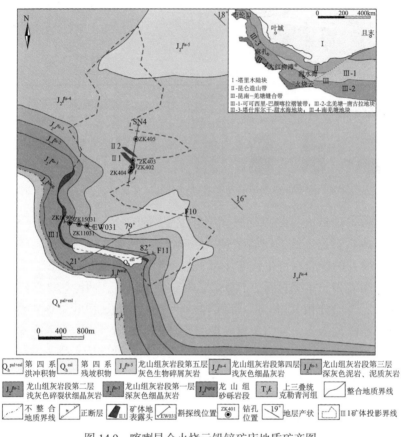

图 14.9　喀喇昆仑火烧云铅锌矿床地质矿产图

第三节　进一步研究方向及设想

塔里木克拉通有其复杂的地质构造演化历程，边缘裂解岩浆活动与成矿作用形式多样，孕育了多个世界级大型-超大型金属矿床。这些矿床的形成过程与塔里木克拉通地质构造演化及边缘裂解岩浆活动的关系尚不清楚，极大地限制了找矿方向及找矿新突破的实现，亟待系统地进行研究解决。

一、塔里木克拉通边缘裂解与铜镍矿形成背景

旨在厘定塔里木盆地新元古代地质体的组成、规模、形成时代和古生代造山过程对塔里木克拉通边缘改造过程；结合岩石学和地球化学分析，构建前寒武纪沉积事件序列和性质；查明重要的岩浆活动、变质作用等构造-热事件的时代、期次和分布；解析塔里木克拉通新元古代陆块多期拼合-裂解构造历史和古生代改造历史，探讨其与新元古代—古生代若干超大陆演化的联系，重建塔里木克拉通汇聚-裂解改造历史。

主要内容包括：①塔里木克拉通新元古代地层时代的精确限定与时空格架；②塔里木克拉通新元古代岩浆作用-变质作用和地壳演化；③塔里木克拉通边缘古生代改造过程；④塔里木克拉通边缘性质与全球超大陆事件的关系研究。

二、新元古代重大岩浆事件与金川超大型矿床形成

金川矿床是世界上第三大铜镍矿床，就单个矿床而言，其所蕴藏的镍资源量在世界上最大，对金川矿床开展系统的研究工作，进而继续寻找"金川式"铜镍矿床是开展该课题研究的出发点。金川铜镍矿床自1958年发现以来，前人已开展了大量的研究工作，对其岩相分带、形成时代、岩浆源区性质、母岩浆成分、成矿作用过程、形成构造背景及成矿模型方面开展了系统的研究工作，主要取得以下共识：①金川矿床形成年龄为830Ma，为新元古代早期岩浆作用的产物，其形成可能与罗迪尼亚超大陆裂解有关；②锶-钕-铱同位素特征表明金川矿床地幔源区为富集大陆岩石圈地幔；③模拟计算表明金川矿床母岩浆MgO含量为11.5%～12.46%，为地幔源区较高程度部分熔融的产物，母岩浆中铂族元素不亏损；④岩浆演化过程中主要经历了橄榄石和辉石的分离结晶/堆晶作用，母岩浆上升过程中混染了10%～15%的地壳物质，地壳硫的加入可能是导致硫化物熔离的关键因素；⑤岩浆中硫化物熔离主要发生在深部岩浆房内，不同期次及组分的岩浆参与了成矿作用，金川矿床是"深部熔离-多期贯入"作用的产物。这些研究成果使我们对金川矿床的形成过程有了更深入的了解，但如何利用活动论的观点将金川矿床的形成置于全球构造演化中，进而继续寻找"金川式"铜镍矿床仍有很多问题亟待解决。

主要研究内容如下。

（1）新元古代塔里木克拉通、阿拉善地块和柴达木地块的构造归属。主要包括塔里木克拉通、阿拉善地块和柴达木地块周缘新元古代早期的造山作

用和新元古代晚期的裂解事件。塔里木克拉通基底目前识别出九期构造热事件，其中新元古代的构造热事件包括950～900Ma和800～700Ma两期，同时在塔里木克拉通北缘库鲁克塔格地区也发现有新元古代的镁铁-超镁铁岩体（Zhang et al.，2009）和花岗质岩浆活动（罗金海等，2011），认为是罗迪尼亚超大陆裂解作用的产物；在阿拉善地块西南缘发育金川及其外围的镁铁-超镁铁岩体，在地块西缘及北缘都存在新元古代晋宁期岩浆活动，对碎屑锆石研究也表明阿拉善基底明显遭受了新元古代岩浆作用的影响，只是目前这种影响的范围及相应的岩浆活动仍需进一步研究；在柴达木微陆块南缘和北缘均有强烈的新元古代早期（878～820Ma）的岩浆活动，并在北缘形成了长达700km的岩浆带；除此之外在中祁连东段和北祁连也都发现有新元古代岩浆活动，这些地块之间普遍发育的新元古代岩浆活动对重建它们之间的构造演化规律具有重要的意义。

（2）罗迪尼亚超大陆聚合与裂解在塔里木克拉通周缘的成矿响应。目前国内对罗迪尼亚超大陆的汇聚与裂解过程开展了大量的研究工作，罗迪尼亚超大陆聚合和裂解作为全球性构造事件，必然伴随着大规模的成岩成矿作用，但是针对其与成矿作用之间关系的研究仍较少。金川矿床位于阿拉善地块西南缘龙首山隆起带内，形成年龄为830Ma，目前仅依据时间推测其形成可能与罗迪尼亚超大陆的裂解作用相关，但并未将其置于罗迪尼亚超大陆汇聚与裂解过程的构造背景中进行分析，这不仅限制了对典型矿床形成构造背景的认识，同时也使基础地质研究与成矿作用研究之间脱节。因此我们有必要以研究程度较高的金川矿床及罗迪尼亚超大陆演化为结合点开展这方面的研究工作。罗迪尼亚超大陆的汇聚和裂解都经历了漫长的地质过程，且在不同的地区汇聚及裂解的时间也各不相同，金川矿床的形成可能仅是罗迪尼亚超大陆裂解中的一个重要产物，但绝非唯一，因此在后续工作中应进一步扩大时间及空间尺度，继续依据各克拉通或地块在罗迪尼亚超大陆裂解中的演化历史去寻找可能存在的与之相关的铜镍矿床。通过对全球主要铜镍硫化物矿床的研究表明，铜镍硫化物矿床不仅形成于超大陆的裂解阶段，也形成于超大陆的汇聚阶段，因此我们同样应该重视罗迪尼亚超大陆聚合阶段（1300～1000Ma）是否有形成铜镍矿床的可能。

三、早古生代夏日哈木铜镍矿床成生环境与成岩成矿过程

以早古生代晚期（411Ma）柴达木南缘形成的夏日哈木超大型铜镍矿床为研究对象，通过地质建造对比、同位素地球化学定年示踪、岩石学及地球

化学的对比研究分析工作，确定早古生代晚期这一中国铜镍矿床成矿新时期、柴达木地块南缘造山带铜镍成矿新区典型铜镍矿床的地质地球化学特征和成因。并深入讨论冈瓦纳大陆聚散过程中塔里木克拉通与柴达木地块的定位和轮廓，探索夏日哈木超大型铜镍矿床在全球构造演化过程中的成矿意义。具体研究内容包括以下方面。

（1）夏日哈木矿床成岩成矿过程研究。以夏日哈木Ⅰ号岩体为研究对象，通过矿床特征及矿石矿物生成顺序等研究，查明岩体的岩石类型、分带特征及矿化与岩体的关系、矿石类型、矿物赋存形态等，精确划分矿床成岩成矿期次。结合年代学、岩石地球化学和同位素地球化学等研究，探讨矿床成岩成矿过程，从而建立矿床成因模式。

（2）夏日哈木矿床形成构造背景探讨。通过夏日哈木铜镍矿矿区大比例尺构造-侵入岩相填图，开展区内镁铁-超镁铁岩、榴辉岩和镁质橄榄岩的岩石学、矿物学和地球化学及对比研究工作，确定镁质橄榄岩和榴辉岩的时代及构造变形轨迹，探讨两种构造意义的基性-超基性岩体与含镍矿化岩体间的成因联系，总结不同岩体的形成与演化过程，确定夏日哈木矿床形成的大地构造背景。

（3）早古生代时期夏日哈木矿床的形成与全球板块活动的关系研究。收集总结柴达木及塔里木周缘早古生代时期与镍成矿有关的基性-超基性岩体的相关研究资料，探讨早古生代时期夏日哈木矿床在形成过程中与柴达木陆块和塔里木板块之间的成生关系，试图探索夏日哈木矿床的形成与全球板块活动的关系，重点讨论冈瓦纳大陆聚散过程中塔里木克拉通与柴达木地块的定位和轮廓，探索夏日哈木超大型铜镍矿床在全球构造演化过程中的成矿意义。

四、古生代晚期板内（缘）岩浆活动与成矿作用

新疆北部晚古生代侵入岩广泛分布，主要分布在阿尔泰、东天山及西天山一带，通过中酸性侵入岩岩石学、矿物学、地球化学及成岩时代研究，结合与其相关斑岩型铜钼矿的相应研究，探索晚古生代中酸性岩浆起源、演化、壳幔物质交换及对成矿的制约。对已有的斑岩型铜矿化线索开展典型矿床解剖和综合研究，厘定研究区内斑岩铜矿成矿作用在区域构造-岩浆活动序列中的位置，总结成矿规律和找矿标志，为区内铜矿勘查选区提出建议。具体研究内容如下。

（1）阿尔泰中酸性侵入岩岩浆演化与斑岩型铜钼成矿作用。以准噶尔北缘哈腊苏-卡拉先格尔一带斑岩铜矿为主要研究对象，查明典型斑岩铜矿床矿化样式、矿化蚀变分布规律、物质组成及结构构造、围岩蚀变等矿化地质特征，限定成矿时代，厘定成矿类型，探讨成矿流体的组成和性质、成矿物质及成矿流体来源和成矿机制，总结控矿因素、找矿标志、区域斑岩铜矿带的形成条件、构造环境和时空分布规律。系统地研究含矿斑岩体的形成时代、岩石类型和组合、岩石地球化学特征等，探讨与铜矿化有关的中酸性岩浆活动的构造背景、源区特点、岩浆形成演化及其对斑岩铜矿的控制作用。

（2）西天山中酸性侵入岩及斑岩型矿床找矿潜力。以西天山已发现的一些中小型斑岩铜钼矿（达巴特、冬吐劲、3571、莱利斯高尔、肯登高尔）为研究对象，开展与斑岩型铜（钼）矿床相关岩体的岩石学、矿物学、岩石地球化学的研究工作，探讨岩浆来源、岩浆源区性质、岩浆演化过程、壳幔物质作用、成矿物质的迁移富集过程；结合矿床地质特征、矿床地球化学特征，建立矿床找矿模型，在此基础上综合已有的地球物理、地球化学、遥感等区域资料，建立典型矿床的成矿模型及区域找矿模型，有效地指导矿床深部及区域上该类型矿床的找矿工作。

（3）东天山中酸性侵入岩岩浆演化与斑岩型铜钼成矿作用。以土屋-延东一带为重点，开展中酸性岩浆侵入作用的岩石组合、岩石系列、时空分布和构造属性，以探讨其与斑岩型（夕卡岩型）铜钼成矿作用的关系。厘定成矿类型，探讨成矿流体的组成和性质、成矿物质及成矿流体来源和成矿机制，总结控矿因素、找矿标志、区域斑岩铜矿带的形成条件、构造环境和时空分布规律。建立成矿模式及找矿模型。

五、塔里木克拉通再造事件与成矿谱系

以塔里木克拉通在超大陆历史的时空演化过程为主线，追寻其在超大陆裂解-聚合过程中的岩浆记录，重点总结新元古代、早古生代及晚古生代镁铁-超镁铁岩体岩石类型、岩石组合、岩浆系列、岩石地球化学等特点，梳理主要岩浆铜镍矿床成矿作用的时间、空间演化规律，判别不同时期矿床形成的构造环境，探讨岩浆铜镍硫化物矿床形成与超大陆聚合-裂解事件关系。具体研究内容包括以下三个方面。

1. 新元古代金川铜镍矿床与罗迪尼亚超大陆汇聚与裂解的成生关系研究

探寻罗迪尼亚超大陆在新元古代时期裂解作用的地层学、构造学、地磁学及岩石学证据，综合分析研究前人认识成果，归纳总结元古宙镁铁-超镁铁岩体及铜镍矿床形成的地质构造背景与成岩成矿时代特征，初步建立该时期镁铁-超镁铁岩的构造背景-岩浆分布-铜镍成矿构架，论证金川铜镍矿床与塔里木、华北及华南各板块的亲缘关系，确定金川铜镍硫化物矿床的地幔源区性质及大地构造背景，为中国寻找金川式大型铜镍铂族硫化物矿床提供找矿方向和理论依据。

2. 早古生代夏日哈木铜镍矿床与冈瓦那大陆裂解的成生关系研究

综合分析研究前人认识成果，编制区域岩浆建造与矿产地质图，总结研究东昆仑主要岩浆作用的类型、时限、范围、大地构造属性、成矿特点，探寻冈瓦纳大陆裂解在东昆仑地区的岩浆岩印记，对夏日哈木含矿岩体及外围基性-超基性岩体时空分布规律研究及含矿岩体岩相空间分布与矿体分布规律研究，全面总结分析年代学地球化学数据，厘定其形成的构造背景；开展夏日哈木铜镍矿床及外围岩体成岩成矿过程研究，综合建立东昆仑构造背景-岩浆分布-矿产形成的演化和动力学初步模型。

3. 石炭纪—二叠纪塔里木大火成岩省对塔里木克拉通破坏与铜镍矿成生关系研究

通过对塔里木克拉通出露的火成岩开展系统的年代学及岩石地球化学方面的研究工作，并结合该区已有的地层及构造等方面的研究成果，进一步总结该区早古生代—二叠纪的构造演化过程，运用岩石学、岩石地球化学、同位素地球化学等方法，研究石炭纪—二叠纪基性-超基性岩浆作用的起源、演化、就位及含矿性，探讨成岩成矿的地球动力学机制。运用运动论观点探讨该区在地质演化历史时期的相对位置，进一步寻找其与早二叠纪280Ma塔里木地幔柱之间的成因联系。

选择塔里木北缘坡一、坡十、兴地等含矿岩体及塔里木南缘铁质基性-超基性岩体集中分布区，进行系统的造矿物晶体化学、岩石地球化学、铂族元素地球化学、钕-锶-铅-锇同位素及硫同位素的研究，厘定地幔源区属性、原生岩浆性质，示踪深部硫化物的熔离机制、富集过程，论证大火成岩省与成矿作用的关系。

六、西北地区岩浆铜镍硫化物矿床成矿理论找矿应用示范与成矿预测

通过对上述问题的充分研究，以现代成矿理论为基础，紧扣西北地区几个重要岩浆铜镍硫化物矿床（带）形成背景与塔里木克拉通演化，以及超大陆裂解事件的关系，发展并阐述中国重要岩浆型铜镍硫化物矿床成矿理论；以西北地区重要铜镍硫化物矿床（带）如金川、夏日哈木、东天山等为主要研究对象，建立典型矿床成矿找矿模式，综合地质、物探、化探、遥感等资料开展综合成矿预测，圈定找矿靶区。具体研究内容如下。

1. 西北地区岩浆铜镍硫化物矿床成矿理论研究

通过对比研究金川、夏日哈木、东天山等中国重要岩浆铜镍硫化物矿床（带）的矿床成因、形成过程和时空分布规律，将不同地质历史时期中几个有关巨型岩浆铜镍硫化物矿床形成的重要岩浆事件与塔里木克拉通演化过程联系起来，研究不同时代、不同规模矿床（带）岩浆作用过程和成岩成矿机制及构造环境的异同，推动岩浆铜镍硫化物矿床成矿理论的发展和创新，为西北地区岩浆铜镍硫化物矿床的成矿预测提供新思路和新方向。

2. 重要矿床（带）成矿预测与找矿示范

通过成矿大地构造背景分析和对比，研究重要铜镍矿床（带）如金川、夏日哈木、东天山的成矿地质条件、主要矿床类型、分布规律、成矿作用时代和主要控矿因素，研究主要类型矿床的矿床地质，结合地球化学和地球物理信息，在地理信息系统（geographic information system，GIS）平台上进行成矿预测和靶区圈定、优选。优化勘查技术方法组合和勘查评价程序。在厘清上述岩浆铜镍硫化物矿床（带）形成与塔里木克拉通演化及超大陆裂解之间关系的基础上，以创新的成矿理论为指导，结合世界上著名岩浆铜镍硫化物矿床已有的研究成果，在全球视野内寻找与塔里木克拉通具有相似演化进程的有利成矿环境，从而缩小找矿范围。

参考文献

陈列锰，宋谢炎，肖加飞，等 2009. 金川岩体母岩浆成分及其分离结晶过程的熔浆热力学模拟. 地质学报，83（9）：1302-1315.

崔建堂，王炬川，边小卫，等. 2006. 西昆仑康西瓦北侧早古生代角闪闪长岩、英云闪长

岩的地质特征及其锆石 SHRIMP U-Pb 测年 . 地质通报，25（12）：1441-1449.

董连慧，崔彬，屈迅，等 . 2005. 东天山中段铜矿找矿靶区评价及大型矿床定位预测报告书 .

段俊，钱壮志，焦建刚，等 . 2015. 甘肃龙首山岩带西井镁铁质岩体成因及其构造意义 . 吉林大学学报（地球科学版），45（3）：1-14.

高林志，郭宪璞，丁孝忠，等 . 2013. 中国塔里木板块南华纪成冰事件及其地层对比 . 地球学报，34（1）：39-57.

高振家，陈克强 . 2003. 新疆的南华系及我国南华系的几个地质问题 . 地质调查与研究，26（1）：8-14.

江金进，陈列锰，宋谢炎，等 . 2013. 金川铜镍矿床 58 号矿体亲铜和亲铁元素特征及其地质意义 . 矿床地质，32（5）：941-953.

姜常义，夏明哲，余旭，等 . 2007. 塔里木板块东北部柳园粗面玄武岩带：软流圈地幔减压熔融的产物 . 岩石学报，23（7）：1765-1778.

姜春发 . 2000. 中央造山带开合构造 . 北京：地质出版社 .

焦建刚，汤中立，闫海卿，等 . 2012. 金川铜镍硫化物矿床的岩浆质量平衡与成矿过程 . 矿床地质，31（6）：1135-1148.

校培喜 . 2004. 笔架山幅 1：2 万区域地质调查报告 . 西安：西安地质矿产研究所 .

李荣社 . 2008. 昆仑山及邻区地质 . 北京：地质出版社 .

李荣社，徐学义，计文化 . 2008. 对中国西部造山带地质研究若干问题的思考 . 地质通报，27（12）：2020-2025.

李文渊 . 1996. 中国铜镍硫化物矿床成矿系列与地球化学 . 西安：西安地图出版社 .

李文渊 . 2015. 中国西北部成矿地质特征及找矿新发现 . 中国地质，42（3）：365-380.

李文渊，牛耀龄，张照伟，等 . 2012. 新疆北部晚古生代大规模岩浆成矿的地球动力学背景和战略找矿远景 . 地学前缘，19（4）：41-50.

李献华，苏犁，宋彪，等 . 2004. 金川超镁铁侵入岩 SHRIMP 锆石 U-Pb 年龄及地质意义 . 科学通报，49（4）：401-402.

刘良，陈丹玲，张安达，等 . 2005. 阿尔金超高压（>7GPa）片麻状（含）钾长石榴辉石岩——石榴子石出溶单斜辉石的证据 . 中国科学：地球科学，35（2）：105-114.

罗金海，车自成，张小莉，等 . 2011. 塔里木盆地东北部新元古代花岗质岩浆活动及地质意义 . 地质学报，85（4）：467-474.

宋述光，张立飞，宋彪，等 . 2004. 青藏高原北缘早古生代板块构造演化和大陆深俯冲 . 地质通报，23（9）：918-925.

汤庆艳，张铭杰，李文渊，等 . 2015. 新疆北山二叠纪大型镁铁-超镁铁质岩体的动力学背景及成矿潜力 . 中国地质，42（3）：468-481.

汤中立，李文渊 . 1995. 金川铜镍硫化物（含铂）矿床成矿模式及地质对比 . 北京：地质出

版社 .

王亚磊, 张照伟, 张铭杰, 等 . 2013. 新疆坡北镁铁–超镁铁质岩体地球动力学背景探讨 . 岩石矿物学杂志, 32（5）: 693-707.

肖序常 . 2000. 青藏高原的构造演化与隆升机制 . 广州: 广东科技出版社 .

杨经绥, 刘福来, 吴才来, 等 . 2003. 中央碰撞造山带中两期超高压变质作用: 来自含柯石英锆石的定年证据 . 地质学报, 77（4）: 463-477.

杨树锋, 陈汉林, 冀登武, 等 . 2005. 塔里木盆地早–中二叠世岩浆作用过程及地球动力学意义 . 高校地质学报, 11（4）: 504-511.

张建新, 李怀坤, 孟繁聪, 等 . 2011. 塔里木盆地东南缘（阿尔金山）"变质基底"记录的多期构造热事件: 锆石 U-Pb 年代学的制约 . 岩石学报, 27（1）: 23-46.

张建新, 张泽明, 许志琴, 等 . 1999. 阿尔金构造带西段榴辉岩的 Sm-Nd 及 U-Pb 年龄——阿尔金构造带中加里东期山根存在的证据 . 科学通报, 44（10）: 1109-1162.

张照伟, 李文渊, 钱兵, 等 . 2015. 东昆仑夏日哈木岩浆铜镍硫化物矿床成矿时代的厘定及其找矿意义 . 中国地质, 42（3）: 438-451.

Chai G, Naldrett A J. 1992. The Jinchuan ultramafic intrusion: Cumulate of high-basalit magma. Journal of Petrology, 33 : 277-303.

Coffin M F, Eldholm O. 1994. Large igneous provinces : Crustal structure, dimensions, and external consequences. Reviews of Geophysics, 32（1）: 1-36.

Duan J, Li C, Qian Z, et al. 2016. Multiple S isotopes, zircon Hf isotopes, whole-rock Sr-Nd isotopes, and spatial variations of PGE tenors in the Jinchuan Ni-Cu-PGE deposit, NW China. Mineralium Deposita, 51（4）: 557-574.

Evans D A D. 2009.The palaeomagnetically viable, long-lived and all-inclusive Rodinia supercontinent reconstruction. Geological Society, London, Special Publications, 327（1）: 371-404.

Hoffman P F. 1991.Did the breakout of Laurentia turn Gondwanaland inside-out. Science, 252（5011）: 1409-1412.

Li C S, Ripley E M. 2011. The giant Jinchuan Ni-Cu(PGE) deposit: Tectonic setting magma evolution, ore genesis and exploration implication. Reviews in Economic Geology, 17 : 163-180.

Li C S, Zhang Z W, Li W Y, et al. 2015. Geochronology, petrology and Hf-S isotope geochemistry of the newly-discovered Xiarihamu magmatic Ni-Cu sulfide deposit in the Qinghai-Tibet plateau, western China. Lithos, 216 : 224-240.

Li X H, Li S, Biao S, et al. 2004.SHRIMP U-Pb zircon age of the Jinchuan ultramafic intrusion and its geological significance. Science Bulletin, 49（4）: 420-422.

Li X H, Li W X, Li Z X. 2008.Petrogenesis and tectonic significance of Neoproterozoic basaltic rocks in South China : From orogenesis to intracontinental rifting. Geochimica, 37

（4）: 382-398.

Li X H, Su L, Chung S L, et al. 2005. Formation of the Jinchuan ultramafic intrusion and the world's third largest Ni-Cu sulfide deposit : Associated with the ~ 825 Ma south China mantle plume? Geochemistry, Geophysics, Geosystems, 6（11）: 1029-1044.

Li Y Q, Li Z L, Sun Y L, et al. 2012.Platinum-group elements and geochemical characteristics of the Permian continental flood basalts in the Tarim Basin, northwest China : Implications for the evolution of the Tarim Large Igneous Province. Chemical Geology, 328 : 278-289.

Liu Y, Lü X, Yang L, et al. 2015.Metallogeny of the Poyi magmatic Cu-Ni deposit : revelation from the contrast of PGE and olivine composition with other Cu-Ni sulfide deposits in the Early Permian, Xinjiang, China. Geosciences Journal, 19（4）: 613-620.

Liu Y, Lü X, Wu C, et al. 2016.The migration of Tarim plume magma toward the northeast in Early Permian and its significance for the exploration of PGE-Cu-Ni magmatic sulfide deposits in Xinjiang, NW China : As suggested by Sr-Nd-Hf isotopes, sedimentology and geophysical data. Ore Geology Reviews, 72 : 538-545.

Ortega-Obregón C, Solari L, Gómez-Tuena A, et al. 2014. Permian-Carboniferous arc magmatism in southern Mexico : U-Pb dating, trace element and Hf isotopic evidence on zircons of earliest subduction beneath the western margin of Gondwana. International Journal of Earth Sciences : Geologische Rundschau, 103（5）: 1287-1300.

Pirajno F. 2013.The Geology and Tectonic Settings of China's Mineral Deposits. Mineralium Deposita, 108（4）: 909-910.

Qin Q, Guo R Q, Zhang X F, et al. 2012.Zircon U-Pb Geochronology and Geological Implications of the Xingdi No. Ⅳ Gabbro-dioritic Pluton in Quruqtagh, Xinjiang. Journal of Xinjiang University（Natural Science Edition）, 29（2）: 240-248.

Ren J, Niu B, Wang J, et al. 2013.Advances in research of Asian geology—A summary of 1 : 5M International Geological Map of Asia project. Journal of Asian Earth Sciences,72（4）: 3-11.

Rino S, Kon Y, Sato W, et al. 2008.The Grenvillian and Pan-African orogens : World's largest orogenies through geologic time, and their implications on the origin of superplume. Gondwana Research, 14（1/2）: 51-72.

Song X Y, Keays R R, Zhou M F, et al. 2009. Siderophile and chalcophile elemental constraints on the origin of the Jinchuan Ni-Cu（PGE）sulfide deposit,NW. Geochimical et Cosmochimica Acta, 73 : 404-424.

Stampfli G M, Hochard C, Vérard C, et al. 2013.The formation of Pangea. Tectonophysics, 593（3）: 1-19.

Tang Q Y, Zhang Z W, Li C, et al. 2016. Neoproterozoic subduction-related basaltic magmatism in the Northern margin of the Tarim Craton: Implications for Rodinia reconstruction. Precambrian Research, 286 : 370-378.

Wang C, Liu L, Yang W Q, et al. 2013.Provenance and ages of the Altyn Complex in Altyn Tagh : Implications for the early Neoproterozoic evolution of northwestern China. Precambrian Research, 230 (2) : 193-208.

Wang C, Wang Y H, Liu L, et al. 2014.The Paleoproterozoic magmatic-metamorphic events and cover sediments of the Tiekelik Belt and their tectonic implications for the southern margin of the Tarim Craton, northwestern China. Precambrian Research, 254 : 210-225.

Wang C, Liu L, Wang Y H, et al. 2015.Recognition and tectonic implications of an extensive Neoproterozoic volcano-sedimentary rift basin along the southwestern margin of the Tarim Craton, northwestern China. Precambrian Research, 257 : 65-82.

Xia L Q, Xia Z C, Xu X Y, et al. 2004.Carboniferous Tianshan igneous megaprovince and mantle plume. Geological Bulletin of China, 23 (9) : 903-910.

Xiao X, Luo Z. 2002.Lithospheric structure and tectonic evolution of the West Kunlun and Its adjacent areas-Brief report on the South Tarim-West Kunlun Multidisciplinary geoscience transect. Regional Geology of China, 21 (2) : 63-68.

Yu J H, O'Reilly S Y, Wang L, et al. 2008.Where was South China in the Rodinia supercontinent? Evidence from U-Pb geochronology and Hf isotopes of detrital zircons. Precambrian Research, 164 (1) : 1-15.

Zhang C L, Li Z X, Li X H, et al. 2009. Neoproterozoic mafic dyke swarms at the northern margin of the Tarim Block, NW China: Age, geochemistry, petrogenesis and tectonic implications. Journal of Asian Earth Sciences, 35 (2) : 167-179.

Zhang M J, Shen H F, Tang Q Y, et al. 2010. Volatile Composition and Carbon Isotope Constraints on Ore Genesis of the Jinchuan Cu-Ni Deposit, Western China. Proceedings of the 11th international platinumsymposium. Ontario, Canada: Ontario Geological Survey.

Zhang Z, Tang Q, Li C, et al. 2017.Sr-Nd-Os-S isotope and PGE geochemistry of the Xiarihamu magmatic sulfide deposit in the Qinghai-Tibet plateau, China. Mineralium Deposita, 52 : 51-68.

Zhang Z W, Wang Y L, Qian B, et al. 2018. Metallogeny and tectonomagmatic setting of Ni-Cu magmatic sulfide mineralization, number I Shitoukengde mafic-ultramafic complex, East Kunlun Orogenic Belt, NW China. Ore Geology Reviews, 96 : 236-246.

Zhao W Z, Shen A J, Zheng J F, et al. 2014.The porosity origin of dolostone reservoirs in the Tarim, Sichuan and Ordos basins and its implication to reservoir prediction. Science China Earth Sciences, 57 (10) : 2498-2511.

第十五章

三江特提斯构造域复合造山及复合成矿

第一节 引 言

造山作用是在地球深部构造动力学背景下，岩石圈和地壳发生的剧烈构造变动，物质成分重组，结构中间的复杂物理、化学的漫长连续地质作用过程。造山作用不限于会聚板块边缘，还可出现于洋脊（海岭），板块碰撞前的俯冲期、主碰撞期、后碰撞期和陆内变形、变质及花岗质岩浆活动。其表现出的洋脊（海岭）、俯冲型山链、碰撞型山链及陆内型山链都可在后期的演化中进入复合造山带。不同时期，不同形成机制的造山作用持续发生在某些构造单元，并在构造域（构造单元）复合，形成复合造山带。三江特提斯构造域指中国西南怒江、澜沧江、金沙江三条大江并流地区，该区经历大陆形成-裂解及原-古-新特提斯洋扩张、消减、闭合、碰撞和构造转化等过程，形成了复杂的多岛弧盆系结构，并在一些构造单元内发育多期复合造山作用，形成成矿特色明显的复合成矿带。不同构造单元拼合、碰撞隆升，形成三江特提斯复合造山带和三江有色金属、贵金属复合成矿带。

前人对三江特提斯复合造山与复合成矿在一些构造单元内已开展了较为

深入的研究（邓军等，2016），但还存在诸多问题需要进一步研究和深化，主要有：①三江特提斯构造域构造叠加、增生汇聚、碰撞转换等重大地质事件的形成机制尚没有得到普遍认可的成果；②几大构造事件和成矿过程的精准时限及内在关联远未弄清；③壳幔相互作用对大型矿集区形成和成矿元素超常富集的制约作用等，尚有诸多问题；④同一空间多期、不同成矿作用的继承性形成机制，也需进一步研究；⑤三江燕山期后的岩浆形成机制尚不清楚，复合成因的一些典型矿床研究尚不系统、深入，对复合成矿（理论）支撑不足。

第二节　三江特提斯复合造山作用

三江特提斯构造域位于特提斯构造带东段，冈瓦纳大陆与劳亚大陆的接合部位，是全球地壳结构最复杂、包含造山带类型最多的一个构造成矿域（邓军等，2012）。该构造域由多条代表消减洋盆和陆壳块体碰撞的蛇绿岩带、混杂岩带，以及沉降速度快、岩相多变、深浅不一的各种类型的沉积盆地和不同时代形成的构造岩浆带、变质岩和强构造应变带组成。从晚元古代—早古生代泛大陆解体与原特提斯洋形成，经古特提斯多岛弧盆系发育与古生代—中生代增生造山/盆山转换，到新生代印度板块和亚洲板块碰撞和走滑动力学过程，是中国大陆构造演化的典型缩影，在全球构造演化中具有举足轻重的地位（潘桂棠等，1997）。

原特提斯蛇绿岩主要分布在古亚洲和秦祁昆巨型构造岩浆岩带内。近年来，在三江特提斯构造域的研究中获得了一些新的进展，新发现了原特提斯洋存在的证据，包括昌宁-孟连缝合带奥陶纪蛇绿岩套（473～439 Ma）（Wang et al.，2013）、保山-腾冲地块奥陶纪弧岩浆岩（502～455 Ma）（Wang et al.，2013）和印支地块志留纪弧火山岩（421～419 Ma）（Lehmann et al.，2013）；2014～2015年，云南省地质调查院在进行"云南省耿马县大兴勘查区1:5万香竹林、勐勇、勐撒、懂过、耿马、安雅、勐库七幅区域地质矿产调查"中，对湾河蛇绿混杂岩进行了追索，发现湾河蛇绿混杂岩向北至少可延伸40余千米至大南美一带，往南至少可延伸到小黑江与澜沧江交汇的双江、漫昭等地，总的延伸长度大于80 km。对其中的绿片岩类、变质堆晶辉长岩、纹层状英云闪长岩（浅色岩系）进行的锆石LA-ICP-MS铀-铅年龄测定获得的年龄值为508～458 Ma。同时在控角、那卡河等地的湾河蛇绿混杂岩中发现了多个规模不等的退变质榴辉岩（榴闪岩）构造透镜体，并在其中获得了 801 Ma、230 Ma 的锆石铀-铅年龄，前者可能代表了退变质榴辉岩（榴闪岩）的原岩年龄，后者与临沧花岗岩基的年龄一致，显然应属后期改造的年龄。针对湾河蛇绿混杂岩及榴辉岩（榴闪岩）的深入研究，可进一步厘定原特提斯洋的轨迹，深化特提斯的演化研究。

三江地区古特提斯形成过程，主要为甘孜-理塘、金沙江-哀牢山、南澜沧江和昌宁-孟连四个洋盆的形成和关闭的演化过程。甘孜-理塘洋、金沙江洋于晚古生代（泥盆纪—二叠纪）离裂于扬子古陆，于晚三叠世洋盆消减闭合；南澜沧江洋和昌宁-孟连洋的形成演化，代表了冈瓦纳古大陆陆缘的离裂、汇聚的历史，包含了原特提斯向古特提斯连续演化过渡的过程，是研究原特提斯在印/亚发育演化最为理想的地区。南澜沧江洋为原特提斯昌宁-孟连洋向东俯冲形成的弧后盆地，代表拉张成洋的海底火山岩系及大平掌海底喷流沉积铜多金属矿，其形成年龄为 421~376 Ma。如前述，昌宁-孟连洋有着原特提斯-古特提斯的发育演化历史，昌宁-孟连结合带是目前比较公认的印度板块与亚洲板块的主分界线。

新特提斯洋的闭合造成了印度板块与亚洲板块的碰撞，形成了数千千米的缝合带，从土耳其西部的塞浦路斯向东经过伊朗的扎格罗斯（Zagros）地区并与雅鲁藏布江缝合带相接。侯增谦等（2006）针对青藏高原大陆碰撞造山提出了主碰撞（65~41Ma）、晚碰撞（40~26Ma）和后碰撞（25~0Ma）三阶段连续演化模式。青藏高原造山作用对于欧亚造山带浅部变形和深部物质迁移有重要影响，并不断有新的理论模式提出，如地壳隧道流模式（Royden et al.，2008；Yin and Harrison，2000）。西南三江斜向碰撞造山作用使特提斯造山带陆内构造变形强烈，引发了西南三江造山带大规模扭折、印支地块逃逸和大规模走滑作用（Leloup et al.，1995；Royden et al.，2008；邓军等，2010）。

三江复合造山具有不同属性板块拼接、至少四条蛇绿岩带（套）与岛弧带并列、构造格架继承与改造、物质活化与循环运动，以及构造体制转换突出的特征。深部存在多期大洋板片俯冲-断离与岩石圈地幔富集-活化，板块拼贴、流体交代、岩浆作用和构造挤压等活动，导致岩石圈物质组成与结构的复杂变化。三江特提斯发育六种最主要类型的金属矿床：块状硫化物铜矿、铅锌多金属矿、斑岩型铜（钼、金）矿、造山型金矿、热液型银铅锌矿和硫化物型锡矿（Hou et al.，2006；Sun et al.，2009a；李文昌等，2010），且在同一成矿带中往往可出现两套或多套成矿系统叠加，形成特提斯复合成矿系统奇观。燕山期、喜马拉雅期的岩浆活动在三江地区主要出露于中北段，向南由于挤压作用的增强，较多的挤压构造带内广泛发育隐伏岩带，因而隐伏矿的找矿潜力巨大。

第三节　三江特提斯复合成矿作用和成矿系统

复合成矿作用被认为是形成世界级超大型矿床的重要因素（Frimmel，2002）。洋板块俯冲构造体制的成矿系统研究已较为成熟，自缝合带向陆内依次发育增生楔造山型金矿床、大陆岛弧带斑岩型铜-钼-金矿床和弧后盆地密西西比河谷型铅锌矿床（Groves et al.，1998）。近年来研究认为成矿系统多期壳幔作用或复合造山（Muntean et al.，2011；Lee et al.，2012；Griffin et al.，2013），深部驱动与多因耦合（Chiaradia，2014；Wilkinson，2013；Richards，2013）和临界条件与转变（Botcharnikov et al.，2011；Sun et al.，2004）是控制斑岩型、岩浆型或低温热液型等多种类型大规模成矿的重要因素。

地球深部物质组成和结构的不均一性及深部作用过程，从根本上控制着矿产资源的形成与分布。深部过程与成矿是指在大规模构造事件的驱动下，深部物质上升、重新分异和调整；岩浆及含矿流体沿深大断裂向上运移，在其不断演化或水岩反应过程中金属元素发生富集，在沉积界面、构造裂隙带、岩性界面、地球化学突变带等发生交代、沉淀，最终形成矿床。深部过程对区带成矿和复合有控制作用；深部驱动机制包括岩浆与流体物理化学条件转变和成矿物质就位过程。

大规模集中成矿与复杂多样的深部过程有密切成因，这一观点得到广泛共识，提出的深部过程包括岩石圈拆沉、板片俯冲、洋脊俯冲、板片撕裂、板块断离、加厚地壳熔融等。早白垩世西太平洋板片俯冲引发中国华北克拉通破坏，并引发大规模成矿（Zhu and Zheng，2009）；中生代古太平洋板块的俯冲与板块破坏引发华南地壳伸展与大花岗岩省形成，导致钨、锡、铋和铀的集中成矿（Li and Li，2007；Hu and Zhou，2012）。

研究揭示复合造山或多期壳幔相互作用对于集中成矿事件有重要控制作用。Lee 等（2012）指出斑岩铜矿产生与多期壳幔相互作用有关，早期岛弧岩浆演化形成含铜辉石岩，后期地壳增厚使含铜辉石岩被熔融释放铜元素而成矿；Griffin 等（2013）提出大量成矿元素预先富集在岩石圈地幔下部，继而被上升岩浆携带至地壳而成矿；Richards（2009）和 Hou 等（2013）认为陆内斑岩型矿床的形成与早期造山新生地壳的形成和晚期造山新生地壳的再活化过程有关；峨眉山大火成岩省大型铁-钛氧化物矿床的形成被认为是地幔柱与俯冲板块交代岩石圈相互作用的结果（Hou et al.，2013）。近年来，国内外许多矿床地质学家发现壳幔相互作用作为成矿系统形成与发育的主导因素之一，这决定了成矿系统的物质组成、时空结构和各类矿床的有序组合（胡瑞忠等，2007；Sun et al.，2009b）。大型、超大型矿床和矿集区的时空分布规律本质上受深部地质过程演化制约，地幔物质和地壳规模的构造是控制地壳内部大规模流体流动迁移、聚集存储的最主要因素。热液成矿系统的形成受深部构造制约，而且可能存在地壳/地幔尺度的热液系统，因此成矿机制研究必须探讨地壳尺度的构造控矿系统及壳幔相互作用过程。例如，通过对中国大陆环境斑岩铜矿的对比研究，Hou 等（2007）发现含铜斑岩的ε_{Nd}值与斑岩铜矿金属铜吨位存在正相关关系，证实幔源物质向含铜岩浆的直接或间接供给是形成斑岩铜矿的根本所在；Richards（2013）通过对岩浆弧环境斑岩岩浆起源演化与成矿作用的研究发现，来自俯冲板片流体交代的地幔楔形区的镁铁质岩浆，通常在壳幔界面发生 MASH（熔融、混染、储集、混合）作用，使壳幔岩浆混合、混染、均一和演化，形成富铜的长英质岩浆，最后在上地壳浅部就位成矿；侯增谦等（2006）的研究显示：伴随大陆碰撞和地壳加厚而深熔形成的壳源低f_{O_2}花岗岩岩浆，通常形成锡-钨矿床和稀有金属矿床；而通过俯冲板片断离（breaking-off）和软流圈上涌而产生的壳/幔混源高f_{O_2}长英质岩浆，则形成铜-金-钼-铁矿床等。此外，在有关壳幔相互作用的示踪研究技术方面也取得了长足的进展，如一些学者利用锆石原位铪-氧同位素来示踪壳幔相互作用及其对花岗岩和其中镁铁质包体的源岩类型制约，取得了许多其他方法无法获取的信息，其原因在于岩浆阶段形成锆石的铪-氧同位素能对岩浆岩形成过程中幔源岩浆的贡献提供制约，可以详细记录和保存不同岩浆混合和分异演化过程中同位素组成变化的细节，且锆石对铪-氧同位素组成有很好的保存性（吴福元等，2007；Sun et al.，2010）。

在三江特提斯构造域，长达千余千米的富钾长英质岩浆岩带、广泛发育的煌斑岩脉和碳酸岩-碱性杂岩带构成的不连续火成岩省，其岩浆活动峰期年龄集中在 35 Ma 左右，显示该区成岩成矿过程受深部软流圈上涌、壳幔相互作用和浅部走滑断裂系统的严格控制（侯增谦等，2006；李文昌和刘学龙，2015）；前人研究也发现，哀牢山金矿带中大量出现与金矿化基本同时代的基性或碱性脉岩，金成矿流体中富含幔源特征的CO_2组分，矿石的铂族元素和铼-锇同位素组成与煌斑岩等非常相似，成矿流体的惰性气体同位素组成显示明显的幔源物质加入，从而提出该区壳幔相互作用对金的成矿起到关键作用（Sun et al., 2009b）；熊德信等（2006，2007）在哀牢山金矿含金石英脉中发现了大量高结晶度的石墨，推测这些石墨形成于下地壳麻粒岩相变质环境下，喜马拉雅期切割较深的韧性剪切带从上地幔和下地壳麻粒岩相变质基底中汲取大量富CO_2的流体的同时，还从下地壳携带微纳米级的石墨，富含CO_2和高结晶度石墨的成矿流体沿剪切带上升，并在脆性断裂中沉淀成矿（熊德信等，2006）。此外，胡瑞忠等（2004）通过对红河-哀牢山金矿带氦-氩同位素的研究表明，该区以金为主的矿床的成矿流体中存在大量幔源组分；李振清等（2005）对滇西腾冲地区现代热泉的氦同位素研究显示，其R/Ra为0.4～5.0，显示了明显的地幔贡献。

复合成矿系统广泛发育，而复合造山对复合成矿系统的形成有重要控制作用，其深部驱动机制仍需深入研究，包括板片俯冲与地幔部分熔融、壳幔相互作用与地壳生长、多期成矿岩浆与热液演化和浅部就位、成矿元素预富集和再活化及地壳大型断层多期活动和导流作用等系列因素（翟裕生等，2002；邓军等，2014）。成矿系统理论强调多因耦合与临界转换是重要的成矿作用机理，依据构造动力体制将成矿系统划分为伸展构造成矿系统类、挤压构造成矿系统类、走滑构造成矿系统类等七类（翟裕生等，1999）。复合成矿系统是指在一定的时空域中，不同时期多种成矿作用或者同一时期不同成矿作用复合，综合控制矿床形成的全部地质要素及矿床系列的整体。复合成矿表现为成矿物质继承改造或成矿作用融合交叉，导致成矿元素多幕式富集，成矿空间广，成矿强度高，矿床规模一般较大等特征。复合成矿系统既包括不同地质矿床间的复合，也包括矿化系统之间的复合。

复合成矿系统大型、超大型矿床集中，找矿潜力巨大；但成矿过程多样，物质组成复杂；同时矿化异常相互叠合与干扰，地质-物探-化探-遥感等异常提取技术与解释难度高。通过地球物理资料解译、岩石同位素填图和非传统同位素示踪等多种手段，研究岩石圈结构组成特征，是揭示复合成矿与深部过程相互关系的重要途径（Zhu et al., 2011；Tang et al., 2014）；运用原位流体包裹体、矿物微量元素和同位素等新分析技术，深入研究成矿物质组成与来源，以及流体和元素分异机制，是揭示复合成矿过程的关键所在（Horn et al., 2006；Cook et al., 2009）；根据非线性数学理论提出的弱异常提取、复杂异常分解和综合信息集成等系列方法对于复合成矿系统矿致异常解析具有针对性（Cheng et al., 1994；邓军等，2010）。

复合成矿系统在中国广泛发育，类型丰富，如华北克拉通北缘中元古代裂谷热水沉积＋古生代碳酸岩浆（白云鄂博铁-稀土矿床）、长江中下游断拗带海西期热水沉积＋燕山期岩浆-热液（铜官山铜矿床）、粤北晚古生代热水-火山沉积＋燕山期岩浆-热液（大宝山铁-钼多金属矿床）复合成矿系统等（翟裕生等，2009）；但以中国西南三江地区最为典型，其作用时间长，成因类型多，空间分布与构造单元和地质构造演化有很好的对应关系。复合成矿系统的研究是提高我国重要矿集区深部成矿空间找矿勘探水平、发现深部大型-超大型矿床并缓解资源危机的重要途径。

第四节　三江特提斯典型复合成矿系统

一、典型复合成矿系统

三江原—古-新特提斯洋演化过程中，在弧后盆地、岛弧、上叠裂谷盆地和大陆边缘裂谷盆地等沉积环境广泛发育海（湖、沟）底喷流沉积成矿活动，之后的多期次构造事件，往往沿上述单元的构造边界或岛弧、陆缘弧，叠加了与岩浆活动相关联的成矿作用，部分构造带则在后期的挤压或走滑活动中，再次叠加了岩浆或构造热液成矿活动，形成两期甚至三期叠加现象，这些现象可在一个成矿带内出现，也可出现在一个矿田甚至一个矿床内。

三江地区的喷流沉积成矿活动通常出现于原、古特提斯洋及俯冲碰撞上叠裂谷的形成和演化中，少量发生在走滑拉分盆地的形成过程中，因此，含矿层位主要有早古生代（芦子园、核桃坪、大平掌），晚古生代（老厂、羊拉），早中生代（呷村、鲁春），局部陆相（湖盆、陷沟）环境也有喷流沉积成矿活动（兰坪）。印支、燕山和喜马拉雅三期岩浆活动于不同的环境，发育不同的成矿活动，独立发育或叠置于不同的成矿带及矿床。印支期岩浆成矿作用主要发育于甘孜-理塘洋、金沙江洋、南澜沧江洋和昌宁-孟连洋四个古特提斯洋俯冲关闭形成的岛弧带、陆缘结合带中，在义敦岛弧南段形成格咱斑岩-夕卡岩铜矿带（普朗、雪鸡坪、红山），金沙江结合带形成夕卡岩-斑岩铜矿带（羊拉、曲隆），南澜沧江则主要形成火山-沉积或火山-岩浆热液型铜矿（民乐、官房），而临沧印支期花岗岩带则发育与岩浆活动有关的稀土、钨锡矿床。燕山期在扬子西缘结合带及两侧、班公湖-怒江构造带及两侧，也广泛形成与岩浆（斑岩）活动有关的钼铜矿（多龙、铁格隆南、休瓦促、红山、铜厂沟）、钨锡矿（个旧、小龙河）等。喜马拉雅期的成矿活动更为广泛地发育于各构造活动带。在扬子西缘各构造带中，叠加发育富碱斑岩金铜矿（玉龙、北衙、马厂箐），在班公湖-怒江构造带发育钼铜矿（老厂）、钨锡矿（小龙河、薅坝地），拉分造山盆地发育卤水-岩浆热液型铅-锌-银-铜矿（兰坪、白秧坪），大型构造剪切带发育造山型金矿（老王寨、大坪等）和多期岩浆热液铅-锌-铜-铁-锡-钨矿等。因此，三江复合成矿作用普遍，典型示例如下。

1. 增生-碰撞造山岩浆热液型铜-钼-锡-钨复合成矿系统

增生-碰撞造山岩浆热液型铜-钼-锡-钨复合成矿系统主要分布于义敦岛弧铜-钼-钨成矿带和保山-腾冲锡-铅-锌-铜成矿带。义敦岛弧成矿带发育有增生造山印支期和燕山期花岗岩类岩石，印支期斑岩成矿时限为 230～199 Ma，以铜-钼为主（Li et al., 2011）；燕山期岩体成矿年龄集中于 80 Ma，以钼-钨为主；两期斑岩成矿在红山铜矿床叠加明显（李文昌等，2011）。保山-腾冲成矿带主体发育燕山期和喜马拉雅期与 S 型花岗岩有关夕卡岩型铅-锌-铜和夕卡岩-云英岩型锡-钨稀有金属矿床，成矿时代主要峰值为 120 Ma、75 Ma 和 55 Ma（Wang et al., 2013），多期夕卡岩-云英岩型成矿作用存在复合现象；在与新特提斯洋片俯冲有关的云英岩型来利山矿床，锡矿体产于断层破碎带内，矿石包含残余的块状硫化物，表明云英岩型锡矿体复合于早期矿体之上（Hou et al., 2007）。

2. 走滑拉分盆地卤水-岩浆热液型铅-锌-银-铜复合成矿系统

走滑拉分盆地卤水-岩浆热液型铅-锌-银-铜复合成矿系统主要分布于昌都-兰坪-普洱盆地。兰坪盆地发育与岩浆热液有关的金满-连城铜-钼矿，辉钼矿铼-锇年龄为 47.8 ± 1.8 Ma（Zhang et al., 2013）；金顶超大型铅-锌矿床包括含金属热卤水、大气降水和深源岩浆热（液）流体三种成矿流体；白秧坪矿田发生过两次热液成矿事件，早期为古新世末—始新世初期以铜为主的矿化，晚期为始新世末—渐新世初期与盆地卤水有关的铅-锌矿化（He et al., 2009），两期矿化事件在富隆厂和白秧坪矿床发生复合（王晓虎等，2011）。昌都盆地赵发涌-拉诺玛铅-锌矿田存在盆地卤水和岩浆热液的同时活动，代表同一构造事件下多种成矿作用复合的产物（陶琰等，2011）。

3. 增生-碰撞复合造山型金矿成矿系统

增生-碰撞复合造山型金矿成矿系统主要分布在哀牢山金矿带和川西金矿带。例如，云南哀牢山地区相继发现了大坪、墨江、老王寨（镇沅）、冬瓜林和长安等金矿，金的总储量达 500t 以上，它们受哀牢山大型走滑剪切带控制，其一系列地质特征显示它们属于典型的造山型金矿（孙晓明等，2006；Sun et al., 2009b）。这些金矿的主要成矿时代为喜马拉雅期，但存在多期成矿叠加（孙晓明，2012）。例如，石贵勇等（2012）对哀牢山金矿带最重要的金矿之一——老王寨（镇沅）金矿中的含金黄铁矿进行了铼-锇定年，获得其等时线年龄为 229 ± 38 Ma，$^{187}Os/^{188}Os$ 初始值 0.68 ± 0.24，显示哀牢山金矿带至少在古特提斯构造演化的晚期（印支期）存在一次重要的金成矿事件，该期成矿物质来源属壳-幔混合来源，但以幔源为主。哀牢山复合造山作用经历了前寒武纪—早古生代基底的形成、晚古生代俯冲造山作用、海西期末—印支期强烈碰撞造山、燕山期—喜马拉雅期走滑等复杂的演化过程。多旋回的构造-岩浆-成矿作用使哀牢山金矿带具有多期次成矿特征（石贵勇等，2012）。此外，位于三江特提斯构造域东缘的甘孜-理塘金成矿带，是发育在印支期的板块结合带，以及甘孜-理塘洋脊型火山岩-蛇绿岩带之上的以金为主的成矿带。金矿化主要集中于其中南段，目前已发现了嘎拉、雄龙西、那西、玉隆等大中型金矿床，它们绝大多数与燕山期—喜马拉雅期碰撞推覆和走滑构造作用相关（李文昌等，2010）。Yuan 等（2012）对甘孜-理塘金矿带中含金石英脉里热液锆石和磷灰石的裂变径迹测定发现，该区金的主要成矿年龄为 84～77 Ma 和 138～108 Ma 两期，表明甘孜-理塘断裂带主要受燕山期构造作用影响，其一系列地质特征显示该区金矿与甘孜-理塘洋关闭，和中咱地块与扬子陆块拼合后的系列挤压-走滑活动有关；在川西的龙门山-锦屏山造山带也发现了一批金矿，如缅萨洼金矿、大渡河金矿等（骆耀南和俞如龙，2001；王登红等，2001；李晓峰等，2005），其一系列地质特征也显示它们属于变质地体中的造山型金矿，受大型剪切带和层间滑脱带控制，其成矿时代主要为 26～22 Ma（王登红等，2001），显示该区金矿主要与特提斯构造演化后的印度板块和亚洲板块的碰撞造山作用有关。

二、典型复合矿床

三江代表原、古特提斯昌宁-孟连，代表古特提斯的金沙江-哀牢山、义敦岛弧带等，都广泛发育复合成矿作用。而矿床内已确认有多期成矿叠加的典型矿床也不在少数，如澜沧老厂、香格里拉红山、香格里拉休瓦促等。

云南澜沧老厂铅锌多金属矿位于昌宁-孟连结合带南段，以往认为矿床为早石炭世海底火山喷流沉积成因的铅锌银矿床。之前的研究，诸多学者也推断预测矿床下可能隐伏酸性岩（斑岩）体，有进一步寻找铜多金属的潜力。

复合成矿系统。澜沧铅锌银矿成矿展示出"四位一体"成矿系统特征，包括了以往评价的火山成因块状硫化物矿型铅锌银矿（黄铜黄铁矿）和新近突破的斑岩型钼铜矿、夕卡岩型铜铅锌矿、热液脉状铅锌银矿，是海西期火山喷流沉积型成矿作用和喜马拉雅期斑岩型成矿作用形成的复合系统。

针对两次成矿作用（系列）的时代，多位学者做了较为深入的研究。火山喷流沉积成矿的时代：薛步高等做的铅同位素模式年龄主要集中在 355～295 Ma，黄智龙利用 C_1 凝灰岩中锆石所做的 SHRIMP 年龄为 323 Ma，综合多方面分析，该期成矿年龄应在 323～295 Ma。斑岩成矿作用期成矿时代：6 件辉钼矿模式年龄在 44.4～44.0 Ma，等时年龄为 43.78±0.78 Ma（李峰等，2009），黄铁矿铷-锶等时线年龄为 45 Ma，由此，花岗斑岩成矿作用应在 45～43.78 Ma。斑岩成矿期形成的钼铜矿化不限于斑岩体自身，在 ZK14827 钻孔中，钼铜矿在斑岩体上方围岩中也形成扩散的矿化晕，围岩中的钼铜矿体厚度可达 200 多米，之下岩体中的斑岩型钼（铜）矿体厚度大于 400m，钼矿体总见矿长度达 696.25 m，平均品位为 0.068%。

综合成矿作用过程及矿床特征，我们可以归纳形成"双成矿系统"的复合成矿模式（图 15.1）。

第五节　三江特提斯成矿作用深部驱动机制

古特提斯是中国西南特提斯造山带形成的主体阶段，甘孜-理塘洋、金沙江-哀牢山洋、南澜沧江洋、昌宁-孟连洋的消减闭合，导致了三江至少存在四条火山岩浆弧的发育，也形成系列斑岩-夕卡岩型系列铜钼矿床，云南香格里拉格咱斑岩铜矿带成为中国第一个印支期斑岩铜钼矿带（239～203Ma）；在扬子西缘与三江造山带发生弧陆（陆陆）碰撞，可能由于地壳增厚、下地壳熔融，在反弹伸展环境下导致大量岩浆上侵，形成燕山期斑岩带和与燕山期（100～75 Ma）斑岩有关的斑岩型钼多金属矿床；随着碰撞隆升的加剧，位于侧向环境的三江发生了大规模的走滑剪切活动，大规模走滑断裂切穿岩石圈，诱发岩浆上侵，形成金沙江-红河喜马拉雅期富碱斑岩带（Li et al.，2014），形成大量金-铜-钼矿床，成矿年龄有向南变新的趋势（北部 49～34Ma，中南部 38～32Ma）。富碱斑岩形成与演化的深部控制机制一直存在争议，学者们相继提出以下几种模型：①走滑模型。哀牢山-红河断裂的走滑活动导致慢源岩浆上侵。②大陆俯冲模型。印度大陆岩石圈北东向俯冲和脱水，引发岩石圈地幔部分熔融（Wang et al.，2001）。③拆沉模型。加厚大陆岩石圈地幔下部拆沉减薄致使交代地幔减压、软流圈上涌和

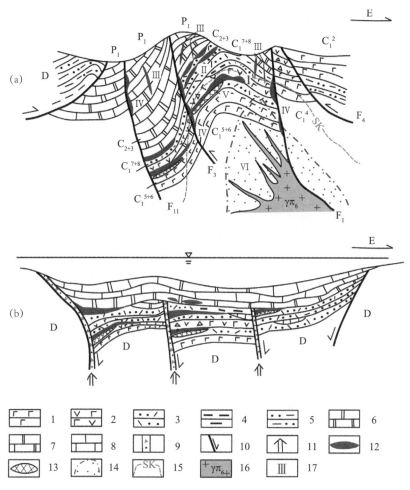

1. 玄武质熔岩及凝灰岩；2. 安山质熔岩，火山碎屑岩；3. 沉凝灰岩；4. 碳硅质页及碳质页岩；5. 中上泥盆统含砾页岩；6. 中上石炭统白云岩；7. 下二叠统白云质灰岩；8. 火山岩系中的灰岩夹层；9. 同生断裂；10. 后生断层及编号；11. 喷流热液运动方向；12. 矿体；13. 含铜黄铁矿矿体；14. 推测斑岩型 Mo（Cu）矿化区；15. 夕卡岩化分布区；16. 隐伏花岗岩体；17. 矿体编号

图 15.1　澜沧老厂"双成矿系统"同位叠加成矿模式

资料来源：李峰，2009，有改动

（a）山期斑岩成矿系统；（b）早石炭世块状火山喷流沉积成矿系统

下地壳部分熔融（Chung et al.，2005；Lu et al.，2013）。④俯冲断离模型。新特提斯洋俯冲板片从印度大陆板片前缘断离，软流圈上涌，交代的岩石圈地幔部分熔融（Flower et al.，2013）。学界普遍认为富碱斑岩和碳酸岩形成与大洋板片俯冲形成的交代地幔和碰撞造山地幔再活化有关，但是两种岩浆岩的形成过程仍缺乏统一的大地构造模式。对于扬子西缘富碱斑岩带的发育和系列斑岩型金（铜、钼）矿的形成，新近研究认为，斑岩金铜矿的形成与多期壳幔相互作用有关，提出大量成矿元素预先富集源自幔源岩浆在壳幔结合界面聚集，大规模挤压/走滑活化壳幔边界及下地壳岩浆，沿大型走滑断裂上升，在次级构造就位形成斑岩及斑岩金（铜、钼）多金属矿床，并在岩体内形成斑岩铜-钼矿，接触带形成夕卡岩金-铜-铁矿及在外带形成浅成低温热液型铅-锌-银矿和金矿的系列矿床；对于中生代昌都-兰坪盆地中系列矿床的形成，我们趋向于的盆地卤水和岩浆热液复合成矿的深部驱动与导流网络仍需进一步研究。

第六节 研 究 展 望

（1）对三江特提斯构造域构造叠加、增生汇聚、碰撞转换等重大地质事件与成矿的内在联系需要深入研究，创新成矿理论。

（2）对同一空间多期、不同成矿作用的继承性形成机制开展深入研究。

（3）对典型复合成矿带（矿床）开展深入研究。为复合成矿理论建立作好典型实例支撑。主要有扬子西缘复合成矿作用研究、保山地块被动陆缘复合成矿作用机制研究、昌宁-孟连带原特提斯的形成演化研究；典型复合成因矿床包括普朗-红山-休瓦促复合矿床、羊拉铜矿、老厂铅锌银铜钼矿、核桃坪、芦子园铅锌铁铜矿等，都是研究复合成矿最好的实例。

参考文献

邓军，侯增谦，莫宣学，等 . 2010. 三江特提斯复合造山与成矿作用 . 矿床地质，29（1）：37-42.

邓军，侯增谦，莫宣学，等 . 2016. 三江特提斯复合造山与成矿作用 . 北京：地质出版社 .

邓军，李文昌，符德贵，等 . 2012. 西南三江南段新生代金成矿系统 . 北京：地质出版社 .

邓军，王长明，李文昌，等．2014.三江特提斯复合造山与成矿作用研究态势及启示．地学前缘，21（1）：52-64.

侯增谦，莫宣学，杨志明，等．2006.青藏高原碰撞造山带成矿作用：构造背景、时空分布和主要类型．中国地质，33（2）：340-351.

胡瑞忠，毕献武，苏文超，等．2004.华南白垩-第三纪地壳拉张与铀成矿的关系．地学前缘，11（1）：153-160.

胡瑞忠，毕献武，彭建堂，等．2007.华南地区中生代以来岩石圈伸展及其与铀成矿关系研究的若干问题．矿床地质，26（2）：139-152.

李峰，鲁文举，杨映忠，等．2009.云南澜沧老厂斑岩钼矿成岩成矿时代研究．现代地质，23（6）：1049-1055.

李文昌，刘学龙．2015.云南普朗斑岩型铜矿田构造岩相成矿规律与控矿特征．地学前缘，22（4）：53-66.

李文昌，潘桂棠，侯增谦，等．2010.西南"三江"多岛弧盆-碰撞造山成矿理论与勘查技术．北京：地质出版社．

李文昌，刘学龙，曾普胜，等．2011.云南普朗斑岩型铜矿成矿岩体的基本特征．中国地质，38（2）：403-414.

李晓峰，毛景文，刘娅铭，等．2005.青藏高原东缘缅萨洼金矿成矿流体地质地球化学特征．岩石学报，21（1）：189-200.

李振清，侯增谦，聂凤军，等．2005.藏南上地壳低速高导层的性质与分布：来自热水流体活动的证据．地质学报，79（1）：68-77.

骆耀南，俞如龙．2001.西南三江地区造山演化过程及成矿时空分布．矿物岩石，（03）：153-159.

骆耀南，俞如龙．2002.西南三江地区造山演化过程及成矿时空分布．地球学报，23（5）：417-422.

潘桂棠，陈智梁，李兴振，等．1997.东特提斯地质构造形成演化．北京：地质出版社：1-237.

石贵勇，孙晓明，潘伟坚，等．2012.哀牢山金矿带镇沅（老王寨）超大型金矿Re-Os定年及其地质意义．科学通报，57（26）：2492-2500.

孙晓明．2012.哀牢山喜马拉雅期碰撞造山型金矿成矿特征和动力学机制//板块汇聚、地幔柱对云南区域成矿作用的重大影响．北京：中国科技出版社．

孙晓明，熊德信，王生伟，等，2006.壳幔相互作用及其对哀牢山金矿带金成矿的贡献：以云南大坪金矿为例//地质与地球化学研究进展——庆贺王德滋院士致力于地质科学六十周年暨八十华诞．南京：南京大学出版社．

陶琰，毕献武，辛忠雷，等．2011.西藏昌都地区拉诺玛铅锌锑多金属矿床地质地球化学特征及成因分析．矿床地质，30（4）：599-615.

王登红，骆耀南，傅德明，等 . 2001. 四川杨柳坪 Cu-Ni-PGE 矿区基性–超基性岩的地球化学特征及其含矿性 . 地球学报，22（2）：135-140.

王晓虎，侯增谦，宋玉财，等 . 2011. 兰坪盆地白秧坪铅锌铜银多金属矿床：成矿年代及区域成矿作用 . 岩石学报，27（9）：2625-2634.

吴福元，李献华，郑永飞，等 . 2007. Lu-Hf 同位素体系及其岩石学应用 . 岩石学报，23（2）：185-220.

熊德信，孙晓明，石贵勇，等 . 2006. 云南大坪金矿白钨矿微量元素、稀土元素和 Sr-Nd 同位素组成特征及其意义 . 岩石学报，22（3）：733-741.

熊德信，孙晓明，翟伟，等 . 2007. 云南大坪韧性剪切带型金矿富 CO_2 流体包裹体及其成矿意义 . 地质学报，81（5）：640-653.

翟裕生，邓军，崔彬，等 . 1999. 成矿系统及综合地质异常 . 现代地质，（1）：99-104.

翟裕生，苗来成，向运川，等 . 2002. 华北克拉通绿岩带型金成矿系统初析 . 地球科学–中国地质大学学报，27（5）：522-531.

翟裕生，王建平，彭润民，等 . 2009. 叠加成矿系统与多成因矿床研究 . 地学前缘，16（6）：282-290.

Botcharnikov R E，Linnen R L，Wilke M，et al. 2011. High gold concentrations in sulphide-bearing magma under oxidizing conditions. Nature Geoscience，4（2）：112-115.

Cheng Q M，Agterberg F P，Ballantyne S B. 1994. The separation of geochemical anomalies from background by fractal methods. Journal of Geochemical Exploration，51（2）：109-130.

Chiaradia M. 2014. Copper enrichment in arc magmas controlled by overriding plate thickness. Nature Geoscience，7（1）：43-46.

Chung S L，Chu M F，Zhang Y Q，et al. 2005. Tibetan tectonic evolution inferred from spatial and temporal variations in post-collisional magmatism. Earth-Science Reviews，68（3-4）：173-196.

Cook N J，Ciobanu C L，Mao J. 2009. Textural control on gold distribution in as-free pyrite from the dongping，huangtuliang and hougou gold deposits，north china craton（hebei province，china）. Chemical Geology，264（1-4）：101-121.

Flower M F J，Hoàng N，Lo C H，et al. 2013. Potassic Magma Genesis and the Ailao Shan-Red River Fault. Journal of Geodynamics，69：84-105.

Frimmel H E. 2002. Genesis of the world's largest gold deposits. Science，297（5588）：1815-1817.

Griffin W L，Begg G C，O'Reilly S Y. 2013. Continental-root control on the genesis of magmatic ore deposits. Nature Geoscience，6：905-910.

Groves D I，Goldfarb R J，Gebre-Mariam M，et al. 1998. Orogenic gold deposits：A proposed classification in the context of their crustal distribution and relationship to other gold deposit types. Ore Geology Reviews, 13 (1-5): 7-27.

He L Q, Song Y C, Chen K X, et al. 2009. Thrust-controlled, sediment-hosted, Himalayan Zn-Pb-Cu-Ag deposits in the Lanping foreland fold belt, eastern margin of Tibetan Plateau. Ore Geology Reviews, 36 (1-3): 106-132.

Horn I, Blanckenburg F V, Schoenberg R, et al. 2006. In situ iron isotope ratio determination using uv-femtosecond laser ablation with application to hydrothermal ore formation processes. Geochimica Et Cosmochimica Acta, 70 (14): 3677-3688.

Hou T, Zhang Z C, Encarnacion J, et al. 2013. The role of recycled oceanic crust in magmatism and metallogeny: Os-SrNd isotopes, U-Pb geochronology and geochemistry of picritic dykes in the Panzhihua giant Fe-Ti oxide deposit, central Emeishan large igneous province, SW China. Contributions to Mineralogy and Petrology, 165 (4): 805-822.

Hou Z Q, Tian S H, Yuan Z X, et al. 2006. The Himalayan collision zone carbonatites in western Sichuan, SW China: Petrogenesis, mantle source and tectonic implication. Earth and Planetary Science Letters, 244: 234-250.

Hou Z Q, Zaw K, Pan G T, et al. 2007. Sanjiang Tethyan metallogenesis in S. W. China: Tectonic setting, metallogenic epochs and deposit types. Ore Geology Reviews, 31 (1-4): 48-87.

Hu R Z, Zhou M F. 2012. Multiple Mesozoic mineralization events in South China: An introduction to the thematic issue. Mineralium Deposita, 47: 579-588.

Lee C T A, Luffi P, Chin E J, et al. 2012. Copper systematics in arc magmas and implications for crust-mantle differentiation. Science, 336 (6077): 64-68.

Lehmann B, Zhao X, Zhou M, et al. 2013. Mid-silurian back-arc spreading at the northeastern margin of gondwana: The dapingzhang dacite-hosted massive sulfide deposit, lancangjiang zone, southwestern yunnan, china. Gondwana Research, 24 (2): 648-663.

Leloup P H, Lacassin R, Tapponnier P, et al. 1995. The Ailao Shan-Red River shear zone (Yunnan, China), Tertiary transform boundary of Indochina. Tectonophysics, 251 (1-4): 3-84.

Li W C, Zeng P S, Hou Z Q, et al. 2011. The Pulang porphyry copper deposit and associated felsic intrusions in Yunnan province, southwest china. Economic Geology, 106: 79-92.

Li W C, Yin G H, Yu H J, et al. 2014. The Yanshanian Granites and Associated Mo-Polymetallic Mineralization in the Xiangcheng-Luoji Area of the Sanjiang-Yangtze Conjunction Zone in Southwest China. Acta Geologica Sinica (English Edition), 88 (6): 1742-1756.

Li Z X, Li X H. 2007. Formation of the 1300-km-wide intracontinental orogen and postorogenic magmatic province in Mesozoic South China: A flat-slab subduction model. Geology, 35(2): 179-182.

Lu Y J, Kerrich R, Mccuaig T C, et al. 2013. Geochemical, Sr-Nd-Pb, and zircon Hf-O isotopic compositions of Eocene-Oligocene shoshonitic and potassic adakite-like felsic intrusions in western Yunnan, SW China: Petrogenesis and tectonic implications. Journal of Petrology, 54 (7): 1309-1348.

Muntean J L, Cline J S, Simon A C, et al. 2011. Magmatichydrothermal origin of Nevada/'s Carlin-type gold deposits. Nature Geoscience, 4 (2): 122-127.

Richards J P. 2009. Postsubduction porphyry Cu-Au and epithermal Au deposits: Products of remelting of subduction-modified lithosphere. Geology, 37: 247-250.

Richards J P. 2013. Giant ore deposits formed by optimal alignments and combinations of geological processes. Nature Geoscience, 6 (11): 911-916.

Royden L H, Burchfiel B C, van der Hilst, R D. 2008. The geological evolution of the Tibetan Plateau. Science, 321: 1054-1058.

Sun J F, Yang J H, Wu F Y, et al. 2010. Magma mixing controlling the origin of the Early Cretaceous Fangshan granitic pluton, North China Craton: In situ U-Pb age and Sr-, Nd-, Hf- and O-isotope evidence. Lithos, 120 (3-4): 421-438.

Sun W D, Arculus R J, Kamenetsky V S, et al. 2004. Release of gold-bearing fluids in convergent margin magmas prompted by magnetite crystallization. Nature, 431 (7011): 975-978.

Sun X M, Wang M, Xue T, et al. 2004. He-Ar Isotopic systematics of fluid inclusions in pyrites from PGE-polymetallic deposits in Lower Cambrian black rock series, Southern China. Acta Geologica Sinica, 78 (2): 471-475.

Sun X M, Xiong D X, Zhai W, et al. 2009a. Cenozoic Daping gold deposit, Yunnan, China: Fluid inclusion and nobel gas classification. Smart Science for Exploration and Mining, Proceedings of the Tenth Biennial SGA Meeting. Springer, Session B1: 375-377.

Sun X M, Zhang Y, Xiong D X, et al. 2009b. Crust and mantle contributions to gold-forming process at the Daping deposit, Ailaoshan gold belt, Yunnan, China. Ore Geology Reviews, 36: 235-249.

Tang Y J, Zhang H F, Deloule E, et al. 2014. Abnormal lithium isotope composition from the ancient lithospheric mantle beneath the North China Craton. Scientific Reports, 4: 42-74.

Wang B D, Wang L Q, Pan G T, et al. 2013. U-Pb zircon dating of Early Paleozoic gabbro from the Nantinghe ophiolite in the Changning-Menglian suture zone and its geological implication. Chinese Science Bulletin, 58: 920-930.

Wang J H, Yin A, Harrison T M, et al. 2001. A tectonic model for Cenozoic igneous activities in the eastern Indo-Asian collision zone. Earth and Planetary Science Letters, 188 (1-2): 123-133.

Wilkinson J J. 2013. Triggers for the formation of porphyry ore deposits in magmatic arcs. Nature Geoscience, 6（11）: 917-925.

Yin A, Harrison T M. 2000. Geologic evolution of the Himalayan-Tibetan orogen. Annual Review of Earth & Planetary Sciences, 28（28）: 211-280.

Yuan W M, Huan W J, Li N, et al. 2012. Fission track thermochronology application to mineralization of Ganzi-Litang gold belt, Eastern Tibet-Qinghai Plateau. The 13th international conference on thermochronology.

Zhang J R, Wen H J, Qiu Y Z, et al. 2013. Ages of sediment-hosted Himalayan Pb-Zn-Cu-Ag polymetallic deposits in the Lanping basin, China: Re-Os geochronology of molybdenite and SmNd dating of calcite. Journal of Asian Earth Sciences, 73: 284-295.

Zhu D C, Zhao Z D, Niu Y L, et al. 2011. Lhasa terrane in southern Tibet came from Australia. Geology, 39（8）: 727-730.

Zhu R X, Zheng T Y. 2009. Destruction geodynamics of the North China Craton and its Paleoproterozoic plate tectonics. Chinese Science Bulletin, 54（19）: 3354-3366.

第十六章
扬子地块西南缘大面积低温成矿

第一节 引 言

低温成矿域指低温热液矿床大面积密集成群产出的区域（李朝阳，1999；涂光炽，2002；赵振华和涂光炽，2003）。涂光炽等（1998）和李朝阳（1999）采用200℃作为低温的上线，但他们同时强调温度区间的划分既是人为的，又不可能是截然断开的，中低温、高中温之间都存在着过渡，应该把低温矿床定义为主成矿，温度多在200℃以下更合适些。虽然低温矿床在世界各地都有分布，但低温成矿域在世界上的分布则非常局限，目前主要见于美国中西部和我国西南地区。因此，即使就全球而言，在什么条件下才能形成低温成矿域，也是很具特色的重要科学问题。

在美国中西部，密西西比河谷型铅锌矿床等低温矿床大面积密集成群产出，卡林型金矿的探明金储量已超过5000t，是美国的主要矿产资源基地之一。我国扬子地块南部在包括川、滇、黔、桂、湘等省区在内的面积约50万km²的广大范围内，除产出大量卡林型金矿床和密西西比河谷型铅锌矿床外，锑、汞、砷等低温矿床也非常发育，且不少为大型、超大型矿床。该区锑矿的储量占全球锑矿总储量的50%以上，金矿储量占全国金矿总储量的10%

以上，汞矿储量约占全国汞矿总储量的 80%，同时还是我国铅锌矿的主要产区之一，显示大面积低温成矿的特点，构成扬子低温成矿域。

第二节　研　究　进　展

华南陆块位于欧亚大陆东南侧，由扬子地块和华夏地块沿江绍缝合带在新元古代约 830Ma 碰撞拼贴而形成（Zhao et al.，2011）。江绍缝合带东起绍兴经长沙南部延伸至南宁东部（Yao et al.，2016）。三叠纪时期，由于印支运动华南陆块分别通过北面的秦岭-大别造山带和西南面的松马缝合带，而与华北克拉通和印支地块相连接（Zhou et al.，2006；Wang et al.，2007；Faure et al.，2014）。

20 世纪 70 年代以来，随着滇黔桂地区卡林型金矿的发现，扬子地块南部以卡林型金矿和铅、锌、砷、锑、汞矿为主的低温成矿域的形成背景和过程，已成为一个重要的科学问题从而引起了学界的重视（涂光炽等，1984，1987，1988，1998，2000；李朝阳，1999；涂光炽，2002；赵振华和涂光炽，2003）。研究工作取得重要进展，研究发现以下重要事实。

一、地层具双层结构特点，花岗岩浆活动微弱

扬子地块的地层具有双层结构的特点。基底在北面由晚太古宙变质岩组成，在西面和东面由更年轻的中元古代和新元古代浅变质岩组成，其中新元古代的火成岩发育（Zhou et al.，2002）。扬子地块的盖层由寒武纪到三叠纪的海相沉积岩和侏罗纪到第四纪的陆相沉积岩组成（Yan et al.，2003），其中黑色岩系发育，二叠纪末期的峨眉山玄武岩在扬子地块西半部广泛分布；自古生代以来，该区长期处于较稳定状态；相对于华夏地块，研究区古生代以来的花岗岩浆活动微弱（涂光炽等，1984，1987，1988，1998，2000；涂光炽，2002；赵振华和涂光炽，2003）。

华南陆块中生代的一个重要特征是，大花岗岩省的形成及多金属成矿大爆发（Zhou et al.，2006；Li and Li，2007；Hu and Zhou，2012；Mao et al.，2013）。华南陆块广泛发育年龄为 255～200 Ma 的印支期花岗岩，它们主要分布在华夏地块和扬子地块东侧（Wang et al.，2007；Zhou et al.，2006；Chen et al., 2011; Qiu et al., 2016）。有学者认为，印支期的花岗岩浆活动与古太平洋板块向欧亚板块的西向俯冲有关（Li and Li，2007）；但也有学者认为，它们是印支地块与华南陆块碰撞的结果，对应于古特提斯洋的闭合（Wang et al., 2007，2012；Zhou et al.，2006；Lepvrier et al.，2004；Chen et al.，2011；Qiu et al.，2016）。

华南大花岗岩省中的燕山期花岗岩更为发育，它们主要形成于侏罗纪和白垩纪，高峰期集中在 160～150 Ma 和 120～85 Ma 两个时段（Mao et al，2013），被认为与太平洋板块向欧亚板块西向俯冲有关（Zhou et al.，2006；Li and Li，2007）。燕山期花岗岩主要分布在华夏地块，仅在扬子地块东侧局部地区有少量的分布（Hu and Zhou，2012）。华夏地块形成了众多与中生代花岗岩有关的钨-锡多金属矿床（Hu and Zhou，2012；Mao et al.，2013）。但是，中生代大规模低温成矿主要发生在扬子地块（Hu et al.，2002，2017；Hu and Zhou，2012；Chen et al.，2015）。

二、扬子低温成矿域由三个矿集区组成

该区的低温矿床主要集中分布在三个矿集区，分别是川滇黔接壤区的铅-锌矿集区、右江盆地金-锑-砷-汞矿集区、湘中盆地锑-金矿集区（黄智龙等，2004；胡瑞忠等，2007；张长青等，2009；Zhou et al.，2014；Hu et al.，2017）。

三、矿床对地层时代或岩性有一定选择性

虽然从前寒武系到三叠系均有低温矿床产出，但不同矿种对地层时代或岩性有一定的选择性。卡林型金矿主要赋存在三叠系泥质灰岩中（Hu et al.，2002），锑矿主要赋存在泥盆系碳酸盐岩和钙质碎屑岩中（Peng et al.，2003），汞矿主要赋存在寒武系（胡瑞忠等，2007）；铅锌矿主要赋存在震旦系、石炭系和二叠系白云岩和白云质灰岩中（黄智龙等，2004；Zhou et al.，2001，2014）。

四、属于后生热液矿床

这些低温矿床的矿体主要呈脉状、透镜状、似层状、不规则状产出，明

显受穿层断裂、层间破碎带、不整合面和岩溶构造控制（图 16.1，图 16.2），属于后生矿床（胡瑞忠等，2007；涂光炽等，2000；张长青等，2009；Zhou et al.，2001，2014；Hu et al.，2002；Peng et al.，2003）。这些矿床成矿温度主要在 100～250℃，成矿流体大都为小于 10wt%NaCl$_{eq}$ 的低盐度流体（Hu et al.，2002；Gu et al.，2012），但川滇黔接壤区的铅 - 锌矿床盐度较高，可达 8wt%～17wt%NaCl$_{eq}$（张长青等，2009）。各类矿床的矿物组合和元素组合特征：卡林型金矿的矿石矿物主要为含砷黄铁矿、毒砂、辉锑矿、雄黄和雌黄，金主要呈微细粒或不可见金形式分布在含砷黄铁矿中，脉石矿物主要为石英和方解石；铅锌矿的矿石矿物主要为方铅矿和闪锌矿，脉石矿物主要为石英和方解石；锑矿的矿石矿物主要为辉锑矿、黄铁矿、毒砂、雄黄和雌黄，脉石矿物主要为石英、方解石和萤石；卡林型金矿除金外通常富集砷、锑、汞、铊、钡等，铅锌矿中通常富集银、锗、镉等（涂光炽等，1998，2000；马东升等，2002；黄智龙等，2004；Hu et al.，2002；Ye et al.，2016）。

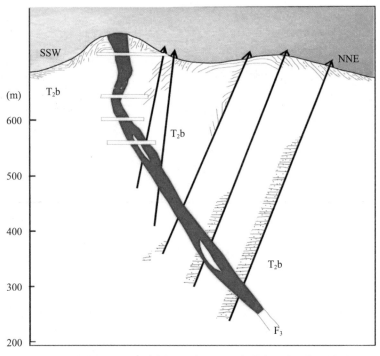

图 16.1　贵州烂泥沟金矿床剖面示意图，矿床受穿层断裂构造控制

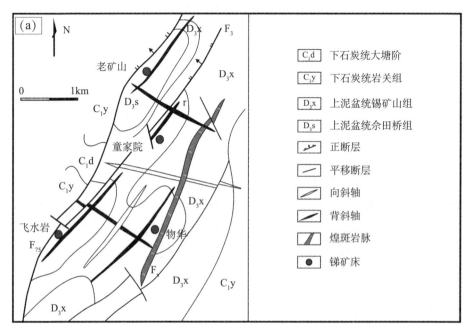

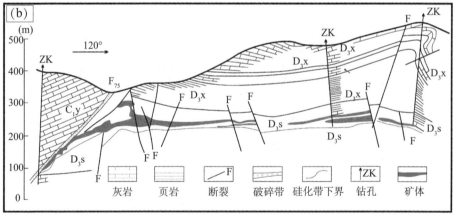

图16.2 湖南锡矿山锑矿床地质简图（a）和锡矿山锑矿床剖面图（b），矿床受层间破碎带控制

资料来源：彭建堂和胡瑞忠，2001；金景福，2002；陶琰等，2002，有改动

五、成矿时代

虽然前人用了较多方法试图确定这些矿床的成矿时代，但却得到了变化范围很大的结果。例如：①卡林型金矿。张峰和杨科佑（1992）用石英裂变径迹法测得白地金矿床的年龄为（87.6±6.1）～（82.9±6.3）Ma；罗孝桓（1997）用石英裂变径迹法测得丫他金矿床的年龄为100Ma；胡瑞忠等

（1995）用钾-氩法测得世加金矿床中新鲜辉绿岩脉的年龄为140Ma，该金矿床的矿体切穿辉绿岩脉，因此判断该金矿床的成矿年龄应小于140Ma；Su等（2009）用方解石钐-钕等时线法确定水银洞金矿床的年龄为 134±3Ma；刘东升和耿文辉（1985）用矿石铷-锶等时线法测得戈塘金矿床的年龄为176±36Ma；陈懋弘等（2007）用含砷黄铁矿铼-锇等时线法测得烂泥沟金矿床的年龄为 193±13Ma；陈懋弘等（2009）用蚀变成因绢云母 $^{40}Ar/^{39}Ar$ 法测得烂泥沟金矿床的年龄为 195±2 Ma；胡瑞忠等（1995）用石英流体包裹体铷-锶等时线法测得烂泥沟金矿床的年龄为 259±27Ma；苏文超等（1998）用石英流体包裹体铷-锶等时线法测得烂泥沟金矿床的年龄为106Ma；王国田（1992）分别用含砷黄铁矿中的流体包裹体和热液蚀变绢云母进行铷-锶等时线定年，确定金牙金矿的年龄分别为 267±28Ma 和 206±12Ma；李泽琴和李福青（1995）根据黄铁矿的铅模式年龄确定金牙金矿床的年龄为130～82Ma。②铅锌矿。李文博等（2004）用方解石钐-钕等时线法测得会泽麒麟厂铅锌矿床的年龄为 222±14Ma；黄智龙和陈进（2001），黄智龙等（2004）测定了会泽麒麟厂铅锌矿床中闪锌矿的铷-锶等时线年龄，获得年龄值为 225.6±3.1Ma；Zhou 等（2013a，2013b）测定了天桥铅锌矿床和茂租铅锌矿床中闪锌矿的铷-锶等时线年龄，获得的年龄值分别为 196±13Ma 和192±7Ma；张长青等（2005）通过钾-氩法测定了会泽麒麟厂铅锌矿床中蚀变黏土矿物伊利石，获得年龄值为 176.5±2.5Ma；欧锦秀（1996）将黔西北青山铅锌矿床矿石铅单阶段演化模式年龄 192～134 Ma 作为成矿年龄；王奖臻等（2002）根据矿床产出区域的构造和地质特征推断成矿时代为燕山期—喜马拉雅期。③锑矿。Peng 等（2003）用主成矿期方解石钐-钕等时线法测得锡矿山锑矿的年龄为 155.5±1.1Ma；Hu 等（1996）用六个方解石和一个辉锑矿样品进行钐-钕等时线法定年，确定锡矿山锑矿的年龄为 156.3±12.0Ma。以上定年结果表明，除湘中盆地锑-金矿集区以锡矿山超大型锑矿床为代表的年龄数据较集中外（约 155Ma），川滇黔接壤区的铅-锌矿集区和以卡林型金矿为代表的右江盆地金-锑-砷-汞矿集区都有很大的年龄变化范围（川滇黔矿集区为 226～134Ma，右江盆地矿集区为 267～83Ma）。

六、矿床成因

矿床的成矿物质和成矿流体具有多来源的特点，尽管成矿模式尚未系统建立也不能完全排除有其他流体参与，但大多认为是深循环大气成因流体或盆地流体浸取出基底或围岩中的有用组分而运移至相对开放的断裂空间成矿的。Hu 等（2017）的研究表明，川滇黔矿集区的铅锌矿床可能为热卤水成因的密西西比河谷型铅锌矿床，而右江盆地矿集区和湘中盆地矿集区的金、锑等矿床，则可能是深部岩浆活动驱动大气成因地下水循环，并主要将基底地层中的成矿元素活化迁移，并在合适的构造部位沉淀而形成的低温热液矿床。

第三节　问题与展望

虽已取得上述重要认识，但现有知识还无法合理地解释华南低温成矿域的形成机制。还有较多重要科学问题没有得到较好的解决，如低温矿床的成矿时代、低温成矿的驱动机制、大面积低温成矿的物质基础、各类低温矿床的相互关系等。解决这些问题，不仅对建立大面积低温成矿的理论体系具有重要意义，同时也是提高低温矿床找矿效率的重要基础。

一、大面积低温成矿时代

对矿床成矿时代的正确把握，是建立正确成矿理论的重要基础。但是，低温矿床中一般都缺少适合用放射性同位素方法来确定成矿年龄的矿物，这就给矿床的定年带来了很大难度。这些低温矿床究竟是什么时候形成的，一直悬而未决。

实际上，前人曾用很多方法来确定这些矿床的时代，主要包括石英裂变径迹法、黏土矿物和流体包裹体铷-锶等时线法、方解石钐-钕等时线法、闪锌矿和矿石铷-锶等时线法、硫化物矿物铅模式年龄法、黄铁矿铼-锇等时线法和热液蚀变矿物绢云母 $^{40}Ar/^{39}Ar$ 法等。定年结果表明，除湘中盆地锑-金矿集区以锡矿山超大型锑矿床为代表的年龄数据较集中（约 155Ma）外，川滇黔接壤区的铅-锌矿集区和以卡林型金矿为代表的右江盆地金-锑-砷-汞矿集区都有很大的年龄变化范围（川滇黔接壤区铅-锌矿集区为 226～134Ma，右江盆地金-锑-砷-汞矿集区为 267～83Ma）。

因为成矿时代的不确定性，扬子地块西南缘大面积低温成矿作用究竟与哪些地质事件有关，以往远未形成清晰的认识。这制约了对大面积低温成矿驱动机制的正确理解。

可喜的是，近年来美国的低温成矿年代学研究取得重要进展。有人在卡林型金矿等低温矿床中发现了一些与成矿同时，可用于精确定年，但分布非常微量的矿物（如硫砷铊汞矿和冰长石等）。随着一些适合定年矿物的发现和分析测试手段的进步，较精确地确定低温成矿时代的条件已基本成熟。总结国内外的相关研究发现，要实现低温矿床精确定年的目标，分析样品和分析手段的正确选择至关重要（表 16.1、表 16.2）。

表 16.1　建议使用的方法

建议使用的方法	原因	文献
硫砷铊汞矿铷–锶法	√卡林型金矿成矿阶段矿物 √铷含量高，锶含量极低 √铷 / 锶大	Tretbar et al.，2000；Arehart et al.，2003
冰长石 $^{40}Ar/^{39}Ar$ 法	√卡林型金矿成矿阶段自生矿物 √含钾高，易分选	Hall et al.，2000；Arehart et al.，2003
锆石和磷灰石裂变径迹法	√含铀较高的矿物 √封闭温度与低温矿床接近	Hofstra et al.，1999；Chakurian et al.，2003
闪锌矿铷–锶等时线法	√铷相对锶优先进入闪锌矿 √闪锌矿具有较高的 Rb/Sr	Christensen et al.，1995；Leach et al.，2001；Pannalal et al.，2004
方解石钐–钕等时线法	√稀土元素较高 √钐 / 钕大	Anglin et al.，1996；Kempe et al.，2001；Peng et al.，2003；Su et al.，2009

表 16.2　不建议使用的方法

不建议使用的方法	原因	文献
石英裂变径迹法	√铀含量低 √自发裂变径迹密度低 √铀元素分布不均	Tagami and O'Sullivan et al.，2005
蚀变绢云母 $^{40}Ar/^{39}Ar$ 法、蚀变绢云母铷–锶法	√低温下很难彻底改造原矿物 √颗粒细不易分辨不同阶段的矿物 √细小颗粒照射过程中要产生 ^{39}Ar	Arehart et al.，2003
流体包裹体铷–锶等时线法	其中铷、锶含量极低	Kesler et al.，2005；Gu et al.，2012
黄铁矿铼–锇等时线法	√具环带结构，是成岩成矿两阶段产物 √其中铼、锇含量低	Hofstra et al.，1999；Arehart et al.，2003
矿物铅模式年龄	要假定初始铅	Hofstra et al.，1999

二、大面积低温成矿驱动机制

前已叙及，除我国华南地区以外美国中西部的卡林型金矿和密西西比河谷型铅锌矿床等低温矿床也十分发育。长期以来，其成矿时代和动力学背景也一直悬而未决。但近年来美国在低温成矿时代和动力学研究领域取得了重大进展，这些研究发现美国的卡林型金矿实际上形成于 42～36Ma 这个很短的时间区间，与矿区深部隐伏中酸性岩体的时代相当，是深部岩浆活动驱动成矿流体（岩浆流体和大气成因流体）循环并浸取出岩石中的金而成矿的；美国的密西西比河谷型铅锌矿形成于 380～350Ma 和约 270Ma 两个时期，是两次造山运动驱动盆地流体大规模侧向运移导致成矿元素富集的结果。

　　紧邻华南低温成矿域东侧的南岭地区，以中生代与花岗岩浆活动有关的钨锡大规模成矿著称于世。钨锡矿床中的辉钼矿可用铼-锇法精确定年，花岗岩中的锆石可用铀-铅法精确定年。近年的研究表明，华南中生代的钨锡矿床和相关花岗岩主要形成于 230～200Ma、160～150Ma、100～80Ma 三个时期。其中，230～200Ma 和 160～150Ma 的钨锡矿床分布在南岭中段，分别与印支期和燕山早期形成的花岗岩有关；100～80Ma 的钨锡矿床主要分布在南岭西段的右江盆地金-锑-砷-汞矿集区周边地区，与燕山晚期形成的花岗岩有关（Hu and Zhou，2012；Mao et al.，2013）。

　　如前所述，扬子地块西南缘大面积低温成矿的时代以往远未得到很好确定。但是，最新的研究取得了一些可喜进展。基于低温矿床中热液成因金红石和独居石铀-铅法、热液成因毒砂铼-锇法、方解石和萤石钐-钕法、闪锌矿铷-锶法等方法的测定结果，发现扬子地块西南缘大面积低温成矿可能主要有两个时期（图 16.3）：第一期的时代为 230～200Ma，相当于印支期；第二期的时代为 160～130Ma，相当于燕山期。印支期的成矿作用涉及了右江盆地金-砷-锑-汞矿集区、川-滇-黔铅-锌矿集区和湘中盆地锑-金三个矿集区，而燕山期的成矿作用则只涉及了右江盆地和湘中盆地两个矿集区（胡瑞忠等，2016；Hu et al.，2017）。

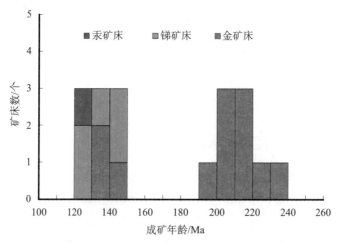

图 16.3　右江盆地金-砷-锑-汞矿集区成矿年龄统计图

资料来源：Hu et al.，2017

据此，胡瑞忠等（2016）和 Hu 等（2017）认为：①印支期（230～200Ma）印支地块与华南陆块沿松马缝合带的后碰撞造山运动，驱动较高盐度的盆地流体循环并浸取出基底或围岩中的有用组分并运移至相对开放的断裂空间成矿，形成了川滇黔矿集区的铅-锌矿床。印支期后碰撞伸展背景下由于降压熔融形成的深部花岗岩浆，驱动大气成因地下水循环并将地层中的成矿元素活化迁移，并在合适的构造部位沉淀富集，形成了右江盆地矿集区的卡林型金矿床，以及湘中盆地矿集区基底地层中的锑-金矿床。②印支期奠定了华南大规模低温成矿的主体格架，燕山期（160～130Ma）的成矿作用与侏罗纪深部花岗岩浆活动可能具有密切联系，这一期的成矿作用只叠加在湘中盆地和右江盆地两个矿集区，主要形成锑、汞、砷等矿床，与这两个矿集区印支期的成矿机制相似。③华南扬子地块中生代的两期大规模低温成矿作用，与其东侧华夏地块与花岗岩浆活动有关的钨锡多金属矿床的两期成矿作用在时代上基本相似。这表明低温成矿与钨锡成矿具有相似的成矿动力学背景。

然而，上述认识还仅仅是根据低温成矿较少可信年龄数据的判断。要确定低温成矿的动力学背景，还需要在系统确定低温成矿精细年代格架的基础上，深入研究壳幔深部过程和周缘构造活动与低温成矿的关系。

事实上，尽管湘中盆地锑-金矿集区和右江盆地金-砷-锑-汞矿集区的中生代岩浆活动相对微弱，但是其周缘（或某些矿区）确有一些花岗岩、花岗斑岩和基性脉岩存在；遥感和地球物理资料也显示，这两个矿集区之下可能存在有隐伏岩体。深入研究这些火成岩的时代、成因及其与成矿的关系，可能是揭示上述两个矿集区成矿驱动机制的关键所在。此外，可能形成于印支期（230～200Ma）的川滇黔铅-锌矿集区，紧邻印支期松马造山带东南侧分布，深入研究该期造山运动及其与成矿的关系，可能是深入认识该矿集区成矿驱动机制的关键。

三、大面积低温成矿物质基础

为什么低温成矿域只在我国华南地区和美国中西部出现？几个很有意义的事实是：①就全球尺度而言，中、美两个低温成矿域的矿床组合存在很大差异；②就华南陆块尺度而言，低温成矿域主要形成金、汞、锑、砷、铅、锌等矿床，同为中生代成矿的华夏地块主要形成钨、锡、铌、铊等矿床，控制这种矿床分区的物质基础，是因为各自前寒武纪基底组成的不同还是显生宙盖层组成的差异？③就扬子低温成矿域尺度而言，三个矿集区的成矿元素组合有明显差异，控制元素"分区富集"的主要因素是什么？④就矿集区尺度而言，同一矿集区的不同低温矿床中，通常是"你中有我，我中有你"，各类矿床的相互关系怎样？对上述问题目前还知之甚少，这制约了对大面积低温成矿过程的深入理解和成矿规律的正确认识。

第四节　小　　结

综上所述，扬子地块西南缘大面积低温成矿在全球极富特色。以往的研究取得了重要进展。但是，以下关键科学问题目前还未形成清晰认识：①大面积低温成矿的时代；②大面积低温成矿的（深部）驱动机制；③大面积低温成矿的物质基础；④各类低温矿床之间的相互关系。这些问题的存在，制约了大面积低温成矿理论的建立和相应的找矿勘查工作。因此，加强对这些关键科学问题的研究，具有重要的理论和实际意义。

参考文献

陈懋弘，毛景文，屈文俊，等. 2007. 贵州贞丰烂泥沟卡林型金矿床含砷黄铁矿 Re-Os 同位素测年及地质意义. 地质论评，53：371-382.

陈懋弘，黄庆文，胡瑛，等. 2009. 贵州烂泥沟金矿层状硅酸盐矿物及其 ^{39}Ar-^{40}Ar 年代学研究. 矿物学报，29：353-362.

胡瑞忠，苏文超，毕献武，等. 1995. 滇黔桂三角区微细浸染型金矿床成矿热液一种可能的演化途径：年代学证据. 矿物学报，15：144-149.

胡瑞忠，彭建堂，马东升，等. 2007. 扬子地块西南缘大面积低温成矿时代. 矿床地质，26：583-596.

胡瑞忠，付山岭，肖加飞，等. 2016. 华南大规模低温成矿的主要科学问题. 岩石学报，32（11）：3239-3251.

湖南地质矿产局. 1988. 湖南省区域地质. 北京：地质出版社.

黄智龙，陈进. 2001. 峨眉山玄武岩与铅锌矿床关系初探——以云南会泽铅锌矿床为例. 矿物学报，21：681-688.

黄智龙，陈进，韩润生，等. 2004. 云南会泽超大型铅锌矿床地球化学及成因：兼论峨眉山玄武岩与铅锌成矿的关系. 北京：地质出版社.

金景福. 2002. 超大型锑矿床定位机制：以锡矿山锑矿床为例. 矿物岩石地球化学通报，21：145-151.

李朝阳.1999.中国低温热液矿床集中分布区的一些地质特点.地学前缘,6:163-170.

李文博,黄智龙,王银喜,等.2004.会泽超大型铅锌矿田方解石 Sm-Nd 等时线年龄及其地质意义.地质论评,50:189-195.

李泽琴,李福青.1995.桂西金牙微细浸染型金矿同位素地球化学研究.矿物岩石,15:66-72.

刘东升,耿文辉.1985.我国卡林型金矿矿物特征及成矿条件探讨.地球化学,14:277-282.

罗孝桓.1997.黔西南右江区金矿床控矿构造样式及成矿作用分析.贵州地质,14:312-320.

马东升,潘家永,卢新卫,等.2002.湘西北-湘中地区金-锑矿床中-低温流体成矿作用的地球化学成因指示.南京大学学报(自然科学版),38:435-445.

欧锦秀.1996.贵州水城青山铅锌矿床的成矿地质特征.桂林工学院学报,16:277-282.

彭建堂,胡瑞忠.2001.湘中锡矿山超大型锑矿床的碳、氧同位素体系.地质论评,47:34-41.

苏文超,杨科佑,胡瑞忠,等.1998.中国西南部卡林型金矿床流体包裹体年代学研究——以贵州烂泥沟大型卡林型金矿为例.矿物学报,18:359-362.

陶琰,高振敏,金景福,等.2001.湘中锡矿山式锑矿成矿物质来源探讨.地质地球化学,29:14-20.

陶琰,高振敏,金景福,等.2002.湘中锡矿山式锑矿成矿地质条件分析.地质科学,37:184-195.

涂光炽.2002.我国西南地区两个别具一格的成矿带(域).矿物岩石地球化学通报,21:1-2.

涂光炽,等.1984.中国层控矿床地球化学(第一卷).北京:科学出版社.

涂光炽,等.1987.中国层控矿床地球化学(第二卷).北京:科学出版社.

涂光炽,等.1988.中国层控矿床地球化学(第三卷).北京:科学出版社.

涂光炽,等.1998.低温地球化学.北京:科学出版社.

涂光炽,等.2000.中国超大型矿床(Ⅰ).北京:科学出版社.

王国田.1992.桂西北地区三条铷-锶等时线年龄.南方国土资源,5:29-35.

王奖臻,李朝阳,李泽琴,等.2002.川,滇,黔交界地区密西西比河谷型铅锌矿床与美国同类矿床的对比.矿物岩石地球化学通报,21:127-131.

叶霖,李珍立,等.2016.四川天宝山铅锌矿床硫化物微量元素组成:LA-ICPMS 研究.岩石学报,32(11):3377-3393.

张峰,杨科佑.1992.黔西南微细浸染型金矿裂变径迹成矿时代研究.科学通报,37(17):1593-1595.

张长青,毛景文,刘峰,等.2005.云南会泽铅锌矿床粘土矿物 K-Ar 测年及其地质意义.矿床地质,24:317-324.

张长青,余金杰,毛景文,等.2009.密西西比型(MVT)铅锌矿床研究进展.矿床地质,28:195-210.

赵振华,涂光炽.2003.中国超大型矿床(Ⅱ).北京:科学出版社.

Anglin C D, Jonasson I R, Franklin J M. 1996. Sm-Nd dating of scheelite and tourmaline : Implications for the genesis of Archean gold deposits, Val d'Or, Canada. Economic Geology, 91 : 1372-1382.

Arehart G B, Chakurian A M, Tertbar D R. 2003. Evaluation of radioisotope dating of Carlin-type deposits in the Great Basin, western North America, and implications for deposit genesis. Economic Geology, 98 : 235-248.

Chakurian A M, Arehart G B, Donelick R A, et al. 2003. Timing constraints of gold mineralization along the Carlin Trend Utilizing Apatite Fission-Track, $^{40}Ar/^{39}Ar$, and Apatite (U-Th) /He methods. Economic Geology, 98 : 1159-1171.

Chen C H, Hsieh P S, Lee C Y, et al. 2011. Two episodes of the Indosinian thermal event on the South China Block : Constraints from LA-ICPMS U-Pb zircon and electron microprobe monazite ages of the Darongshan S-type granitic suite. Gondwana Res, 19 : 1008-1023.

Chen M H, Mao J W, Li C, et al. 2015. Re-Os isochron ages for arsenopyrite from Carlin-like gold deposits in the Yunnan-Guizhou-Guangxi "golden triangle", southwestern China. Ore Geology Reviews, 64 : 316-327.

Christensen J N, Halliday A N, Vearncombe J R, et al. 1995. Testing models of large-scale crustal fluid flow using direct dating sulfides : Rb-Sr evidence for early dewatering and formation of MVT deposits, Canning Basin, Australia. Geology, 90 : 877-884.

Faure M, Lepvrier C, Nguyen V V, et al. 2014. The South China Block-Indochina collision : Where, when, and how? Journal of Asian Earth Sciences, 79 : 260-274.

Gu X X, Zhang Y M, Li B H, et al. 2012. Hydrocarbon- and ore-bearing basinal fluids : A possible link between gold mineralization and hydrocarbon accumulation in the Youjiang basin, South China. Mineral Deposita, 47 : 663-682.

Hall C M, Kesler S E, Simon G, et al. 2000. Overlapping Cretaceous and Eocene Alteration, Twin Greeks Carlin-Type Deposits, Nevada. Economic Geology, 95 : 1739-1752.

Hofstra A H, Snee L W, Rye R O, et al. 1999. Age constraints on Jerritt Canyon and other Carlin-type gold deposits in the Western United States : Relationship to mid-Tertiary extension and magmatism. Economic Geology, 94 : 769-802.

Hu R Z, Zhou M F. 2012. Multiple Mesozoic mineralization events in South China : An introduction to the thematic issue. Mineral Deposita, 47 : 579-588.

Hu R Z, Su W C, Bi X W, et al. 2002. Geology and geochemistry of Carlin-type gold deposits in China. Mineral Deposita, 37 : 378-392.

Hu R Z, Fu S L, Huang Y, et al. 2017. The giant South China Mesozoic low-temperature metallogenic domain : Reviews and a new geodynamic model. Journal of Asian Earth Sciences, 137 : 9-34.

Hu X W, Pei R F, Zhou S. 1996. Sm-Nd dating for antimony mineralization in the Xikuangshan deposit, Hunan, China. Resource Geology, 46 : 227-231.

Kempe U, Belyatsky B, Krymsky R, et al. 2001. Sm-Nd and Sr isotope systematics of scheelite from the giant Au (-W) deposit Muruntau (Uzbekistan) : Implications for the age and sources of Au mineralization. Mineral Deposita, 36 : 379-392.

Kesler S E, Riciputi L C, Ye Z J. 2005. Evidence for a magmatic origin for Carlin-type gold deposits : Isotopic composition of sulfur in the Betze-Post-Screamer deposit, Nevada, USA. Mineral Deposita, 40 : 127-136.

Leach D L, Bradley D C, Lewchuk M T, et al. 2001. Mississippi Valley-type lead-zinc deposits through geological time : Implications from recent age-dating research. Mineral Deposita, 36 : 711-740.

Lepvrier C, Maluski H, Vu V T, et al. 2004. The early Triassic Indosinian Orogeny in Vietnam (Truong Son Belt and Kontum Massif) : Implications for the geodynamic evolution of Indochina. Tectonophysics, 393 : 87-118.

Li Z X, Li X H. 2007. Formation of the 1300-km-wide intracontinent orogen and post-orogenic magmatic province in Mesozoic South China : A flat-slab subduction model. Geology, 35 : 179-182.

Mao J W, Cheng Y B, Chen M H, et al. 2013. Major types and time-space distribution of Mesozoic ore deposits in South China and their geodynamic settings. Mineral Deposita, 48 : 267-294.

Pannalal S J, Symons D T A, Sangster D F. 2004. Paleomagnetic dating of Upper Mississippi Valley zinc-lead mineralization, WI, USA. Journal of Applied Geophysics, 56 : 135-153.

Peng J T, Hu R Z, Burnard P G. 2003. Samarium-neodymium isotope systematics of hydrothermal calcites from the Xikuangshan antimony deposit (Hunan, China) : The potential of calcite as a geochronometer. Chemical Geology, 200 : 129-136.

Qiu L, Yan D P, Tang S L, et al. 2016. Mesozoic geology of southwestern China : Indosinian foreland overthrusting and subsequent deformation. Journal of Asian Earth Sciences, 122 : 91-105.

Su W C, Hu R Z, Xia B, et al. 2009. Calcite Sm-Nd isochron age of the Shuiyindong Carlin-type gold deposit, Guizhou, China. Chemical Geology, 258 : 269-274.

Tagami T, O'Sullivan P B. 2005. Fundamentals of fission-track thermochronology. Reviews in Mineralogy and Geochemistry, 58 : 19-47.

Tretbar D R, Arehart G B, Christensen J N. 2000. Dating gold deposition in a Carlin-type gold deposit using Rb/Sr methods on the mineral galkhaite. Geology, 28 (10) : 947-950.

Wang Y J, Fan W M, Sun M, et al. 2007. Geochronological, geochemical and geothermal constraints on petrogenesis of the Indosinian peraluminous granites in the South China Block : A case study in the Hunan Province. Lithos, 96 : 475-502.

Wang Y J, Wu C M, Zhang A M, et al. 2012. Kwangsian and Indosinian reworking of the eastern South China Block : Constraints on zircon U-Pb geochronology and metamorphism of amphibolite and granulite. Lithos, 150 : 227-242.

Yan D P, Zhou M F, Song H L, et al. 2003. Origin and tectonic significance of a Mesozoic multi-layer over-thrust within the Yangtze Block (South China). Tectonophysics, 361 : 239-254.

Yao J L, Shu L S, Cawood P A, et al. 2016. Delineating and characterizing the boundary of the Cathaysia Block and the Jiangnan orogenic belt in South China. Precambrian Research, 275 : 265-277.

Ye L, Li Z L, Hu Y S, et al. 2016. Trace Elements in Sulfide from the Tianbaoshan Pb-Zn Deposit, Sichuan Province, China : A LA-ICPMS Study. Acta Petrol Sin, 32 (11): 3377-3393 (in Chinese with English abstract).

Yu J H, Zhou X, O'Reilly S Y, et al. 2005. Formation history and protolith characteristics of granulite facies metamorphic rock in Central Cathaysia deduced from U-Pb and Lu-Hf isotopic studies of single zircon grains. Chinese Science Bulletins, 50 (18): 2080-2089.

Zhao J H, Zhou M F, Yan D P, et al. 2011. Reappraisal of the ages of Neoproterozoic strata in South China : No connection with the Grenvillian orogeny. Geology, 39 : 299-302.

Zhou C X, Wei C S, Guo J Y, et al. 2001. The source of metals in the Qilinchang Zn-Pb deposit, northeastern Yunnan, China : Pb-Sr isotope constraints. Economic Geology, 96 : 583-598.

Zhou J X, Huang Z L, Yan Z F. 2013a. The origin of the Maozu carbonate-hosted Pb-Zn deposit, southwest China : Constrained by C-O-S-Pb isotopic compositions and Sm-Nd isotopic age. Journal of Asian Earth Sciences, 73 : 39-47.

Zhou J X, Huang Z L, Zhou M F, et al. 2013b. Constraints of C-O-S-Pb isotope compositions and Rb-Sr isotopic age on the origin of the Tianqiao carbonate-hosted Pb-Zn deposit, SW China. Ore Geology Review, 53 : 77-92.

Zhou J X, Huang Z L, Zhou M F, et al. 2014. Zinc, sulfur and lead isotopic variations in carbonate-hosted Pb-Zn sulfide deposits, southwest China. Ore Geology Review, 58 : 41-54.

Zhou M F, Yan D P, Kennedy A K, et al. 2002. SHRIMP U-Pb zircon geochronological and geochemical evidence for Neoproterozoic arc-magmatism along the western margin of the Yangtze Block, South China. Earth and Planetary Science Letters, 196 : 51-67.

Zhou X M, Sun T, Shen W, et al. 2006. Petrogenesis of Mesozoic granitoids and volcanic rocks in South China : A response to tectonic evolution. Episodes, 29 : 26-33.

第十七章
峨眉山地幔柱成矿作用

第一节 引 言

地幔柱起源于核幔边界的热边界层，携带深部物质和热能，向上穿越整个地幔并与各个相变面相互作用，最终抵达地表形成大火成岩省和热点轨迹（Morgan，1971；Campbell and Griffiths，1990；Ernst and Buchan，2002），是地球内部物质运动的重要形式之一。

Wilson（1965）最早意识到太平洋中部千余千米的夏威夷-帝王海底（Hawaii-Emperor）火山岛链很可能是运动的洋壳滑过相对固定的"热点"时留下的轨迹，Morgan（1972），Hofmann 和 White（1982）认为"热点"来自核幔边界或 660km 上／下地幔转换带上升的"地幔柱"（图 17.1）。地幔柱到达岩石圈底部时由于受到岩石圈的阻挡向四周扩展形成蘑菇状"头冠"并发生减压熔融，下面是细长的"柱尾"，地幔柱"头冠"的直径可达 1000km。由于底辟上升的地幔柱"头冠"的温度比周围岩石圈地幔高 200～300℃，它还可以导致岩石圈地幔中含低熔物质块体的部分熔融，形成地球化学特征不同的岩浆（Kieffer et al.，2004）。

近年来，有学者认为过去 3 亿年以来地球上存在两个超级地幔柱，许多大火成岩省都是这两个超级地幔柱上次一级地幔柱活动的产物（Burke et al.，

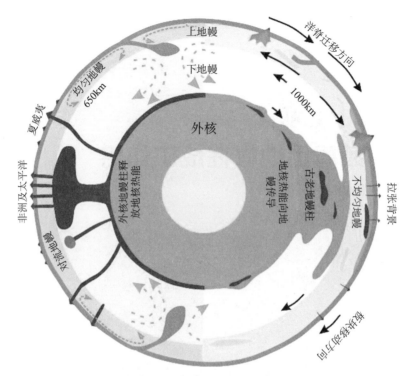

图 17.1　地幔柱与板块构造模式

资料来源：Courtillot et al.，2003

2008）。如果说洋脊扩张和板块运动代表全球性的地球上部物质-能量循环的话，地幔柱则反映了地球内部跨圈层的物质-能量对流和交换的重要机制。它们都是地球能量耗散、物质循环和构造驱动的重要形式，两者相辅相成或互为耦合关系，并由此导致了重要的资源和环境效应。

地幔柱活动可以在不超过 2Ma 的时间内产生巨量的幔源岩浆，不仅造成大面积的玄武岩浆喷发，还形成相应的镁铁-超镁铁质岩体和放射状基性岩墙群及中酸性侵入岩体，这些火成岩构成了所谓的大火成岩省。大火成岩省的规模差异很大，如西伯利亚大火成岩省的面积达 450 万 km²，是我国峨眉山大火成岩省面积的 9 倍。地幔柱活动还可能导致全球性的环境剧变，如二叠纪末约 90% 的生物物种灭绝可能与 2.5 亿年前西伯利亚地幔柱活动导致的巨量岩浆爆发有关。

地球核-幔-壳结构形成过程中的物质分异决定了镍、铬、钴、钒、钛、铂族元素（包括锇、铱、钌、铑、铂、钯六种元素）等在地幔中的含量远高于地壳。因此，地幔柱活动是将这些元素带到地壳，并在极短的时间内在岩浆房发生超常富集和成矿的地质前提。地幔柱活动主要形成岩浆矿床，包括铜镍硫化物矿床、钒钛磁铁矿矿床和稀有金属（铌钽锆）矿床。地幔柱部分熔融程度的差异可以导致岩浆成分、特别是成矿元素含量的不同，因此，不同大火成岩省成矿作用特点和规模均存在差异。一般而言，部分熔融程度越高，越有利于形成镍、铬、铂族元素含量较高的苦橄质岩浆；部分熔融深度越大、熔融程度越低则有利于形成铁钛含量较高的铁苦橄质岩浆。据统计，全球90%以上的铂族元素、约80%的铬、40%的镍、70%的钒和80%的钛资源产于与地幔柱有关的岩体中。世界上3个最大的铜镍硫化物矿床中的两个是地幔柱活动的产物，包括俄罗斯诺里尔斯克和我国的金川。地幔柱还诱发热液活动导致美国的基维诺大火成岩省玄武岩中的铜发生活化、迁移和聚集，形成了储量超过1000万t的巨型自然铜矿床。因此，地幔柱岩浆活动具有重要的成矿意义。另外，尽管我国拥有世界级的金川超大型铜镍矿床，但约50%的镍矿石、90%以上的铂族元素和铬仍然依赖进口。因此，对地幔柱成矿规律的深入研究关系到我国经济的可持续发展。

地幔柱活动贯穿地球演化的整个历史，然而，巨量的玄武岩浆进入地壳后还需要经历特殊的化学演化及物理机制才能导致成矿物质的超常聚集。因此，仅有个别大火成岩省发生了显著的成矿作用。例如，俄罗斯西伯利亚大火成岩省的诺里尔斯克超大型铜镍硫化物矿床，其镍金属储量达2300万t（是我国镍总储量的两倍以上）、铂族元素达6000t（是我国总储量的数十倍）。

因此，地幔柱成矿规律备受国内外矿床学家的关注，研究聚焦如下几个问题：①地幔柱活动会形成哪些矿床系列？②它们的空间分布规律如何？③这些矿床是如何形成的？

第二节　峨眉山地幔柱岩浆活动及成矿作用的主要研究进展

一、地幔柱活动与峨眉山大火成岩省的形成

1. 峨眉山大火成岩省的基本特点

峨眉山大火成岩省（ELIP）位于扬子克拉通西缘；由峨眉山玄武岩（包括少量的苦橄岩、粗面岩或流纹岩）、镁铁-超镁铁质岩体、中酸性侵入体和

基性岩墙构成。峨眉山玄武岩最早由赵亚曾（1929）命名，指的是广泛主要分布于我国西南云、贵、川三省的玄武岩，其出露面积超过 50 万 km^2（Zhou et al.，2002；Zhong et al.，2002；Song et al.，2004）。玄武岩厚度从东向西增大，云南丽江和宾川剖面玄武岩厚度超过 5km（Xu et al.，2001；Zhang et al.，2006）。在峨眉山大火成岩省中部的攀西地区，镁铁-超镁铁质岩体及正长岩/花岗岩体与峨眉山玄武岩紧密共生，形成所谓的玄武岩-层状岩体-正长岩"三位一体"，被认为是大陆裂谷的产物（张湘云等，1988；从柏林，1988）。基性岩墙在峨眉山大火成岩省广泛分布，统计结果表明，六大岩墙群空间上收敛于云南永仁一带，可能代表了峨眉山地幔柱的中心位置（Li et al.，2015），这与 He 等（2003）用地层学方法确定的隆起幅度最大的位置基本一致。对峨眉山玄武岩系顶部长英质火山岩及黏土质凝灰岩中精细的锆石铀-铅年代学研究显示，火山喷发终止于 259.1 ± 0.5 Ma（Zhong et al.，2014）；详细地层学和野外观察及古地磁测量表明，峨眉山地幔柱岩浆活动主要发生在晚二叠世开始的约 1Ma 之内（Huang and Opdyke，1998）。

2. 峨眉山地幔柱岩浆活动

短时间内大规模的幔源岩浆活动、近千米的岩石圈隆升、异常高的地幔源区温度都说明峨眉山大火成岩省是源于核幔边界上升的地幔柱活动的产物（Chung and Jahn，1995；Xu et al.，2001，2004；Zhang et al.，2006，2009）。地幔柱产生的岩浆不仅形成了大面积分布的峨眉山玄武岩、镁铁-超镁铁岩体及中酸性侵入体，Xu 等（2004）认为攀西地区中下地壳地震波的高速层代表了镁铁质岩石，可能是地幔柱底侵的产物。因此，峨眉山地幔柱活动对扬子地块的垂向增生和新生基性下地壳的形成也有重要贡献。此外，峨眉山地幔柱活动还导致了晚二叠世（约258Ma）全球性的瓜德鲁普统（Guadalupian）生物灭绝事件（Zhou et al.，2002）。

Xu 等（2001）将峨眉山玄武岩划分为高钛（TiO_2>2.5wt%，Ti/Y>500）和低钛（TiO_2<2.5wt%，Ti/Y<500）两个系列，其中前者遍布峨眉山大火成岩省，而后者主要出现在大火成岩省内带（图 17.2）。地球化学研究表明高钛峨眉山玄武岩是在上地幔石榴子石稳定区（深度大于 70～80km）由地幔柱本身较低程度部分熔融产生的岩浆经分离结晶形成，而低钛玄武岩是尖晶石二辉橄榄岩地幔经较高程度部分熔融，并与岩石圈地幔的物质交换或岩浆混合形成的岩浆，之后经历分离结晶或地壳混染形成（Xu et al.，2001；Wang et al.，2007；Song et al.，2008，2009；Qi and Zhou，2008）。但

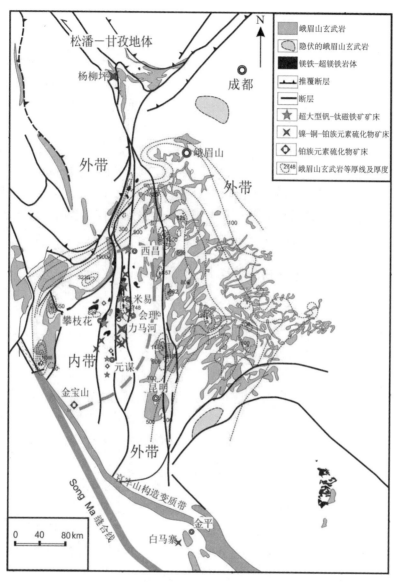

图 17.2 峨眉山大火成岩省玄武岩及岩浆矿床分布图

资料来源：Song et al.，2009

是 Hou 等（2011），Shellnutt 和 Jahn（2011）则认为高钛和低钛玄武岩并不存在这一空间分布，其成因可能更复杂，不能用简单的模型来解释。碱性玄武岩的成分特征暗示它们是地幔柱上升到岩石圈后，导致含有角闪石、磷灰石、金云母的富集型地幔块体部分熔融的结果（Qi and Zhou，2008）。

按照含矿特点可以将镁铁-超镁铁岩体分为两类：一类是规模较大的层状辉长岩-辉石岩体，如攀枝花、白马、太和、红格等；另一类是小型的镁铁-超镁铁质岩体，如白马寨、力马河和杨柳坪等，前者赋存有超大型钒钛磁铁矿床，后者赋存有铜镍硫化物-铂族元素矿床。含超大型钒钛磁铁矿矿床的镁铁-超镁铁质层状岩体成因上可能与高钛玄武质岩浆有关，而赋存铜镍硫化物矿床的镁铁-超镁铁质岩体与低钛玄武质岩浆有关（Zhong et al.，2005；Zhou et al.，2008；Song et al.，2008，2013）。峨眉山大火成岩省内带与层状岩体紧密共生的正长岩/花岗岩体可分为 A 型和 I 型两类；Zhong 等（2007，2009，2011），Shellnutt 和 Zhou（2007）根据元素和锶-钕-铪同位素组成特点，认为 A 型花岗岩为高钛玄武质岩浆高度分异的产物，而 I 型花岗岩则是幔源玄武岩浆热导致中下地壳部分熔融的产物。

二、峨眉山地幔柱成矿作用

与世界其他大火成岩省相比，虽然峨眉山大火成岩省较小，但成矿作用的多样性、地质特征的典型性、空间分布的规律性、岩体的成矿专属性、钒钛磁铁矿床的巨大规模等方面，在世界其他大火成岩省中则极为罕见（胡瑞忠等，2005），反映出其岩浆成矿作用独有的鲜明特色。峨眉山大火成岩省的矿床系列主要包括：①与镁铁-超镁铁质层状岩体有关的铁钛岩浆氧化物成矿系列，形成一系列超大型钒钛磁铁矿矿床（攀枝花、红格、白马、太和），是世界上最重要的钒钛磁铁矿矿集区；②与小型镁铁-超镁铁质岩体有关的岩浆硫化物矿床（力马河、金宝山、杨柳坪、白马寨等）；③与 A 型花岗岩有关的铌-钽-锆-稀土矿化（茨达、红格）；④赋存于溢流玄武岩的自然铜矿化（鲁甸、黑山坡）。除自然铜矿床（点）形成于表生过程外，其他三类矿床或矿化都与峨眉山地幔柱岩浆作用有着密切的因果关系。在空间分布上，岩浆氧化物矿床及铌-钽-锆-稀土矿化仅发现于峨眉山大火成岩省的内带，而岩浆硫化物矿床在大火成岩省的内带和外带均有分布。

考虑到与 A 型花岗岩有关的铌-钽-锆-稀土矿化可能发生在碱性花岗岩浆-热液过渡阶段，在此只针对岩浆氧化物矿床和岩浆硫化物矿床进行阐述。

1. 岩浆硫化物矿床及其成矿模式

根据矿石中铂族元素含量，峨眉山大火成岩省岩浆硫化物矿床可以划分为三种主要类型：铂族元素矿床（如云南金宝山大型矿床）；铜镍铂族元素矿床（如四川杨柳坪超大型矿床和青矿山小型矿床）；铜镍矿床（如云南白马寨和四川力马河小型矿床等）。

峨眉山大火成岩省铂族元素矿床及矿化主要产于两种类型岩体中，一是形成于小型超镁铁岩体，如金宝山矿床，岩体主要由橄榄岩构成，锆石铀-铅年龄为 259.2 ± 4.5 Ma（Tao et al.，2009），铂族元素矿化产于岩体下部的铬铁矿（10%～20%）及硫化物（小于3%，局部达15%）的富集层中，探明矿石储量为 100 万 t，铂钯平均品位为 3.0g/t，镍 0.21%，铜 0.16%，是我国最大的铂族元素矿床（Wang et al.，2005，2008）。二是大型层状岩体下部的超镁铁岩相中，如新街岩体，在该岩体下部的旋回中赋存四个厚度为 1～3m 的铂族元素硫化物富集层，下部旋回和中部旋回的顶部产出大型钒钛磁铁矿矿床。不同铂族元素富集层之间的 $Mg^{\#}$、Cr/F_xO_t 和 Cr/TiO_2 值出现周期性变化，表明新街岩体当时为岩浆通道，有多次岩浆补给（Zhong et al.，2011）。新街岩体下部旋回铂族元素矿化说明攀西地区深部具有形成铂族元素矿床的潜力。

铜镍铂族元素矿床形成于分异良好的小型镁铁-超镁铁岩体中，以峨眉山大火成岩省北部的杨柳坪矿床最为典型，该矿床探明镍金属储量约 57 万 t，铂族元素储量约40t，是迄今为止峨眉山大火成岩省发现的唯一的超大型岩浆硫化物矿床。矿体赋存于含矿岩体底部和下部的蛇纹石岩（原岩为橄榄岩）、滑石岩（橄辉岩）中，向上硫化物呈逐渐减少的趋势，杨柳坪矿段底部及底板围岩中可见顺层产出的透镜状块状矿体（图 17.3）（Song et al.，2003，2004）。Song 等（2006）对杨柳坪穹窿构造变质峨眉山玄武岩的系统研究表明，其中段有约 300m 的玄武岩不同程度的镍和铂族元素亏损，这种亏损与这些元素在杨柳坪等矿体中的富集呈现很好的互补关系，说明玄武岩浆铂族元素的亏损与硫化物熔离-成矿有成因联系（图 17.4）。这表明玄武岩的铂族元素亏损是岩浆硫化物矿床重要的找矿标志。

贫铂族元素的铜镍硫化物矿床及矿化最为常见，如位于峨眉山大火成岩省内带的力马河矿床和外带的白马寨矿床。这些矿床均赋存于小型镁铁-超镁铁岩体中，岩体可以呈漏斗状（如力马河矿床）（图 17.5），也可以呈同心环状（如白马寨）。力马河矿床的矿体产于底部橄榄岩相内，而白马寨矿床的矿体则产于岩体中心的斜方辉石岩相中。全岩锶-钕-锇-硫同位素等研究表明岩浆在侵入含矿岩体前，经历了显著的分离结晶和10%～20%的地壳物质同化混染，特别是硫的带入导致了硫化物熔离（Wang et al.，2008；Tao et al.，2008，2010）。矿石铂族元素的亏损及远高于原始地幔的铜/钯值表明，深部发生了两个阶段的硫化物熔离，第一阶段少量硫化物熔离形成了铂族元素亏损的玄武岩浆，第二阶段更强烈的硫化物熔离形成了力马河矿床（Song et al.，2008）。

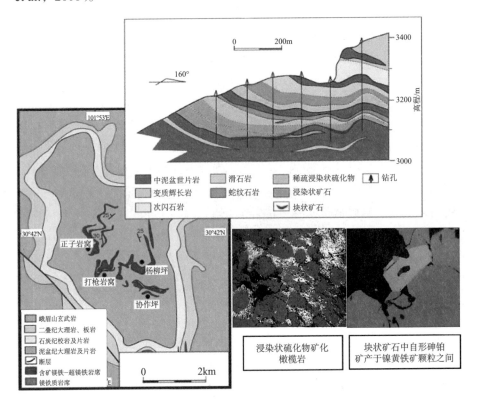

图 17.3　杨柳坪矿床平面地质简图、典型剖面图及显微镜下照片
资料来源：Song et al.，2003

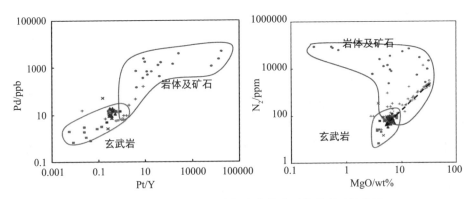

图 17.4　杨柳坪地区玄武岩与硫化物矿石的元素互补关系

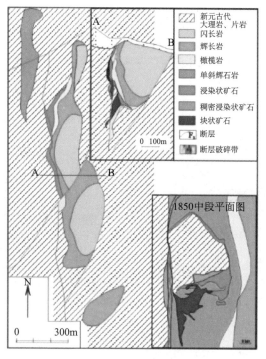

图 17.5　力马河矿床地质简图
资料来源：Tao et al.，2008，2010

图例：新元古代大理岩、片岩；闪长岩；辉长岩；橄榄岩；单斜辉石岩；浸染状矿石；稠密浸染状矿石；块状矿石；F_A 断层；断层破碎带

1850中段平面图

对三类岩浆硫化物矿床铂族元素组成的对比表明，铂族元素矿床硫化物中的铂族元素不仅含量最高，而且具有很好的正相关性；铜镍硫化物矿床中的硫化物具有相对较低的铂族元素含量，铂和钯、铱之间呈反相关关系。这些区别都暗示出它们之间在成因上存在着很明显的不同。研究发现由于铂族元素比铜镍更加亲硫，而玄武岩浆中铂族元素含量极为有限（铂和钯均小于 2×10^{-8}），因此，硫化物从硅酸盐熔浆中熔离的量越大，硫化物中铂族元素的含量越低。所以，铂族元素矿床都是少量硫化物熔离-聚集形成的（如金宝山），而大量硫化物熔离可以充分吸收岩浆中的铜和镍，但却使得硫化物中铂族元素稀释形成铜镍铂族元素矿床（如杨柳坪）。另外，如果在大量硫化物熔离之前就发生了弱的硫化物熔离，则第二次硫化物熔离就只能形成贫铂族元素的铜镍矿床（如力马河和白马寨）。由于锇、铱和钌对于早结晶的单硫化物固溶体而言是相容元素，而铂、钯和镍、铜是不相容元素，特别是钯和铜是强不相容元素，因此在多硫化物矿床中硫化物熔体分离结晶过程中这些元素之间将发生显著分异，铂族元素和铜镍的这种分异也发生在上述矿

床中（Song et al., 2008）。上述成矿过程可以用图 17.6 来表示。

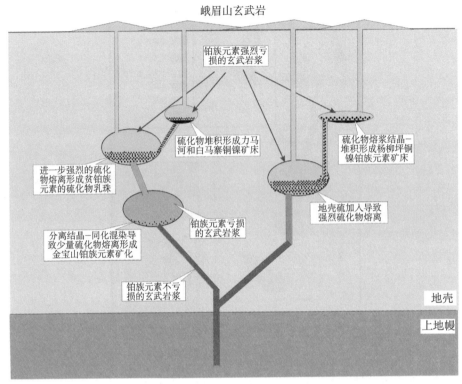

图 17.6　峨眉山大火成岩省不同类型岩浆硫化物矿床的成因模式

资料来源：Song et al., 2008

2. 岩浆氧化物矿床及其成矿模式

赋存钒钛磁铁矿矿床的层状镁铁-超镁铁岩体都分布在峨眉山大火成岩省的内带，包括著名的攀枝花、白马、红格和太和等超大型矿床，钒和钛分别占我国钒钛总储量的约 63% 和 90%，铁占我国铁总储量的约 16%，是世界最大的钒钛磁铁矿矿集区（图 17.7）。这些大型、超大型钒钛磁铁矿矿床的层状岩体空间上沿南北向攀枝花断裂与安宁河断裂分布。

这些层状岩体区别于国外同类岩体的最突出特点就是钒钛磁铁矿矿层都产于岩体的中下部，厚度达数百米；如攀枝花岩体下部岩相带两个块状矿石层的厚度分别达 60m 和 40m，而世界著名的南非布什维尔德层状杂岩体的钒钛磁铁矿层产于岩体的上部，尽管储量巨大，但若干个矿层的累积厚度仅为 20m。此外，峨眉山大火成岩省内带层状岩体都发育多个岩相旋回，岩石

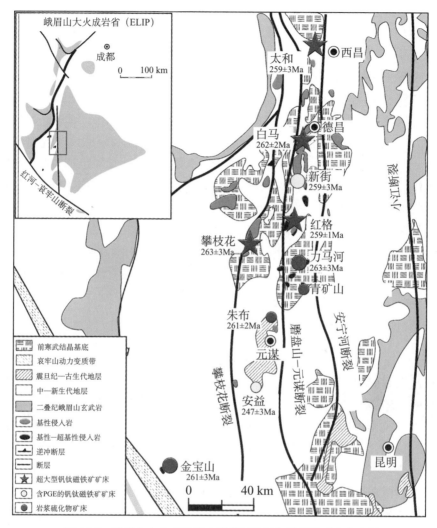

图 17.7　峨眉山大火成岩省内带攀西地区各类岩浆矿床分布图

资料来源：Song et al.，2008，2009；张晓琪等，2011

中矿物定向结构及韵律层理明显，反映有岩浆的反复补充和定向流动；含矿岩相的单斜辉石普遍发育钛磁铁矿的出溶条纹，说明母岩浆富铁钛（Song et al.，2013）。另外，岩体之间又存在不少差异，表明它们经历了不同的形成过程。从岩相组合上可以将这些层状岩体分为两类：①以辉长岩类组合为主的岩体；②橄辉岩、辉石岩及辉长岩均发育的岩体。

（1）以辉长岩类组合为主的岩体。这类岩体以攀枝花岩体和白马岩体为代表，前者主要由磁铁辉长岩、辉长岩、磷灰石辉长岩构成，主要矿石类型为块状磁铁矿矿石和浸染状矿石（磁铁辉长岩）；后者主要由磁铁橄长岩、辉长岩和磷灰石辉长岩构成，主要矿石类型为浸染状矿石（磁铁橄长岩）。这类岩体的钒钛磁铁矿矿层都分布在下部和中部岩相带，其中下部岩相带矿化更强。

以攀枝花岩体为例，岩体倾向北西，长 19km，厚 300～2000m，被后期近南北向平移断裂分割为朱家包包、兰家火山、尖山、倒马坎等矿段（图 17.8）。岩体自下而上可分为边缘带、下部岩相带、中部岩相带和上部岩相带四个岩相带。边缘带由细粒辉长岩组成；下部岩相带由交替出现的块状磁铁矿层和暗色辉长岩构成；中部岩相带由磁铁辉长岩和辉长岩构成，以韵律层理及硅酸盐矿物定向排列为特征，可以划分出七个旋回，每个旋回钛铁氧化物含量向上都是逐渐减少的；上部岩相带以磷灰石含量的突然增高为标志，韵律层理减弱。下部和中部岩相带、特别是块状矿层的厚度从北向南显著减薄（图 17.9）。

（2）橄辉岩、辉石岩及辉长岩均发育的岩体。这类岩体以红格岩体和太和岩体为代表，前者主要由橄辉岩、磁铁单斜辉石岩、辉长岩和磷灰石辉长岩构成，岩石以含大量角闪石（含 OH^- 的硅酸盐矿物）为特征，主要矿化类型为块状磁铁矿矿石和浸染状矿石（磁铁单斜辉石岩）；后者主要由单斜辉石岩、磷灰石单斜辉石岩和磷灰石辉长岩构成，以磷灰石的大量出现为突出特征，主要矿石类型为浸染状矿石（磷灰石磁铁单斜辉石岩）。这类岩体的钒钛磁铁矿矿层主要产于中部岩相带，下部岩相带矿化较弱。

以红格岩体为例，该岩体近水平产出，长约 16km，宽 3～6km，厚 1.2km。其下部岩相带主要由角闪石橄榄单斜辉石岩构成，原生普通角闪石含量达 5%～12%；中部岩相带主要由磁铁矿单斜辉石岩构成，在四个旋回的底部，特别是岩体底板下凹的部位出现块状钒钛磁铁矿矿层；上部岩相带主要由磷灰石辉长岩构成。下部岩相带原生角闪石的大量出现说明岩浆含水超过 2wt%，锶-钕同位素的研究暗示这些水是同化变质砂岩围岩带入的。水的加入使单斜辉石早于斜长石结晶，从而在岩体的下部和中部岩相带形成巨厚的单斜辉石岩（Luan et al.，2014）。Bai 等（2012）认为红格岩体侵入灯影组白云质灰岩之中，为岩浆提供氧化环境，导致磁铁矿的大量结晶和堆积。

太和岩体中部岩相带磷灰石磁铁单斜辉石岩的大量出现，说明其母岩浆是特殊的富铁-钛-磷的岩浆。She 等（2014，2015）认为这种特殊的岩浆是富铁岩浆在另一个中间岩浆房与更高程度演化的岩浆混合，并融化了部分堆积的磷灰石和钛铁矿等低熔点矿物形成的。

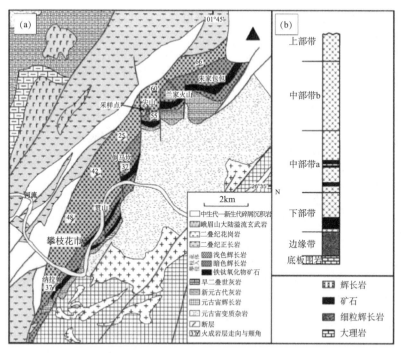

图 17.8　攀枝花岩体地质简图

资料来源：王坤等，2013

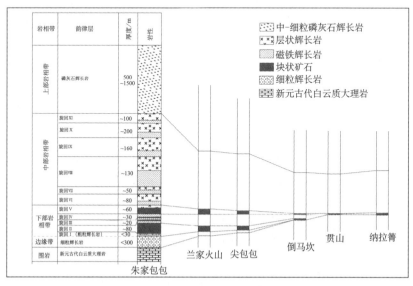

图 17.9　攀枝花岩体岩相带及旋回划分及其分布

资料来源：Song et al.，2013

综上所述，这几个层状岩体在岩相组合、矿化类型和部位、矿物成分和地球化学特征方面即存在共性，也存在差异，这些特征综合在表 17.1 中。

表 17.1　峨眉山大火成岩省内带主要含矿岩体地质特征对比

岩体	攀枝花	白马	红格	太和
岩石组合	辉长岩	橄长岩、辉长岩	辉石岩、辉长岩	辉石岩、辉长岩
角闪石＋黑云母	<2%		下部岩相带高达15%	<5%
矿化部位	下部岩相带		中部岩相带	
矿化类型	块状矿石＋磁铁辉长岩	磁铁橄长岩	块状矿石＋磁铁辉石岩	块状矿石＋磷灰石磁铁辉石岩
矿石含磷灰石	极低		微量	磷灰石 >5%
矿化标志	磷灰石出现是矿化结束的标志			斜长石大量出现于矿化结束阶段
矿物成分特点	单斜辉石和磁铁矿低铬，橄榄石低镍		中下部岩相带单斜辉石和磁铁矿高铬	
同化混染程度	最弱	较弱	最强	较弱

（3）钒钛磁铁矿矿床成矿模式。20 世纪 80 年代的研究认为这些矿床是岩浆晚期分离结晶和重力堆积的结果（张云湘等，1988；从柏林，1988）。近年来多数人认为层状岩体的母岩浆为富铁钛的岩浆，但钛铁氧化物的聚集-成矿机制还存在争议，主要有三种成因观点：①岩浆不混熔（Zhou et al.，2005，2013；Dong et al.，2013；Wang and Zhou，2013；王坤等 2013）；②碳酸质围岩分解导致岩浆氧逸度强烈升高而引发磁铁矿从铁玄武质岩浆中直接大量结晶（Ganino et al.，2008；Pang et al.，2008a，2008b；Zhang et al.，2009；Bai et al.，2012）；③深部岩浆房强烈分离结晶形成富钛铁镁铁质岩浆，在浅部岩浆房钛铁氧化物较早结晶并发生流动分选形成铁矿层（Song et al.，2013）。大家都试图用一种模式解释所有岩体中钒钛磁铁矿的成矿，然而，攀枝花、白马、红格、太和这四个主要含矿岩体在地质和地球化学特征的差异（Song et al.，2013；Zhang et al.，2012；She et al.，2014；Luan et al.，2014）（表 17.1），说明很难用一个成矿模式解释所有矿床的成因。

根据层状岩体钒钛磁铁矿矿化的上述特点，综合近年来的研究成果，比较合理的成矿模式是：①幔源岩浆经深部橄榄石和辉石的分离结晶，形成富铁钛基性岩浆；②当这种岩浆侵入较浅部的岩浆房时，磁铁矿、钛铁矿、橄榄石和斜长石成为较早结晶的矿物；③由于磁铁矿和钛铁矿的密度（4～5 g/cm^3）明显大于橄榄石（约 3 g/cm³）和斜长石（约 2.7 g/cm³）的密度，随着岩浆的流动，磁铁矿和钛铁矿就会因重力分选在岩浆房下凹的部位形成了巨厚的块状矿层。该模式能较好地解释攀枝花岩体的各种特征（Song et al.，2013）。而当富铁钛岩浆侵入底部比较平缓的白马岩体时，重力分异不够充分，只形成了白马岩体西部岩相带的浸染状矿层（磁铁橄榄岩）（Zhang et al.，2012）。

实验表明，当岩浆含有一定量的水时，磁铁矿和单斜辉石的结晶会提前，而斜长石结晶则会推迟。红格岩体下部岩相带角闪石单斜辉石岩，说明当分离结晶程度较低、Fe_2O_3 和 TiO_2 含量较低的岩浆侵入红格岩浆房并同化了含水的围岩时，磁铁矿和单斜辉石较早结晶并堆积。但由于结晶的磁铁矿绝对量较小，仅形成贫矿层。随后注入的岩浆更富铁钛，使大量磁铁矿较早结晶，从而在中部岩相带每个旋回的下部形成了块状矿层和浸染状矿层（Bai et al.，2012；Luan et al.，2014）（图 17.10）。

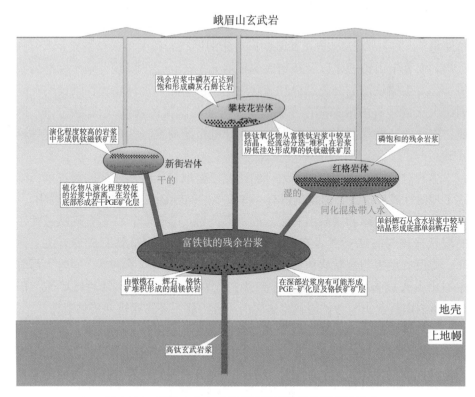

图 17.10　峨眉山大火成岩省钒钛磁铁矿矿床成矿模式

对于太和岩体而言，其中部岩相带的矿层由磷灰石磁铁矿辉石岩构成，以富铁-钛-磷为特征,而其他三个岩体中磷灰石的出现意味着钒钛磁铁矿矿化的结束。岩石和矿物地球化学研究表明,深部岩浆房演化的富铁钛的岩浆在进入太和岩体之前,先进入了另一个岩浆房,与该岩浆房高度演化的富磷的岩浆混合,并熔融了部分低熔的铁钛氧化物和磷灰石,形成了独特的富铁-钛-磷的岩浆。当这种岩浆进入太和岩体后,铁钛氧化物和磷灰石成为近液相线矿物,较早结晶,从而在每个旋回下部形成了独特的磷灰石磁铁矿辉石岩(She et al.,2014)。

第三节　地幔柱成矿研究展望

峨眉山大火成岩省岩浆成矿作用比较发育,全球罕见,仍然具有很好的寻找铬和铂族元素矿床的潜力。主要依据如下:第一,尽管已发现的岩浆硫化物矿床星罗棋布,但矿床规模很小,镍金属总储量约 70 万吨,铂族元素总储量约 50 吨;第二,含钒钛磁铁矿矿床的层状岩体大多铬和铂族元素强烈亏损,而金宝山铂钯矿以及新街底部铂族元素矿化层的发现,暗示深部岩浆房曾经发生铬铁矿的分离结晶和硫化物熔离;第三,地球物理探测证明在峨眉山大火成岩省内带深部存在高速层,可能是隐伏的镁铁-超镁铁岩体。因此,有必要开展深部岩浆矿化类型、规律的系统研究,为深部找矿奠定理论基础。

尽管对峨眉山地幔柱成矿效应的研究已经取得了许多重要的新进展,丰富了地幔柱成矿理论,但是仍然有一些重要的问题还没有得到很好的解决。

(1)含矿岩体和峨眉山玄武岩的关系问题:多数学者认为含钒钛磁铁矿的层状岩体与高钛玄武岩有关,而含铜镍矿的岩体与低钛玄武岩有关。然而,尚没有发现与层状岩体有地球化学特征对应的高钛玄武岩;同时,尽管峨眉山大火成岩省外带主要发育高钛玄武岩,但并没有钒钛磁铁矿床。因此,峨眉山玄武岩与含矿层状岩体的内在成因联系还需要进一步的研究。

(2)峨眉山大火成岩省内带的攀西地区既存在钒钛磁铁矿床,也存在铜镍硫化物矿床,与这两类矿床有关的岩体的岩浆源区有何不同?它们和峨眉山地幔柱的关系如何?是地幔柱与不同的岩石圈地幔相互作用造成的还是地幔柱头部不均一造成的?解决两类岩体的原始岩浆性质是解决该问题的关键。

(3)目前对于含钒钛磁铁矿岩体的母岩浆均认为是富铁钛玄武质岩浆,并且该母岩浆并非是原始岩浆,代表了演化岩浆。然而,这种富铁钛玄武质岩浆究竟是原始岩浆在深部岩浆房发生分离结晶作用形成的，还是不混溶作用形成的或者两者兼而有之？要解决上述问题，需要考虑含矿岩体以及与含矿岩体共生的中酸性岩体与原始岩浆之间的成因关系。

（4）块状钒钛磁铁矿矿层的成因存在较大分歧，目前主要包括三种观点：熔离的铁矿浆直接形成、高氧逸度条件下磁铁矿分离结晶作用形成、相对更高的密度使得流动岩浆中磁铁矿因重力作用向下聚集形成块状磁铁矿层。第一种观点没有得到实验岩石学的支持，不混溶实验得不到纯的熔离铁矿浆；第二种观点则很难解释磁铁矿与硅酸盐矿物同时结晶的事实；第三种观点虽然较好地解释了岩体底部磁铁矿层的成因，但用于解释岩体中部块状磁铁矿体成因仍存疑问。

（5）虽然峨眉山大火成岩省深部有可能发现寻找具有铬铁矿和铂族元素矿化隐伏岩体的潜力，但相应成矿规律的研究非常薄弱，亟待加强。

参考文献

从柏林.1988.攀西地区的大地构造演化——Ⅱ海西晚期至印质期的裂谷作用.科学通报，17：1321-1324.

范蔚著，王岳军，彭头平，等.2004.桂西晚古生代玄武岩 Ar-Ar 和 U-Pb 年代学及其对峨眉山玄武岩省喷发时代的约束.科学通报，49：1892-1900.

胡瑞忠，陶琰，钟宏，等.2005.地幔柱成矿系统：以峨眉山地幔柱为例.地学前缘,12（1）：42-54.

王坤，邢长明，任钟元，等.2013.攀枝花镁铁质层状岩体磷灰石中的熔融包裹体：岩浆不混熔的证据.岩石学报，29：3503-3518.

张晓琪，张加飞，宋谢炎，等.2011.斜长石和橄榄石成分对四川攀枝花钒钛磁铁矿床成因的指示意义.岩石学报，27：3675-3688.

张云湘，骆耀南，杨崇喜，等.1988.《攀西裂谷》-中华人民共和国地质矿产部地质专报-五（构造地质、地质力学第5号）.北京：地质出版社.

赵亚曾.1929.四川地质调查报告——《中国地质调查所地质汇编》，第8卷，第2号.

Bai Z J, Zhong H, Naldrett A J, et al. 2012. Whole-rock and mineral composition constraints on the genesis of the giant hongge Fe-Ti-V oxide deposit in the emeishan large igneous province, Southwest China. Economic Geology, 107（3）：507-524.

Burke K, Steinberger B, Torsvik T H, et al. 2008. Plume generation zones at the margins of large low shear velocity provinces on the core-mantle boundary. Earth and Planetary Science Letters, 265（1-2）：49-60.

Campbell I H, Griffiths R W. 1990. Implications of mantle plume structure for the evolution of flood basalts. Earth & Planetary Science Letters, 99 : 79-93.

Chung S L, Jahn B M. 1995. Plume-lithosphere interaction in generation of the Emeishan flood basalts at the Permian-Trassic boundary. Geology, 23 : 889-892.

Courtillot V, Davaille A, Besse J, et al. 2003. Three distinct types of hotspots in the Earth's mantle. Earth & Planetary Science Letters, 205 : 295-308.

Dong H, Xing C M, Wang C Y. 2013. Texture and mineral compositions of the Xinjie layer intrusion, SW China : Implications for the origin of magnetite and fractionation process of Fe-Ti-richbasaltic magmas. Geoscience Frontiers, 4 : 503-515.

Ernst R E, Buchan K L. 2002. Maximum size and distribution in time and space of mantle plumes : Evidence from large igneous provinces. Journal of Geodynamics, 34 : 309-342.

Ganino C, Arndt N T, Zhou M F, et al. 2008. Interaction of magma with sedimentary wall rock and magnetite ore genesis in the Panzhihua mafic intrusion, SW China. Mineralium Deposita, 43（6）: 677-694.

He B, Xu Y G, Chung S L, et al. 2003. Sedimentary evidence for a rapid, kilometer-scale crustal doming prior to the eruption of the Emeishan flood basalts. Earth & Planetary Science Letters, 213 : 391-405.

Hofmann A W, White W M. 1982. Mantle plumes from ancient oceanic crust. Earth & Planetary Science Letters, 57 : 421-436.

Hou T, Zhang Z C, Kusky T, et al. 2011. A reappraisal of the high-Ti and low-Ti classification of basalts and petrogenetic linkage between basalts and mafic-ultramafic intrusions in the Emeishan Large Igneous Province, SW China. Ore Geology Review, 41 : 133-143.

Huang K N, Opdyke N D. 1998. Magnetostratigraphic investigations on an Emeishan basalt section in western Guizhou province, China. Earth & Planetary Science Letters, 163（1-4）: 1-14.

Kieffer B, Arndt N T, Lapierre H, et al. 2004. Flood and Shield Basalts from Ethiopia : Magmas from the African Superswell. Jouenal of Petrology, 45 : 793-834.

Li H B, Zhang Z C, Ernst R, et al. 2015. Giant radiating mafic dyke swarm of the Emeishan Large Igneous Province : Identifying the mantle plume centre. Terra Nova, 27 : 247-257.

Luan Y, Song X Y, Chen L M, et al. 2014. Key factors controlling the accumulation of the Fe-Ti oxides in the Hongge layered intrusion in the emeishan large igneous province, SW China. Ore Geology Reviews, 57 : 518-538.

Morgan W J. 1971. Convection plumes in the lower mantle. Nature, 230 : 42-43.

Morgan W J. 1972. Plate motions and deep mantle convection. Nature, 132 : 7-22.

Pang K N, Li C, Zhou M F, et al. 2008a. Abundant Fe-Ti oxide inclusions in olivine from the

Panzhihua and Hongge layered intrusions, SW China：Evidence for early saturation of Fe-Ti oxides in ferrobasaltic magma. Contributions to Mineralogy & Petrology, 156（3）：307-321.

Pang K N, Zhou M F, Lindsley D, et al. 2008b. Origin of Fe-Ti oxide ores in mafic intrusions：Evidence from the Panzhihua intrusion, SW China. Journal of Petrology, 49（2）：295-313.

Qi L, Zhou M F. 2008. Platinum-group elemental and Sr-Nd-Os isotopic geochemistryof Permian Emeishan flood basalts in Guizhou Province, SW China. Chemistry Geology, 248：83-103.

She Y W, Yu S Y, Song X Y, et al. 2014. The formation of p-rich Fe-Ti oxide ore layers in the Taihe layered intrusion, SW China：Implications for magma-plumbing system process. Ore Geology Reviews, 57（3）：539-559.

She Y W, Song X Y, Yu S Y, et al. 2015. Variations of trace element concentration of magnetite and ilmenitefrom the Taihe layered intrusion, Emeishan large igneous province, SW China：Implications for magmatic fractionation and originof Fe-Ti-V oxide ore deposits. Journal of Asian Earth Sciences, 113：1117-1131.

Shellnutt J G, Zhou M F. 2007. Permian peralkaline, peraluminous and metaluminous A-type granites in the Panxi district, SW China：Their relationship to the Emeishanmantle plume. Chemical Geology, 243：286-313.

Shellnutt J G, Jahn B M. 2011. Origin of Late Permian Emeishan basaltic rocks from the Panxi region（SW China）：Implications for the Ti-classification and spatial-compositional distribution of the Emeishan flood basalts. Journal of Volcanology & Geothermal Research, 199：85-95.

Shellnutt J G, Zhou M F, Yan D P, et al. 2008. Longevity of the Permian Emeishan mantle plume（SW China）：1Ma, 8Ma or 18Ma? Geological Magazine, 145：373-388.

Song X Y, Zhou M F, Cao Z M, et al. 2003. The Ni-Cu-（PGE）magmatic sulfide deposits in the Yangliuping area within the Permian Emeishan large igneous province, SW China. Mineralium Deposita, 38：831-843.

Song X Y, Zhou M F, Cao Z M. 2004. Genetic relationships between base-metal sulfides and platinum-group minerals in the Yangliuping Ni-Cu-（PGE）sulfide deposit, SW China. Canadian Mineralogist, 42：469-483.

Song X Y, Zhou M F, Keays R R, et al. 2006. Geochemistry of the Emeishan flood basalts at Yangliuping, Sichuan, SW China：Implication for sulfide segregation. Contributions to Mineralogy Petrology, 152：53-74.

Song X Y, Qi H W, Robinson P T, et al. 2008. Melting of the subcontinental lithospheric mantle by the Emeishan mantle plume；evidence from the basalts in Dongchuan, Yunnan,

Southwestern China. Lithos, 100 : 93-111.

Song X Y, Keays R R, Long X, et al. 2009. Platinum-group element geochemistry of the continental flood basalts in the central Emeishan Large Igneous Province, South China. Chemistry Geology, 262 : 246-261.

Song X Y, Qi H W, Hu R Z, et al. 2013. Thick Fe-Ti oxide accumulation in layered intrusion and frequent replenishment of fractionated mafic magma : Evidence from the Panzhihua intrusion, SW China. Geochemistry Geophysics Geosystems, 14 (3) : 712-732.

Tao Y, Li C, Song X Y, et al. 2008. Mineralogical, petrological, and geochemical studies of the Limahe mafic-ultramatic intrusion and associated Ni-Cu sulfide ores, SW China. Mineralium Deposita, 43 : 849-872.

Tao Y, Ma Y S, Miao L C, et al. 2009. SHRIMP U-Pb zircon age of the Jinbaoshan ultramafic intrusion, Yunnan Province, SW China. Chinese Science Bulleten, 54 : 168-172.

Tao Y, Li C, Hu R, et al. 2010. Re-Os isotopic constraints on the genesisof the Limahe Ni-Cu deposit in the Emeishan large igneous province, SW China. Lithos, 119 : 137-146.

Wang C Y, Zhou M F. 2013. New textural and mineralogical constraints on the origin of the Hongge Fe-Ti-V oxide deposit, SW China. Mineralium Deposita, 48 : 787-798.

Wang C Y, Zhou M F, Zhao D G. 2005. Mineral chemistry of chromite from the Permian Jinbaoshan Pt-Pd-sulphide-bearing ultamafic intrusion in SW China with petrogenetic implications. Lithos, 83 : 47-66.

Wang C Y, Zhou M F, Qi L. 2007. Permian flood basalts and mafic intrusions in the Jinping (SW China) -Song Da (northern Vietnam) district : Mantle sources, crustal contamination and sulfide segregation. Chemistry Geology, 243 : 317-343.

Wang C Y, Prichard H Z, Zhou M F, et al. 2008. Platinum-group minerals from the Jinbaoshan Pd-Pt deposit, SW China : Evidence for magmatic origin and hydrothermal alteration. Mineralium Deposita, 43 : 791-803.

Wilson F T. 1965. Transform faults, oceanic ridges and magnetic anomalies southwest of Vancouver island. Science, 150 : 482-485.

Xu Y G, He B, Chung S L, et al. 2004. Geologic, geochemical and geophysical consequences of plume involvement in the Emeishan flood-basalt province. Geology, 32 : 917-920.

Xu Y G, Chung S L, Jahn B M, et al. 2001. Petrologic and geochemical constraints on the petrogenesis of Permian-Triassic Emeishan flood basalts in southwestern China. Lithos, 58 : 145-168.

Zhang X Q, Song X Y, Chen L M, et al. 2012. Fractional crystallization and the formation of thick Fe-Ti-V oxide layers in the Baima layered intrusion, SW China. Ore Geology Reviews, 49 : 96-108.

Zhang Z C, Mahoney J J, Mao J W, et al. 2006. Geochemistry of picritic and associated basalt flows of the western Emeishan flood basalt province, China. Acta Petrologica Sinica, 47 : 1997-2019.

Zhang Z C, Mao J W, Saunders A D, et al. 2009. Petrogenetic modeling of three mafic-ultramafic layered intrusions in the Emeishan large igneous province, SW China, based on isotopic and bulk chemical constraints. Lithos, 113 : 369-392.

Zhong H, Zhou X H, Zhou M F, et al. 2002. Platinum-group element geochemistry of the Hongge Fe-V-Ti deposit in the Panxi area, southwestern China. Mineralium Deposita, 37 : 226-239.

Zhong H, Hu R Z, Wilson A H, et al. 2005. Review of the link between the Hongge layered intrusion and Emeishan flood basalts, southwest China. International Geology Reviews, 47 (9) : 971-985.

Zhong H, Zhu W G, Chu Z Y, et al. 2007. SHRIMP U-Pb zircon geochronology, geochemistry, and Nd-Sr isotopic study of contrasting granites in the Emeishan large igneous province, SW China.Chemitry Geology, 236 : 112-133.

Zhong H, Zhu W G, Hu R Z, et al. 2009. Zircon U-Pb age and Sr-Nd-Hf isotope geochemistry of the Panzhihua A-type syenitic intrusion in the Emeishan large igneous province, southwestChina and implications for growth of juvenile crust.Lithos, 110 : 109-128.

Zhong H, Campbell I H, Zhu W G, et al. 2011. Timing and source constraints on the relationship betweenmafic and felsic intrusionsin the Emeishan Large Igneous Province. Geochimica Et Cosmochimica Acta, 75 : 1374-1395.

Zhong Y T, He B, Mundil R, et al. 2014. CA-TIMS zircon U-Pb dating of felsic ignimbrite from the Binchuan section : Implications for the termination age of Emeishan large igneous province. Lithos, 204 : 14-19.

Zhou M F, Malpas J, Song X Y, et al. 2002. Atemporal link between the Emeishan large igneousprovince (SW China) and the end-Guadalupian massextinction. Earth & Planetary Science Letters, 196 : 113-122.

Zhou M F, Robinson P T, Lesher C M, et al. 2005. Geochemistry, petrogenesis, and metallogenesis of the Panzhihua gabbroic layered intrusion and associated Fe-Ti- V-oxide deposits, Sichuan Province, SW China. Journal of Petrology, 46 : 2253-2280.

Zhou M F, Arndt N T, Malpas J, et al. 2008. Two magma series and associated ore deposit types in the Permian Emeishan large igneous province, SW China. Lithos, 103 : 352-368.

Zhou M F, Chen W T, Wang C Y, et al. 2013. Two stages of immiscible liquid separation in the formation of Panzhihua-type Fe-Ti-V oxide deposits, SW China. Geoscience Frontiers, 4 (5) : 481-502.

第十八章
青藏高原碰撞造山与成矿作用

第一节 引 言

　　大陆碰撞造山带是地球表面最为雄伟壮观的地质构造单元。在全球尺度上可以明显识别出的碰撞造山系主要有欧亚大陆南缘的比利牛斯-阿尔卑斯-扎格罗斯-喜马拉雅山链，欧亚大陆分界的乌拉尔山，欧洲西部的加里东山和海西山系，以及美洲东部的阿巴拉契亚山。早在板块构造提出之前，对阿尔卑斯等地区的研究发现，某些构造单元可以发生上千千米的水平运动，由此提出逆冲推覆构造系统，丰富了构造地质学内容，对当时受"固定论"影响的地质学界造成了认知冲击。板块构造提出以来，大陆碰撞造山带成为检验板块构造"登陆"的关键实验场，相关内容成为大陆动力学研究的前沿。近年来，大陆碰撞被赋予了新的内涵，认为它是形成超大陆最重要和最有效的机制（Yin and Harrison，2000）。可以说，大陆碰撞造山带是系统地理解造山形成演化深部地球动力学过程的关键，其相关研究一直处于地球科学前沿。

　　作为地球"第三极"，青藏高原是全球规模最宏大、特征最典型的大陆碰撞造山带，其以正在活动的碰撞造山作用、独特的壳幔圈层结构、清楚明确的板块边界历史、各种标示性的地质作用过程，以及世界级规模成矿区带的发育、巨量金属的工业堆积、成矿时代新、矿床类型丰富等为鲜明特征。

青藏高原被誉为诞生地学新观念和新理论的天然实验室，是全球科学家竞相争夺的"科学高地"。因此，以青藏高原为研究基地，开展碰撞造山与成矿作用研究，既是中国学者抢占国际研究制高点的科学需求，又是提高成矿预测能力，带动矿产勘查突破的现实经济需求。

第二节　青藏高原碰撞造山与成矿作用的主要进展

一、青藏高原碰撞造山带的基本特征与壳幔属性

1. 基本特征

喜马拉雅碰撞带整体呈向南凸出的弧形延伸，东西长 2450km，南北宽约 1500km，构成世界屋脊——青藏高原。该造山带是由印度板块与亚洲板块碰撞而形成。碰撞沿雅鲁藏布江缝合带发生，碰撞带下盘为具有相同印度板块基底的喜马拉雅地块，碰撞带上盘为上千千米宽的构造岩浆带，为典型的不对称式碰撞带。GPS 数据表明，现今青藏地区具有 50~65mm/a 的汇聚速率，主要为南北向，与地壳褶皱缩短方向一致，显示正向碰撞的特征。因此可以认为喜马拉雅造山带为正向不对称式碰撞带（张洪瑞和侯增谦，2015）。

从全球尺度构造演化角度审视，青藏高原是在潘吉亚超大陆裂解的背景下形成的；是由冈瓦纳陆块群在特提斯洋盆向北漂移，与劳亚大陆多次拼贴碰撞而成；是特提斯洋盆闭合后的产物。因此，碰撞带上盘是由多个小陆块新近拼合在一起的，这种新近拼合的板块具有脆弱的岩石圈，其内部不是稳定的"铁板一块"，容易受到扰动而再次活化（张洪瑞和侯增谦，2015）。

2. 壳幔属性

研究表明，青藏高原地幔至少存在三种地球化学端元：新特提斯大洋岩石圈端元，印度陆下岩石圈端元和新特提斯闭合前青藏高原原有的岩石圈端元。这三种地球化学端元以不同比例存在于高原的不同地域，并发生着相互作用（Mo et al.，2006；赵志丹等，2007；Zhao et al.，2009）。根据大量地质及地球物理资料，可以识别出青藏高原现今存在三种岩石圈类型：第一种，增厚的岩石圈；第二种，减薄的岩石圈；第三种，拆沉的岩石圈（Deng et al.，2004；Duan et al.，2016）。

地震探测揭示，青藏高原具有巨厚的地壳厚度。其厚度变化规律为：

①南部较深，北部较浅。在喜马拉雅地区为 70～80km（Zhao et al.，1993），向北减薄，至羌塘地区为 60～70km（Zhao et al.，2001；王椿镛等，2008；Gao et al.，2013），在松潘甘孜地区则为 50～60km（王椿镛等，2003）。②西部较深，东部较浅。在西昆仑构造结约为 90km（Wittlinger et al.，2004），向东在拉萨地区为 60～70km，理塘地区为 60km，至扬子地块上则变为 43km（Wang et al.，2010）。

铅同位素填图揭示，青藏地区存在新生、古老和再造三类地壳（Hou et al.，2015a）。下地壳包体资料显示青藏高原深部地壳处于高温状态。包体主要寄存在新生代钾质-超钾质岩中，成分主要为基性-酸性麻粒岩和少量榴辉岩。包体形成的平衡温度为 800～1100℃，压力在 8～17kbar（Hacker et al.，2000；Jolivet et al.，2003；Ding et al.，2007；Chan et al.，2009）。这种高温状态被认为是幔源钾质-超钾质岩浆加热造成的。

在高原南部，地壳 20～25km 深处，P 波反射具有异常高振幅特征，称为"亮点"构造（Brown et al.，1996；Alsdorf et al.，1998）。同时，S 波反射显示在 20～40km 存在低速异常层（Kind et al.，1996）。大地电磁结果也显示，20km 深度上为极低电阻率（Wei et al.，2001）。这一高导低速层在青藏高原北部（张先康等，2008；Li et al.，2014）、东部（王椿镛等，2003；Wang et al.，2010）、东南部（Xu and He，2007）也有显示。已有资料表明，这一高导低速层并不是稳定存在的，其厚度在横向上有急剧变化，如藏南定日、定结一带从 20km 减薄到 6km 左右（张中杰等，2002）。部分高导低速层地区具有中到高值的泊松比（Xu and He，2007；王椿镛等，2008）和高热流值（Hu et al.，2000），被解释为该类地区中上地壳发生了部分熔融（Nelson et al.，1996）。念青唐古拉山西部报道有 25Ma 的岩浆作用，被认为是中地壳部分熔融产物出露地表的直接证据（Weller et al.，2016）。

二、青藏高原碰撞造山过程

研究表明，青藏高原大陆碰撞造山经历主碰撞陆陆汇聚（65～41Ma）、晚碰撞构造转换（40～26 Ma）和后碰撞地壳伸展（25～0 Ma）三个阶段连续演化历程（图 18.1）（侯增谦等，2006a，2006b，2006c）。主碰撞陆陆汇聚以岩浆大规模底侵（Mo et al.，2007）、岩石圈缩短加厚、地壳垂向增生（Hou et al.，2004；Mo et al.，2007）及峰期变质作用为特征，其深部相继发生大陆板片俯冲（65～52Ma）→板片断离（52～42Ma）→板片低角度俯冲（小于 40Ma）等地质过程（侯增谦等，2006a），浅部主要发育林子宗火山岩和大型挤压构造，如唐古拉山逆冲断裂带、囊谦断裂系和可可西里风火山断裂系。晚碰撞构造转换作用主要发育于高原东缘，以发育大规模的走滑断裂系统、大规模剪切系统、逆冲推覆构造系统和小幅旋转构造为特征（侯增谦等，2006b）。推断晚碰撞期发生壳幔物质侧向流动（Mo et al.，2006；Xu et al.，2008），在深部诱发大规模壳幔钾质岩浆活动（Chung et al.，1998；Hou et al.，2005），在浅部耦合发育旋转构造（Wang et al.，2006，2008）。后碰撞地壳伸展发育于整个青藏高原，以地幔岩石圈减薄和浅部地壳伸展拆离为特征，以钾质-超钾质火山岩、富钾埃达克质岩和淡色花岗岩组合为标志（Chung et al.，2003；Hou et al.，2004；Mo et al.，2006；Zhao et al.，2009）。早期阶段主要发生下地壳流动与上地壳缩短（大于18 Ma），分别在藏南地区形成EW向延伸的藏南拆离系（STD）（Wang et al.，2007）和主边界逆冲断裂（MBT）及主中央逆冲断裂（MCT）（Yin and Harrison，2000）；晚期阶段主要发生地壳伸展与裂陷（小于18Ma），形成一系列横切青藏高原的NS向正断层系统（14～10 Ma）及其围陷的裂谷系和裂陷盆地（Blisniuk et al.，2001；Hintersberger et al.，2010）。

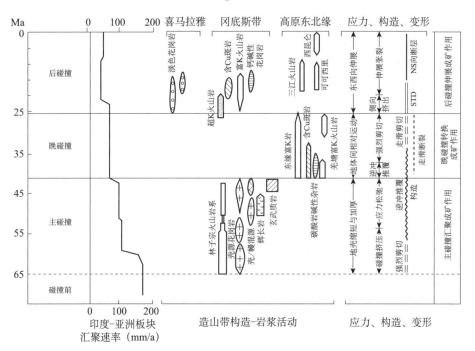

图18.1　喜马拉雅-青藏高原碰撞造山带三阶段碰撞过程、地质记录与应力状态

资料来源：侯增谦，2010

三阶段碰撞过程分别对应了三次壳幔相互作用事件。在主碰撞阶段以幔源岩浆底侵–壳幔源岩浆混合作用为特色，形成冈底斯花岗岩基主体及相关的金属成矿作用，其高峰期为 50 Ma 左右（Dong et al.，2006；Mo et al.，2005）；沿冈底斯构造–岩浆带发育一系列年龄在 42～40Ma 的幔源岩浆组合，其地球化学特征暗示其来源于穿过印度大陆板片断离窗的上涌软流圈（Xu et al.，2008；Gao et al.，2010）。在晚碰撞阶段以大规模走滑诱发的地幔上隆及横向流动为特色，形成高原东部的玉龙斑岩铜矿带、滇西富碱斑岩–火山岩及铜金成矿，其高峰期为 40～35 Ma；青藏高原东缘发育高钾基性火山岩，显示铌–钽、钛的负异常和锶、铅正异常，岩浆起源于与遭受交代富集的岩石圈地幔，代表了岩石圈向东南挤出块体的部分熔融产物。在后碰撞阶段以岩石圈拆沉作用、挤压向伸展转换为特色，形成冈底斯斑岩铜矿带、冈底斯钾质–超钾质火山岩、南北向张性构造等，其高峰期为 20～14 Ma（莫宣学等，2007；侯增谦等，2006c）。

三、碰撞带成矿系统发育特征

伴随着印度板块与亚洲板块的强烈碰撞，青藏高原内发育了一系列大型、超大型金属矿床，形成了世界级规模的巨型成矿带。例如，冈底斯和玉龙斑岩型铜矿带（芮宗瑶等，1984；唐仁鲤等，1995；侯增谦等，2004；Hou et al.，2003，2005，2006，2009a；Qu et al.，2007，2009；Yang et al.，2009a）、哀牢山造山型金矿带（胡云中等，1995；Hou et al.，2007；Sun et al.，2009）、三江沉积岩容矿铅–锌成矿带（侯增谦等，2008；He et al.，2009）、川西碳酸岩–碱性杂岩型稀土矿带（袁忠信等，1995；阳正熙等，2000；浦广平，2001；Hou et al.，2009b）、哀牢山–金沙江富碱侵入岩有关金铜成矿带（毕献武等，1999；Bi et al.，2002，2004；Hu et al.，1998，2004；Liang et al.，2007；Hou and Cook，2009a；Xu and He，2007；Fu et al.，2015，2016；Zhou et al.，2016）和藏南大型拆离系控制的锑–金矿带（聂凤军等，2005；杨竹森等，2006；Yang et al.，2009b；Zhai et al.，2014）等。系统精细测年表明，这些大型、超大型矿床主要形成于 65～10Ma，证明大陆碰撞可以形成大矿。目前这些成矿系统的主要研究进展具体如下。

1. 碰撞型斑岩铜矿成矿作用

查明了冈底斯含矿斑岩的时空分布规律：冈底斯后碰撞斑岩体在拉萨地体南缘呈狭长（1500km）的带状分布，年龄为 26～10 Ma。其空间分布与南拉萨新生地壳相对应。含铜岩浆及斑岩铜矿主要集中于冈底斯中段，斑岩结晶年龄为 20～12 Ma，侵位高峰期在 16±1 Ma 左右；成矿年龄为 20.7～13.5 Ma，集中于 15±1 Ma 左右。证实青藏高原中新世斑岩铜矿形成于后碰撞地壳伸展环境。

提出了含矿斑岩与贫矿斑岩的岩浆起源机制。提出含矿岩浆主要源自有大量幔源物质贡献的新生下地壳部分熔融，而贫矿岩浆则更多地受古老下地壳物质成分的控制。

提出了含铜岩浆的金属富集机制：底侵于下地壳的幔源物质及其携带的金属硫化物，在部分熔融中遭受重熔和活化，向埃达克岩浆系统中注入了大量的金属铜、金和硫。作为包体出现的幔源镁铁质岩浆可能也向斑岩岩浆系统提供了部分铜、金和硫。

建立了碰撞型斑岩铜矿成矿新模型，揭示了俯冲型斑岩铜矿与碰撞型斑岩铜矿的成因联系。碰撞型斑岩铜矿的成因及其与俯冲型斑岩铜矿的关系是一个颇受关注的科学问题。以西藏冈底斯侏罗纪俯冲型斑岩铜矿与中新世碰撞型斑岩铜矿为研究对象，发现两者时间上相差 150Ma，空间上均产于新特提斯俯冲形成的岩浆弧，但产出具有互补性。发现俯冲型弧岩浆大规模底侵形成新生下地壳，为碰撞型含矿岩浆提供了理想源区。在岩浆底侵过程中，弧岩浆在相对封闭环境下保持高 f_{O_2}，导致金属铜、金逐渐集聚于进化岩浆中，形成俯冲型斑岩铜矿。相反，弧岩浆在开放环境与地壳反应下，岩浆 f_{O_2} 降低，导致岩浆硫化物在新生下地壳堆积。在后期碰撞过程中，富含金属硫化物的新生下地壳熔融，金属铜向岩浆系统释放，形成碰撞型斑岩铜矿（Hou et al.，2015b）。

该斑岩铜矿成矿模型中，含矿斑岩起源于镁铁质新生下地壳，成矿组分铜、硫和 H_2O 分别来自新生下地壳硫化物重熔和角闪石分解，含矿岩浆在碰撞带巨厚地壳浅成就位，因充分分异而相对富 H_2O 贫金，形成斑岩铜钼矿床。该模型显著区别于经典俯冲环境下的斑岩铜矿成矿模型，反映了大陆碰撞环境下成矿的独特性。

2. 大陆碰撞密西西比河谷型铅锌成矿作用

三江地区发育一套铅锌矿床，初步研究表明，矿体赋存于沉积岩，尤其是碳酸盐岩中；成矿具有典型后生构造控制特征，与岩浆活动无关，矿体产于碰撞造山带中。这些特征与密西西比河谷型铅锌矿床相类似。深入研究发现，该套矿床可分为金顶式、河西-三山式、东莫扎抓式、多才玛式四种不同的矿床式，铅锌大规模成矿发生于新生代碰撞造山期，产出于三江逆冲褶皱带。成矿过程主要为：碰撞产生的逆冲推覆系统，在深部形成拆离滑脱构造，在前锋产生圈闭构造，同时，挤压应力驱动氧化的含金属盆地流体沿拆离滑脱构造向圈闭构造运移；应力松弛或压扭转换扩展裂隙系统，诱发盆地氧化流体和原地还原流体快速排泄与两元混合，导致金属硫化物在裂隙系统淀积成矿（侯增谦等，2008；He et al.，2009；宋玉财等，2011；张洪瑞等，2011，2012）。

3. 大陆碰撞岩浆碳酸岩型稀土元素矿床成矿作用

青藏高原东缘，川西地区发育李庄、牦牛坪、大陆槽等若干稀土矿床。研究发现该套矿床含矿岩浆碳酸岩具有高放射性锶同位素特征（$^{87}Sr/^{86}Sr>$0.7055；Hou et al.，2015c），锶-钕同位素组成总体上与伴生的硅酸盐岩石相一致，显示 EMII 型特征（Hou et al.，2015c）。研究认为，新元古代以来大洋岩石圈向扬子克拉通俯冲，导致深循环的沉积物释放出富稀土元素的 CO_2流体，交代富集 SCLM，并使之碳酸岩化。新生代碰撞活动形成大型走滑断裂，诱发 SCLM 减压熔融（Hou et al.，2006），形成超常富集稀土元素的岩浆碳酸岩，并沿断裂上侵于浅部地壳。岩浆不混溶过程导致稀土元素进一步集聚于碳酸岩熔体中。流体包裹体研究表明，在 750～650℃，碳酸岩熔体快速出溶富钾、纳、SO_4^{2-}和稀土元素的高氧化成矿流体（Xie et al.，2009）。在应力松弛环境下，流体系统的温度快速衰减，流体短距离运移，产生小规模的蚀变晕，形成不同式样的稀土元素矿体。热液流体交代碳酸岩岩株，形成浸染状矿体（李庄式），充填杂岩体上部的裂隙系统，形成脉状-网脉状矿体（牦牛坪式；Xie et al.，2009），贯入爆破角砾岩筒，形成筒状矿体（大陆槽式；Hou et al.，2009b）。

4. 碰撞造山型金成矿作用

一些学者曾提出：造山型金矿床主要产生于增生造山构造环境中，而像阿尔卑斯-喜马拉雅这样的碰撞造山带是不利于形成大型造山型金矿的，因为喜马拉雅等碰撞造山带垂直断裂系统规模小，且深度浅，导致其构造网络连通性差，不利于金的成矿流体的流动（Barley and Groves，1992；Groves et al.，1998；Kerrich et al.，2000）。然而，我国喜马拉雅期造山型金矿大量发育，至少形成了三条重要的金矿带，即滇西哀牢山金矿带（Sun et al.，2009）、川西甘孜-理塘金矿带和龙门山-锦屏山金矿带（王登红等，2001；李晓峰等，2005），前者受哀牢山大型走滑剪切带控制，后者受剪切带和层间滑脱带控制。近期研究显示，在青藏高原腹地雅江缝合带两侧，也有主碰撞期金矿带的发育，如加查邦布（时代为 44.80 ± 0.96Ma）到折木郎金矿带及马攸木金矿等（多吉等，2009；Jiang et al.，2012；孙晓明等，2010；Sun et al.，2016；Zhai et al.，2014；周锋等，2011）。相对于国际上典型的增生造山型金矿，喜马拉雅期在碰撞造山环境下形成的金矿有哪些主要的特点？前人通过对藏南和哀牢山等金矿带的系统研究，不仅证明碰撞造山带可以产出大型造山型金矿，而且初步提出了陆陆碰撞造山型金矿成矿模型（Sun et al.，2009，2016）。研究表明，哀牢山金矿带不是产于造山带的增生楔内，而是产于碰撞带的大规模走滑剪切带——红河剪切带，即扬子地块构造边界的超岩石圈断裂带上。该剪切带早期左行走滑，晚期右行走滑。沿走滑断裂分布的富碱侵入岩及煌斑岩年龄表明左行走滑起始于 40Ma 前后，而金矿带多数矿床的热液蚀变年龄证明，成矿作用伴随碰撞造山晚期的大规模走滑活动而发生。哀牢山金矿带多数矿床就位于红河剪切带的二级或次级构造上，后者多为高角度反转断裂系统和逆冲推覆剪切带，脆性与韧性变形的转换部位常控制矿体的空间定位。金矿体主要为含金石英脉和含金构造蚀变岩，赋矿岩石多数为古生代蛇绿混杂岩系，显示绿片岩相变质和角闪岩相变质，产于上地壳中深环境（多数大于 10km）。相比于国内外典型的增生造山型金矿，哀牢山金矿带发育的碰撞造山型金矿整体上具有如下主要特点：①矿石矿物组合复杂，为自然金、贱金属硫化物和菱铁矿等，相应的矿化元素组合也较为复杂。②成矿时代具有多期成矿的特点，在印支期（229 ± 38Ma）就发生金的矿化，但主要成矿期与喜马拉雅造山运动有关，在主碰撞后 30Ma 以内成矿。③成矿流体盐度和组成上，盐度较高，出现较多幔源组分；CO_2 含量很高，甚至出现大量纯 CO_2 流体包裹体；CO_2 主要来自幔源。④围岩中出现较多的同时代基性脉岩和碱性脉岩。⑤垂直方向物质交换较强，壳幔相互作用明显。⑥虽然金矿体主要形成于喜马拉雅造山期，但具有多期多阶段成矿的特点。例如，石贵勇等（2012）对哀牢山金矿带最重要的金矿之一——老王寨（镇沅）金矿中的含金黄铁矿进行了铼-锇定年，获得其等时线年龄为 229 ± 38Ma，$^{187}Os/^{188}Os$ 初始值为 0.68 ± 0.24，显示哀牢山金矿带至少在古特提斯构造演化的晚期（印支期）存在一次重要的金成矿事件，该期成矿物质来源属壳幔混合来源，但以幔源为主。哀牢山复合造山作用经历了前寒武纪—早古生代基底的形成、晚古生代俯冲造山作用、海西期末—印支期强烈碰撞造山、燕山期—喜马拉雅期伸展（走滑）造山等复杂的演化过程。多旋回的构造-岩浆-成矿作用使哀牢山金矿带具有多期次成矿特征（石贵勇等，2012）。

研究显示哀牢山金矿中各主要金矿的成矿作用均与本区强烈的壳幔相互作用相关，成矿主要发生于本区印支板块与扬子板块喜马拉雅期初始碰撞之后。哀牢山金矿带为喜马拉雅期碰撞造山背景下的剪切带控制型金矿，其成矿模式大致为：喜马拉雅造山运动早期，由印度板块与亚洲板块的碰撞产生侧向挤压，本区沿红河断裂带形成大型左旋走滑剪切带，使莫霍（Moho）面上升，地幔物质部分熔融并上涌，形成大量煌斑岩等基性岩脉，同时发生强烈排气作用，对下地壳进行热烘烤，地幔排气形成的深源地幔流体和下地壳脱水形成的富 CO_2 流体混合形成携带金、硫等成矿物质或矿化剂的深源富 CO_2 流体，并沿韧性剪切带形成的显微构造上升。在 10 km 左右的韧-脆性转换的构造层次，由于脆性断裂的形成，温压下降而流体快速上升，将产生 CO_2 相持续的不混溶作用，而与 $Au(HS)_2^-$ 稳定性相关的 H_2S 随气相与流体分离，引起 $Au(HS)_2^-$ 分解和 Au^0 的沉淀，形成金矿（Sun et al.，2009）。

5. 碰撞造山环境中与碱性斑岩有关的金铜成矿作用

此类成矿作用主要发生于哀牢山-金沙江富碱侵入岩带中，带内分布众多呈小岩基和岩株状产出的富碱侵入岩体，主要岩石类型为碱性花岗（斑）岩、正长斑岩、二长斑岩和碱性镁铁质岩石。目前在该带中发现的与富碱斑岩有关的金铜多金属矿床达 50 余个，重要的包括北衙、姚安和哈播等斑岩型金（铜）矿床等，其中北衙金矿的储量已达到超大型金矿的（大于 300t）规模。研究显示，哀牢山-金沙江富碱侵入岩带及其金铜矿化具有如下主要特征：①成矿岩体与矿体均受控于金沙江-哀牢山深大断裂及其次级断裂系统，主要形成于印度板块和亚洲板块晚碰撞构造转换环境。②富碱斑岩体在中部出露较多，东西两侧多呈隐伏产出；斑岩岩性从西向东由偏基性变为偏酸性和碱性，而从南向北由中性岩为主体变化为以酸性岩增加。③富碱侵入岩显示出钾质-超钾质特征，其成岩物质为壳幔混合来源；斑岩体中岩浆锆石的 $\varepsilon_{Hf}(t)$ 为 $-7.4\sim0.1$，相应两阶段铪模式年龄为 $1588\sim1112Ma$，显示其来源主要为地幔，但有地壳物质的加入；锆石的铈（Ⅳ）/铈（Ⅲ）相当高，显示成矿有关的岩体氧化程度很高，有利于金铜矿化。此外，辉钼矿中中等的铼含量（铼 $=2.08\sim20.54$ ppm）也显示北衙金矿成矿物质来自地壳和地幔交界地区。④富碱岩体中出现较多的深源岩石包体，包括石榴子石透辉岩、石榴子石透辉角闪岩、石榴子石斜长角闪岩等。⑤成岩与成矿年龄基本一致，金成矿集中于 36～31Ma，基本与哀牢山造山型金矿带的主成矿期相一致；成矿年龄由北到南逐步变新。⑥早期成矿流体主要由具有高氧逸度特征的岩浆流体组成，晚期有大气降水加入。⑦矿带-矿田尺度均具成矿多样性，原生矿化主要有夕卡岩和斑岩型等。⑧其中发现了含有大量铋的矿物，无论斑岩矿床还是夕卡岩矿床中均发现了含有丰富铋的矿物组合。铋矿物研究显示北衙金矿中夕卡岩成矿时间延续较长，其间经历了至少两期铋熔体对金的清扫作用，而这个过程是北衙金矿中金富集的最有效机制（毕献武等，1999；Bi et al.，2002，2004；Hu et al.，1998，2004；王登红等，2007；Liang，2007；Hou and Cook，2009；Xu and He，2007；Fu et al.，2015，2016；Zhou et al.，2016）。

6. 大陆碰撞成矿论

通过对主要成矿系统的详细解剖和综合研究，侯增谦（2010），Hou 和 Cook（2009）提出一套以陆陆汇聚、构造转换、地壳伸展成矿作用为核心的大陆碰撞成矿理论认识（图 18.2）。研究提出，主碰撞陆陆汇聚成矿作用发生在陆陆对接聚合的主碰撞带，大陆碰撞与峰期变质、地壳加厚与陆壳深熔，以及板片断离与壳幔熔融，分别形成造山型金、壳源花岗岩浆-热液型锡-钨和壳幔混源岩浆-热液型或叠合型铅-锌-钼-铁成矿系统。晚碰撞构造转换成矿作用发育于构造转换环境，受控于地块间的巨型剪切运动和深部软流圈的上涌过程。大规模走滑断裂系统诱发壳幔过渡带和富集地幔熔融，分别产生斑岩型铜-钼-金矿床和碳酸岩型稀土矿床；左行走滑剪切与下地壳变质形成造山型金成矿系统；逆冲推覆构造驱动地壳（盆地）流体长距离迁移汇聚、走滑拉分导致流体大量排泄和充填，形成造山型铅-锌-铜-银成矿系统。后碰撞地壳伸展成矿作用集中发育在主碰撞带，受控于大陆俯冲板片的撕裂与断离或岩石圈拆沉过程，新生下地壳熔融产生的富金属、高 f_{O_2} 和富水埃达克质岩浆，其浅成侵位和流体出溶产生斑岩型铜成矿系统；壳源岩浆驱动地热流体系统，在地热区发育热泉型砷-金成矿系统，在构造拆离带形成热液脉型铅-锌和锑-金成矿系统。在这三段式成矿过程中，每个阶段均出现压-张交替转换，为变质流体和地壳流体迁移（碰撞挤压）、含矿流体排泄和金属淀积成矿（应力松弛）提供热动力机制。

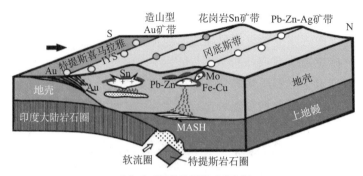

（a）主碰撞陆陆汇聚成矿作用

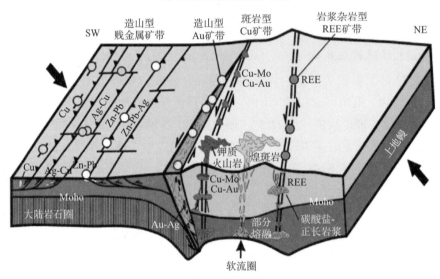

（b）晚碰撞构造转换成矿作用

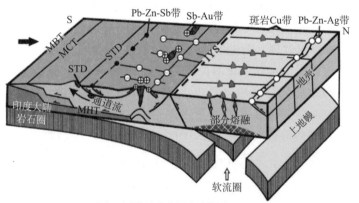

（c）后碰撞地壳伸展成矿作用

图 18.2　青藏高原碰撞造山过程与区域成矿作用模式图

资料来源：侯增谦等，2006a，2006b，2006c，有改动

四、碰撞造山成矿作用对比研究

欧亚大陆南缘发育比利牛斯、阿尔卑斯、扎格罗斯、喜马拉雅-青藏高原四个地球上最年轻的陆陆碰撞造山带，通过对其造山带结构、类型、物质组成、构造岩浆过程等方面进行系统地对比，讨论各个造山带的差异性及其缘由，进而揭示碰撞造山普遍性演化轮廓。研究发现上述四个碰撞造山带具有以下几点共同特征（张洪瑞和侯增谦，2015）。

（1）它们都是在潘吉亚超大陆裂解的背景下形成的，是特提斯洋及其附属洋盆闭合后的产物。

（2）碰撞造山带以发育高压变质岩、超钾质岩、地壳缩短与重熔、地表隆升剥蚀和前陆盆地等为特色。

（3）完整的碰撞过程可以划分为三个阶段：第一阶段主要发生挤压缩短、地壳加厚，高压变质和钙碱性火山岩浆活动；第二阶段以大规模走滑系统发育和高钾钙碱性及钾质超钾质火山岩浆作用为特征；第三阶段挤压应力向碰撞带两侧扩展，发育大型伸展构造系统和浅色花岗岩。

（4）碰撞型斑岩铜矿、密西西比河谷型铅锌矿、与花岗岩有关的锡-钨-铀矿和造山型金矿是大陆碰撞造山带发育的特征性矿床类型（Hou and Zhang，2015）。

除以上共同特征以外，四个碰撞造山带还各具特色：①根据板块汇聚方向与造山带边界间的夹角可将造山带分为正向和斜向两种；根据造山带结构可将碰撞带分为对称式和不对称式两种。由此可将碰撞造山带划分为四种基本式样，即正向对称式、正向不对称式、斜向对称式、斜向不对称式，分别以比利牛斯、青藏高原、阿尔卑斯和扎格罗斯碰撞带为代表。②在三个阶段碰撞演化历程中，比利牛斯只进行到第一阶段，成为幼年夭折的碰撞带；扎格罗斯进行到第二阶段，出现调节挤压应变的走滑系统和钾质超钾质岩浆活动，是青年期的碰撞造山带；青藏高原和阿尔卑斯进行到第三阶段，两者都发育大型伸展构造和钾质、超钾质岩浆活动，但后者在造山带物质组成和汇聚速率方面显示出比前者更成熟的造山演化程度。因此青藏高原和阿尔卑斯分别代表了中年和老年碰撞造山带。③岩石圈组成是碰撞造山带结构的主要控制因素，如果上覆板块具有相对不稳定的岩石圈，会使碰撞带后陆发育宽广的构造岩浆带，造成造山带呈不对称式结构。④大陆碰撞之前的弧岩浆底垫作用是碰撞带是否发育斑岩铜矿床的关键。比利牛斯和阿尔卑斯碰撞带几乎不发育碰撞之前与俯冲作用相关的弧岩浆，因此没有斑岩铜矿产出。扎格罗斯造山带和喜马拉雅造山带在碰撞之前经历了长时间的俯冲作用，形成大规模弧岩浆底垫于下地壳，为后期斑岩矿床的形成提供了物质基础。

第三节　青藏高原碰撞造山与成矿作用的研究展望

作为全球最年轻、规模最宏大的碰撞造山带，青藏高原是全球科学家竞相争夺的科学高地。以往研究已经基本明确了碰撞造山带的基本特征和壳幔属性，建立了碰撞造山过程中的主要构造岩浆事件格架；查明了碰撞过程中矿床的时空分布规律；构建了大陆碰撞成矿理论体系框架；较好地回答了印度板块和亚洲板块碰撞"能否成矿、成什么矿和为何成矿"等问题，初步阐释了部分矿床"如何成矿"等深层次问题，指导了找矿的重大突破。尽管如此，仍然还有较多重要的科学问题亟待解决，以下列举其中的一些方面。

一、碰撞造山带岩石圈三维结构

岩石圈结构是进行深部动力学解释的基础，同时也是成矿驱动机制研究的基础。青藏高原已经开展过大量地球物理探测工作，解决了一系列重大地质问题，极大地推动了大陆碰撞带深部地质的研究。然而，青藏高原岩石圈三维结构还远未昭示，一些关键科学认识还远未达到一致。

在青藏高原中北部，关于欧亚岩石圈是否向南俯冲的认识还存在较大争议。该问题可引申为古中生代拼合的欧亚大陆是否在印度板块和亚洲板块碰撞期间沿古缝合带发生了陆内俯冲。利用接收函数和体波成像等方法获取的资料，被解释为沿班公湖-怒江缝合带（Shi et al., 2004）、金沙江缝合带和阿尼玛卿缝合带（Kind et al., 2002; Vergne et al., 2002; Kumar et al., 2006; Wittlinger et al., 2004）发生了大陆向南俯冲。然而，Yue 等（2012）和 Liang 等（2012）利用相同的地球物理方法，却没有发现沿古缝合带陆内俯冲相关的证据。Shen 等（2015）对比了阿拉善地区之下的欧亚岩石圈和松潘甘孜地区之下的青藏岩石圈，发现两者有较大区别，因此认为不存在前者向后者之下的俯冲。

在青藏高原南部，关于印度板块向北俯冲的方式和范围也存在不同认识，俯冲范围存在有已经俯冲至班公湖一带（Huang et al., 2000; Kind et al., 2002; Tilmann and Ni, 2003）、班公湖以北 100km（Hung et al., 2010; Xu et al., 2011）、甚至整个青藏地区（Zhou and Murphy, 2005）等观点。出现

这些不同观点，固然有可能是设备高分辨率不足的原因，但更有可能是印度板块向北俯冲的距离在横向上有明显变化导致的（Li et al.，2008）。

今后对青藏高原岩石圈深部结构的研究，应该充分运用现代地球物理手段，通过多条地学大断面的观测，获取高分辨的地壳上地幔结构图像；同时强调地质学和地球物理学研究的结合，研究揭示出青藏高原岩石圈三维结构。

二、碰撞造山过程的深部动力学机制

目前已有多个大陆动力学模型来解释青藏高原演化过程：①陆内俯冲模型最早被提出，认为青藏高原隆升和双倍厚度地壳是由印度板块俯冲造成的（Argand，1924）。后来概念扩展为不只是存在印度板块向北俯冲，还存在亚洲板块向南俯冲（Replumaz et al.，2010；Guillot and Replumaz，2013）。该模型还被用来解释羌塘地区始新世埃达克质岩浆的形成（Wang et al.，2008）。②侧向逃逸模型认为，青藏高原由若干被大型断层带分隔的刚性块体组成，碰撞挤压造成块体沿大型走滑断层向东南逃逸（Molnar and Tapponnier，1981；Tapponnier et al.，2001）。③均一缩短模型认为，青藏高原的形成是由于地壳水平缩短而垂直增厚的过程。这一过程中，岩石圈变形行为符合流变学原理。④地壳塑性流动模型则认为，地壳物质以管道流的方式从青藏高原内部向外围流动，又可分为两种方式：下地壳向东流动（Royden et al.，1997；Clark and Royden，2000）和喜马拉雅中地壳向南流动（Searle et al.，2006，2011）。

上述模型中，每个模型都解释了青藏高原的特定地质现象，但彼此之间也存在矛盾之处，反映出青藏高原的一些基本地质问题依然存在争论。因此碰撞造山过程的深部动力学机制仍需深入研究、凝练和提升。

三、碰撞成矿系统的"源–运–储"与主控要素

尽管目前的研究工作已较好地回答了印度板块和亚洲板块碰撞"能否成矿、成什么矿和为何成矿"等问题，但是针对特定成矿系统还缺少"源–运–储"全链条的思考与解剖，从而制约了大陆碰撞理论体系的完善。例如，大陆碰撞斑岩铜–钼–金矿床，已有研究更多地关注了成矿岩体岩浆源的问题（与加厚新生下地壳的富水埃达克质岩浆密切相关），而对流体的"源"则关注较少或缺乏有效限定；同时，对岩浆、金属、硫和流体从源区的抽离机制，以及其在地壳中迁移–就位–聚集机制等"运–储"问题也缺乏系统限定，

从而制约了大陆碰撞斑岩矿床成矿理论的完善。其他碰撞成矿系统，如铅、锌、金等，也同样存在类似的问题。因此，只有全链条解剖大陆碰撞成矿系统"源-运-储"的过程，才有可能深入理解大陆碰撞成矿作用。

四、大型矿床的形成过程与定位机制

尽管青藏高原成矿系统研究已经取得重大突破，大陆碰撞成矿理论框架得以确立，但某些大型矿床的典型解剖还显不足，导致了成矿过程、定位机制甚至矿床成因都存在较大争议。驱龙矿床位于冈底斯东缘，是我国最大的斑岩型铜矿床，其成矿过程可以用斑岩岩浆系统来限定，但矿体定位机制则缺乏有效约束。有研究认为以驱龙为代表的冈底斯铜矿带与南北向正断层密切相关，但矿区范围内难以观察到脆性断裂活动。金顶矿床位于青藏高原东缘，是我国最大的铅锌矿床，该矿床成因还存在较大争议，有同生沉积、后生改造、壳幔复合成矿等多种观点。矿体定位与一套含膏盐角砾岩有关，但该套角砾岩成因也存在滑塌沉积（覃功炯和朱上庆，1991）、膏溶（高广立，1989）和底辟侵位（高兰等，2005；王安建等，2007）三种不同观点。由此可见，青藏高原这些大型矿床还有待深入解剖。应该指出的是，解剖工作不能限于传统的矿床学研究手段，应该在矿床或矿集区范围开展构造-岩相-蚀变填图，同时结合地球物理手段，对矿床/矿集区进行0~3000 m浅部结构精细刻画，从而清晰地展示矿床的形成与定位过程。

参考文献

毕献武，胡瑞军，叶造军，等.1999. A 型花岗岩类与铜成矿关系研究——以马厂箐铜矿为例.中国科学（D 辑），29（6）：489-495.

多吉，温春齐，范小平，等.2009.西藏马攸木金矿床.北京：地质出版社.

高广立.1989.论金顶铅锌矿床的地质问题.地球科学，14（5）：468-475.

高兰，王安建，刘俊来，等.2005.滇西北兰坪金顶超大型研究新进展：侵入角砾岩的发现及其地质意义.矿床地质，24（4）：457-461.

侯增谦.2010.大陆碰撞成矿论.地质学报，84（1）：30-58.

侯增谦，钟大赍，邓万明.2004.青藏高原东缘斑岩铜钼金成矿带的构造模式.中国地质，31（1）：1-14.

侯增谦，杨竹森，徐文艺，等.2006a.青藏高原碰撞造山带：Ⅰ.主碰撞造山成矿作用.矿床地质, 25 (4): 337-358.

侯增谦, 潘桂棠, 王安建, 等. 2006b. 青藏高原碰撞造山带: Ⅱ. 晚碰撞转换成矿作用. 矿床地质, 25 (5): 521-543.

侯增谦, 曲晓明, 杨竹森, 等. 2006c. 青藏高原碰撞造山带: Ⅲ. 后碰撞伸展成矿作用. 矿床地质, 25 (6): 629-651.

侯增谦, 宋玉财, 李政, 等. 2008. 青藏高原碰撞造山带 Pb-Zn-Ag-Cu 矿床新类型: 成矿基本特征与构造控矿模型. 矿床地质, 27 (2): 123-144.

胡云中, 唐尚鹑, 王海平, 等. 1995. 哀牢山金矿地质. 北京: 地质出版社.

李晓峰, 毛景文, 陈文. 2005. 四川缅萨洼金矿两类矿石绢云母 $^{40}Ar/^{39}Ar$ 年龄及其地质意义. 地质论评, 51 (3): 334-339.

莫宣学, 赵志丹, 邓晋福, 等. 2007. 青藏新生代钾质火山活动的时空迁移及向东部玄武岩省的过渡: 壳幔深部物质流的暗示. 现代地质, 21 (2): 255-264.

聂凤军, 胡朋, 江思宏, 等. 2005. 藏南地区金和锑矿床 (点) 类型及其时空分布特征. 地质学报, 79: 373-385.

蒲广平. 2001. 攀西地区稀土成矿历史演化与喜马拉雅期成矿基本特征 // 陈毓川, 王登红. 喜马拉雅期内生成矿作用研究. 北京: 地震出版社.

芮宗瑶, 黄崇轲, 齐国明, 等. 1984. 中国斑岩铜 (钼) 矿床. 北京: 地质出版社.

石贵勇, 孙晓明, 潘伟坚, 等. 2012. 云南哀牢山金矿带镇沅超大型金矿载金黄铁矿 Re-Os 定年及其地质意义. 科学通报, 57 (26): 2492-2500.

宋玉财, 侯增谦, 杨天南, 等. 2011. "三江" 喜马拉雅期沉积岩容矿贱金属矿床基本特征与成因类型. 岩石矿物学杂志, 30 (3): 355-380.

孙晓明, 石贵勇, 翟伟, 等. 2010. 青藏高原喜马拉雅期碰撞造山型金矿矿化特征和动力学机制: 以哀牢山金矿带为例. 矿床地质, 29: 995-996.

覃功炯, 朱上庆. 1991. 金顶铅锌矿床成因模式及找矿预测. 云南地质, 10 (2): 145-190.

唐仁鲤, 罗怀松, 等. 1995. 西藏玉龙斑岩铜 (钼) 矿带地质. 北京: 地质出版社.

王安建, 高兰, 刘俊来, 等. 2007. 论兰坪金顶超大型铅锌矿容矿角砾岩的成因. 地质学报, 81 (7): 891-897.

王椿镛, 韩渭宾, 吴建平, 等. 2003. 松潘-甘孜造山带地壳速度结构. 地震学报, 25: 229-241.

王椿镛, 楼海, 吕智勇, 等. 2008. 青藏高原东部地壳上地幔 S 波速度结构. 中国科学 D 辑, 38 (1): 22-32.

王登红, 杨建民, 薛春纪, 等. 2001. 西南三江-大渡河地区喜马拉雅期金成矿作用的同位素年代学依据 // 陈毓川, 王登红. 2001. 喜马拉雅期内生成矿作用研究. 北京: 地震出版社.

王登红, 应立娟, 王成辉, 等. 2007. 中国贵金属矿床的基本成矿规律与找矿方向. 地学前缘，（5）：71-81.

阳正熙，Williams-Jones A E，蒲广平 . 2000. 四川冕宁牦牛坪轻稀土矿床地质特征 . 矿物岩石，20（2）：28-34.

杨竹森，侯增谦，高伟，等 . 2006. 藏南拆离系锑金成矿特征与成矿模式 . 地质学报，80：1377-1391.

袁忠信，施泽民，白鸽，等 . 1995. 四川冕宁牦牛坪轻稀土矿床 . 北京：地震出版社 .

张洪瑞，侯增谦 . 2015. 大陆碰撞造山样式与过程：来自特提斯碰撞造山带的实例 . 地质学报，89（9）：1539-1559.

张洪瑞，杨天南，侯增谦，等 . 2011. "三江"北段茶曲帕查矿区构造变形与铅锌矿化 . 岩石矿物学杂志，30（3）：463-474.

张洪瑞，杨天南，宋玉财，等 . 2012. 古溶洞控矿构造在青藏高原中部的发现及意义 . 矿床地质，31（3）：449-458.

张先康，嘉世旭，赵金仁，等 . 2008. 西秦岭-东昆仑及邻近地区地壳结构——深地震宽角反射/折射剖面结果 . 地球物理学报，51：439-450.

张中杰，滕吉文，李英康，等 . 2002. 藏南地壳速度结构与地壳物质东西向"逃逸"——以佩枯错-普莫雍错宽角反射剖面为例 . 中国科学 D 辑，32（10）：793-798.

赵志丹，莫宣学，董国臣，等 . 2007. 青藏高原 Pb 同位素地球化学及其意义 . 现代地质，21（2）：265-274.

周峰，孙晓明，翟伟，等 . 2011. 藏南折木朗造山型金矿成矿流体地球化学和成矿机制 . 岩石学报，27（9）：2775-2784.

Alsdorf D，Brown L，Nelson K D，et al. 1998. Crustal deformation of the Lhasa terrane, Tibet plateau from Project INDEPTH deep seismic reflection profiles. Tectonics，17（4）：501-519.

Argand E. 1924. Le tectonique de l'Asie. Proceedings of the 13th International Geological Congress，7：171-372.

Barley M E，Groves D I. 1992. Supercontinental cycles and the distribution of metal deposits through time. Geology，20：291-294.

Bi X W，Cornell D H，Hu R Z. 2002. REE composition of primary and altered feldspar from the mineralized alteration zone of alkali-rich intrusive rocks，Western Yunnan Province，China. Ore Geology Reviews，19：69-78.

Bi X W，Hu R Z，Cornell D H. 2004. Trace element and isotope evidence for the evolution of ore-forming fluid of Yao'an gold deposit，Yunnan province，China. Mineralium Deposita，39：21-30.

Blisniuk P M，Hacker B R，Glodny J，et al. 2001. Normal faulting in central Tibet since at least 13.5 Myr ago. Nature，412（6847）：628-632.

Brown L D, Zhao W J, Nelson D K, et al. 1996. Bright spots, structure, and magmatism in southern Tibet from INDEPTH seismic reflection profiling. Science, 274 (5293): 1688-1690.

Chan G H N, Waters D J, Searle M P, et al. 2009. Probing the basement of southern Tibet: Evidence from crustal xenoliths entrained in a Miocene ultrapotassic dyke. Journal of the Geological Society, 166 (1): 45-52.

Chung S L, Lo C H, Lee T Y, et al. 1998. Dischronous uplift of the Tibetan plateau starting from 40 Myr ago. Nature, 349: 769-773.

Chung S L, Liu D Y, Ji J Q, et al. 2003. Adakites from continental collision zones: Melting of thickened lower crust beneath southern Tibet. Geology, 31 (11): 1021-1024.

Clark M K, Royden L H. 2000. Topographic ooze: Building the eastern margin of Tibet by lower crustal flow. Geology, 28 (8): 703-706.

Deng J, Mo X, Zhao H, et al. 2004. A new model for the dynamic evolution of Chinese lithosphere: "continental roots-plume tectonics". Earth-Science Reviews, 65 (3): 223-275.

Ding L, Kapp P, Yue Y H, et al. 2007. Postcollisional calc-alkaline lavas and xenoliths from the southern Qiangtang terrane, central Tibet. Earth and Planetary Science Letters, 254 (1/2): 28-38.

Dong G, Mo X, Zhao Z, Wang L, et al. 2006. Magma mixing of mantle and crust source during India-Eurasian continental collision: Evidences from Gangdise magma belt. Acta Petrologica Sinica, 22 (4): 835-844.

Duan Y, Tian X, Liu Z, et al. 2016. Lithospheric detachment of India and Tibet inferred from thickening of the mantle transition zone. Journal of Geodynamics, 97: 1-6.

Fu Y, Sun X M, Lin H, et al. 2015. Geochronology of the giant Beiya gold-polymetallic deposit in Yunnan Province, Southwest China and its relationship with the petrogenesis of alkaline porphyry. Ore Geology Reviews, 71: 138-149.

Fu Y, Sun X M, Zhou H Y, et al. 2016. In-situ LA-ICP-MS U-Pb geochronology and trace elements analysis of polygenetic titanite from the giant Beiya gold-polymetallic deposit in Yunnan Province, Southwest China. Ore Geology Reviews, 77: 43-56.

Gao R, Chen C, Lu Z, et al. 2013. New constraints on crustal structure and Moho topography in Central Tibet revealed by SinoProbe deep seismic reflection profiling. Tectonophysics, 606: 160-170.

Gao Y, Yang Z, Santosh M, et al. 2010. Adakitic rocks from slab melt-modified mantle sources in the continental collision zone of southern Tibet. Lithos, 119 (3): 651-663.

Groves D I, Goldfarb R J, Gebre-Mariam M, et al. 1998. Orogenic gold deposits: A proposed classification in the context of their crustal distribution and relationship to other gold deposit types. Ore Geology Reviews, 13 : 7-27.

Guillot S, Replumaz A. 2013. Importance of continental subductions for the growth of the Tibetan plateau. Bulletin de la Societe Geologique de France, 184 (3) : 199-223.

Hacker B R, Gnos E, Ratschbacher L, et al. 2000. Hot and dry deep crustal xenoliths from Tibet. Science, 287 (5462) : 2463-2466.

He L, Song Y, Chen K, et al. 2009. Thrust-controlled, sediment-hosted, Himalayan Zn-Pb-Cu-Ag deposits in the Lanping foreland fold belt, eastern margin of Tibetan Plateau. Ore Geology Reviews, 36 (1/3) : 106-132.

Hintersberger E, Thiede R C, Strecker M R, et al. 2010. East-west extension in the NW Indian Himalaya. Geological Society of America Bulletin, 122 (9/10) : 1499-1515.

Hou Z Q, Cook N. 2009. Metallogenesis of the Tibetan Collisional Orogen : A review and introduction to the special issue. Ore Geology Reviews, 36 : 2-24.

Hou Z Q, Zhang H R. 2015. Geodynamics and metallogeny of the eastern Tethyan metallogenic domain. Ore Geology Reviews, 70 : 346-384.

Hou Z Q, Ma H W, Zaw K, et al. 2003. The Himalayan Yulong porphyry copper belt : Product of large-scale strike-slip faulting in eastern Tibet. Economic Geology, 98 (1) : 125-145.

Hou Z Q, Gao Y F, Qu X M, et al. 2004. Origin of adakitic intrusives generated during mid-Miocene east-west extension in southern Tibet. Earth and Planetary Science Letters, 220 (1/2) : 139-155.

Hou Z Q, Lu Q T, Qu X M, et al. 2005. Metallogenesis in the Tibetan collisional orogenic belt. Mineral Deposit Research : Meeting the Global Challenge, 1-2 : 1231-1233.

Hou Z Q, Zeng P, Gao Y, et al. 2006. Himalayan Cu-Mo-Au mineralization in the eastern Indo-Asian collision zone : Constraints from Re-Os dating of molybdenite. Mineralium Deposita, 41 (1) : 33-45.

Hou Z Q, Zaw K, Pan G T, et al. 2007. Sanjiang Tethyan metallogenesis in SW China : Tectonic setting, metallogenic epochs and deposit types. Ore Geology Reviews, 31 (1/4) : 48-87.

Hou Z Q, Yang Z, Qu X, et al. 2009a. The Miocene Gangdese porphyry copper belt generated during post-collisional extension in the Tibetan Orogen. Ore Geology Reviews, 36 (1/3) : 25-51.

Hou Z Q, Tian S, Xie Y, et al. 2009b. The Himalayan Mianning-Dechang REE belt associated with carbonatite-alkaline complexes, eastern Indo-Asian collision zone, SW China. Ore Geology Reviews, 36 (1) : 65-89.

Hou Z Q, Duan L, Lu Y, et al. 2015a. Lithospheric architecture of the Lhasa terrane and its

control on ore deposits in the Himalayan-Tibetan orogen. Economic Geology, 110 (6):
1541-1575.

Hou Z Q, Yang Z, Lu Y, et al. 2015b. A genetic linkage between subduction and collision-related porphyry Cu deposits in continental collision zones. Geology, 43 (3): 247-250.

Hou Z Q, Liu Y, Tian S, et al. 2015c. Formation of carbonatite-related giant rare-earth-element deposits by the recycling of marine sediments. Scientific Reports, 5: 10231.

Hu R Z, Burnard P G, Turner G, et al. 1998. Helium and argon systematics in fluid inclusions of Machangqing copper deposit in west Yunnan province, China. Chemical Geology, 146: 55-63.

Hu R Z, Burnard P G, Bi X W, et al. 2004. Helium and argon isotope geochemistry of alkaline intrusion-associated gold and copper deposits along the Red River-Jingshajiang fault belt, SW China. Chemical Geology, 203: 305-317.

Hu S, He L, Wang J. 2000. Heat flow in the continental area of China: A new data set. Earth and Planetary Science Letters, 179 (2): 407-419.

Huang W C, Ni J F, Tilmann F, et al. 2000. Seismic polarization anisotropy beneath the central Tibetan Plateau. Journal of Geophysical Research: Solid Earth, 105 (B12): 27979-27989.

Hung S H, Chen W P, Chiao L Y, et al. 2010. First multi-scale, finite-frequency tomography illuminates 3-D anatomy of the Tibetan Plateau. Geophysical Research Letters, 37 (6): L06304.

Jiang Z Q, Wang Q, Li Z X, et al. 2012. Late Cretaceous (ca. 90 Ma) adakitic intrusive rocks in the Kelu area, Gangdese belt (southern Tibet): Slab melting and implications for Cu-Au mineralization. Journal of Asian Earth Sciences, 53: 67-81.

Jolivet M, Brunel M, Seward D, et al. 2003. Neogene extension and volcanism in the Kunlun Fault Zone, northern Tibet: New constraints on the age of the Kunlun Fault. Tectonics, 22 (5): 1052.

Kerrich R, Goldfarb R, Groves D, et al. 2000. The characteristics, origins, and geodynamics of supergiant gold metallogenic provinces. Science in China (D), 43 (S): 1-68.

Kind R, Ni J, Zhao W J, et al. 1996. Evidence from earthquake data for a partially molten crustal layer in southern Tibet. Science, 274 (5293): 1692-1694.

Kind R, Yuan X, Saul J, et al. 2002. Seismic images of crust and upper mantle beneath Tibet: Evidence for Eurasian plate subduction. Science, 298 (5596): 1219-1221.

Kumar P, Yuan X H, Kind R, et al. 2006. Imaging the colliding Indian and Asian lithospheric plates beneath Tibet. Journal of Geophysical Research-Solid Earth, 111 (B6): B06308.

Liang H Y. 2007. The age of the potassic alkaline igneous rocks along the Ailao Shan-Red River shear zone : Implications for the onset age of left-lateral sheering. Journal of Geology, 115 : 231-242.

Liang X, Sandvol E, Chen Y J, et al. 2012. A complex Tibetan upper mantle : A fragmented Indian slab and no south-verging subduction of Eurasian lithosphere. Earth and Planetary Science Letters, 333-334 : 101-111.

Li C, van der Hilst R D, Meltzer A S, et al. 2008. Subduction of the Indian lithosphere beneath the Tibetan Plateau and Burma. Earth and Planetary Science Letters, 274 (1/2): 157-168.

Li H, Shen Y, Huang Z, et al. 2014. The distribution of the mid-to-lower crustal low-velocity zone beneath the northeastern Tibetan Plateau revealed from ambient noise tomography. Journal of Geophysical Research : Solid Earth, 119 (3): 1954-1970.

Mo X X, Dong G, Zhao Z, et al. 2005. Timing of Magma Mixing in the Gangdise Magmatic Belt during the India-Asia Collision : Zircon SHRIMP U-Pb Dating. Acta Geologica Sinica, 79 (1): 66-76.

Mo X X, Zhao Z, Deng J, et al. 2006. Petrology and geochemistry of postcollisional volcanic rocks from the Tibetan plateau : Implications for lithosphere heterogeneity and collision-induced asthenospheric mantle flow // Dilek Y, Pavlides S. Post collisional Tectonics and Magmatism in the Mediterranean Region and Asia. Geological Society of America Special Papers : 507-530.

Mo X X, Hou Z Q, Niu Y L, et al. 2007. Mantle contributions to crustal thickening during continental collision : Evidence from Cenozoic igneous rocks in southern Tibet. Lithos, 96 (1/2): 225-242.

Molnar P, Tapponnier P. 1981. A possible dependence of tectonic strength on the age of the crust in Asia. Earth and Planetary Science Letters, 52 (1): 107-114.

Nelson K D, Zhao W J, Brown L D, et al. 1996. Partially molten middle crust beneath southern Tibet : Synthesis of project INDEPTH results. Science, 274 (5293): 1684-1688.

Qu X, Hou Z, Khin Z, et al. 2007. Characteristics and genesis of Gangdese porphyry copper deposits in the southern Tibetan Plateau : Preliminary geochemical and geochronological results. Ore Geology Reviews, 31 (1): 205-223.

Qu X, Hou Z, Khin Z, et al. 2009. A large-scale copper ore-forming event accompanying rapid uplift of the southern Tibetan Plateau : Evidence from zircon SHRIMP U-Pb dating and LA ICP-MS analysis. Ore Geology Reviews, 36 (1): 52-64.

Replumaz A, Negredo A M, Guillot S, et al. 2010. Multiple episodes of continental subduction during India/Asia convergence : Insight from seismic tomography and tectonic reconstruction. Tectonophysics, 483 (1/2): 125-134.

Royden L H, Burchfiel B C, King R W, et al. 1997. Surface deformation and lower crustal flow in eastern Tibet. Science, 276 (5313): 788-790.

Searle M P, Law R D, Jessup M J. 2006. Crustal structure, restoration and evolution of the Greater Himalaya in Nepal-South Tibet: Implications for channel flow and ductile extrusion of the middle crust. Channel Flow, Ductile Extrusion and Exhumation in Continental Collision Zones. Geological Society, London, Special Publications: 355-378.

Searle M P, Elliott J, Phillips R, et al. 2011. Crustal-lithospheric structure and continental extrusion of Tibet. Journal of the Geological Society, 168 (3): 633-672.

Shen X, Yuan X, Liu M. 2015. Is the Asian lithosphere underthrusting beneath northeastern Tibetan Plateau? Insights from seismic receiver functions. Earth and Planetary Science Letters, 428: 172-180.

Shi D, Zhao W, Brown L, et al. 2004. Detection of southward intracontinental subduction of Tibetan lithosphere along the Bangong-Nujiang suture by P-to-S converted waves. Geology, 32 (3): 209-212.

Sun X, Zhang Y, Xiong D, et al. 2009. Crust and mantle contributions to gold-forming process at the Daping deposit, Ailaoshan gold belt, Yunnan, China. Ore Geology Reviews, 36 (1): 235-249.

Sun X M, Wei H X, Zhai W, et al. 2016. Fluid inclusion geochemistry and Ar-Ar geochronology of the Cenozoic Bangbu orogenic gold deposit, Southern Tibet, China. Ore Geology Reviews, 74: 196-210.

Tapponnier P, Xu Z Q, Roger F, et al. 2001. Oblique stepwise rise and growth of the Tibet plateau. Science, 294 (5547): 1671-1677.

Tilmann F, Ni J, Team I I S. 2003. Seismic imaging of the downwelling Indian lithosphere beneath central Tibet. Science, 300 (5624): 1424-1427.

Vergne J, Wittlinger G, Hui Q, et al. 2002. Seismic evidence for stepwise thickening of the crust across the NE Tibetan plateau. Earth and Planetary Science Letters, 203 (1): 25-33.

Wang C Y, Lou H, Silver P G, et al. 2010. Crustal structure variation along 30°N in the eastern Tibetan Plateau and its tectonic implications. Earth and Planetary Science Letters, 289 (3/4): 367-376.

Wang Q, Wyman D A, Xu J F, et al. 2008. Eocene melting of subducting continental crust and early uplifting of central Tibet: Evidence from central-western Qiangtang high-K calc-alkaline andesites, dacites and rhyolites. Earth and Planetary Science Letters, 272 (1/2): 158-171.

Wang S F, Erchie W, Fang X M, et al. 2008. Late cenozoic systematic left-lateral stream deflections along the Ganzi-Yushu fault, Xianshuihe fault system, eastern Tibet.

International Geology Review, 50（7）: 624-635.

Wang Y, Fan W, Zhang Y, et al. 2006. Kinematics and $^{40}Ar/^{39}Ar$ geochronology of the Gaoligong and Chongshan shear systems, western Yunnan, China: Implications for early Oligocene tectonic extrusion of SE Asia. Tectonophysics, 418（3）: 235-254.

Wang Y, Zhang X, Sun L, et al. 2007. Cooling history and tectonic exhumation stages of the south-central Tibetan Plateau（China）: Constrained by $^{40}Ar/^{39}Ar$ and apatite fission track thermochronology. Journal of Asian Earth Sciences, 29（2/3）: 266-282.

Wei W, Unsworth M, Jones A, et al. 2001. Detection of widespread fluids in the Tibetan crust by magnetotelluric studies. Science, 292（5517）: 716-719.

Weller O M, St-Onge M R, Rayner N, et al. 2016. Miocene magmatism in the Western Nyainqentanglha mountains of southern Tibet: An exhumed bright spot? Lithos, 245: 147-160.

Wittlinger G, Vergne J, Tapponnier P, et al. 2004. Teleseismic imaging of subducting lithosphere and Moho offsets beneath western Tibet. Earth and Planetary Science Letters, 221（1/4）: 117-130.

Xie Y, Hou Z, Yin S, et al. 2009. Continuous carbonatitic melt-fluid evolution of a REE mineralization system: Evidence from inclusions in the Maoniuping REE Deposit, Western Sichuan, China. Ore Geology Reviews, 36（1）: 90-105.

Xu Q, Zhao J, Pei S, et al. 2011. The lithosphere-asthenosphere boundary revealed by S-receiver functions from the Hi-CLIMB experiment. Geophysical Journal International, 187（1）: 414-420.

Xu Y G, He B. 2007. Think and high velocity crust in the Emeishan large igneous province, SW China: Evidence for crustal growth by magmatic underplating/intraplating. Geological Society of America Special Papers, 430: 841-858.

Xu Y G, Lan J B, Yang Q J, et al. 2008. Eocene break-off of the Neo-Tethyan slab as inferred from intraplate-type mafic dykes in the Gaoligong orogenic belt, eastern Tibet. Chemical Geology, 255（3）: 439-453.

Yang Z, Hou Z, Meng X, et al. 2009a. Post-collisional Sb and Au mineralization related to the South Tibetan detachment system, Himalayan orogen. Ore Geology Reviews, 36（1/3）: 194-212.

Yang Z, Hou Z, White N C, et al. 2009b. Geology of the post-collisional porphyry copper-molybdenum deposit at Qulong, Tibet. Ore Geology Reviews, 36（1）: 133-159.

Yin A, Harrison T M. 2000. Geologic evolution of the Himalayan-Tibetan orogen. Annual Review of Earth and Planetary Sciences, 28: 211-280.

Yue H, Chen Y J, Sandvol E, et al. 2012. Lithospheric and upper mantle structure of the northeastern Tibetan Plateau. Journal of Geophysical Research: Solid Earth, 117: B05307.

Zhai W, Sun X M, Yi J Z, et al. 2014. Geology, geochemistry, and genesis of orogenic gold-antimony mineralization in the Himalayan orogen, South Tibet, China. Ore Geology Reviews, 58 (1): 68-90.

Zhao W, Nelson K D, Che J, et al. 1993. Deep seismic reflection evidence for continental underthrusting beneath southern Tibet. Nature, 366 (6455): 557-559.

Zhao W, Mechie J, Brown L D, et al. 2001. Crustal structure of central Tibet as derived from project INDEPTH wide-angle seismic data. Geophysical Journal International, 145 (2): 486-498.

Zhao Z, Mo X, Dilek Y, et al. 2009. Geochemical and Sr-Nd-Pb-O isotopic compositions of the post-collisional ultrapotassic magmatism in SW Tibet: Petrogenesis and implications for India intra-continental subduction beneath southern Tibet. Lithos, 113 (1): 190-212.

Zhou H W, Murphy M A. 2005. Tomographic evidence for wholesale underthrusting of India beneath the entire Tibetan plateau. Journal of Asian Earth Sciences, 25 (3): 445-457.

Zhou H Y, Sun X M, Fu Y, et al. 2016. Mineralogy and mineral chemistry of Bi-minerals and constraints on ore genesis of the Beiya giant porphyry-skarn gold deposit, southwest China. Ore Geology Reviews, 79: 408-424.

第十九章
青藏高原隆升与表生成矿

第一节　引　言

青藏高原是世界上海拔最高的高原，平均海拔在4000m以上，众多山峰海拔超过6000m。青藏高原西起帕米尔高原，东至西川盆地西缘，南为喜马拉雅山脉，北到祁连山脉、阿尔金山、昆仑山，区内有冈底斯山脉、念青唐古拉山脉、唐古拉山脉。

青藏高原主体是由显生宙以来多期形成的褶皱带拼合而成的复杂造山带，各时代造山带发育于众多大小不等的微型陆块（潘桂棠等，2001）。青藏高原隆升起因于印度板块向北俯冲到亚洲板块下部，继而引发陆陆碰撞（Tapponnier et al.，1982；Powell，1986；许志琴等，1996；钟大赉和丁琳，1996；肖序常，1998）；一般认为印度板块与亚洲板块碰撞事件起始于55 Ma（Ding et al.，2005；许志琴等，2011）。

板块陆陆碰撞过程对青藏高原的成矿作用起着决定性影响，并形成重要的金属矿床成矿事件（侯增谦，2010；潘桂棠等，2012；陈衍景，2013）。同时，青藏高原的隆升产生巨大的地貌与气候环境效应，导致亚洲内陆气候干旱化（Broccoli and Manabe，1992；Kutzbach et al.，1989；Li and Fang，1999），使青藏高原内部及邻区形成许多构造盆地，并为青藏高原表生成矿带来丰富的深部成矿物质；这些构造-气候-物源成矿要素于表生环境发生耦合作用，在高原及邻区形成了丰富的盐湖型的钾、锂、铯、硼、锶等矿床（吴必豪等，1986；孙大鹏等，1984；张彭熹，1987；杨谦，1982；郑绵平等，1989；孙大鹏等，1991；王弭力等，1996，2001）。对此，我国盐湖地质工作者经过几十年的地质勘探与研究，提出了一系列陆相成钾理论与模式（袁见齐等，1983；张彭熹，1987；刘群等，1987；郑绵平等，1989）。

青藏高原及邻区的盐类矿产资源主要分布于青藏高原中南部、北部及其北缘地区的三个成矿带（图19.1），是我国重要的战略性特色矿产资源，其中察尔汗和罗布泊等矿区的钾盐产量满足了我国50%钾盐的需求量。高原隆升的成矿效应也发生于北美西部和南美西部，形成了相似的矿产资源，如北美西部的美国西尔斯湖、大盐湖钾盐及银峰盐湖锂矿，以及南美西部的玻利维亚乌尤尼盐湖锂矿、智利阿卡塔玛盐湖硝酸钾矿等大型矿床（Garrett，2004）。本章将重点介绍青藏高原隆升背景下的表生钾盐等战略性资源的成矿研究进展。

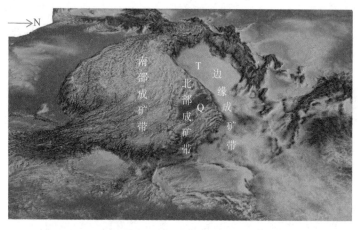

图 19.1　青藏高原地形特征及表生成矿带分布
T. 塔里木盆地；Q. 柴达木盆地

第二节　青藏高原隆升与表生成矿的主要进展

一、重要表生矿床（钾、锂、硼、锶矿床）的研究进展

青藏高原及邻区表生矿床主要为盐湖矿床，盐类矿产种类齐全。根据重要盐类矿种的分布规律，划分出几个成矿区进行介绍。

1. 钾盐成矿区

在青藏高原隆升的背景下，青藏高原及邻区的内陆盆地形成了众多大型钾盐矿床，主要分布于青藏高原北部和边缘成矿带，如柴达木盆地的察尔汗钾盐矿床、塔里木盆地的罗布泊钾盐矿床等，都属于陆相钾盐矿床。

1）柴达木钾（锂）成矿区

该成矿区主要位于青藏高原北部的柴达木盆地内，大地构造属于东昆仑褶皱系-柴达木拗陷，为典型的高山深盆环境，北侧为阿尔金山和祁连山，南侧为昆仑山，面积约为 12 万 km^2。

柴达木盆地区内盐湖数量众多，共有富钾盐湖 13 个。根据盐湖发育程度、构造单元划分、盐类矿物赋存特征等，可将柴达木成矿区进一步划分为柴北盐湖成矿亚区、柴中盐湖成矿亚区和柴南盐湖成矿亚区，矿床主要特征见表 19.1。

（1）柴北盐湖成矿亚区。钾盐矿床分布于柴达木盆地北部，主要有尕斯库勒湖、大浪滩、察汉斯拉图、昆特依、钾湖等，主要为卤水钾盐矿床，水化学类型主要属于硫酸镁亚型。钾湖地区为氯化物型卤水，出现小型光卤石及钾石盐沉积（王弭力等，1997）。

（2）柴中盐湖成矿亚区。该区主要矿床有一里坪、东台、西台、马海及大柴旦和小柴旦盐湖等，属于硫酸盐型钾锂硼矿床。一里坪、东台、西台盐湖及马海盐湖为卤水钾锂矿床，其中马海盐湖中锂含量相对较贫，大柴旦盐湖和小柴旦盐湖主要为硼矿，伴生钾锂资源，以固体矿为主。

（3）柴南盐湖成矿亚区。该区主要矿床为察尔汗盐湖，以氯化物型卤水为主。

2）罗布泊钾盐成矿区

罗布泊盐湖位于塔里木盆地东部，是世界上最大的第四纪干盐湖之一。1995 年在罗布泊罗北凹地发现超大型钾盐矿床（王弭力等，1996），罗北凹地获得 2.5 亿 t 卤水氯化钾资源量（王弭力等，2001），之后又在罗北凹地外围又发现四个中型钾盐矿床（刘成林，2003）。首次发现卤水钾矿床储于钙芒硝岩中，属于一种新类型钾盐矿床（刘成林等，2007）。罗布泊钾盐矿属于液体矿床，主要分布于罗北凹地，其含矿地层主要为中更新统、上更新统和全新统。卤水矿层结构为一个浅水层和五个主要承压水层，储集层岩石主要由钙芒硝组成，埋深为 1～150m，潜卤水层平均孔隙度为 28%，承压层平均为 14%，储卤层纯厚度为 64m，卤水氯化钾平均品位为 1.40%（王弭力等，2001）。

罗布泊钾盐主要分布于其东北部地区，以罗北凹地盐湖为中心，周边零星地分布一些小盐湖凹地，表现为"卫星式"分布模式（图 19.2）（刘成林等，2009，2010）。

表 19.1　柴达木盆地盐湖主要钾盐矿床特征与资源储量

序号	矿床名称	化学类型	矿床类型	平均品位	含矿地层岩性	含矿层时代	资源储量
1	马海盐湖	氯化物型	液体	1.20%	含粉砂的石盐，含黏土的石盐，含粉砂黏土的石盐，含淤泥黏土的石盐	Q₄	大中型
			固体，钾石盐	8.42%	多数矿体的顶、底板为含杂质（主要为粉砂、少数黏土、淤泥）数量不等的石盐	Q₄-Q₂	中型
2	昆特依盐湖	硫酸镁亚型	液体（大盐滩）	1.25%	昆特依液体矿赋存于固体盐类矿物（含碎屑沉积物）颗粒之间及孔（溶）隙之间，盐岩层孔隙度多数较大，有利于卤水赋存	Q₄-Q₂¹	大型
			固体（钾湖等）；光卤石、钾石盐	6.81%	钾湖的固体钾矿产于全新统风积和化学沉积层中，矿层顶板为含粉砂的石盐、粉砂钾盐，底板为含石盐黏土的粉砂或含石盐粉砂的黏土。大盐滩固体钾矿仅分布于"昆西"地带的全新统风积和化学沉积层中	Q₄	小型
3	察尔汗盐湖	氯化物型	液体	1.69%	矿区内全新统和上更新统中盐类沉积发育，以石盐为主，厚度一般 15～30m，最厚达 70.20m，为固液体钾镁盐矿的主要赋存层位。盐湖范围内为第四系湖相沉积，湖四周分布有上更新统的洪积层和全新统风积（Qₕᵉᵒˡ）、冲积（Qₕᵃˡ）、冲洪积（Qₕᵖⁱ⁺ᵃˡ）以及冲积湖积（Qₕᵃˡ⁺ˡ）等其他成因地层	Q₃-Q₄	大型
			固体，光卤石	1.2%			大型
4	大浪滩盐湖	硫酸镁亚型	主要为液体	无数据	石盐、芒硝、白钠镁矾盐层夹含石膏淤泥层，局部见表外杂卤石钾矿层	Q	大型

资料来源：青海省国土资源厅，2001 年，青海盐湖矿产资源整体开发利用及管理研究报告

2. 锂盐成矿区

目前，我国已探明的锂资源主要分布在青藏高原的盐湖卤水中（图 19.3），卤水类型为碳酸盐型和硫酸盐型。碳酸盐型锂资源主要集中于藏北西部的扎布耶盐湖和东部的班戈-杜佳里湖中，锂资源量分别为 837 万 t 和 50 万 t（李明慧和郑绵平，2003）。硫酸盐型锂资源主要分布于柴达木盆地一里坪及东台、西台盐湖等地（青海省国土资源厅 2001 年资料）。

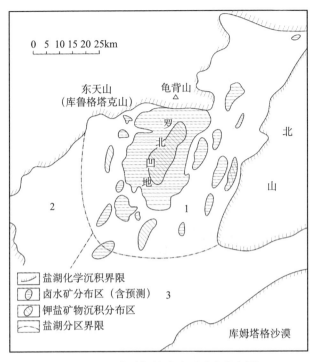

图 19.2　罗布泊钾盐成矿区矿床分布图

1. 成矿区（罗北凹地成矿亚区、环外围成矿区）；2. 西部新湖区；3. 南部大耳朵湖区

资料来源：刘成林等，2009，2010

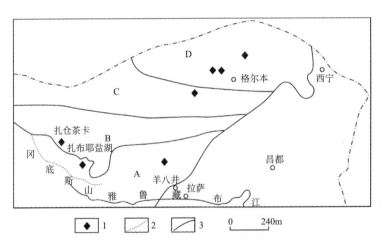

图 19.3　青藏高原主要锂盐湖分布示意图

A. 碳酸盐型盐湖带；B. 硫酸钠亚型盐湖带；C. 硫酸镁亚型盐湖带；D. 硫酸盐-氯化物型盐湖带

1. 主要盐湖锂矿床；2. 青藏高原边界线；3. 盐湖带界限

资料来源：罗莎莎和郑绵平，2004，有改动

1）碳酸盐型盐湖锂矿床

碳酸盐型盐湖锂矿床主要分布在西藏高原北中部的班戈湖-杜佳里湖区、扎布耶盐湖区。

（1）扎布耶盐湖锂矿床。扎布耶盐湖位于西藏高原腹地，由北湖和南湖构成，北湖为卤水湖，面积为98km²，近年来有少量盐类沉积；南湖为半干盐湖，表现为盐滩和卤水湖两部分，面积分别为93km²和45km²（郑绵平等，1989）。该湖沉积了世界上罕见的综合性盐湖矿床，除富含锂、硼、钾元素外，还特别富含溴、铷、铯等元素，并产出扎布耶石（Li_2CO_3）（郑绵平等，1989）。

（2）班戈-杜佳里盐湖锂矿床。班戈-杜佳里盐湖位于藏北的东部，班戈湖隶属于那曲地区班戈县，杜佳里湖隶属于那曲地区尼玛县。两盐湖区的卤水化学组成相似。卤水中锂含量也较高，折合成锂含量约为430mg/L，高于工业品位要求，锂资源量为50万t（李明慧和郑绵平，2003）。

2）硫酸盐型盐湖锂矿床

我国硫酸盐型盐湖锂矿床主要分布于柴达木盆地和藏北高原盐湖等。

（1）柴达木盆地盐湖。柴达木盆地15个盐湖中有13个卤水锂含量达到工业及超过边界品位要求，与钾盐伴生。锂资源主要赋存在一里坪、东台及台吉乃尔盐湖等地，处于柴达木钾盐成矿区的中部成矿带；卤水主要属于硫酸镁亚型，品位以前三者最高，累计保有资源储量达千万吨级（青海省国土资源厅2001年资料）。

（2）藏北高原盐湖。藏北高原硫酸盐型盐湖呈带状展布，硫酸盐型盐湖锂矿以麻米错等为代表。麻米错盐湖是西藏境内锂资源量最大的盐湖，该湖位于阿里地区改则县麻米乡。构造上处于冈底斯山脉北麓，班公湖-怒江深大断裂带南侧边缘，为泪滴状孤立盐湖。湖表卤水中锂的平均含量为5g/L，卤水中锂资源量达到250万t，是世界上少数几个锂资源量超过百万吨级的含锂盐湖之一（连玉秋等，1994）。扎仓茶卡盐湖，位于西藏阿里地区革吉县，湖面海拔为4328m，面积为114km²，卤水化学类型为硫酸镁亚型，该湖的锂资源量为29.8万t（李明慧和郑绵平，2003）。鄂雅错盐湖位于西藏那曲地区双湖特别行政区境内，主要盐类矿物为石盐和钾芒硝等，水化学类型为硫酸镁亚型，其锂资源量达到一定规模（李明慧和郑绵平，2003）。比洛错盐湖位于鄂雅错南20km处，该湖表面全为卤水，平均水深1.8m，水化学类型为硫酸钠亚型，锂资源量为7000t（李明慧和郑绵平，2003）。

（3）罗布泊罗北凹地。罗北凹地晶间卤水化学类型属于硫酸镁亚型，罗北凹地中部局部地段卤水锂平均含量达208.9 mg/L。凹地中一般潜卤水锂平均含量达 99.52 mg/L，承压卤水锂平均含量达 153.95 mg/L，基本达到边界品位，估算资源总量达 210.23 万 t（王弭力等，2001），因此，提钾后的老卤锂资源具有一定的综合利用价值。

3. 硼成矿区

表生硼矿床主要分布在西藏现代盐湖和青海柴达木盐湖，包括西藏扎布耶盐湖、扎仓茶卡盐湖、杜佳里湖、班戈湖和青海大柴旦盐湖，以上地区的硼储量占中国硼矿总储量的 49%（邵世宁和熊先孝，2010）。根据空间分布特点，可将现代盐湖硼矿床分为两个成区，分别为西藏三江盐湖成矿区和青海柴达木盐湖成矿区。

1）西藏三江盐湖成矿区

该成矿区东起西藏班戈县，西至革吉县。为第四纪全新世盐湖，含矿岩系为含硼盐类沉积建造，控矿构造为近 EW 向多级断陷。矿石自然类型为盐质淤泥硼矿、芒硝硼矿和砂土–复盐硼矿。矿石矿物有库水硼镁石、柱硼镁石、硼砂等。矿石品位最高为 25%，最低为 3.33%，平均为 16%（硫酸盐型硼矿）（邵世宁和熊先孝，2010）。

2）青海柴达木盐湖成矿区

该成矿区位于柴达木盆地，共有大、中、小型矿床（点）14 处，均为现代盐湖沉积型硼矿床（魏新俊，2002），其资源量占现代盐湖型硼资源的 60%，含有固体硼矿、液体硼矿两种可利用的工业类型。

4. 锶成矿区

青藏高原的锶矿主要分布在柴达木盆地的西北部，是我国目前已知的储量最大的锶成矿区，也是世界上已知的成矿时代最年轻的大陆热水沉积层控型矿床。在该区已发现矿床及矿点达十余处，主要在大风山、尖顶山一带，硫酸锶（天青石）储量达 1593 万 t[①]。大风山天青石矿床由 Ⅰ、Ⅱ、Ⅲ、Ⅳ 四个矿区组成，赋矿地层为上新统狮子沟组，含矿层位不稳定，矿体多呈薄层状、扁豆状或透镜状产于含碳钙质泥岩中，矿石矿物主要为天青石、菱锶矿等。矿区内东西向、北东东向次级断裂及舒缓短轴复式背斜构造严格控制着矿体的产出形态。

---

① 参见青海省国土资源厅《青海盐湖矿产资源整体开发利用及管理研究报告》（2001 年）

5. 硝酸盐成矿区

硝酸盐矿在地球上十分稀少，目前只有智利等七个国家拥有这种矿产。我国的硝酸盐矿产储量居世界第二位，硝酸盐类盐湖仅发现于新疆。新疆硝酸盐成矿区可以分为吐鲁番-哈密钠硝石成矿区、东天山南缘富钾硝酸盐成矿区（葛文胜等，2010）。

1）吐鲁番-哈密钠硝石成矿区

该成矿区主要分布在吐鲁番-哈密盆地及觉罗塔格山间凹陷中。已发现库姆塔格、大南湖、西戈壁等多个钠硝石矿床或矿点（高月珍，1993），在区域上已构成了一个规模巨大的硝酸盐成矿带，普查资源量近 2.7 亿 t（葛文胜等，2010）。

区内硝酸盐矿床（点）数量多、种类全。既有固相矿床，又有液相矿床；既有钾硝石矿床，又有钠硝石矿床。矿床的分布受构造单元、地质及水文地质条件、地貌的控制，呈带状分布。

2）东天山南缘富钾硝酸盐成矿区

该矿区主要分布在东天山南缘阿齐克库都克断裂和卡瓦布拉克大断裂、兴都-库鲁克塔格大断裂之间的构造洼地或构造断陷盆地中，西自艾丁湖南的乌尔喀什布拉克，东至库姆塔格砂垄，已经发现的富钾硝酸盐湖矿床包括乌尔喀什布拉克、乌宗布拉克、乌勇布拉克、小横山、大洼地和裤子山等盐湖型钾硝石矿床等。

二、高原隆升对表生成矿条件约束的研究进展

1. 隆升阶段与盐类成矿

青藏高原的构造隆升是地球新生代最为重要的地质事件。肇始于 55 ± 5 Ma 的印度板块和亚洲板块的碰撞，使青藏高原不同块体在新生代隆升数千米，从而构成宏伟的地貌景观（李吉均等，1979；Powell，1986；Royden et al.，1997；Tapponnier et al.，2001；Wang et al.，2014）。目前，青藏高原不同块体具有不同隆升历史和早期隆升的观点逐渐成为主流，即青藏高原的隆升具有差异性和阶段性（王成善等，2009；Wang et al.，2014），隆升历史基本可以分为三个时期：① 60～40 Ma，由拉萨地块和羌塘地块组成的原西藏高原在 40Ma 已经隆升到现有高度；② 30～10 Ma，可可西里盆地和原西藏高原完成拼合，隆升到现有高度；③ 10～0 Ma，青藏高原周缘地区，如喜马拉雅块体、柴达木盆地、青藏高原东北部和东南部强烈隆升，达到现今高度（王成

善等，2009；Wang et al.，2014）。

依据青藏高原的阶段性和差异性隆升，我们对青藏高原内部和周边的内陆干旱盆地成盐时代、类型等进行梳理，将隆升过程与成盐过程联系起来，划分成三个隆升-成盐阶段进行探讨。

1）第一阶段——古新世—始新世高原初始隆升（60～40 Ma）

古新世—始新世，印度板块与亚洲板块碰撞并继续向北推进了约2000km，导致亚洲板块内部强烈变形和生长隆起（van Hinsbergen et al.，2012）。拉萨地块和羌塘地块沿班公-怒江缝合带拼合，组成原西藏高原，并隆升到现有高度（Wang et al.，2008；Ding et al.，2014）。印度板块最先在西构造结地区楔入亚洲板块，帕米尔地块向北强烈缩短变形（Sun and Jiang，2013），西昆仑山地区抬升，驱使塔里木盆地西部的新特提斯海向西退却，成为滨浅海环境（Bosboom et al.，2014，2015；Sun et al.，2016）。初始隆升不仅隔断南部的水汽来源，也使得来自西部的新特提斯海的水汽来源剧减（Ramstein et al.，1997；Zhang et al.，2007），导致塔里木盆地出现了最早的成盐期。在塔西南莎车盆地，古新世阿尔塔什组形成了巨厚的海相石膏岩，吐依洛克组为含膏盐层沉积（图19.4）；库车盆地西部因残留海水浓缩，形成最早的盐类沉积，即古近系库姆格列木群的巨厚盐岩沉积（刘群等，1987）。

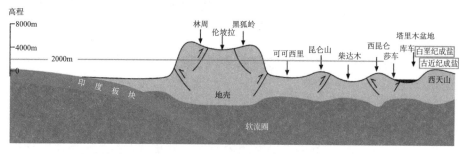

图 19.4　青藏高原第一阶段隆升与表生成矿示意图（60~40Ma）（Wang et al.，2014）

2）第二阶段——渐新世末—中新世初高原内部强烈变形与外缘强烈扩展隆升（30～10 Ma）

青藏高原在渐新世末—中新世初遭受过一次广泛而强烈的构造挤压隆升事件，断裂强烈活动，一些断裂的性质也从早先的以走滑为主转变为以挤压冲断为主，青藏高原内部多数早期形成的盆地结束沉积，并遭受强烈的冲断褶皱，如伦坡拉盆地和羌塘盆地等。唐古拉逆冲断裂系和北部的昆仑山逆冲走滑断裂系强烈活动，导致可可西里盆地结束沉积并隆升到现有高度

（Wang et al.，2008，2014）。而此时青藏高原南北外缘也开始强烈隆升，如喜马拉雅山和阿尔金山–祁连山等。此次隆升基本塑造了现今的青藏高原地貌格局。新特提斯海于34 Ma彻底退出塔里木盆地，并且因图尔盖海峡关闭、南部伊朗–阿富汗地块隆升而成为副特提斯海（Bosboom et al.，2014，2015）。构造封闭和新特提斯海退导致塔里木盆地更加干旱，大陆荒漠性气候更为显著。在天山南缘的库车盆地因残留海水和陆源水体的交汇，形成了新近系吉迪克组的巨厚盐岩和石膏沉积（图19.5）。

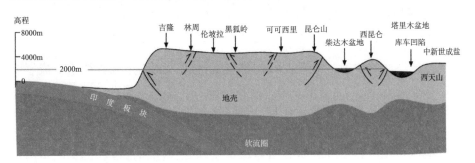

图19.5　青藏高原第二阶段隆升与表生成矿示意图（30~10Ma）（Wang et al.，2014）

3）第三阶段——中新世晚期以来青藏高原周缘强烈系列隆升（10~0 Ma）

10~8Ma开始，青藏高原再次经历了一次显著的构造隆起，主要表现在青藏高原的周缘，青藏高原内部不明显。在青藏高原北侧，阿尔金和费尔干纳走滑断裂，以及祁连山、西秦岭、昆仑山和天山等山前断裂，均开始新一轮强烈走滑和冲挤，并向盆内逐步冲断，开始明显挤压缩短盆地，在盆地边缘形成局部明显的地层角度不整合面，山地开始显著隆升、剥蚀（郑德文等，2005；Lease et al.，2011；Yuan et al.，2013）。在青藏高原东北部和北部边缘及天山两侧，从8~7Ma开始显著抬升，随之开始一系列更加快速的抬升事件，年代大致发生在约3.6Ma、2.6Ma、1.8Ma、1.2~0.6Ma和0.15Ma（Li and Fang，1999；Li et al.，2014；Fang et al.，2003，2005，2007），从而形成高大的山脉和这些山脉前显著的冲断褶皱体系。中新世晚期至今，隆升运动最终形成了现今的青藏高原地势格局，隆升使中国西北内陆更为干旱。尤其是第四纪（2.6Ma）以来，北极冰盖的最终形成，西伯利亚高压系统大大增强，导致亚洲内陆更为干冷，季节性差异较大（Ding et al.，1992，2005）（图19.6）。

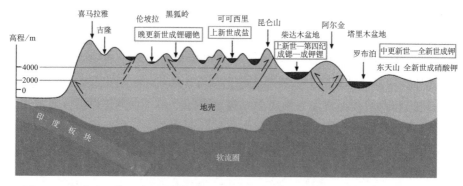

图 19.6　青藏高原第三阶段隆升与表生成矿示意图（10~0Ma）（Wang et al.，2014）

青藏高原的阶段性隆升对其内部及北部邻区的表生成矿作用形成了明显的约束（表 19.2）。其中，第三阶段的隆升，尤其是第四纪以来，是中国最为重要的陆相钾镁锂盐成矿期。柴达木盆地上新世以来进入成盐期，第四纪更新世晚期至全新世是重要的成钾期；罗布泊自中更新世以来，形成巨量的钙芒硝沉积并伴有钾盐富集，最后在罗北凹地形成超大型的硫酸盐型钾矿。

表 19.2　青藏高原隆升阶段与盐类成矿

隆升阶段		硫酸锶（天青石）	钠盐	钾盐		硝酸盐	硼酸盐类	锂盐	铯盐
				硫酸型钾矿（卤水及固体矿）	氯化物型（卤水及固体矿）				
第三阶段（10~0Ma）	0.15Ma		√		√	√	√	√	√
	1.2~0.6Ma		√	√					
	1.8Ma		√	√					
	2.6Ma		√						
	3.6Ma	√	√						
第二阶段（30~10 Ma）		√	√						
第一阶段（60~40 Ma）			√	?	*				

注：* 表示库车盆地古近纪含盐系中目前仅发现钾石盐等矿物；? 表示不确定

2. 干旱气候研究进展

青藏高原，尤其是南侧的喜马拉雅山脉，能阻挡南来的湿润印度洋气流和西风环流的气流，对青藏高原地貌发育具有巨大的影响。理论和概念模型分析指出，青藏高原对亚洲内陆的干旱及季风的形成，具有决定性的作用（叶笃正，1952）。没有青藏高原地形就没有亚洲季风，也没有现在的西伯利亚高压和大片可达中高纬的内陆干旱区，亚洲大部分中低纬地区被东西向的干旱带占据，亚洲大陆与印度洋之间的热力对比是驱动印度季风环流形成的最关键因素（Manabe and Terpstra，1974）。

同时，青藏高原地形对西风阻挡导致西风产生定常波动和绕流，在青藏高原的西侧远至地中海东部地区和青藏高原北侧，形成稳定的下沉气流，致使这些地区普遍干旱化，而夏季高原加热作用引起的上升气流在青藏高原外围的补偿性下沉以及地形对水汽的屏障作用等，加深了这个地区的干旱化过程（Kutzbach et al.，1989；Ruddiman and Kutzbach，1989；Broccoli and Manabe，1992；钱正安等，1998；Fang and kutzbach.，2016）。

3. 成矿物源研究进展

1）温热泉

青藏高原南部及其北部的昆仑山、祁连山及阿尔金山广泛分布有温热泉，这些泉水对其山间盆地及柴达木盆地盐湖提供钾锂硼等补给。

西藏的温热泉分布广泛，西藏全境的热水显示区有 600 余处（佟伟等，1982；鲁连仲，1989）。西藏高原的温热泉活动约有 70% 分布在冈底斯-念青唐古拉山以南，其余 30% 分布在藏北高原。藏北与藏南温热泉活动具有明显的不同特点，藏北的温热泉活动属于"垂死的温泉活动区"，在历史上，藏北的温热泉活动比现今的要强得多。而藏南的温热泉活动属于年轻的阶段，产生这种变化的主要原因是印度板块与亚洲板块碰撞消减带南移的结果（佟伟等，1982）。受印度板块与亚洲板块相向移动碰撞作用的影响，西藏高原出现碰撞后伸展引起的一系列近 SN 向正断层系统（Tapponnier and Molnar，1977；Molnar et al.，1993），其中 SN 向正断层系统在西藏高原腹地主要体现为 NS 向裂谷和地堑盆地（侯增谦等，2004；李振清等，2005）（图 19.7），由这些 NS 向裂谷和地堑盆地诱发了强烈的现代温热泉活动，从而构成了著名的西藏高原地热带。

柴达木盆地南部东昆仑山区的温热泉也很发育，泉水补给纳楞格勒河等，最终汇集进入柴达木盆地，形成了一里坪、东台和西台湖卤水锂钾矿床；北部祁连山热泉水的补给，形成了大柴旦盐湖的硼锂钾矿床等。

2）冷盐泉

柴达木东部察尔汗盐湖受到深部氯化钙卤水（冷泉）的补给，形成了超大型氯化物型钾盐矿床。段振豪和袁见齐（1988）研究确定，察尔汗盐湖的盐类物质有三个来源：通过河流补给的地表化学风化淋滤物质、通过断层补

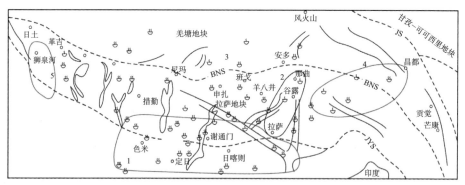

JS—金沙江缝合带（藏北泉水区）　　　　1.雅鲁藏布江泉水带　　　　　4.雅鲁藏布江大拐弯泉水带　　　⚱ 沸泉、热水及间歇泉
BNS—班公湖—怒江缝合带（藏北泉水区）　2.念青唐古拉山东南麓泉水带　5.狮泉河泉水带　　　　　　　　　⚱ 热泉、温泉
JYS—雅鲁藏布江缝合带（藏北泉水区）　　3.藏北泉水区　　　　　　　　　　　　　　　　　　　　　　　　　　⚱ 热水泉水

图 19.7　西藏高原造山带 NS 向裂谷和裂陷带与泉水显示区分布示意图
资料来源：底图据鲁连仲，1989；侯增谦等，2004；赵元艺等，2010，改绘

给的油田水（所谓的油田水就应是排泄地表的冷盐泉水）和柴达木古湖的遗留物质。

同时，昆特依北部边缘的"钾湖"、马海西北部的"牛郎-织女"湖等也受到深部氯化钙型卤水的补给（王弭力等，1997），从而形成了中小型钾盐矿。

柴达木西北部一些时代更老的盐湖，因受到深部富锶卤水的补给形成锶矿（葛文胜和蔡克勤，2001）。

上述盐泉分布与活动受到柴达木盆地北部边缘大断裂（控盆断裂）的控制。

3）地表风化产物

塔里木盆地西部抬升出露的白垩系—古近系含盐地层，经风化作用，形成了"相对富硫钾、贫氯"的塔里木河流域水体，补给罗布泊（Bo et al.，2013），最终导致巨量钙芒硝沉积，并伴随钾盐成矿。吐鲁番-哈密盆地钠硝石矿床的物质来源以往多认为是与基岩的风化剥蚀有关（张义民等，2000）。

4）大气来源

最近的研究表明，新疆吐鲁番-哈密地区硝酸盐矿床中硝酸盐矿物的 $\delta^{18}O$ 值异常高，与微生物成因硝酸盐的氧同位素组成明显不同。新疆吐鲁番-哈密地区硝酸盐矿床的 $\delta^{18}O$ 值与地球上大气成因或大气来源硝酸盐的 $\delta^{18}O$ 值相似，表明新疆吐鲁番-哈密地区硝酸盐也来源于大气，是高空大气光化学反应的结果（Qin et al.，2012）。

陈永志等（2009）通过对新疆罗布泊干旱区沉积物野外实地与室内模拟金属催化光化学反应实验，认为地表重金属催化-光化学反应是新疆罗布泊铁矿湾地层中硝酸根的来源方式。

三、高原隆升背景下的表生成矿作用进展

目前，青藏高原隆升背景下，依据成矿环境及矿床特征，盐类矿床的成矿作用模式归纳为以下四类。

1. 大型钾盐成矿作用

1）柴达木盆地盐湖成钾

袁见齐等（1983）基于柴达木盆地成盐地貌环境分析，提出"高山深盆"成盐模式，即在"高山深盆"地貌环境下，高山阻隔水汽的到达，致使盆地降雨稀少而变得更加干旱，同时，汇集大量地表径流，带来成盐物质来源，从而有利于盐类聚集。张彭熹（1987）提出柴达木盆地成钾的"高山深盆振荡干化、分离盆地同步分异"模式，即盆地分离成多个次级盆地，卤水分别集中在这些次级盆地，同时沉积分异形成钾盐。吴必豪等（1986）提出察尔汗钾盐沉积属于干盐湖成因，固体钾盐系干盐滩溶解再聚集于新生湖中形成。Lowenstein 等（1989）提出盆地深部来源的氯化钙型水对察尔汗盐湖的盐类沉积产生重要的作用。刘成林等（1996）针对柴达木盆地从西北-东南，地形从高向低变化，盐湖成钾时代由老到新，提出"反向湖链"成盐成钾模式，即位处西部地势较高的盐湖，封闭性较好，物源受东部大湖水间歇性补给，有利于卤水蒸发浓缩成钾。最终，在盆地东部形成了超大型的察尔汗钾盐矿床，在西部形成了昆特依大型钾盐矿床等。

2）罗布泊盐湖成钾作用

Wang 等（2005）通过柴达木与塔里木盆地构造、气候和物源对比，针对罗布泊地貌环境与构造分隔演化，提出了"高山深盆迁移"成钾模式。塔里木盆地也是典型的"高山深盆"环境，由于印度板块碰撞的远程效应影响，西部大幅抬升，东部沉降，形成罗布泊凹陷；晚更新世时期，罗布泊进一步分隔，在东北部抬升区内形成更次级的"深凹"，卤水迁移至"深凹"，即"矿随盆移"，由于其封闭性好，最终卤水能持续浓缩，形成罗北凹地超大型钾盐矿床。

针对罗布泊盐湖钙芒硝阶段发生成钾作用，Wang 等（2005）提出"二段式"成钾论。罗布泊补给水体富钾、硫酸根，气候极端干热，卤水蒸发沉积巨量钙芒硝后，尽管石盐尚没有大量析出，但罗北凹地形成超大型硫酸盐型钾盐矿床。罗布泊盐湖的钾盐成矿发生于盐湖沉积演化的第二阶段（硫酸

盐阶段），此地质现象在国内外属首次发现，该矿床也归属为一种新类型的卤水钾盐床。罗布泊钾盐成矿属于超前富集，与巨量钙芒硝的沉积有关（刘成林等，2007，2009）。该模式认识跳出了"三段式"束缚，拓宽了钾盐找矿的思路和方向，为在罗布泊开展大规模钾盐勘探提供了理论依据。

刘成林等（2009）针对罗布泊发育地堑式断裂系统，提出断裂带成储卤水的"含水墙"模式，预测罗布泊盐湖深部地层（200～1000m 深）蕴藏富钾卤水，经过罗布泊盐湖科探井钻探，证实深部地层赋存富钾卤水和低品位钾盐（焦鹏程等，2014）。Liu 等（2015）进一步的研究揭示出罗布泊成钾机理是"构造-气候-物源"三要素的"极端成分"耦合作用，即"盆中次级深凹""极端干旱""物质浓缩预备"之耦合成钾。

2. 盐湖锂硼成矿作用

在西藏高原内部，因受印度板块碰撞挤压，产生了南北向张性地堑，形成沿断裂分布的一些断陷浅盆盐湖（郑绵平等，1989）。同时伴有深部钙碱性岩浆岩或加厚的下地壳重熔浅色花岗岩的侵入与喷发，形成大量富含锂铯硼铷的热泉水补给湖水，经蒸发浓缩形成锂硼铯等矿（郑绵平等，1989；孙大鹏等，1991；刘喜方等，2007；赵元艺等，2010）。在柴达木中部的一里坪、东台湖、西台湖，以及北部的大柴旦湖等，因补给河水受到富硼锂的温热泉水影响，而形成卤水型锂硼矿床。

3. 硝酸盐成矿作用

硝酸根具有很高的溶解度，通过干沉降（气溶胶）和湿沉降（降雨）两种方式从大气圈中转移到地表。沉降到地表的硝酸盐等盐类物质被大气降水溶解淋滤到地下，通过地表径流发生水平迁移、汇集。在强烈的蒸发环境中，溶解度最大的硝酸盐最后沉淀，在山间盆地或洼地形成硝酸钾钠矿床。

4. 锶矿成矿作用

柴达木盆地西北部的锶矿成矿构造和成矿流体对锶矿床的形成起着重要的控制作用，这些锶矿床是矿源场、流体场、能量场在一定时空条件下耦合的产物，属于大陆热水沉积层控型锶矿床（葛文胜和蔡克勤，2001）。锶矿成矿物质具有多源性，首先以周边山系含锶水为主要补给源，其次为富锶的油田水等，矿床成因具有陆相湖泊化学沉积-热水沉积叠加改造型矿床特征（马顺清等，2012）。

第三节　青藏高原隆升与表生成矿的研究展望

青藏高原表生成矿带中的钾盐、锂矿、锶矿等资源储量巨大，钾盐已大规模开发生产，锂硼锶也得到不同程度的开采。随着表生（外生）成矿理论的发展、开采技术的进步，尤其是交通基础设施得到改善，这些资源的大规模开发将对我国及世界相关矿产品供应产生重要的影响。因此，鉴于这些资源开发对我国钾肥等供应的重要性和大规模开发的可持续发展，学术界需要进一步加强对相关成矿规律的研究。

一、陆相钾盐矿床的成矿条件研究

尽管有关表生盐湖钾矿床的成矿条件已经有了诸多研究，但由于这些表生矿产聚集在青藏高原的不同盆地中，其成矿条件差异仍非常大，需要进一步对不同成矿带的矿床成矿条件与机理开展精细的研究。

钾盐矿床的成矿条件主要是盆地构造、气候和成矿物质来源三个要素。目前，对这三个要素还缺乏精准定年和量化了解，因此，首先要从青藏高原隆升的阶段性、方式及速率等分析盆地构造发育机制和沉降埋藏演化规律；其次需要在盆地内开展精细的古气候研究，探讨气候演化过程，提取极端干旱事件，从而标定这些干旱事件发生的精确时间。

对成矿物源的研究，需要进一步探讨物质输送的动力学机制与青藏高原隆升的关系，需运用同位素地球化学等方法开展成矿元素的物质来源示踪，准确界定钾等成矿元素是否源于地壳深部，地表岩石风化或是再循环的流体等。

二、锂硼矿床的成矿机理研究

对于青藏高原盐湖中战略性资源锂硼铯矿床的物质来源研究，目前，主要通过河流水与泉水采样分析探索，尚需进一步研究确定源区、岩性及补给途径；需进一步研究这些成矿要素在青藏高原隆升的特定时间和区域内的耦合成矿作用机制。

三、锶矿与硝酸盐矿的物质来源与成矿条件

柴达木盆地西北部地区分布有众多大小不一的锶矿，对它们的成矿背景、物源区特征及锶迁移机理等需进一步研究。

东天山及吐鲁番–哈密地区硝酸盐矿的硝酸根来源、成矿时代及其对高原隆升的响应需进行深入的调查研究。

四、青藏高原隆升及大陆表生成矿研究的战略建议

大陆表生或外生成矿作用形成的矿床，主要包括盐类矿产、砂岩型铀–铜矿等。它们的形成都涉及以下学科内容：构造储矿空间、成矿流体载体、大气–地表–地下水循环、气候变化、地壳岩浆活动及物质补给与地球化学障等。未来表生成矿的重点研究方向可能有以下几个方面。

（1）大陆表生成矿卤水流体的起源、循环机制、周期及其控制因素。

（2）大陆表生环境中大气二氧化碳循环及其温室效应对成矿过程的约束。

（3）青藏高原盐湖钾锂硼铷铯锶的深部源区特征与迁移机理。

（4）华南陆块表生环境下构造–气候–火山或岩浆–海侵的耦合成矿机制。

（5）表生复合型矿床成因（同一矿床内多种有益元素含量达工业品位）与资源综合评价理论。

参考文献

陈衍景.2013.大陆碰撞成矿理论的创建及应用.岩石学报，（1）：1-17.

陈永志，刘成林，焦鹏程，等.2009.新疆干旱区沉积物金属催化–光化学反应生成硝酸盐试验研究.矿床地质，28（5）：713-717.

段振豪，袁见齐.1988.察尔汗盐湖物质来源的研究.现代地质，4：22-30.

高月珍.1993.新疆鄯善红台钠硝石矿床物质组分和成因探讨.化工地质，15（1）：16-24.

葛文胜，蔡克勤.2001.柴达木盆地西北部锶矿成矿系统研究.现代地质，15（1）：53-58.

葛文胜，刘斌，邱斌，等.2010.新疆东天山南缘富钾硝酸盐盐湖成矿带地质特征及资源潜力.矿床地质，29（4）：640-648.

侯增谦.2010.大陆碰撞成矿论.地质学报，84（1）：30-58.

侯增谦，高永丰，曲晓明，等.2004.西藏冈底斯中新世班岩铜矿带：埃达克质斑岩成因与构造控制.岩石学报，20（2）：239-248.

焦鹏程，刘成林，颜辉，等.2014.新疆罗布泊盐湖深部钾盐找矿进展.地质学报，88（6）：1011-1024.

李吉钧，文世宣，张青松.1979.中国青藏高原隆起的时代、幅度和形势探讨.中国科学（D辑），6：608-616.

李明慧，郑绵平．2003.锂资源的分布及其开发利用.科技导报，12：38-41.

李振清，侯增谦，聂凤军，等.2005.藏南上地壳低速高导层的性质与分布：来自热水流体活动的证据.地质学报，79（1）：68-77.

连玉秋，关宏钟，王蔚.1994.西藏麻米盐湖硼矿的发现及其意义.西藏地质，2（12）：170-178.

刘成林.2003.罗布泊钾矿区外围盐湖钾盐资源研究与评价新进展.矿床地质，3：286.

刘成林，王弭力，陈永志，等.1996.柴达木盆地西部盐类矿床形成机理——"反向湖链"模式 // 郑绵平.盐湖资源环境与全球变化.北京：地质出版社.

刘成林，焦鹏程，王弭力，等.2007.罗布泊盐湖巨量钙芒硝沉积及其成钾效应分析.矿床地质，26（3）：322-329.

刘成林，王弭力，焦鹏程，等.2009.罗布泊盐湖钾盐矿床分布规律及控制因素分析.地球学报，30（6）：796-802.

刘成林，焦鹏程，王弭力.2010.盆地钾盐找矿模型探讨.矿床地质，29（4）：581-592.

刘群，陈郁华，李银彩，等.1987.中国中、新生代陆源碎屑岩-化学岩型盐类沉积.北京：北京科学技术出版社.

刘喜方，郑绵平，齐文.2007.西藏扎布耶盐湖超大型 B、Li 矿床成矿物质来源研究.地质学报，81（12）：1709-1715.

鲁连仲.1989.西藏地热活动的地质背景分析.地球科学：中国地质大学学报，S1：53-59.

罗莎莎，郑绵平.2004.西藏地区盐湖锂资源的开发现状.地质与勘探，40（3）：11-14.

马顺清，李善平，谢智勇，等.2012.青海大风山天青石矿床地质特征及成因分析.西北地质，45（3）：130-140.

潘桂棠，徐强，王立全.2001.青藏高原多岛弧-盆系格局机制.矿物岩石，21（3）：186-189.

潘桂棠，王立全，李荣社，等.2012.多岛弧盆系构造模式：认识大陆地质的关键.沉积与特提斯地质，32（3）：1-20.

钱正安，吴统文，吕世华，等.1998.夏季西北干旱气候形成的数值模拟手高原地形和环流场等的影响.大气科学，22（5）：753-762.

邵世宁，熊先孝.2010.中国硼矿主要矿集区及其资源潜力探讨.化工矿产地质，32（2）：65-74.

孙大鹏，高章洪，王克俊.1984.青藏高原盐湖硼酸盐形成问题.沉积学报，2（4）：111-126.

孙大鹏，唐渊，许志强，等.1991.青海湖湖水化学演化的初步研究.科学通报，15：1172-1174.

佟伟，张知非，廖志杰，等.1982.西藏高原的水热活动和上地壳热状态初探.地球物理学报，25（1）：34-40.

王成善，戴紧根，刘志飞，等.2009.西藏高原与喜马拉雅的隆升历史和研究方法：回顾与进展.地学前缘,3:3-32.

王弭力,李廷祺,刘成林,等.1996.新疆罗布泊罗北凹地钾矿的重大发现//中国地质学会."八五"地质科学重要成果学术交流会议论文选集.北京:冶金工业出版社.

王弭力,杨志琛,刘成林,等.1997.柴达木盆地北部盐湖钾矿床及其开发前景.北京:地质出版社.

王弭力,刘成林,等.2001.罗布泊盐湖钾盐资源.北京:地质出版社:1-342.

魏新俊.2002.柴达木盆地盐湖钾硼锂资源概况及开发前景.青海国土经略,Z1:64-69.

吴必豪,段振豪,关玉华,等.1986.柴达木盆地察尔汗干盐湖钾镁盐的沉积.地质学报,3:286-296.

肖序常.1998.青藏高原构造演化及隆升的简要评述.地质论评,44(4):372-381.

许志琴,姜枚,杨经绥.1996.青藏高原北部隆升的深部构造物理作用.地质学报,70(3):195-206.

许志琴,杨经绥,李海兵,等.2011.印度-亚洲碰撞大地构造.地质学报,85(1):1-33.

杨谦.1982.察尔汗内陆盐湖钾矿层的沉积机理.地质学报,3:281-292.

叶笃正.1952.西藏高原对于大气环流影响的季节变化.气象学报,22:33-47.

袁见齐,霍承禹,蔡克勤.1983.高山深盆的成盐环境——一种新的成盐模式的剖析.地质论评,29(2):159-165.

张彭熹.1987.柴达木盆地盐湖.北京:科学出版社.

张义民,潘克耀,赵兴森,等.2000.新疆硝酸盐矿床.乌鲁木齐:新疆大学出版社.

赵元艺,崔玉斌,赵希涛.2010.西藏扎布耶盐湖钙华岛钙华的地质地球化学特征及意义.地质通报,29(1):124-141.

郑德文,张培震,万景林,等.2005.六盘山盆地热历史的裂变径迹证据.地球物理学报,48(1):157-164.

郑绵平,向军,魏新俊,等.1989.青藏高原盐湖.北京:北京科学技术出版社.

钟大赉,丁林.1996.青藏高原的隆起过程及其机制探讨.中国科学(D辑),26(4):289-295

Bosboom R, Dupont-Nivet G, Grothe A, et al. 2014. Timing, cause and impact of the late Eocene stepwise sea retreat from the Tarim Basin (west China). Palaeogeography, Palaeoclimatology, Palaeoecology, 403:101-118.

Bosboom R, Mandic O, Dupont-Nivet G, et al. 2015. Late Eocene palaeogeography of the proto-Paratethys Sea in Central Asia (NW China, southern Kyrgyzstan and SW Tajikistan). Geological Society, London, Special Publications, 427(1): SP427.411.

Bo Y, Liu C, Jiao P, Chen Y, et al. 2013. Hydrochemical characteristics and controlling factors for waters' chemical composition in the Tarim Basin. Western China. Chemie der Erde-Geochemistry, 73(3):343-356.

Broccoli A J, Manabe S. 1992. The effects of orography on midlatitude Northern Hemisphere dry climates. Journal of Climate, 5 (11): 1181-1201.

Ding L, Kapp P, Wan X. 2005. Paleocene-Eocene record of ophiolite obduction and initial India-Asia collision, south central Tibet. Tectonics, 24 (3): TC301.

Ding L, Xu Q, Yue Y, Wang H, et al. 2014. The Andean-type Gangdese Mountains: Paleoelevation record from the Paleocene-Eocene Linzhou Basin. Earth and Planetary Science Letters, 392: 250-264.

Ding Z, Rutter N, Han J, et al. 1992. A coupled environmental system formed at about 2.5 Ma in East Asia. Palaeogeography, Palaeoclimatology, Palaeoecology, 94: 223-242.

Ding Z, Derbyshire E, Yang S, et al. 2005. Stepwise expansion of desert environment across northern China in the past 3.5 Ma and implications for monsoon evolution. Earth and Planetary Science Letters, 237: 45-55.

Fang X M, Garzione C, van der Voo R, et al. 2003. Flexural subsidence by 29 Ma on the NE edge of Tibet from the magnetostratigraphy of Linxia Basin, China. Earth and Planetary Science Letters, 210 (3-4): 545-560.

Fang X M, Zhao Z J, Li J J, et al. 2005. Magnetostratigraphy of the late Cenozoic Laojunmiao anticline in the northern Qilian Mountains and its implications for the northern Tibetan Plateau uplift. Science in China (Series D), 48 (7): 1040-1051.

Fang X M, Zhang W L, Meng Q Q, et al. 2007. High-resolution magnetostratigraphy of the Neogene Huaitoutala section in the eastern Qaidam Basin on the NE Tibetan Plateau, Qinghai Province, China and its implication on tectonic uplift of the NE Tibetan Plateau. Earth and Planetary Science Letters, 258 (1/2): 293-306.

Fang X M, Song C H, Yan M D, et al. 2016. Mesozoic litho- and magneto-stratigraphic evidence from the central Tibetan Plateau for megamonsoon evolution and potential evaporates. Gondwana Research, 37: 110-129.

Garrett D E. 2004. Handbook of lithium and natural calcium chloride: Their Deposits, Processing, Uses and Properties. London: Elsevier Academic Press.

Kutzbach J E, Guetter P J, Ruddiman W F, et al. 1989. Sensitivity of climate to late Cenozoic uplift in Southern Asia and the American West: Numerical experiments. Journal of Geophysical Research, 94 (D15): 18393-18407.

Lease R O, Burbank D W, Clark M K, et al. 2011. Middle Miocene reorganization of deformation along the northeastern Tibetan Plateau. Geology, 39 (4): 359-362.

Li J J, Fang X M. 1999. Uplift of the Tibetan Plateau and environmental changes. Chinese Science Bulletin, 44 (23): 2117-2124.

Li J J, Fang X M, Song C H, et al. 2014. Late Miocene-Quaternary rapid stepwise uplift of the NE Tibetan Plateau and its effects on climatic and environmental changes. Quaternary Research, 81 : 400-423.

Liu C, Jiao P, Lv F, et al. 2015. The impact of the linked factors of provenance, tectonics and climate on Potash Formation : An example from the potash deposits of Lop Nur depression in Tarim Basin, Xinjiang, Western China. Acta Geological Sinica (English Edition), 89 (6): 1801-1818.

Lowenstein T K, Spencer R J, Zhang P X. 1989. Origin of Ancient Potash Evaporites : Clues from the Modem Nonmarine Qaidam Basin of Western China. Science, 245 (4922): 1090-1092.

Manabe S. Terpstra T B. 1974. The effects of mountains on the general circulation of the atmosphere as identified by numerical experiments. Journal of the Atmospheric Sciences, 31 (1): 3-42.

Molnar P, England P, Martinod J. 1993. Mantle dynamics, uplift of the Tibetan Plateau, and the Indian monsoon. Reviews of Geophysics, 31 (4): 357-396.

Powell C M. 1986. Continental underplating model for the rise of the Tibetan Plateau. Earth and Planetary Science Letters, 81 (1): 79-94.

Qin Y, Li Y, Bao H, et al. 2012. Massive atmospheric nitrate accumulation in a continental interior desert, northwestern China. Geology, 40 (7): 623-626.

Ramstein G, Fluteau F, Besse J, et al. 1997. Effect of orogeny, plate motion and land-sea distribution on Eurasian climate change over the past 30 million years. Nature, 386 (6627): 788-795.

Royden L H, Burchfiel B C, King R W, et al. 1997. Surface deformation and lower crustal flow in eastern Tibet. Science, 276 (5313): 788-790.

Ruddiman W F, Kutzbach J E. 1989. Forcing of late Cenozoic Northern Hemisphere climate by plateau uplift in southern Asia and the American west. Journal of Geophysical Research, 94 (D15): 18409-18427.

Sun J, Jiang M. 2013. Eocene seawater retreat from the southwest Tarim Basin and implications for early Cenozoic tectonic evolution in the Pamir Plateau. Tectonophysics, 588 : 27-38.

Sun J, Windley B F, Zhang Z, et al. 2016. Diachronous seawater retreat from the southwestern margin of the Tarim Basin in the late Eocene. Journal of Asian Earth Sciences, 116 : 222-231.

Tapponnier P, Molnar P. 1977. Active faulting and tectonics in China. Journal of Geophysical Research, 82 (20): 2905-2930.

Tapponnier P, Peltzer G, le Dain A, et al. 1982. Propagating extrusion tectonics in Asia : New insights from simple experiments with plasticine. Geology, 10 (12): 611-616.

Tapponnier P, Xu Z, Roger F, et al. 2001. Oblique stepwise rise and growth of the Tibet Plateau. Science, 294 (5547): 1671-1677.

van Hinsbergen D J, Lippert P C, Dupont-Nivet G, et al. 2012. Greater India Basin hypothesis and a two-stage Cenozoic collision between India and Asia. Proceedings of the National Academy of Sciences, 109 (20): 7659-7664.

Wang C, Zhao X, Liu Z, et al. 2008. Constraints on the early uplift history of the Tibetan Plateau. Proceedings of the National Academy of Sciences, 105 (13): 4987-4992.

Wang C, Dai J, Zhao X, et al. 2014. Outward-growth of the Tibetan Plateau during the Cenozoic: A review. Tectonophysics, 621: 1-43.

Wang M L, Liu C L, Jiao P C, et al. 2005. Minerogenic theory of the super large Lop Nur potash deposit, Xinjiang, China. Acta Geologica Sinica, 79 (1): 53-65.

Yuan D Y, Ge W P, Chen Z W, et al. 2013. The growth of northeastern Tibet and its relevance to large-scale continental geodynamics: A review of recent studies. Tectonics, 32 (5): 1358-1370.

Zhang Z S, Wang H J, Guo Z T, et al. 2007. What triggers the transition of palaeoenvironmental patterns in China, the Tibetan Plateau uplift or the Paratethys Sea retreat? Palaeogeography, Palaeoclimatology, Palaeoecology, 245 (3-4): 317-331.

第二十章
中国北方中-新生代沉积盆地砂岩铀成矿作用

第一节 引 言

铀资源既是国家的国防战略资源，又是重要的核能源资源。随着我国社会经济的发展和优化能源结构及 CO_2 减排的需要，大力发展核电已成为必然选择，国家发展规划明确提出，到 2020 年我国核电运行装机容量达到 5800 万 kW，在建达到 3000 万 kW 以上。规模化快速发展核电对铀资源保障提出了重大长远需求。

砂岩铀矿具有储量规模大、成本低和环境效益好的特点，它不仅是全球铀矿资源的主要工业类型之一，也是我国近 20 余年来的主要找矿目标类型。

我国自 20 世纪 90 年代主攻北方沉积盆地砂岩型铀矿以来，铀矿勘查取得了重大突破，相继在伊犁、吐鲁番-哈密、鄂尔多斯、二连及松辽等盆地发现并探明了一批大中型、大型乃至特大型铀矿床，重塑了我国铀矿勘查开发的新格局。在铀矿资源大幅度增加的同时，铀矿资源储量分布格局也发生了重大变化，砂岩铀矿已成为我国铀资源量增长最快速和占有资源量最大的铀矿床类型，其探明资源量已占全国探明铀资源总量的 43% 以上，且绝大部分产出于北方中新生代沉积盆地中。

中国北方中新生代系列产铀沉积盆地因所处的大地构造位置及动力学环境不同，其盆地类型、盆地演化、沉积建造、容矿层位，以及铀矿成矿作用既有区别又有规律可循。数十年来，国内核地质领域对我国砂岩型铀矿的成矿机理、成矿作用、控矿因素、勘查技术方法、成矿远景预测评价等开展了大量研究工作，取得了一系列重大或创新性研究成果。新形势下，砂岩型铀矿作为我国主要工业类型铀矿之首，仍面临创新发展铀成矿理论、深部铀资源突破、新区新类型突破方向，以及新一代关键勘查技术攻关等重大基础性、前沿性课题。为此，立足砂岩型铀矿研究现状，梳理铀成矿理论研究领域的重大或关键科学问题，进而提出优先发展方向建议，对促进学科发展、推动铀矿勘查新突破、支撑高层决策等均具有重要的战略意义。

第二节　砂岩铀成矿作用研究的主要进展

一、国外主要研究进展

国外砂岩型铀矿成矿理论与找矿技术方法研究起步于 20 世纪 50 年代，60～80 年代初达到高潮，此后由于大批矿床的相继发现与探明，勘查与研究工作转入相对平稳期。近年来随着国际铀库存的日渐减少，不少国家又开始恢复或加大铀资源勘查的力度。

美国和苏联对砂岩铀矿床的研究起步早，研究程度也最高。20 世纪60～80 年代初，美国掀起了砂岩型铀矿勘查与研究的热潮，发现并基本探明了以铀-腐殖酸型板状铀矿床、钒-铀板状铀矿床、细菌型卷状铀矿床和非细菌型（与油气还原有关）卷状铀矿床为主体的中西部砂岩铀矿矿集区。美国铀矿地质工作者在砂岩铀矿的发现和勘查过程中，对该类矿床的成矿物质来源、矿床成因、地质识别判据等进行了深入的研究和系统总结，建立了"卷状铀矿床"（即典型的层间氧化带型砂岩铀矿床）的成矿模式。

苏联自 1952 年发现乌奇库杜克大型砂岩铀矿床后，20 世纪 50 年代后期又陆续于中卡兹库姆地区发现了一系列砂岩铀矿床，逐渐形成了中卡兹库姆砂岩铀矿成矿省。60 年代初，通过航放异常在楚萨雷苏盆地下古近系-新近系内首先发现了乌瓦纳斯铀矿床，并以此为突破口，通过投入巨额钻探工作量，相继在楚萨雷苏盆地、锡尔达林盆地的白垩系和古近系内发现了一系列大型、超大型砂岩铀矿床，使楚萨雷苏、锡尔达林二盆地和中卡兹库姆地区共同构成了当今全球最大的砂岩铀矿矿集区。在成矿理论研究方面，苏联铀矿地质工作者以中亚大量矿床实例为基础，提出了"次造山带控矿"理论，建立了"层间渗入成矿理论"和"水成铀矿床成矿理论"。苏联解体后，俄罗斯为应对本国经济型铀资源不足的矛盾，加强了古河道型砂岩铀矿的勘探步伐，以坚实的基础地质工作和丰富的放射性资料、测井资料为后盾，相继发现了"外乌拉尔式""外贝加尔式"古河道型砂岩铀矿，并建立了古河道型砂岩铀矿的成矿理论。

尽管美国、苏联和俄罗斯在砂岩铀矿领域均建立了自成体系的成矿理论，但这些成矿理论是针对不同地区的地质背景建立起来的，其应用必然受到一定限制，如中亚地区的次造山带控矿理论在应用到我国新疆地区时就出现了明显的错判或漏判现象。为此，需通过"走出去、引进来"的方式，结合中国的地质特点，在继承的基础上加以创新和发展，方能为我国所用。

二、国内主要研究进展

1. 盆地地质构造特征与铀区域成矿作用

产铀盆地一般形成于构造稳定性相对较好的地区，而区域上最后一场大规模造山运动对盆地砂岩铀成矿的类型及规模等具有决定性影响作用。中国大陆活动性的大地构造背景不仅决定了中新生代盆地类型的多样性，也决定了不同盆地的铀成矿类型及其前景等。

1）北方沉积盆地形成动力学特征

以微陆块或陆块为依托的中国北方沉积盆地所处的地球动力学环境总体上受周边板块活动的控制和影响。受中国大陆周边板块中新生代构造动力学运动影响和控制，中国大陆中新生代构造体制发生了由陆块拼合、挤压造山向区域伸展、裂陷成盆、挤压构造反转、断拗转换等一系列重大变动，形成了大量的叠合盆地及伴随的变质核杂岩、逆冲推覆和与之相对应的褶皱变形等，并在东西方向上表现出极为显著的差异。

中国西部盆区中新生代主要受特提斯构造域以及印度板块与亚洲板块俯冲、挤压和碰撞作用的影响，盆地整体以北西西或近东西走向为特征，而东部盆区中新生代主要受太平洋板块对亚洲板块的俯冲、挤压和碰撞的影响，盆地大体呈北东向展布；中部地区因同时受到东、西两大板块的共同作用而呈现出东、西两大动力学特点。

2）产铀盆地类型

我国北方中新生代沉积盆地数量众多，在盆地规模上大型盆地数量较少，中小型盆地较多。受中国大陆特殊的大地构造环境和多期次大地构造演化控制，我国北方中新生代沉积盆地类型复杂。从盆地类型上看，我国北方主要有三大类型的产铀盆地，即山间盆地、陆内前陆盆地和大陆边缘裂谷盆地。产铀盆地在地域上具有明显的空间分区分带特点：中国西部有山间盆地和陆内前陆盆地两类产铀盆地，中部主要为陆内前陆盆地，东部为大陆边缘裂谷盆地。

西部挤压型山间盆地产出典型层间氧化带型砂岩铀矿，如伊犁盆地、吐哈盆地；中部陆内前陆盆地（或克拉通型盆地）产出有特大型砂岩铀矿床，如鄂尔多斯盆地；东部大陆边缘裂谷型盆地产有潜水-层间型砂岩铀矿、复成因型砂岩铀矿，如二连盆地、松辽盆地。

3）沉积盆地构造限制与改造特征

中国北方沉积盆地砂岩型铀矿的容矿建造大都形成于区域弱伸展构造背景及其对应的盆地演化阶段，从主岩沉积到其接受后生（氧化）改造并在其中形成砂岩铀矿化，盆地必定经历从弱伸展转为弱挤压的构造体制转化。潜在主岩形成后的拉张（伸展）构造体制不利于铀在主岩中沉淀富集，强烈的构造挤压环境同样也不利于主岩中铀矿化的生成和保存，而唯有弱挤压体制下的区域掀斜构造活动样式（包括宽缓褶皱变形）能够保证潜在主岩持续地接受含铀、含氧地下水的渗入和改造，并有可能最终形成砂岩型铀矿床。

4）产铀盆地含矿建造特征

我国北方砂岩型产铀沉积建造多与潮湿、半潮湿气候及弱伸展构造环境下形成的近源、低成熟度的灰色（含煤）沉积建造相关，这一沉积建造背景主要发生在我国西部早-中侏罗世拗陷沉积期（含煤碎屑岩建造）、东部早白垩世拗陷沉积期（灰色碎屑岩建造），从而也决定了北方砂岩型铀矿的空间分布，即容矿层位自西向东由中下侏罗统到中侏罗统再到上白垩统的逐步抬高趋势；其中西部早-中侏罗世拗陷沉积期形成的含煤碎屑岩建造为主要产铀建造。

北方砂岩产铀建造一般为近源、强水动力形成的粗碎屑岩，以砂岩、砂砾岩为主，岩石中富含有机物质等还原剂；而具备良好的顶底板隔水层及连通性好的大型骨架砂体，往往是形成大型层间氧化型铀矿床的建造基础，这一建造多发育在辫状河-辫状河三角洲沉积体系中；不同的沉积相序组合对砂岩型铀矿产出类型及空间分带具有一定的控制作用，缺乏顶底板隔层的冲积扇-扇三角洲沉积体系，以发育潜水氧化铀矿为主；具有良好泥-砂-泥结构及大型骨架砂体的辫状河-辫状河三角洲沉积体系，以发育层间氧化铀矿为主；缺乏大型砂体的曲流河-三角洲-湖泊沉积体系，以发育小规模层间氧化铀矿及沉积成岩铀矿（泥岩型）为主；砂岩铀矿产出的相控特点，对寻找不同类型砂岩铀矿具有更强的指导性。

5）区域古气候演化与铀成矿作用

古气候演化不仅决定沉积盆地有利含矿建造的形成，而且制约后生改造期铀的富集程度，是沉积盆地砂岩铀成矿关键性、区域性控矿因素之一。中国北方中新生代古气候经历了长期、多期次的发展演化，早-中侏罗世是温湿性古气候最为发育的时期，晚白垩世为干旱气候最为发育的历史时期，但同一古气候发展演化期往往存在地域上的不均衡性或空间分带性。古气候演化的转折期与古气候分带之间的过渡区，以及近现代气候对我国北方砂岩型铀矿的时空分布具有重要的控制作用。

6）产铀盆地主要地质构造特点

从全球范围看，中国北方产铀盆地具有独特的地质构造特点，主要表现在：产铀盆地的形成受复杂地质构造背景和动力学体制控制；产铀盆地类型相对集中，但分区特点明显；产铀盆地普遍为叠合盆地，内部地质构造总体上较复杂；产铀盆地的形成、发展与成熟古陆块关系密切；产铀盆地垂向上具有三层结构，横向上呈不对称状；产铀盆地新构造运动的改造作用强烈，尤其是西部盆区。我国特定的大地构造背景条件决定了产铀盆地地质构造的复杂性和多样性，中新生代"中弱构造活化带"为适宜中国地质特点的有利产铀盆地或远景带的构造环境判识标志。

2. 砂岩型铀矿成矿理论创新

我国特定的大地构造背景决定了北方产铀沉积盆地的基本地质构造特点，与中亚、美国中西部全球著名的铀矿集区相比较，我国北方已发现或探明的砂岩铀矿床及其产出环境各具特色，亚类复杂多样，由此也很难套用国外模式和成矿理论来指导找矿突破。

基于典型矿床解剖，查明了伊犁、鄂尔多斯、松辽等盆地砂岩铀矿床的地质地球化学特征、控矿因素和成矿机理，创新建立了中国北方产铀盆地的系列成矿模式，如东胜式铀矿叠合成矿模式、宁东断褶带成矿模式（宁东式）、油气还原铀成矿模式、伊犁盆地蒙其古尔层间渗入-越流成矿模式、松辽盆地钱家店铀矿三位一体控矿模式和砂岩型铀矿断隆（块）成矿模式等，突破了砂岩型铀矿的传统成矿理论和观点，已基本形成适宜我国地质特点的砂岩型铀矿成矿理论体系，为指导新区突破、老区扩大提供了坚实的理论支撑。

1）层间氧化带型砂岩铀成矿模式

层间氧化砂岩型铀矿床以伊犁库捷尔太式铀矿床较为典型（图20.1），该铀矿床具有典型的卷型分带，即氧化带、氧化-还原带、还原带；该模式可分为三个成矿阶段：①同生沉积阶段，铀从沉积水体中向有利相带的沉积物（淤泥）中转移，形成铀偏高富集，宏观上主要受岩相古地理控制，即受辫状河三角洲、曲流河三角洲及浅湖沼泽沉积体系控制；②成岩作用阶段，富铀沉积物被深埋，同一含矿层内富含的有机质、硫化物等被分解，产生大量的硫化氢等还原剂，使在长期迁移状态下的六价铀还原沉淀为四价铀，从而形成成岩阶段的铀矿化异常；③层间氧化作用阶段，容矿主砂岩层被抬至地下水作用圈，含氧、含铀水溶液渗入砂岩层供其发生氧化，铀自砂岩层的氧化带向同一砂岩层的氧化还原前锋区迁移并沉淀富集，形成工业铀矿化。

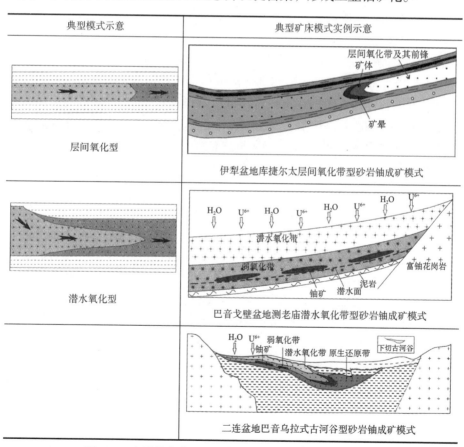

图20.1　中国北方典型层间氧化、潜水氧化型铀成矿模式

2）潜水氧化带型砂岩铀成矿模式

典型的潜水氧化作用主要表现为垂向上的氧化分带，并在垂向上的氧化还原界面形成铀矿体；潜水氧化作用，一般会伴随发育一定的潜水层间氧化作用，也可见舌状氧化前锋线，但其层间氧化带发育规模相对较小，氧化作用发育不充分，上、下翼有部分砂体不能被完全氧化，在舌状体翼部形成上、下翼氧化还原界面。单从潜水氧化作用来说，我国中东部的较多沉积盆地发生过潜水氧化成矿作用，但从主成矿作用来看，只有部分盆地属于潜水氧化带型铀矿床，如巴音戈壁测老庙及二连盆地古河谷型。测老庙铀矿床成因为在沉积成岩基础上叠加潜水氧化，其中主成矿作用是潜水氧化，成矿作用相应可划分为两大阶段：①沉积成岩成矿阶段，早白垩沉积期山前形成一系列大规模的湿型冲积扇，并多期发育，蚀源区的大量矿质铀以多种形式被搬运至盆地，并在冲积扇远端和扇间洼地发育的沼化层中富集，成岩阶段时，层间水被排出，成矿物质发生再分配，在碳质和黏土吸附、还原作用下，形成成岩阶段铀矿化；②新生代受构造抬升作用，主岩大面积被剥露地表，接受潜水淋滤氧化作用，于潜水面下部形成大规模铀矿化。

巴音乌拉式为古河谷型砂岩铀矿的成矿模式概括为：古河道一侧于赛汉期末发生掀斜作用，晚白垩世—古新世沿斜坡发育潜水–层间氧化作用，并于河道交汇处河道砂体的中下部发育氧化还原过渡带，形成铀矿化，矿体呈卷状。始新世以来，覆盖有上部层组红色泥岩，矿化作用中断，进入保矿期，以层间氧化带型铀矿化为特征。

3）叠合铀成矿模式

东胜砂岩型铀矿形成具有非常复杂的成矿过程，经历了构造的多期次动静耦合、潜水氧化与层间氧化成矿作用的叠加、油气–热流体的复合改造等地质成矿作用。据此，李子颖等（2013）提出东胜砂岩型铀矿的叠合成矿模式（metallogenic superposition model），即成矿铀源、流体和作用均具有多元叠合特征：①预富集阶段直罗组辫状河含铀灰色砂体有利于铀的预富集，形成富铀地层，为后期氧化还原成矿作用奠定了铀源基础。②古潜水氧化作用阶段主要发生在中、晚侏罗世，含氧含铀水沿地层中砂体垂向向下渗透，形成古潜水氧化作用，并在含矿层中形成一定量的铀富集和矿化。③古层间氧化作用是形成鄂尔多斯盆地北部铀矿化的主成矿作用。主要发生在晚侏罗世—早白垩世早期，形成古层间氧化带砂岩型铀矿床。④研究区油气的还原作用是多期次的，在成矿期油气参与了成矿作用；成矿作用后期直到现在，对含矿层产生二次还原作用，导致古氧化带砂岩变为灰绿色砂岩，并对早期形成的古矿具有保矿作用。⑤在 20～8 Ma 发生了较强烈的热改造作用，形成铀石、硒化物、硫化物和一些高温矿物，以及磷、硒、硅、钛、稀土等元素的叠加富集，使该铀矿床具有自己独特的特点。

4）构造活动带成矿模式

按砂岩型铀矿的传统理论观点，构造活动带内难以成矿。"十一五"期间，郭庆银等（2010）以鄂尔多斯盆地西缘宁东地区为主要研究区，创新性地建立了宁东断褶带铀成矿模式（宁东式），较好地解决了大型沉积盆地边缘构造带砂岩型铀矿成矿远景和找矿方向问题。该成矿模式的要点包括：①宁东地区的铀矿化产于褶断带这一独特地质背景之下，与其他地区的不同之处是在遭受了强烈的构造变形之后才发生铀成矿作用，所以构造变形的强度、目标层的砂体特征、地下水的渗入改造，以及蚀源区岩石的含铀性均对铀矿化的形成具有控制作用；②目标层沉积时期为辫状河环境，砂体连通性较好，空间展布稳定，厚度适中，且具有良好的泥-砂-泥岩性组合；③砂体主要为中粗粒长石石英砂岩，原生色为浅灰色和灰色，富含炭屑等有机质，还原能力强；④铀成矿年龄为 59～52Ma、21.9Ma 和 6.8～6.2Ma，多期成矿特点明显；⑤铀源条件良好；⑥地层产状较缓（15～20 层），层间氧化带发育，氧化分带明显，是成矿的关键条件；⑦在褶断带东部前缘背斜缓倾的东翼因为有边缘排泄断层的存在，地下水补-径-排规模稍大，地下水渗入改造作用较强，为铀矿化的主要产出部位。

5）断块铀成矿理论

基于鄂尔多斯盆地和塔里木盆地北缘的铀矿床（含矿化集中区）的区域成矿背景，刘德长等（2010）开展了遥感技术及其延伸研究，结合矿床的基本地质特征和我国大地构造的特殊性，提出了我国克拉通盆地砂岩型铀矿"断块成矿"的新理论观点。其内容包括：①断隆成矿的观点；②构造地球化学障的控矿模式；③与油气和热流体等深部物质作用有关的矿床成因类型；④双向思维的找矿判据。该成矿理论不同于国外的层间氧化带型铀成矿理论。它强调构造，特别是断隆构造，贯穿性断裂构造和油气、热流体等深部物质在铀成矿中的重要作用。认为该类型砂岩铀矿的形成不同于层间氧化带类型铀矿较单纯的浅部成矿作用，而是浅部与深部成矿作用的复合。断块成矿理论是中国破碎和活化克拉通特殊大地构造背景上合乎逻辑的产物，其核心观点是断隆成矿。

6）油气成矿理论观点

我国北方大部分产铀盆地为含油气-煤盆地，油、气等深部还原流体的后期扩散、运移现象较普遍，油气与铀成矿关系在21世纪以来逐渐成为国内铀矿地质界研究的前缘性热点问题之一，一大批专家学者从地质、地球化学及成矿模拟实验等不同角度开展了相应的研究工作，并取得系列重要进展：①油气还原作用在某一特定矿区或矿床具有多期多阶段性，断裂构造是深部油气运移的主要通道，油气还原作用是红杂色碎屑岩建造铀成矿的必要条件，油气等还原性流体的次生还原作用不仅仅是增加含矿主岩的还原能力，而且可为表生后生改造成矿准备一定的矿源；②流体包裹体证据显示，我国绝大多数砂岩型铀矿床富铀或矿化岩石中均有相对多的油气富集，铀矿化与油气有成因关系；③对灰色建造而言，成矿期的油气还原作用可直接带入部分铀源而参与成矿，成矿期后的油气还原作用则有利于矿体的保存；④建立了一系列与油气作用有关的铀成矿模式，如巴什布拉克铀成矿模式、东胜叠合铀成矿模式、钱家店双混合铀成矿模式、店头式油气改造铀成矿模式等；⑤成矿模拟实验证实，地沥青具有从水中摄取铀的能力，油浸砂岩还原铀主要靠 CH_4，油气还原可导致氧化砂岩的褪色蚀变。

7）生物铀成矿理论观点

按有机物形态分为三大类：固态有机质、气态有机质和微生物。研究表明，国内外大多数砂岩型铀矿床的形成，都在不同程度上与微生物、有机质的地球化学行为有联系，如我国伊犁盆地、吐鲁番-哈密盆地和鄂尔多斯盆地的一系列铀矿床。国内生物铀成矿作用的主要研究成果如下。①有机质对成矿环境的 Eh、pH 具有明显的影响作用，固态有机质的分解产物有机酸对铀和其他金属元素具有活化迁移作用，铀矿石带中的有机质不仅可为铀的还原沉淀提供物质场所，而且能吸附地下水溶液中分散的铀，铀的沉淀富集程度与有机质的类型有关。②容矿层中有机质在含氧环境下分解的产物利于铀在水中的溶解和迁移，而在缺氧条件下分解的产物，构成铀沉淀的还原和吸附地球化学障，在铀的成矿过程中发挥重要的作用。③煤成烃是铀的有效还原剂，对铀的还原沉淀富集成矿可能起重要的作用。④暗色含煤碎屑岩建造含矿砂体中往往有多种形态的有机质，但与铀的活化迁移、沉淀富集关系最为密切的可能是腐殖酸（黄腐酸）。⑤微生物吸附铀的可能机制为：微生物能改变介质微环境的 pH 状态，从而导致矿物沉淀；细胞壁是吸附铀的主要器官；铀的微生物吸附与微生物的活力、代谢功能无关，即活体或死体微生物吸附铀的能力无明显差异，有些情况下，死体微生物甚至比活体微生物能吸附更多的铀。

3. 北方砂岩型铀矿时空分布规律

大量研究及同位素测年数据表明，中国北方盆地自中侏罗世以来各个地质时期均有砂岩型铀矿成矿作用发生。中国西部盆区主要有两期层间渗入矿化年龄 E_2-E_3 和 $N_1^1-Q_1$；中部盆区的西部同样记录到这两期矿化年龄，而中部盆区的东部则出现白垩纪的层间渗入成矿年龄；中国东部最重要的是晚白垩世的沉积成岩矿化年龄叠加两期（$E_2^1-E_3^1$ 和 N_1^3）层间渗入矿化。从中新世开始的层间渗入成矿作用是中国第二次后生改造成矿作用高潮，与古近纪时期成矿作用一样，它覆盖了从西部到中部的绝大部分产铀盆地，但显示出明显的向东趋于减弱的趋势，表明这次成矿作用的中心还在中国更西部的中亚砂岩铀矿集区。

中国北方砂岩型铀矿容矿层位由西向东有中下侏罗统→中侏罗统→下白垩统→上白垩统逐渐抬升的规律，其原因主要是有利于砂岩型铀矿容存的黑色地球化学类型岩石建造，受中新生代古气候变迁的影响从早/中侏罗世至早白垩世由西向东逐渐变新。另一类有利于砂岩型铀矿化容存的灰色地球化学类型，岩石建造多发育在大面积、长时间干旱古气候区统治期间的短时期、局部地区，常以夹于红色碎屑岩建造中的灰色碎屑岩建造为特征。

中国北方砂岩型铀矿床类型和成矿作用自西向东的变化规律是：层间渗入（层间氧化，潜水氧化）→多种成矿作用（层间氧化、古层间氧化、沉积成岩、潜水氧化）→沉积成岩（层间氧化或潜水氧化），较明显地呈现出自西向东沉积成岩成矿作用逐渐增强，层间渗入氧化成矿作用逐渐减弱的趋势。

第三节　优先发展方向与发展趋势

新时期，我国铀矿地质学科发展将大体上与国外同步，其总体发展趋势是：创新基础地质与成矿理论，深铀部成矿理论向纵深化方向发展，对新类型的探索将层出不穷；基于先进铀成矿理论的深部探测逐步实现三维精细化；三维模型自动找矿的成功率将不断提高。

基于对我国砂岩铀矿成矿作用研究现状、存在的主要问题和差距的综合研判，"十三五"乃至中长期十分有必要加强铀成矿应用基础地质及铀成矿理论创新研究，重点发展或深化开展纳米地学、铀元素超常富集机理、成矿系统、沉积盆地中铀-煤-油-气等矿产之间的成矿关系等前缘性、立典性研究。

一、纳米地学与砂岩铀成矿作用研究

地质学正向更宏观和更微观的两极方向发展，更微观方向即为纳米地质学。研究地质作用过程中纳米结构的形成机理、演化机制和聚集状态具有重要的科学意义。通过沉积盆地纳米地学研究，从纳米尺度上解决微观和宏观尺度的地质科学问题，准确地认识沉积盆地发展演化及表生后生成矿地质演化过程中纳米物质的特性，揭示沉积盆地纳米物质的形成条件、演化机理、运移聚散、地质效应及其对深部砂岩铀成矿的指示作用；利用纳米测试技术探测天然条件下纳米物质与结构、超短激光和 X 射线脉冲实验刻画地质过程中纳米物质的动态变化；利用分子动力学的方法模拟纳米结构的演化机制。

二、砂岩型铀矿铀超常富集机理研究

针对中国北方砂岩型铀矿分布范围广、矿化层位和类型多、超常富集现象较普遍但控矿因素复杂等现状，围绕砂岩型铀矿大规模成矿作用的超常富集机理、时空定位条件和环境、有机成矿作用与无机成矿作用耦合等重大关键科学问题，重点开展：大规模铀成矿的动力学机制与盆山耦合控矿作用；盆地沉积物质聚积与成矿物质来源研究；铀超常规富集样式及区域成矿模式；成矿流体作用研究；砂岩铀矿开放体系精确定年研究；铀超常富集环境与机理研究；油气和微生物铀成矿作用研究；砂岩铀成矿作用实验模拟；大规模铀成矿作用综合判识标志研究。

通过攻关，揭示我国北方中新生代沉积盆地的动力学机制、盆山耦合、物质聚积、流体作用对大规模砂岩型铀成矿的控制作用，从构造-建造-改造-年代四维时空体系阐明砂岩型铀矿大规模铀成矿作用及超常富集机理，阐明超常富集现象与大型、特大型铀矿形成之间的内在关联性，建立综合预测识别标志，推动北方沉积盆地大型、超大型砂岩矿床的发现。

三、砂岩型铀矿与其他能源矿产相互作用研究

针对我国产铀盆地内砂岩型铀矿与煤炭、油气等能源矿产在空间上普遍共存现象，围绕砂岩型铀矿有利于空间定位环境及多种能源成生关系，重点开展砂岩型铀矿与石油、天然气、煤成气、煤炭的相互作用关系及成矿（藏）定位条件研究，揭示我国北方大型盆地构造演化、盆地沉积充填序列、

有机质演化和改造过程，查明砂岩型铀矿与其他能源矿产的内在联系；构建铀与多种能源综合勘查模式，为大型盆地多种能源协同勘查、资源有序开发提供支撑。

四、沉积盆地铀成矿系统研究

成矿系统研究强调从整体上，从系统要素之间的联系上去认识成矿过程，这有助于更新传统的矿床学研究思路，全面深刻地认识成矿规律，从而提高成矿预测的精度。其发展趋势为：从系统科学与矿床学交叉的角度，开展成矿系统理论和分析方法的研究；从成矿流体演化的角度，开展流体成矿系统的研究；从低温地球化学的角度，开展浅成低温热液成矿系统的研究；从动力学的角度，开展成矿系统动力学的研究。在铀矿地质学科领域，今后应深入开展沉积盆地铀成矿系统、沉积盆地铀-煤-油-气成（藏）系统等立典性研究，为铀矿找矿提供新的理论指导。

五、砂岩铀成矿模拟实验研究

微生物铀成矿作用模拟实验是成矿模拟实验领域的重要发展方向。首先，模拟砂岩型铀成矿的物理-化学条件，实验研究厌氧菌和喜氧菌富集铀的机制，将是今后砂岩型铀成矿模拟实验研究的主要热点。其次，通过实验模拟深部低温热流体上升过程中铀的搬运形式、物理-化学条件、沉淀富集机制将是今后模拟实验的重点和难点。

六、重点铀盆地／盆段和矿化集中区潜在资源精细化预测

重点铀盆地／盆段的预测属中比例尺预测。其精细化预测需以基础数据库和成果数据库更新维护为基础，跟踪铀矿勘查最新进展及铀矿科研成果，动态维护铀矿资源潜力数据库；采用三维探测、铀矿资源潜力评价等技术有效综合多元信息和资料，实现潜在铀资源的动态精细化预测评价。

矿田／矿化集中区潜在铀资源精细化预测属大比例尺预测。为实现精细化预测，需开展矿田（矿床）成矿要素对铀矿床、铀矿体的控制规律研究，查明矿床（体）的空间分布规律，运用定量预测手段进行远景资源量的估算，尤其要加强新的深部勘探技术方法应用及定量统计预测，从而为勘查工作部署和铀矿基地建设提供科学依据。

参考文献

郭庆银，李子颖，于金水，等 . 2010. 鄂尔多斯盆地西缘中新生代构造演化与铀成矿作用 . 铀矿地质，26（3）：137-144.

李月湘，秦明宽，何中波 . 2009. 内蒙古二连盆地铀与油、煤的时空分布及铀的成矿作用 . 世界核地质科学，26（1）：25-31.

李子颖，秦明宽 . 2013. 中国铀矿地质科技进展及资源潜力评价 . 2013（第 15 届）中国国际矿业大会高峰论坛铀论坛论文集 . 中国矿业联合会核地矿专业委员会 .

李子颖，陈安平，方锡珩，等 . 2006. 鄂尔多斯盆地东北部砂岩型铀矿成矿机理和叠合成矿模式 . 矿床地质，25（增刊）：245-248.

李子颖，秦明宽，陈安平，等 . 2013. 地浸砂岩型铀矿快速评价技术及应用 . 核工业北京地质研究院年报：1-10.

刘德长，叶发旺，杨旭，等 . 2010. 我国砂岩型铀矿"断隆成矿观点"的提出与应用分析 . 地球信息科学学报，12（4）：451-457.

刘正义，秦明宽 . 2008. 油气对砂岩型铀矿中铀等伴生元素富集成矿的模拟实验 . 世界核地质科学，25（1）：13-18.

罗毅，马汉峰，夏毓亮，等 . 2007. 松辽盆地钱家店铀矿床成矿作用特征及成矿模式 . 铀矿地质，23（4）：193-200.

闵茂中，王汝成，边立曾，等 . 2003. 层间氧化带砂岩型铀矿中的生物成矿作用 . 自然科学进展，13（2）：164-168.

乔海明，蔡金芳，尚高峰，等 . 2007. 十红滩铀矿床有机地球化学特征及与铀成矿作用 . 中国核科技报告，（2）：178-190.

秦明宽，赵瑞全 . 2000. 对塔里木盆地巴什布拉克铀矿床成因的新认识 . 铀矿地质，16（1）：26-30.

秦明宽，李子颖，田华，等 . 2009. 我国地浸砂岩型铀矿研究现状及发展方向 // 李子颖 . 核地质科技论文集——庆祝核工业北京地质研究院建院 50 周年 . 北京：地质出版社 .

唐金荣，吴传璧，施俊法 . 2007. 深穿透地球化学迁移机理与方法技术研究新进展 . 地质通报，26（12）：1579-1590.

王学求 . 2005. 深穿透地球化学方法迁移模型 . 地质通报，24（10-11）：892-896.

谢学锦，任天祥，严光生，等 . 2010. 进入 21 世纪中国化探发展路线图 . 中国地质，37（2）：245-267.

姚文生，王学求，张必敏 . 2012. 鄂尔多斯盆地砂岩型铀矿深穿透地球化学勘查方法实验 . 地学前缘，12（3）：167-176.

尹金双，向伟东，欧光习，等 . 2005. 微生物、有机质、油气及砂岩型铀矿 . 铀矿地质，21（5）：287-295.

尹金双，李子颖，葛祥坤．2012. 分量化探法在铀资源勘查中的研究与应用. 原子能出版社，29（1）：47-51.

张金带，徐高中，陈安平，等．2005. 我国可地浸砂岩型铀矿成矿模式初步探讨. 铀矿地质，21（3）：139-145.

张金带，李子颖，蔡煜琦，等．2012. 全国铀矿资源潜力评价工作进展与主要成果. 铀矿地质，28（6）：321-326.

张金带，李子颖，简晓飞，等．2013. 中国铀矿床研究评价（第三卷）. 中国核工业地质局，核工业北京地质研究院．

张金带，李子颖，徐高中，等．2015. 我国铀矿勘查的重大进展和突破——进入新世纪以来新发现和探明的铀矿床实例. 北京：地质出版社．

张玉燕，修晓茜，黄志章，等．2013. 砂岩型铀矿成矿作用模拟实验研究. 核工业北京地质研究院科技成果报告．

Cuney M. 2009. The extreme diversity of uranium deposits. Miner Deposita，44：3-9.

Oluwadebi A G，Hecker C A，der Meer F D M，et al. 2013. Mapping of Hydrothermal Alteration in Mount Berecha Area of Main Ethiopian Rift using Hyperspectral Data. Journal of Environment and Earth Science，12：115-125.

Qin M K，Dong W M，Ou G X. 2005. Reduction of fluids in the Bashbulak Sandstone Type Uranium Deposit in the Tarim Basin，China. Mineral Deposit Research：Meeting the Global Challenge. New York: Springer.

Ruitenbeek F J A V，Cudahy T J，der Meer F D V，et al. 2012. Characterization of the hydrothermal systems associated with Archean VMS-mineralization at Panorama，Western Australia，using Hyperspectral，geochemical and geothermometric data. Ore Geology Reviews，45：33-46.

Wang Z B，Qin M K，Zhao R Q，et al. 2002. The Control of Himalayan Orogeny to in-situ Leachable Sandsone-type Uranium Deposits in Xinjiang Autonomous Region and its Adjacent Areas. Sandstone-type Uranium Deposits in China：Geology and Exploration Techniques. Beijing: Atomic Energy Press.

第 四 篇

大陆成矿学人才与技术平台建设

第二十一章
矿产资源学科人才及平台建设

第一节　人才和团队建设

经过几十年的发展，我国矿产资源学科已经培养了一大批各类人才，但学科领军人才、高级技术人才、学科交叉团队还比较欠缺。因此，加快高层次人才培养和创新团队建设、完善有利于创新人才脱颖而出的人才和成果评价体系，仍将是我国矿产资源学科今后相当长时间内的一项重要任务。

一、领军人才

领军人才是一个学科发展的核心力量，是指引学科发展方向的旗帜。纵观国际矿床学的发展我们不难发现，很多矿床类型和矿床模式的提出及成因理论的创建均与一些大师级学者或学科领军人物的重要贡献密不可分。例如，加拿大多伦多大学的 Tony Naldrett 教授是岩浆铜镍硫化物矿床领域的世界著名专家，先后担任了加拿大皇家学会会员、国际经济地质学家学会主席、国际矿物学协会主席、美国地质学会主席和国际地质合作项目委员会主席等重要学术职务。在国内外的矿床学书籍和研究论文中，有关岩浆矿床的许多理论知识都来自 Tony Naldrett 的论著，其中他 1989 年出版的 *Magmatic Sulfide Deposits* 是全世界研究岩浆矿床的人必读的经典著作。Tony Naldrett

之所以能成为著名的矿床学家，与他丰富的理论知识（岩石学、热力学、实验岩石学、矿床学）、长期的野外实践和丰富的研究经历〔担任过矿业公司的地质工程师、考察研究过全球几乎所有的重要岩浆矿床、担任过必和必拓公司（BHP）等35家知名矿业公司的顾问〕有关。

在我国，对矿产资源的大规模研究虽然只有短短的几十年，但已经在矿床模型、成矿系列、成矿规律、成矿构造背景等方面取得了巨大成就，为我国社会主义现代化建设提供了重要的资源保障。这些巨大的成就与我国老一辈地质学家的前瞻性工作息息相关。21世纪的中国矿床学要走向世界并在若干重要领域占有一席之地，新一代的领军人才必不可少。

中国的矿床类型丰富、成矿环境复杂多样、成矿历史漫长，一些矿床类型在世界上独具特色，为开展矿产资源的创新研究和促进领军人才的成长提供了得天独厚的自然条件，但科研环境中一些长期存在的不利因素也制约了创新人才的成长。目前制约我国矿产资源学科领军人才大量涌现的主要因素有两个：一是人才和成果评价体系还有诸多不合理的地方；二是学术氛围和科研环境不利于顶尖人才的成长和培养，也阻碍了重大创新成果的取得。一个值得高度重视并亟待改变的现象是：目前矿产资源学科的中国科学院和中国工程院院士均为资深院士，在该领域已经没有80岁以下的两院院士。能在科研一线带领这个学科继续前进的中青年院士一直未能产生。另外，相比其他同级学科，矿产资源领域的国家杰青、优青人数也明显偏少。这种状况的长期存在对于矿产资源这样一个重要学科的发展是非常不利的。

众所周知，矿产资源领域国际主流刊物的影响因子都不高，相关论文的引用率也不高，这是由矿产资源学科特点及其在学科体系中的位置决定的。但在现有评价体系下，对人才和成果的评价往往过多地考虑其发表论文刊物的影响因子和论文的引用率。这种情况使从事矿产资源研究的科学家参选院士和申报杰青时往往处于劣势。另外，在过多考虑刊物影响因子和论文引用率的情况下，不少矿床学家不愿意把大量时间投入详细的野外矿床地质观察和精细的成矿过程研究，因为这样的工作非常花时间，而且"见效"慢，很多人尤其是一些年轻人更愿意转向岩石地球化学的研究，因为这样的研究周期短，出数据快，文章相对好写且更容易在高影响因子刊物上发表。甚至有部分人不愿意到矿区开展细致的观察和描述、不对蚀变矿化特征进行详细的岩相学和矿相学研究，仅仅利用少数几个地质意义不太明确的样品获得一套地球化学数据就随意对矿床的成因进行解释并提出成矿模式。这种做法对我国矿床学的发展非常有害，而且会严重误导一大批青年矿床地质工作者。

矿产资源具有双重属性，即地质属性和经济属性，因此对矿产资源的研究离不开野外这一天然实验室，也离不开与矿业界的密切联系。国际上很多著名矿床学家要么长期在地调局或矿业公司工作，要么已在地调局和矿业公司工作几年甚至十几年后再回到大学担任教授。这种工作经历使他们有丰富的野外和矿区工作经验，积累了无数矿床的经验模型，而这些经验正是他们日后提出影响深远的成矿理论和矿床模式的基础。例如，世界著名矿床学家 Richards Sillitoe，他每年在野外的工作时间长达 6 个月以上，考察并研究了几十个国家的数百个重要矿床。这种长期、丰富的野外工作经历正是他不断创新矿床学理论和成矿找矿模式的不竭源泉。反观我国的矿床学研究，各个科研院所和大专院校，不仅少有从矿业公司和地勘单位直接聘请固定研究人员的先例，而且本身的研究人员每年在矿山工作的时间都远远不够，这种现状极其不利于培养矿床学领军人才。我们建议应大大加强矿床学研究机构与矿业界的密切联系，为矿床学家的创新研究提供天然素材和创新源泉。

针对上述种种现象，矿产资源领域创新人才的培养和成长需要从国家层面进行以下几个方面的改革：①改革和创新人才与成果的评价标准和体系，对人才和成果进行分类评价，减少唯论文、唯影响因子、唯引用率、唯第一作者的评价，创造有利于人才成长的宽松学术环境，让那些真正专注于矿床学研究的人才得到承认。尤其要重视长期坚持野外第一线的科技工作者，对矿业公司支持的研究项目与国家研究项目、期刊论文与矿床勘探报告等应尽可能地同等对待。②密切矿床学研究机构与矿业界的联系，使选拔或聘请矿业界优秀专业人才到科研院所或大学任职这一工作常态化；依托矿业公司建设若干矿床学野外观察和研究基地，成立高水平的矿床研究中心，推动高校和科研院所与矿业界的实质性合作和协同创新；在矿业公司设立博士后工作站，面向全国招标项目、招聘研究人员，将公司的找矿难题与科研院所的理论创新需求结合起来，将找矿实践应用作为矿床学研究成果的重要评价标志之一。③进一步整合或减少各类人才计划和科技奖励计划。这些计划在特定的历史时期发挥了积极作用，但近年来已越来越不适应创新人才和领军人才的培养。国家应加强人才计划管理制度上的顶层设计，整合人才计划的类别和结构，按照人才不同发展阶段和特点去整合相关项目。④在院士和杰出青年等高层次人才计划中更多地考虑学科布局和学科发展需要。

二、技术人才

近二十年来，我国地球科学的研究取得了巨大进步，基本上建成了种类齐全、设备先进、体系完善的科技支撑平台。但与其他学科（如岩石学、地球化学）相比，专门用于矿产资源研究的实验平台和分析测试技术还相对不足，一些重要的核心技术长期未能取得重大突破和得到广泛应用，如单个流体包裹体成分的激光剥蚀 ICP-MS 分析、金属矿物微量元素和同位素的微区原位分析、一些重要矿床类型的同位素年龄测定等。因此，当前和今后一段时间内特别需要引导和鼓励一批现有地学实验室专门针对矿床学研究进行分析技术方法的开发，力争几年内涌现一批在国际上有一定影响的高水平矿床学研究实验室，为我国矿产资源学科发展提供重要的技术支撑。

实验室发展的关键因素是人，要高度重视一线实验技术人员的培养，充分挖掘其创新潜能，建立首席科学家领导下的实验方法开发机制，将矿床学研究的重大科学问题与具体的技术方法开发有机结合。实践证明，一流的技术人才队伍是支撑一流科学研究的重要力量，这在我国的一些地学重点实验室已经得到充分的体现。但目前的职业晋升通道和人才评价体系还有很多不利于技术人才培养及其潜能挖掘的地方，一些非常优秀的技术人才由于待遇和职称问题最终选择了离开，还有一些关键技术人才由于其智力劳动和创造性在现有的评价体系下得不到充分认可，逐渐失去了持续创新的积极性及开发新技术新方法的动力，选择安于现状。这种状况给科学支撑体系的发展带来了不利影响。为此，要建立科学的激励机制，改革专业技术人才的职称评审机制和待遇分配体系，对实验技术人员的智力因素和创新成果予以充分认可和同等对待。同时，要给一线技术人员提供尽可能多的机会前往国际一流实验室学习和访问，使其及时了解相关实验技术方法的国际最新进展和发展趋势。

除了分析技术方法开发以外，我国尤其欠缺能自主研发设备和装备的一流技术人才。仪器设备的研发是科技创新的关键，新仪器的诞生可能为科学研究带来革命性的变化。例如，离子探针的诞生为地球科学（包括矿产资源学科）提供了元素和同位素原位分析的利器，极大地推动了地球科学各个领域的发展。但很多人可能并不知道，第一台高精度离子探针（sensitive high-resolution ion microprobe，SHRIMP）并非由仪器公司研制，而是由澳大利亚国立大学地球科学院不同学科方向的科学家协同攻关才研制成功的。这台仪器的研制最初由物理学和同位素地球化学专家 W. Compston 教授和他的博士生 S. Clement 于 1973 年开始立项研究，参加人员先后包括 F. Burden（机械）、N. Schram（电子）、D. Millar（技术负责人）、G. Newstead（磁学）和 D. Kerr（计算机控制）等不同学科的专家。我国矿产资源学科甚至整个地球科学领域目前所使用的大型仪器几乎全部为国外公司生产，而我国自主研发的相关设备极少。但值得肯定的是，国家自然科学基金委员会和科学技术部（简称科技部）等机构已经开始设立专门项目支持实验设备装置的自主研发。然而设备的研发不可能是一蹴而就的，往往要经过多年的实验甚至反复的失败，如何认定研发人员的劳动和创造性，如何考核他们的工作，这又回到了前面谈及的人才和成果的评价体系及评价机制的问题。因此，评价体系改革仍是我国矿产资源学科科技创新的关键。

三、国际化人才

全球化和国际化已成为当今科学研究的重要特征和发展趋势。矿产资源研究具有较强的地域性但同时又需要有全球视野。因此，培养和造就一支国际化的人才队伍是我国矿产资源学研究走向世界并产生具有重大国际影响成果的必由之路。

矿产资源学科人才的国际化包括三个方面的内容：一是培养一批具有国际视野、经常活跃在国际学术舞台并在国际学术界有话语权（提名权）、能向世界传递中国矿床学界声音的矿床学家；二是研究队伍的国际化，吸引国外优秀矿床学家来华长期工作；三是中国矿床学家要将自己的研究置于全球视野，不仅要了解本国矿床，而且要对国外不同地区的典型矿床开展系统研究和综合对比，只有这样才能建立更为合理和符合客观地质实际的矿床成因模式。目前我们在这三个方面都还有差距，因此矿产资源学科国际化人才的培养还任重而道远。迄今为止，我国的矿床学研究仍基本上局限于本国的矿床，中国学者较少走出国门对其他地区的典型矿床进行系统研究；相反，西方发达国家的很多著名矿床学家，其足迹和研究范围遍布全球主要成矿带。对世界上不同地区的典型矿床进行对比研究，是从本质上把握特定矿床类型的形成环境、成矿条件和成矿模式的重要途径，对此，今后需要大力提倡和鼓励。

国际化的研究机构是本土人才国际化和吸引海外优秀矿床学家来华工作的重要平台。因此，有必要尽快在国内有条件的单位建立国际矿床学研究中心（如大陆碰撞成矿研究中心），为中国矿床学家与国际著名矿床学家开展长期高水平的科研合作及吸引海外优秀学者来华工作创造条件。澳大利亚塔斯马尼亚大学的国家优秀矿床研究中心是国际化研究机构的典范，正是这种国际化使其成为全球最有影响的矿床学研究中心之一。中国科学技术大学的量子物理研究所已成为国际量子物理研究领域的三大中心之一，并吸引了美国、德国、意大利等国科学家的加盟，其成功经验可以为我国矿产资源学科所借鉴。

国际化人才的另一个表现是在国际重要学术组织或机构中担任重要职务（如重要国际学术会议的主席/副主席、国际重要专业学会的主席/副主席、重要专业学术刊物的主编/副主编）、参与国际学术事务、发起国际会议和研讨、获得重要的国际奖项等。我国近年来有越来越多的矿床学家和矿产勘查学家在国际重要期刊或会议中担任重要职务，扩大了中国矿床学家的影响力，但与我国矿产资源领域人才队伍国际化和中国矿床学研究走向世界的要求和目标相比还有一定距离。这些也正是我国矿床学家需要做出长期艰苦努力和不懈追求的目标。

四、创新团队建设

团队建设是推动学科发展的重要力量。我国从事矿产资源研究的机构众多，矿产资源的研究队伍庞大，但该领域的创新团队建设还不足。国家自然科学基金委员会已资助大量创新研究群体，但以矿产资源研究为主的研究群体较少。类似的情况在教育部支持的长江学者奖励计划创新团队中也明显存在。尽快开展矿产资源创新群体的申请和建设非常必要，群体成员来自不同单位并分别侧重不同的矿床类型和不同的重要科学问题，通过群体内部密切合作，协同创新，联合攻关（如针对科技部近期发布的"深地资源探采"国家重大专项联合申请项目并展开实质性合作），力争经过10～20年的努力，培养若干进行矿产资源研究的学科交叉团队，产出一批创新成果，形成重要的国际影响。另外，矿产资源领域创新团队的建设也可以参考中国科学院卓越研究中心的做法。

第二节　技术平台建设

矿产资源研究的根本任务，是在扎实的野外地质调查基础上，通过各种地质-地球化学手段查明各类矿床的物质组成、成矿物质来源、成矿流体性质和演化、矿床形成机理和关键控制因素、矿床组合规律及其时空分布，并在此基础上建立成矿模式和找矿模型以指导矿产勘查。最近十几年来，各种分析测试手段和实验技术方法取得了重要进展，为开展地球科学的创新研究提供了强有力的技术支撑。激光剥蚀–等离子质谱联用系统（LA-ICP-MS、LA-MC-ICP-MS）和二次离子探针（SHRIMP、SIMS、Nano-SIMS）等原位分析技术的出现使同位素研究拓展到更微观的尺度，实现了硫、硼、铅、锶、钕等传统同位素的高精度原位测试分析，使精细刻画成矿过程成为可能。但相比地球科学的其他领域，这些分析测试技术手段在矿床学研究中的应用还不够。"工欲善其事，必先利其器"，基于我国矿床学研究的现状和技术瓶颈，迫切需要在已有实验室的基础上，尽快建成一批国际一流的分析测试技术平台，为成矿作用和矿床成因的创新研究提供技术保障。

一、分析测试技术平台

1. 金属矿物微量元素和传统同位素的微区原位分析技术平台

金属矿物的微量元素地球化学组成受成矿流体组分、成矿流体物理化学性质、矿物沉淀机制等因素的影响。因此，对金属矿物的微量元素组成进行微区原位高精度分析是深入认识矿床成因、揭示成矿机制的重要途径。由于成矿热液组成和性质的变化，许多金属矿物具有复杂的矿物结构。例如，许多造山型金矿床和卡林型金矿床的主要载金矿物——黄铁矿通常具有多期生长的环带结构，不同的环带可能具有截然不同的微量元素组成，而这种显微尺度的微量元素组成变化记录了成矿过程中的流体成分及物理化学条件等关键的矿床成因信息（Large et al.，2009）。再如，磁铁矿是很多岩浆矿床和热液矿床的常见矿石矿物或金属矿物，但近年来的研究发现，磁铁矿的溶解–再沉淀结构非常普遍，这种结构反映了含磁铁矿矿床成矿作用的复杂性（Hu et al.，2014，2015），此时需要对不同区域或不同时代的磁铁矿微量元素组成进行详细的微区原位分析，以准确揭示成矿流体的组成、性质和演化。中国科学院地质与地球物理研究所、广州地球化学研究所等单位已建成离子探针（SIMS）实验室，众多高校和相关研究所也已建成 LA-(MS)-ICP-MS 实验室，具备了对金属矿物微量元素进行微区原位分析的实验条件，目前部分实验室面临的一个主要困难是缺乏基体匹配的矿物标样。

由于硫化物是绝大多数热液矿床和岩浆矿床的主要矿石矿物或金属矿物，对硫化物同位素组成的微区原位分析可为成矿物理化学条件和成矿物质来源提供重要的信息（Large et al.，2014）。随着 MC-ICP-MS 和 SIMS 等分析仪器及准分子和飞秒激光的应用，对矿物微区的同位素组成进行精确测定已经成为可能。我国虽已经建成多个 LA-ICP-MS 和 LA-MC-ICPMS 实验室，可为金属矿物微量元素和同位素的原位分析提供硬件上的支持，但这些实验室自建成以来主要还是应用于锆石铀–铅定年、锆石微量元素和铪同位素分析，服务学科以岩石学和地球化学为主，而针对矿床学研究的专门实验室依然较少，也很少有专门结合矿石矿物微量元素和同位素原位分析的需要来开发新方法和进行标样研制。

二次离子探针是目前进行微量元素和同位素微区原位分析最好的科学仪器。我国现有的二次离子探针均分布在东部地区的实验室，其中中国科学院地质与地球物理研究所和广州地球化学研究所分别拥有三台 Cameca 1280HR SIMS 和一台 Cameca Nano-SIMS，中国地质科学院北京离子探针中心拥有两台二次离子探针（SHRIMP Ⅱ 和 SHRIMP Ⅱe-MC）。中西部地区是今后我国矿产资源研究的重点区域，但迄今为止中西部地区还没有建成离子探针实验室。因此，从国家需求、科研需求、学科需求和区域发展需求考虑，以二次离子质谱仪为基础，建立中西部离子探针中心十分必要。

2.非传统同位素和金属同位素分析技术平台

近十年来，各种新型同位素分析仪器的开发利用和分析测试技术方法的改进大大拓宽了各种同位素新技术方法在矿床学的应用，主要表现在：①新一代高精度、高灵敏度、多接收表面热电离质谱仪（TIMS）和多接收电感耦合等离子体质谱仪（MC-ICP-MS）的开发和利用，使得像锂、铁、铜、锌、钼、硒、锗、镉等金属同位素的高精度测试成为可能，成为当前成矿学研究的一个重要前沿领域。在这些非传统同位素中，铁、铜、锌等过渡族金属是大多数岩浆和热液矿床中重要的矿化元素或伴生元素，矿石和岩石中这些金属元素的同位素组成可记录复杂的岩浆–热液过程，因而在矿床成因研究中具有很大的应用前景（Markl et al.，2006；Kelley et al.，2009）。例如，岩浆–热液系统的相分离（岩浆体系中的热液出溶、热液系统中的蒸汽相和卤水相分离、溶液相中某些金属硫化物的沉淀等）有可能造成过渡族金属元素同位素的显著分馏，对不同相态体系中沉淀的金属矿物进行系统的金属元素同位素分析，有可能为深入理解复杂的成矿作用过程和机理提供关键信息。②一些专门的设计拓展了传统稳定同位素的应用，如加装了专门设计的法拉第杯接收器的稳定同位素质谱仪可测量 Clumped Isotope。这些新的技术方法目前已有效地应用于示踪各类成岩成矿作用过程，为地球深部各种高温地质过程、岩浆岩岩石成因、壳幔相互作用、水岩相互作用、矿床成因等的研究提供了强有力手段，并取得了一系列令人瞩目的新发现和新认识。我国科学家近十年来在金属元素同位素分析测试和部分传统同位素的原位分析测试方面开展了大量前期工作，建立了方法流程，获得了高质量分析数据，并开始将其应用于矿床学的研究。

目前非传统同位素和金属同位素在矿床研究中的应用主要涉及以下几个方面：①示踪深部地质-成矿过程（Yao et al.，2016）。大多数热液矿床和岩浆矿床是壳幔相互作用等深部地质过程的结果，要正确理解这些矿床的成因机制、建立符合客观地质实际的成矿模式，必须系统地研究地幔部分熔融、壳幔相互作用、深部岩浆过程、岩浆流体出溶等复杂地质过程。一些非传统同位素（如氯、锂、镁）地球化学在示踪上述深部地质过程和相关成矿作用方面已显示出广阔的应用前景。②示踪成矿物质来源（Graham et al.，2004）。利用成矿金属元素（如铜、锌、镉、铁、汞、硒、锗等）本身的同位素特征来示踪成矿物质的来源和演化是目前国际矿床学研究的趋势，它可以避免传统同位素（如碳、硫、氢、氧、氮等）可能存在与成矿金属元素来源不一致而导致的示踪不确定性和多解性（Wen et al.，2016）。③示踪成矿流体演化过程（Shafiei et al.，2015）。由于很多成矿金属元素及与其有关的元素具有多价态的特征（如钼、硒、铁等），其同位素分馏主要受控于成矿作用过程中的氧化还原作用，尤以在低温过程中更为显著。因此，这些元素的同位素可以较灵敏地示踪成矿流体中元素的迁移、分配及其热液体系的物理化学条件演化。此外，硼、钙、镁等非传统同位素对成矿流体的示踪也显示了独特的效果。④为矿产勘查提供有用信息和地球化学标志（Mathur et al.，2009）。

非传统和金属同位素平台建设涉及仪器设备、方法流程和国际标样三大体系。目前我国在非传统同位素分析的仪器设备数量上已走在国际前列。就MC-ICP-MS 而言，我国固体地球科学领域现有 20～30 台各种型号的多接收器等离子质谱，为非传统同位素分析提供了坚实的平台保障。此外，多个实验室在一些非传统同位素的分析方法和化学流程等方面也取得了重要进展，已具备铁、铜、锌、硼、氯、锂、硒、钼、镉、锗等非传统同位素分析的能力。目前面临的一个困难是非传统稳定同位素参考物质的匮乏。因此，研制和筛选出一套国际公认的、涵盖不同组成的非传统同位素标准物质来监控化学预处理和质谱分析过程显得非常紧迫。

3. 单个流体（熔体）包裹体成分分析平台

流体包裹体是矿物结晶生长过程中捕获的成矿流体样品，是地质历史过程中成矿流体的"化石"，记录了成矿热液的化学组成和各种物理化学参数及其变化特点，因而流体包裹体是认识成矿流体的来源和物理化学性质，查明矿石沉淀机理的重要窗口。流体包裹体研究的常规手段包括岩相学研究、显微测温学研究、群体包裹体成分的气相色谱和液相质谱、单个包裹体气相分析和子矿物的激光拉曼分析。利用 LA-(MC-)ICP-MS 技术对单个流体（熔体）包裹体中不同相态（熔体相、溶液相、蒸汽相、子晶相）的元素地球化学组成进行系统分析是准确和深入理解成矿作用的地球化学过程和机理（如岩浆-热液转变过程中和热液相分离过程中金属元素的分配行为）及金属元素富集成矿控制因素的重要途径，也是国际矿床学领域最前沿的研究方向之一（Hammerli et al., 2013; Kodera et al., 2014）。这一分析技术不仅克服了群体包裹体成分分析中无法区分不同期次和不同相态类型包裹体的缺点，而且具有灵敏度高、检测限低、可同时分析多种元素等优点。

国际上已有多家研究机构建成了先进的单个流体包裹体成分 LA-(MC-)ICP-MS 分析实验室，并在斑岩型铜金矿床、浅成低温热液型金矿床、基鲁纳型铁矿床、卡林型金矿床、铁氧化物铜金矿床等重要矿床类型成因研究中取得了极大成功。这些研究表明，单个流体包裹体成分的 LA-(MC-) ICP-MS 分析可以深刻揭示成矿流体的组成、性质、来源、演化、金属元素的搬运形式、分配行为及沉淀机制。例如，对 Grasberg 和 Alumbrea 斑岩型铜金矿床的单个流体包裹体 LA-ICP-MS 分析结果显示，流体包裹体的 Au/Cu 值与上述矿床矿石中的 Au/Cu 值非常吻合，从而为斑岩型铜金矿床的成矿流体直接来自冷却的岩浆提供了强有力的证据（Ulrich et al., 1999）。再如，越来越多的研究显示，在岩浆流体发生不混溶的过程中，铜、金、砷等元素优先在蒸汽相中富集，钠、氯、钾、铅、锡、银、铊、锌等元素则优先在溶液相中富集，而硫在蒸汽相和溶液相中与铜的比值基本上都在 1:2 左右，证明铜、金等成矿元素主要与硫而不是与氯形成络合物迁移（Seo et al., 2009）。

我国的成矿流体研究已经取得了大量成果和重要进展，但在单个包裹体成分分析方面与国际先进水平相比还存在一定的差距。最近十几年来，我国的 LA-ICP-MS 和 LA-MC-ICP-MS 实验室如雨后春笋般不断涌现，但绝大多数实验室尚未实现对单个流体包裹体的成分分析。鉴于我国利用 LA-(MC-)ICP-MS 技术进行单个流体包裹体成分分析的硬件条件已经具备，相关实室需要建立专门的技术支撑体系和确定重点研究方向，将单个包裹体成分的原位分析作为今后的主攻方向之一，争取早日实现突破，为我国矿产资源学科的创新研究提供重要的技术支撑。可喜的是，近年来已有一些实验室认识到建立单个流体包裹体成分 LA-ICP-MS 分析实验室的重要性并已经开展相关技术和方法的开发。可以预见的是，在不远的将来，我国必将涌现若干个能独立开展单个包裹体成分分析的实验室，为矿产资源研究提供重要的技术支撑。

4. 成矿年代学研究平台

成矿年代学的研究是矿床学研究的核心内容之一，但同时又是一大难点和挑战，主要的难点在于：缺乏适宜定年的矿物，矿物与流体之间同位素体系不平衡，仪器的低灵敏度和高的实验本底，样品用量较大等。我国开展成矿年代学研究已有 40 年的历史，在同位素年代学实验室建设、同位素年代学在矿床学中的应用、成矿年代学新方法开发等方面取得了重要进展，对一些重要矿床类型的定年问题已基本解决，但另外一些矿床类型的年代学研究却进展缓慢。目前我国成矿年代学研究存在的问题主要有以下三个方面，这些方面也是我国成矿年代学平台建设需要重点考虑的内容。

（1）某些重要矿床类型的年代学研究进展缓慢。卡林型金矿床、密西西比河谷型铅锌矿床、喷流沉积铅锌矿床、表生矿床等是我国的重要矿床类型，但大多数矿床的年代学研究进展缓慢，由此制约了矿床成因、成矿模式和成矿规律的研究。

（2）某些成熟的同位素定年方法尚没有被广泛应用于矿床学的研究。例如，一方面，利用 LA-ICP-MS 进行含铀钍副矿物（锆石、斜锆石、独居石等）的铀-钍-铅定年在岩石学中已得到非常广泛和成功的应用，但在矿床学中的应用还非常有限。另一方面，虽然热液成因的含铀钍副矿物如金红石、榍石、磷灰石、铌钽矿、独居石、磷钇矿等在一些矿床类型中普遍存在，但这些矿物大多含有较高的普通铅，而且经常存在化学组成不均一、显微结构复杂等问题，对其进行精确的铀-钍-铅定年比较困难。由于 LA-ICP-MS 技术受基体效应的影响较明显，在进行矿物的铀-钍-铅同位素定年过程中，通常需要基体匹配的标准矿物才能获得准确的年龄信息。目前除锆石以外，其他含铀-钍副矿物的标准样品在各实验室都不同程度地缺乏。研制上述含铀钍副矿物的标准样品，是成矿年代学平台建设的重要内容之一。

（3）某些对矿石矿物进行直接定年的方法，因实验室本底问题或仪器灵敏度问题也没有得到广泛应用。硫化物的铼-锇定年是对矿床进行直接定年的最重要手段。目前用得最多的是辉钼矿的铼-锇定年，这是因为辉钼矿中铼的含量一般较高而初始锇的含量则很低或者不含初始锇，同时铼-锇同位素体系在辉钼矿中具有很高的封闭温度，不易受后期热事件的影响。但很多矿床类型中没有辉钼矿，因此对其他硫化物如黄铁矿、黄铜矿、斑铜矿、毒砂等进行铼-锇等时线定年，是确定这些矿床类型成矿年龄的发展方向。遗憾的是，这些硫化物中铼的含量一般较低，同时初始锇的含量可能会较高，这些因素成为铼-锇定年的挑战。国内已建立多个铼-锇同位素实验室，对某些低铼含量的黄铁矿等也进行了铼-锇定年的尝试，获得了一些可靠的年龄，但与我国矿产资源学科成矿年代学研究的需求相比还有较大的不足和发展空间。由于几乎所有矿床类型中都含有大量硫化物，因此对低铼硫化物开展铼-锇定年的专门攻关，是突破我国成矿年代学研究局限和对矿床进行直接定年的重要方向。近年来，也有学者尝试对磁铁矿、闪锌矿等矿石矿物进行铼-锇定年并取得了较好的效果。

二、成矿实验模拟和观测平台

由于地质过程和成矿作用的不可重现性，同时也由于地球化学数据的多解性，对矿床成因的一些基本问题迄今为止仍然没有得到很好的解决并存在激烈争论。例如，成矿金属元素的分配行为和迁移形式，硅酸盐岩浆中铁氧化物熔体的不混溶与矿浆成矿，铜镍硫化物矿床成矿过程中硫化物熔离的机制等。成岩成矿实验是深入了解成矿机制、重现成矿过程的重要途径。利用各种实验模拟手段恢复和重建成矿作用过程一直是国际矿床学研究的前沿和重要内容之一（Migdisov and Williams-Jones，2013）。成岩成矿实验主要有三个方面的内容：①确定各种金属元素在岩浆／热液体系中的分配系数；②对高温高压、低温高压条件下热液流体的反应过程和物理化学参数进行原位观测；③通过高温高压、低温高压实验直接模拟特定的成矿过程。

20世纪70～90年代，我国在各方面条件还很落后的情况下开展了大量高温高压实验研究，初步建成了比较系统的高温高压实验室，在实验地球化学领域取得了一系列显著成果，发表了大量研究论文并相继出版了《成岩与成矿实验》《高温高压实验地球化学》《实验地球化学》《成矿作用实验研究》等专著。这些研究通过一系列矿物溶解实验和成矿金属元素的分配实验，获得了部分成矿元素和矿化剂元素（如氯和氟）在熔体与流体之间的分配系数，确定了超临界状态下铜、钼、钨、铅、锌等成矿元素在热液流体中的迁移形式。最近20年来，我国学者开拓了高温高压流体和反应动力学研究新领域，发明了多种新的高温高压化学传感器和有高温高压窗口的反应装置，实现了高温高压条件下热液物理化学参数（流体酸度、氢浓度、硫化氢、氧化还原电位）的原位测量，为在高温高压环境中通过窗口观测流体反应并获得高温高压下反应物质的各种谱学信息和物质结构变化提供了可能，解决了在高温高压反应过程中无法进行连续原位检测等技术难题（Zhang et al.，2008）。最近，中国科学院广州地球化学研究所熊小林研究组对上地幔条件下发生部分熔融过程中铜在矿物／熔体中的分配系数进行了高温高压实验研究并取得重要成果（Liu et al.，2014）。

今后我国成岩成矿作用的实验平台建设应主要集中在以下两个方面：①建设成矿流体-岩石相互作用实验模拟与高压谱学原位观测系统，模拟不同成矿地球化学环境下金属元素在流体作用下的活化、迁移和沉淀过程，开展现代海底成矿作用的原位观察和模拟研究，基于谱学（激光拉曼、X射线同步辐射、ICP-MS等）手段确定不同物理化学条件下金属元素与其搬运载体结合而形成稳定搬运形式（金属的络合物、配合物等）的具体条件，测定不同温度、压力、pH、Eh、f_{O_2}、f_{S_2} 等地球化学条件下金属元素在流体、矿物之间的分配系数，在线原位观测金属元素在不同赋存形式之间的转化条件和转化速率。②针对具体的矿床类型和特定的成矿过程，开展不同温压条件下的成矿实验和相应的平台建设，深入揭示岩浆铜镍硫化物矿床、岩浆钒钛磁铁矿矿床、夕卡岩型铁铜矿床、铁氧化物铜金矿床、玢岩型铁矿床等重要矿床类型的成矿过程，解决一些长期存在的矿床成因争论（如是否存在铁矿浆）；对有机质在金属矿床成矿中的作用、岩浆演化过程（地壳混染、分离结晶、岩浆混合等）与成矿、流体混合与矿质沉淀、流体不混溶与金属元素迁移-富集-沉淀等重要成矿机理进行实验模拟，为更加准确和定量地刻画成矿过程、阐明矿床成因提供重要支撑。

三、矿产资源野外观测基地和矿床数据库建设

矿产资源具有不可再生性，建设矿产资源的野外观测基地实际上是为那些已被采完或即将开采完的重要矿产资源、重要矿床类型、大型超大型矿床、特殊类型矿床建立原始档案，从而为后人对这些已经消失的矿产资源开展新的研究，以及科普教育基地等提供保障。野外观测基地建设内容应主要包括以下几个方面。

（1）典型的野外路线剖面。主要是那些与成矿关系密切、包含重要控矿因素的剖面。

（2）大型矿床露天采场、探矿工程、地下采矿工程等所揭露的矿体和蚀变岩的观测剖面。

（3）地质矿产资料室和阅览室。汇聚工作区所有原始地质资料、各类地质和矿产成果资料、其他区域的相关地质矿产资料。

（4）岩心库。主要是特殊矿床类型、超大型矿床、超深钻孔的岩心和相应的编录、分析和研究结果。

（5）标本陈列室。包括各类典型岩石、矿石、蚀变岩标本。

（6）岩矿实验室。配备先进的偏光显微镜、光/薄片制作系统、岩石和矿石显微照片的打印系统等。

（7）矿床三维虚拟仿真实验室或专题视频。重点介绍矿区地理位置、矿床资源种类、储量、特色、开采和开发历史、研究历史、矿床地质特征、野外考察路线和典型露头、基地建设情况、基地功能等。

（8）学术报告厅。主要配备投影仪、音箱、电脑等设备，供学术交流和野外现场研讨会使用。

（9）网络信息化建设。建设内容应包括矿床简介（矿床位置、发现简史、矿床规模和品位）、矿床基本信息和矿床图件（区域构造略图、区域地质图、综合地质图、矿体分布图）、矿床特征简述（构造背景、地层、构造、岩浆岩、矿体、矿石、围岩蚀变、矿床成因、分析测试数据等）、矿床标本三维显示、成矿过程虚拟模拟等。

另外，全国乃至全球矿床的数据库建设也十分重要。目前我国矿产资源研究面临的一个重要难题就是很多矿床的资料信息难以获取，即使有些部门（如全国地质资料馆）集中了全国大部分矿床的信息，但获取这些信息并不容易。为此，我们呼吁加强全国矿床数据库的建设和信息共享。矿床数据库的建设内容应该包括各个阶段的矿床勘探报告、勘探图件、钻孔岩心资料、典型矿石岩石标本、矿床模式、勘探模型等。此外，还应适时启动全球矿床数据库的建设，为中国科学家走出国门开展国外矿产资源的研究提供基础资料。

四、实验和数据共享平台

实验和数据共享平台对促进科学家的合作交流及促进高水平的科学研究均具有重要意义。例如，北京离子探针中心通过离子探针远程共享控制系统的建设，实现了实时远程控制离子探针质谱计并在线获取实验数据，从而满足了多用户异地实时进行协同实验研究的需要，有效地提升了离子探针质谱计的实验研究水平和效率，实现了真正意义上的高水平开放和共享，使其成为全球有重要影响的年代学研究实验室之一，极大地促进了我国地质年代学的发展和相关重大科学问题的解决。由中国科学院地质与地球物理研究所李献华研究员负责的 SIMS 实验室，在实验平台开放共享和科学问题驱动下的实验技术开发和应用等方面也有很多有益的经验和尝试。

但总体而言，我国矿产资源领域实验平台的共享还不够。我国用于矿床研究的实验室主要分散在中国科学院三大研究所（地质与地球物理研究所、地球化学研究所、广州地球化学研究所）、中国地质科学院地质研究所和矿产资源研究所，以及几所重点大学（南京大学、中国地质大学、北京大学、中国科学技术大学等）。现阶段这些单位的实验室布局存在两个明显的问题：一是实验室的重复建设、功能趋同且单一化现象比较明显，如各单位均建设了若干个 LA-（MC）-ICP-MS 实验室，但主要用于锆石定年，而单个流体包裹体成分分析、金属矿物微量元素和同位素原位分析、热液成因副矿物铀-铅定年等方面的应用和开发则较少；二是实验室相互开放和共享不够，一些实验室开发的新方法本应可以广泛应用于矿床学的研究，但实际效果很不理想，大部分新方法的应用基本上仍局限于个别实验室，甚至有的实验室开发新方法是为了方法本身和发表论文，而在矿床学研究中的实际应用却很少见。对于许多微区原位分析技术，基体匹配的标样是必不可少的，如硫化物和氧化物的微量元素分析和各种副矿物的铀-钍-铅定年。但标样的研制是一项具有挑战性的工作，目前我国很多实验室都面临着标样匮乏的问题。因此，开展标样研制的联合攻关和推进已有标样的共享是我国矿床学研究实验平台建设的重要内容。

金属同位素和非传统同位素在矿床成因研究中显示出越来越大的潜力，但目前各个实验室的非传统同位素分析各有所长但均不系统且相互独立。因此，建设各种非传统稳定同位素质谱分析测试网络大有必要，即针对矿产资源的多样性，建立符合区域特色的质谱分析测试网络，各有分工、协同合作。例如，建设以铷、氦、氯、锂、镁等为主的分析测试网络，服务于深部地质过程和成矿作用的同位素示踪；建设以铜、锌、镉、铁、汞、硒、锗、硼为主的分析测试网络，服务于成矿物质和成矿流体来源与演化的同位素示踪；建设以新一代稳定同位素质谱仪为主的分析测试网络，服务于 Clumped isotope 等新兴起的同位素研究方法。

五、深地资源能源勘查和探测国家实验室建设

我国已经在矿产资源领域批准了三家国家重点实验室，但迄今为止国家实验室的建设尚未提到议事日程。美国等发达国家的经验表明，建设国家实验室是开展多学科交叉创新研究、产生重大原创成果、培养一流领军人才、产生经济新生长点的重要途径。例如，由 18 个研究所和研究中心组成的美国劳伦斯伯克利国家实验室研究领域涵盖地球科学、环境科学、能源科学、高能物理、计算机科学、材料科学等多个学科，过去几十年来一直推动着全美国和世界各地的技术革新（以近百项世界级的发明和创新为代表），并培养了 13 名诺贝尔奖得主。此外，该实验室有 88 位科学家当选美国国家科学院或国家工程院院士，13 位科学家获得了美国国家科学奖章（美国科研领域最高终身成就奖）。

深部矿产资源和能源的勘查和开采是我国矿产资源和能源学科必须解决的重大科学和技术问题。目前，科技部已经实施"深地资源勘查开采"重点专项，针对成矿系统深部结构与控制要素、深部矿产资源评价理论与预测、移动平台地球物理探测技术装备与覆盖区勘查示范、大深度立体探测技术装备与深部找矿示范、深部矿产资源勘查增储应用示范、深部矿产资源开采理论与技术、超深层新层系油气资源形成理论与评价技术等关键任务，开展多学科、多兵种协同攻关，预期形成 3000m 以浅矿产资源勘探成套技术能力、2000m 以浅深部矿产资源开采成套技术能力，储备一批 5000m 以深资源勘查前沿技术，将油气勘查技术能力扩展到 6500～10000m，加快"透明地球"技术体系建设，提交一批深地资源战略储备基地，支撑扩展"深地"资源空间。2016 年，党中央和国务院又发出了向地球深部进军的号令，目的是向地球深部要资源能源和发展空间。这对我国的矿产资源学科来说是十分难得的历史机遇。深地资源（金属矿产、能源、地热、地下水等）的勘查和探采不仅涉及矿产资源学科，还涉及地球物理、环境学科、工程学科、信息学科、材料学科、物理学和化学学科、生物学科等庞杂的学科体系。显然，建设深地资源能源勘查和探测国家实验室符合国家重大需求和国际重大科技前沿发展趋势。

参考文献

Graham S，Pearson N，Jackson S，et al. 2004. Tracing Cu and Fe from source to porphyry：In situ determination of Cu and Fe isotope ratios in sulfides from the Grasberg Cu-Au deposit. Chemical Geology，207L：147-169.

Hammerli J, Rusk B, Spandler C, et al. 2013. In situ quantification of Br and Cl in minerals and fluid inclusions by LA-ICPMS : A powerful tool to identify fluid sources. Chemical Geology, 337-338 : 75-87.

Hu H, Li J W, Lentz D, et al. 2014. Dissolution-repreciptation process of magnetite from the Chengchao iron deposit : Insights into ore genesis and implication for in-situ chemical analysis of magnetite. Ore Geology Reviews, 57 : 393-405.

Hu H, Lentz D, Li J W, et al. 2015. Re-equilibration processes of magnetite from iron skarn deposits. Economic Geology, 110 : 1-8.

Kelley K D, Wilkinson J J, Chapman H L, et al. 2009. Zinc isotopes in sphalerite from base metal deposits in the Red Dog district, Northern Alaska. Economic Geology, 104 : 767-773.

Kodera P, Heinrich C A, Walle M, et al.2014. Magmatic salt melt and vapor : Extreme fluids forming porphyry gold deposits in shallow subvolcanic setting. Geology, 42 : 495-498.

Large R R, Danyushevsky L, Hollit C, et al. 2009. Gold and trace element zonation in pyrite using a laser imaging technique : Implications for the timing of gold in orogenic and Carlin-style sediment-hosted deposits. Economic Geology, 104 : 635-668.

Large R R, Thomas H, Craw D, et al. 2014. Diagenetic pyrite as a source for metls in orogenic gold deposits, Otago schist, New Zealand. New Zealand Journal of Geology and Geophysics, 55 : 137-149.

Liu X C, Xiong X L, Audétat A. 2014. Partitioning of copper between olivine, orthopyroxene, clinopyroxene, spinel, garnet and silicate melts at upper mantle conditions. Geochimica et Cosmochimica Acta, 125 : 1-22.

Li W Q, Jackson S E, Pearson N J, et al. 2010. Copper isotopic zonation in the Northparkes porphyry Cu-Au deposit, SE Australia. Geochimica et Cosmochimica Acta, 74 : 4078-4096.

Markl G, Lahaye Y, Schwinn G. 2006. Copper isotopes as monitors of redox processes in hydrothermal mineraliaztion. Geochimica et Cosmochimica Acta, 70 : 4215-4228.

Mathur R, Titley S, Barra F, et al. 2009. Exploration potyential of Cu isotope fractionation in porphyry copper deposits. Journal of Geochemical Exploration, 102 : 1-6.

Migdisov A A, Williams-Jones A E. 2013. A predictive model for metal transport of silver cloride by aqueous vapor in ore-forming magmatic-hydrothermal system. Geochimica et Cosmochimca Acta, 104 : 123-135.

Migdisov A A, Bychkov A Y Williams-Jones A E, et al. 2014. A predictive model for the transport of copper by HCl-bearing water vapour in ore-forming magmatic-hydrothermal systems : Implications for copper porphyry ore formation. Geochimica et Cosmochimca Acta, 129 : 33-53.

Seo J H, Guillong M, Heinrich C A. 2009. The role of sulfur in the format ion of magmatic

hydrothermal copper-gold deposits. Earth and Planetary Science Letters，282：323-328.

Shafiei B，Shamanian G，Mathur R，et al. 2015. Mo isotope fractionation during hydrothermal evolution of porphyry Cu systems. Mineralium Deposita，（3）：281-291.

Ulrich T G，Gunther D，Heinrich C A. 1999. Gold concentrations of magmatic brines and the melt budget of porphyry copper deposits. Nature，399：676-679.

Wen H J，Zhu C W，Zhang Y X，et al. 2016. Zn/Cd ratios and cadmium isotope evidence for the classification of lead-zinc deposits. Scientific Report，6：25273.

Yao J，Mathur R，Sun W，et al. 2016. Fractionation of Cu and Mo isotopes caused by vapor-liquid partitioning，evidence from the Dahutang W-Cu-Mo ore field. Geochemistry，Geophysics，Geosystems，17：1725-1739.

Zhang R H，Zhang X T，Hu S M. 2008. The role of vapor in the transportation of tin in hydrothermal systems：Experimental and case study of the Dachang deposit，China. Journal of Volcanology and Geothermal Research，173（3-4）：313-324.

第二十二章
地球物理方法与平台

第一节 引 言

随着大陆成矿理论研究和深部找矿的迫切需求,地球物理方法在矿产资源领域的应用已经突破了传统的矿产勘查范围,广泛应用于成矿构造背景、深部过程、成矿系统三维结构探测和成矿流体活动识别等方面(Milkereit et al., 1992; Williams et al., 2004; Malehmir et al., 2009; Willman et al., 2010; Korsch and Doublier, 2016),大大提升了地球物理方法在成矿学和找矿学中的作用和地位。

地球物理方法是利用各种精密仪器观测地球(地下)介质在一次物理场(电磁、地震波等)作用下产生的二次场,通过反演获得地下物性参数分布,从而推断地下结构、物质属性的技术。目前人们对地球深部的认知程度还非常肤浅,对控制内生成矿系统(Wyborn et al., 1994; 翟裕生, 1999)"源区"的动力学过程、物理化学条件、金属物质来源及它们之间的相互作用还了解甚少,对成矿流体(岩浆)迁移的过程、成矿"末端"的结构及成矿效应的认知还有待深化,这些重大科学问题迫切需要从不同视角、不同方法开展综合研究。毋庸置疑,地球物理方法是重要的方法之一,更是成矿理论研究和深部找矿勘查不可或缺的方法技术。纵观国际成矿学和深部找矿领域的发展趋势,地球物理方法已经,并且将来还将继续在以下三个方面发挥重要作用：一是大陆成矿的构造背景及深部过程探测与研究；二是矿集区三维结构探测与成矿系统识别；三是深部矿产勘查。下面将分别阐述地球物理方法在上述三个方面研究的主要方法和进展。

第二节　大陆成矿构造背景和深部过程探测方法

矿床的形成，尤其是大型、超大型矿床的形成是巨量物质和能量聚集的结果，它们受地球不同尺度（全球、区域到微观尺度）的动力系统控制（Blewett et al.，2010）。深入理解一个矿床的形成过程，需要从成矿系统概念出发，从成矿系统的"源区"到"末端"全过程了解控制成矿的深部结构、动力学、物理化学条件等全部要素。地壳及岩石圈结构与物质组成是地球动力学演化过程的"档案馆"，记录着成矿系统形成和演化过程留下的各种"痕迹"（footprint）和信息（Hawkesworth et al.，2013）。这些信息以各种地球物理的特性保留在地壳中，如密度、磁性、速度和电性异常，以及这些参数的各向异性结构变化等，这些特性具有一定的空间尺度，可以通过各种地球物理方法进行探测。常用的探测方法包括宽频带地震学方法、深反射和宽角反射/折射方法、长周期大地电磁方法等。

一、宽频带地震学方法

宽频带地震学是固体地球物理学的主要内容之一，它使用地震仪记录发生在地球任何部位的天然地震事件（地震波），通过对地球内部传播的各种地震波的分析和反演，获得地球内部的结构、物质分布、各向异性和不均匀性等信息，从而达到认识地球内部结构、动力变形和物质性质的目的。

1. 层析成像技术与深部结构

层析成像（tomography）源于希腊语，本意为断面或切片，最先应用于医学CT技术，20世纪80年代，这一技术开始应用于地球物理学领域。地震层析成像是利用大量天然震源（或人工震源）产生地震波的走时信息，研究地下三维速度结构或地球衰减结构的一种技术（Zhao，2001）。在过去的40余年时间里，地震层析成像得到了长足的发展和广泛的应用，并成为了解地球内部结构和地球动力学的主要方法。根据所用的地震数据不同，地震层析成像可分为体波层析成像、噪声成像和面波层析成像。体波层析成像又可根据震源是否在研究区域内分为远震层析成像和近震层析成像。由于体波波长较短，它具有较高的空间分辨率，可以应用于局部、区域甚至全球尺度的结构研究。背景噪声成像通过对两个台站长时间的地震噪声记录进行互相关计算以提取台站间的格林函数，获取面波频散特征，并进一步通过层析成像获得地球内部的速度结构（Shapiro and Campillo，2004；Shapiro et al.，2005）。噪声成像是一种快速发展的新技术，已经应用于地壳结构，地震、火山、活动断层监测和城市地质研究等方面（徐义贤和罗银河，2015）。

国内开展宽频地震探测起始于20世纪90年代，先后有中美合作、中法合作青藏高原天然地震探测项目。随后国内很多单位都购买了一定数量的数字地震仪，在我国大陆很多重要构造单元，如青藏高原、华南、华北等地区，围绕基础地质问题开展了剖面和阵列式探测观测研究，取得了一批重要成果（Ai et al.，2007；Yao et al.，2008；Huang et al.，2010）。在成矿的深部过程、成矿系统的结构研究方面，一些专家在长江中下游成矿带开展了三维探测研究（Jiang et al.，2013；江国明等，2014；Ouyang et al.，2014），获得了岩石圈深部速度结构（图22.1），发现了对应成矿带上地幔顶部的低速层，指示可能存在的软流圈上隆过程。可以预见，在未来的成矿理论研究中，宽频地震层析成像将在揭示成矿系统深部过程研究中发挥更大的作用。

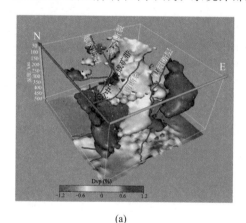
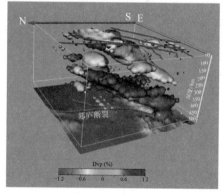

(a)   (b)

图 22.1　长江中下游 P 波速度异常等面透视图

资料来源：江国明等，2014

2. 接收函数成像与地球深部界面

天然地震接收函数成像是利用天然地震信号穿过地下界面所产生的转换波来对地下介质结构进行成像的一种方法，可以给出与垂直反射地震剖面一样直观的地下介质结构图像，具有探测深度大、成本低、对地表观测条件要求低等优点，但分辨率远远不如深反射地震。天然地震接收函数（RF）成像方法根据所采用转换波的性质不同，可以进一步分为 P 波接收函数（PRF）成像和 S 波接收函数（SRF）成像，前者采用的是 P 波入射到界面上发生转换所产生的 S 波（PS 转换波），后者利用的是 S 波入射到界面上转换形成的 P 波（SP 转换波）。接收函数是探测地壳 Moho 面、软流圈和岩石圈界面（LAB）及地壳内部界面结构的主要方法之一，对理解成矿深部过程具有重要的价值。长江中下游成矿带的接收函数揭示出软流圈"鼻状"隆起（史大年等，2012；Shi et al.，2013），为认识成矿带的深部过程提供重要依据。

3. 横波分裂技术与上地幔变形

与光波双折射现象十分相似，地震横波（又称剪切波或 S 波）经过各向异性介质时会产生横波分裂现象。根据三分量远震记录可以计算地震波传播路径上的地震各向异性的强度和方向，从而推测地壳和上地幔所经历的变形和动力学过程。测量横波分裂参数通常使用 SKS（或 SKKS 等）震相。SKS 震相以 S 波方式离开震源，经过核幔界面转换成 P 波，以 P 波方式穿过液态外核后，又在核幔界面从 P 波转换成 S 波，最后以 S 波方式入射到接收台站。当地幔中存在各向异性介质层时，S 波将分解为偏振方向互相垂直的快波和慢波，快、慢波的时差与各向异性层厚度成正比，快波偏振方向平行于速度各向异性长轴方向，指示各向异性介质变形流动方向。目前，国际上使用网格搜索法和互相关函数法计算上地幔各向异性参数（Vinnik et al.，1989；Silver and Savage，1994）。国内学者在很多造山带和成矿带都获得了上地幔变形参数，如长江中下游成矿带具有显著的各向异性"三明治"结构，即成矿带上地幔存在明显的北东向变形流动，而华北和扬子上地幔仍以北西变形为主，指示成矿带上地幔异常的变形流动过程（Shi et al.，2013）。

二、深反射和宽角反射 / 折射方法

1. 深反射地震技术与地壳精细结构

20 世纪 70 年代美国首先将地震反射技术用于地壳精细结构的探测研究（称为深地震反射），启动了 COCORP 计划，取得了令人瞩目的成果。随后在世界范围内掀起了大陆深地震反射研究大陆地壳结构的热潮，各国纷纷实施了大陆深地震反射探测计划。例如，英国的 BIRPS、德国的 DEKORP、法国的 ECORS 等计划（Brown，2013）。很多矿业大国将此方法用于研究重要成矿带的深部结构，如加拿大的 LITHOPROB、澳大利亚的 AGSO 等，把重要

成矿带和矿集区深部结构探测和成矿学研究密切结合，探索大型矿集区和巨型矿床形成的深部控制因素。澳大利亚 4D 地球动力学计划在古老的伊尔冈克拉通的金、镍矿集区进行了反射地震探测，发现穿过地壳的巨型断裂系统控制了金成矿系统的形成和演化（Drummond et al.，2000）。有学者在长江中下游的深地震反射剖面发现"鳄鱼嘴"构造，揭示陆内俯冲是成矿带深部壳幔相互作用的重要方式（图 22.2）（Lü et al.，2015）。目前，深反射方法是探测地壳、上地幔结构和解决深部地质问题的最有效的技术手段，被地学界公认为是分辨率最高的探测技术，在新一轮的国家重点研发计划"深地资源勘查开采"中，在重要成矿带部署了多条深地震反射剖面探测，相信这些探测必将提高对我国大陆成矿、控矿深部过程的认知。

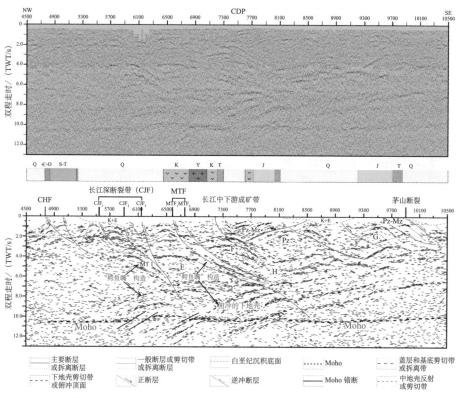

图 22.2　穿过长江中下游的深地震反射偏移剖面及地质解释图

2. 广角反射／折射地震技术与地壳速度结构

人工源广角反射／折射地震测深是一种利用人工布置地震台阵接收人工激发的地震波，研究地震波传播过程中的运动学和动力学特征，了解地壳内部的物性、结构等的地球物理方法。该方法主要利用折射波信息进行速度成像，20 世纪 90 年代后，开始利用反射和转换波信息。该方法一般与反射地震同时进行采集，可以解决反射地震不能解决的近垂直构造、地壳不均匀性等。与深反射地震剖面联合解释，既可以了解地壳的结构与变形，又能了解地壳的物质分布和不均匀性。

三、长周期大地电磁方法

大地电磁（MT）方法是以天然电磁场为场源来研究地球内部电性结构的一种重要的地球物理手段，其依据不同频率的电磁波在导体中具有不同趋肤深度的原理，在地表测量由高频至低频的地球电磁响应序列，经过相关的数据处理和分析来获得地下由浅至深的电性结构。自 20 世纪 50 年代初苏联学者 Tikhonov（1950）和法国学者 Cagniard（1953）提出大地电磁测深法以来，该方法以场源能量强、频带宽、勘探深度大、仪器轻便、不受高阻屏蔽影响、对低阻分辨率高等优势，倍受地球物理学家关注。与此同时，由于天然电磁场分布在很宽的频率范围，为 0.0001～10kHz，甚至更宽，因此天然场源的大地电磁法可以研究近地表至数十千米甚至数百千米的电性结构，是研究成矿系统结构、成矿系统空间范围的重要方法。穿过澳大利亚奥林匹克坝矿床（铁氧化物铜金型）的大地电磁和反射地震剖面，揭示地壳深部一直到矿体的巨大"低阻"通道和"透明"反射特征，揭示出巨型成矿系统流体活动从深到浅的"痕迹"（Heinson et al.，2006；Witherly，2014）；跨过冈底斯大地电磁剖面解释中地壳巨大的"低阻"异常，指示可能存在的深部岩浆囊及流体活动（Wei et al.，2001）。

第二节　矿集区三维结构探测与成矿系统识别

矿床的分布是不均匀的，往往成群集中分布在某一特定区域，称为矿集区（ore district）。矿集区形成的一级控制因素与深部岩浆动力学过程有密切关系，二级控制因素则主要取决于地壳结构，尤其是上地壳断裂或剪切带网络的空间分布。很多大型矿床都沿着地壳断裂（或剪切带）两侧分布，说明断裂系统是成矿流体活动的重要通道，在成矿系统中扮演着十分重要的汇聚流体和迁移流体的作用（Oliver，2001）。矿集区一般对应成矿系统的末端，精细探测其三维结构对理解矿床形成过程、建立成矿模型和深部找矿具有重要的意义。近 20 年来，以矿集区三维结构为核心的综合探测和建模技术得到迅速发展，并通过大型矿集区的探测，对成矿系统及找矿有了新认识和新发现。例如，在澳大利亚西南部伊尔冈（Yilgarn）克拉通的卡尔吉利（Kalgoorlie）矿集区，Drummond 和 Goleby（1993）发现强反射的 Bardoc-Boorara 断裂与世界级的 Au 矿成因关系密切;在东北部的 Mount Isa 矿集区,Drummond 等（1998,2000）发现莱卡特河（Leichhardt-River）断裂带强反射与世界级 Pb-Zn 矿床形成时的流体循环有关。加拿大萨德伯里矿集区深部结构的探测不仅改变了对矿集区形成演化的动力学认识，还指出了深部找矿方向（Milkereit，1992）。北欧瑞典的斯科勒费特（Skellefte）矿集区，反射地震揭示出含矿的斯科勒费特火山岩与基底、侵入体和变质沉积岩在空间上的关系，对预测深部矿体提供了重要信息（图 22.3）（Malehmir et al.，2007）。

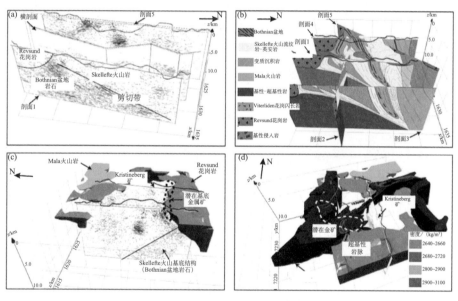

图 22.3　瑞典 Kristineberg 矿区 3D 地质解释及地质模型

资料来源：Malehmir et al.，2007

一、矿集区三维结构综合探测技术

地球物理探测和反演具有多解性特征，为了降低地质解释的多解性，一般采用多种方法综合探测、相互约束或联合反演解释。以获得矿集区三维结构为目标的探测方法主要包括：高分辨率反射地震、大地电磁和区域重磁技术。高分辨率是借鉴石油勘探的概念，是指野外数据采集采用高密度炮距、检波距和高频激发。高分辨率反射地震以探测矿集区深部结构框架为主，主要针对矿集区5～10km深度层次的探测，结合其他地球物理探测数据，建立矿集区三维结构模型，阐明地层与基底、主要断裂及与侵入体之间的空间关系，研究构造、地层对成矿系统"末端"的控制作用。目前，高分辨率反射地震技术主要用于追踪地表浅部的控矿构造向深部的延伸，从而发现深部矿体；或用于矿集区结构框架的探测，结合钻孔资料、重磁数据等，建立矿集区三维地质模型，为深部成矿预测提供基础地质认知。

尽管大地电磁方法已经凭借其优势被广泛应用于矿产资源勘查、油气普查、地壳及岩石圈深部结构探测等领域，但矿集区由于工业、人文活动频繁，电磁干扰较为严重，在矿集区开展大地电磁探测工作，除按照常规大地电磁处理技术进行处理外，还必须进行强干扰噪声的压制及去除。目前虽然采用远参考、时频去噪等技术，但处理结果仍不理想。重磁测量技术是最经济、高效、干扰相对较小的探测技术，大比例尺、高精度重磁数据包含丰富的地下结构、物质信息。传统上多利用重磁数据进行区域构造定性解释、圈定岩体等；国内外利用重磁数据在三维岩性填图、蚀变带和成矿系统识别等方面做了大量的研究工作（Bosch et al.，2001；Williams，2008），为研究成矿系统末端的地球物理标志奠定了基础。

二、重磁三维反演与岩性识别技术

探测和了解矿集区三维结构对理解成矿系统"末端"的成矿效应极为重要。目前以地球物理数据反演为基础的三维填图（建模）技术主要有两类：一类是基于广义反演的岩性识别（填图）技术（Bosch et al.，2001）；另一类是基于离散反演的三维地质建模（填图）技术（Lü et al.，2013）。前一种技术的基本流程是：首先利用高精度重磁数据进行密度和磁化率的三维反演，然后建立密度和磁化率与岩性的统计关系，最后利用自动识别技术，提取岩性信息并进行三维显示。后一种技术的基本流程是：首先利用建模区已知钻孔、地质信息，构建覆盖全区的二维剖面地质模型，并对每个模型赋予相应的物性值。然后逐条剖面修改模型，使模型物理场与观测场基本吻合。待完成所有剖面的模拟后，将剖面拼贴在一起计算三维正演场，并与实测值进行对比，若差别较大，则重新对二维剖面进行修改，直到取得较好的拟合结果。最后进行三维可视化显示，并开展相关的深部成矿潜力分析。两种技术方案各有优缺点，前者效率较高，而且可以从岩性识别应用到蚀变带的识别；后者的优势是可以充分利用专家的知识和已知地质信息，获得的结果更加直观，易被地质学家接受。两种技术方案都有很多成功的应用。Williams 和 Dipple（2007）以先验地质信息为参考模型，进行三维物性反演，获得了密度和磁化率三维模型，结合钻孔资料，探索了矿化蚀变填图方法，将该方法发展到流体蚀变矿物填图中，在澳大利亚科巴（Cobar）矿区根据蚀变与密度、磁化率的关系，成功地刻画了黄铁矿化、硅化、绢英岩化等与斑岩铜矿关系密切蚀变带三维分布特征。

总之，随着航空地球物理技术的飞速发展，海量、高精度、高密度重、磁、电总场及梯度数据的采集更加便捷，岩性识别和填图技术将是未来深部找矿和成矿系统研究的重要手段。

第三节 深部矿产资源勘查技术

矿产勘查离不开地球物理方法。近百年的勘查历史证明，每一次技术的进步都带来一大批矿床的发现。例如，激发极化法的建立，促使一大批浸染状矿床的发现；共中心点叠加方法的创建，奠定了石油地震勘探的理论基础，为人类社会发展做出了巨大贡献。传统的地球物理方法很多，都可以用于深部矿产勘查。按照观测平面的位置可以分为三类：①航空地球物理方法，包括航空重力（梯度）、航空磁法、时间域／频率域电磁法、航空放射性方法等。②地面地球物理方法，包括重力法、磁法、直流电法、电磁法（MT、CSAMT、TDEM、FDEM）、反射地震法等。③井中及井地地球物理方法，主要包括井中重力、磁法、充电法、激电法、井地瞬变电磁法、井间（井地）电磁与声波成像等。

在过去的 20 年，矿产勘查地球物理方法在硬件技术和反演解释技术方面取得了飞速发展，在资源勘查深度、效率和分辨率方面取得重大进展。航空重力梯度达到实用化程度，综合精度可以达到甚至小于 10 E（$1 \times 10^{-9}/s^2$），可以直接发现中小型矿床；时间域吊舱式航空电磁法、被动源航空电磁法和无人机航磁技术已经成熟，广泛用于矿产勘查；金属矿地震技术得到快速发展，不仅在矿集区构造格架探测方面发挥重要作用，而且在直接追踪含矿、控矿构造，以及直接发现矿体方面也取得重要进展；分布式无缆三维直流激电系统研制成功，真正使电法测量从二维走向三维，在多个金属矿区取得很好的探测效果（Bournas and Thomson，2013）（图 22.4）。加拿大 Quantec 公司还研制了分布式混场源电磁探测技术（DCIP+MT），它除了采用分布式三维测量外，还将直流（DCIP）和大地电磁信号同时采集、联合反演，不仅提高了探测的分辨率，还极大地提高了探测深度。

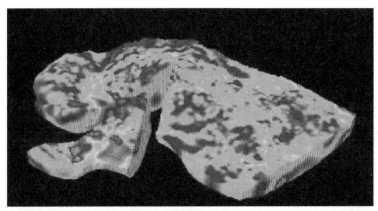

(a) 三维极化率模型

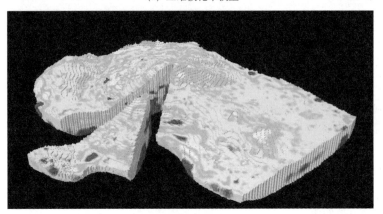

(b) 三维电阻率模型

图 22.4　智利 Santa 斑岩铜矿三维极化率模型和三维电阻率模型

资料来源：Bournas and Thomson，2013

在勘查地球物理数据处理技术方面，有限差分、有限元、边界元、混合元等数值方法不断应用于正演计算，广义逆及改进的广义逆方法、模拟退火法、遗传算法、随机搜索、神经元网络等各种线性、非线性方法提高了反演成像的分辨率和可靠性，模型也由简单的层状介质向二维、2.5 维、三维和带地形的任意三维模型方向发展。在电磁噪声消除、静态效应校正、场源效应等数据预处理等方面取得重要进展；重磁方法在多类型数据联合反演、边缘检测技术方面进展迅速。

在矿产勘查的应用方面，地球物理方法在解决成矿与找矿领域的应用范围不断扩大，围绕成矿系统的模型，地球物理方法从过去的矿床勘查，逐渐扩展到成矿"流体库"、流体迁移通道，以及成矿过程留下的各种"痕迹"的探测，扩大了探测的空间范围和目标。

第四节　地球物理方法的发展与展望

一、发展目标

围绕大幅度提高资源勘查的速度、深度、精度和解决复杂地质问题能力的总体目标，通过自主创新和引进相结合，研发航空地球物理探测技术、分布式多功能电磁系统等一批勘探地球物理装备，大幅度降低对外依赖程度；突破高灵敏度电磁传感器、重力、磁力传感器等一批核心技术；形成山区、沙漠戈壁等复杂地区深部找矿技术装备和难进入地区高效航空地球物理勘查技术系列，显著增强资源勘查的效率和效果，快速增加一批资源储量，保障国家资源安全。

二、方法技术发展方向

（1）突出加强勘探地球物理设备研发。研制航空重力及重力梯度测量系统、吊舱式直升机时间域航空电磁系统、分布式多功能电磁探测系统等一批关键设备，形成具有一定竞争力、稳定、可靠的矿产勘查仪器设备系列，降低对国外设备的依赖程度。

（2）追踪国际地球物理技术发展前沿。攻克一批核心技术的制造原理，如航空重力梯度，张量传感器，高灵敏度、宽频感应式电磁传感器，基于SQUID（超导量子干涉）技术的磁场传感器，铯（钾）光泵磁场测量传感器，MEMS 检波器等，实现与国际前沿技术"跟跑"到"领跑"的跨越。

（3）发展复杂地质条件下提高地球物理反演（成像）精度的新方法、新技术。重点是复杂地形电磁二维、三维正反演及参数提取技术，DCIP 和 MT 联合反演新技术，重磁三维自动、交互约束反演技术，井中／井-地电磁成像技术等，提高勘探地球物理解决复杂地质条件资源、能源勘查能力。

（4）加强地球物理软件平台的集成和研发。形成一批地球物理综合软件系统，如重、磁、电数据处理解释集成软件系统，提高地球物理数据解释的可靠性和可视性。

三、与成矿和找矿学学科交叉研究方向

（1）大陆重要成矿区带岩石圈三维结构探测与战略新区预测。其包括地壳及岩石圈三维结构探测与成矿系统结构及控制规律研究，骨干剖面的深反射地震精细成像与地壳结构研究，中大比例尺地球物理、地球化学探测与遥感示矿信息获取与战略新区预测等。

（2）重要矿集区深部结构"透明化"探测与成矿系统识别技术。其包括矿集区骨干剖面探测与三维地质-地球物理建模研究；成矿系统三维结构、流体蚀变的地球化学、地球物理识别标志研究，深部成矿预测方法、技术研究等。

（3）成矿系统"末端"成矿效应与大型矿田深部勘查技术。其包括成矿系统"末端"成矿效应研究（构造配置、蚀变矿化规律）等；基于成矿系统的大比例尺勘查模型研究等。

（4）覆盖区"穿透性"探测技术与深部勘查模型。其包括覆盖层（风化层）地质成因、物质组成、物性和地球化学性质研究，覆盖区元素、同位素"穿透性"地球化学探测技术（包括水、土壤、地气、植物），以及基于低空移动平台（无人机等）的航空地球物理快速勘查技术研究等。

参考文献

江国明，张贵宾，吕庆田，等. 2014. 长江中下游地区成矿深部动力学机制：远震层析成像证据. 岩石学报，30（4）：907-917.

史大年，吕庆田，徐文艺，等. 2012. 长江中下游成矿带及邻区地壳结构——MASH 成矿过程的 P 波接收函数成像证据. 地质学报，86（3）：389-399.

徐义贤，罗银河. 2015. 噪声地震学方法及其应用. 地球物理学报，58（8）：2618-2636.

翟裕生. 1999. 论成矿系统. 地学前缘，6（1）：13-27.

Ai Y S, Chen Q F, Zeng F, et al. 2007. The crust and upper mantle structure beneath southeastern China. Earth and Planetary Science Letters, 260：549-563.

Blewett R S, Henson P A, Roy I G, et al. 2010. Scale-integrated architecture of a world-class gold mineral system：The Archaean eastern Yilgarn Craton, Western Australia. Precambrian Research, 183：230-250.

Bosch M, Guillen A, Ledru P. 2001. Lithologic tomography：An application to geophysical data from the Cadomian belt of northern Brittany, France. Tectonophysics, 331：197-227.

Bournas N, Thomson D. 2013. Delineation of a Porphyry Copper-Gold system using ORION 3D DCIP- MT and CSAMT surveys-Case history, the Santa Cecilia Deposit, Chile, Abstract, KEGS-PDAC Symposium, Toronto.

Brown L D. 2013. From layer cake to complexity : 50 years of geophysical investigations of the Earth // Bickford M E. The Web of Geological Sciences : Advances, Impacts, and Interactions. New York : Geological Society of America Special Paper.

Cagniard L. 1953. Basic theory of the magnetotelluric method of geophysical prospecting. Geophysics, 18 (3): 605-635.

Drummond B J, Goleby B R. 1993. Seismic reflection images of major ore-controlling structure in the Eastern Goldfields, Western Australia. Explore Geophysics, 24 : 473-478.

Drummond B J, Goleby B R, Goncharov A G, et al. 1998. Crustal-scale structures in the Proterozoic Mount Isa inlier of north Australia : Their seismic response and influence on mineralisation. Tectonophysics, 288 : 43-56.

Drummond B J, Goleby B.R. Owen A J, et al. 2000. Seismic reflection imaging of mineral systems : Three case histories. Geophysics, 65 (6): 1852-1861.

Hawkesworth C, Cawood P, Dhuime B. 2013. Continental growth and the crustal record. Tectonophysics, 609 : 651-660.

Heinson G S, Direen N G, Gill R M. 2006. Magnetotelluric evidence for a deep-crustal mineralizing system beneath the Olympic Dam iron oxide copper-gold deposit, South Australia. Geology, 34 : 573-576.

Huang Z C, Wang L S, Zhao D P, et al. 2010. Upper mantle structure and dynamics beneath Southeast China. Physics of the Earth and Planetary Interiors, 182 : 161-169.

Jiang G M, Zhang G B, Lü Q T, et al. 2013. 3-D velocity model beneath the Middle-Lower Yangtze River and its implication to the deep geodynamics. Tectonophysics, 606 : 36-48.

Korsch R J, Doublier M P. 2016. Major crustal boundaries of Australia, and their significance in mineral system targeting. Ore Geology Reviews, 76 : 211-228.

Lü Q T, Yan J Y, Shi D N, et al. 2013. Reflection seismic imaging of the Lujiang-Zongyang volcanic area : An insight into the crustal structure and geodynamics of an ore district. Tectonophysics, 606 : 60-77.

Lü Q T, Shi D N, Liu Z D, et al. 2015. Crustal structure and geodynamic of the Middle and Lower reaches of Yangtze metallogenic belt and neighboring areas : Insights from deep seismic reflection profiling. Journal of Asian Earth Science, 114 : 704-716.

Malehmir A, Tryggvason A, Lickorish H, et al. 2007. Regional structural profiles in the western part of the Palaeoproterozoic Skellefte ore district, northern Sweden. Precambrian Research, 159 : 1-18.

Malehmir A H, Thunehed, Tryggvason A. 2009. The paleoproterozoic Kristineberg mining area, northern Sweden : Results from integrated 3D geophysical and geologic modeling, and implication for targeting ore deposits. Geophysics, 74 : B9-B22.

Milkereit B, Green A, Sudbury Working Group. 1992. Deep geometry of the Sudbury structure from seismic reflection profiling. Geology, 20 : 807-811.

Oliver N H S. 2001. Linking of regional and local hydrothermal systems in the mid-crust by shearing and faulting. Tectonophysics, 335 : 147-161.

Ouyang L B, Li H Y, Lü Q T, et al. 2014. Crustal and uppermost mantle velocity structure and its relationship to the formation of ore districts in the Middle-Lower Yangtze River region. Earth and Planetary Science Letters, 408 : 378-389.

Shapiro N M, Campillo M. 2004. Emergence of Broadband Rayleigh waves from correlations of the ambient seismic noise. Geophysical Research Letters, 31 : L07614.

Shapiro N M, Campillo M, Stehly L, et al. 2005. High-resolution surface-wave tomography from ambient seismic noise. Science, 307 (5715): 1615-1618.

Shi D N, Lü QT, Xu W Y, et al. 2013. Crustal structure beneath the middle-lower Yangtze metallogenic belt in East China : Constraints from passive source seismic experiment on the Mesozoic intra-continental mineralization. Tectonophysics, 606 : 48-60.

Silver P G, Savage M K. 1994. The interpretation of shear-wave splitting parameters in the presence of two anisotropic layers. Geophysical Journal International, 119 : 949-963.

Tikhonov A N. 1950. On determining electrical characteristics of the deep layers of the earth's crust. Deki Akud Nuck, 73 : 295-297.

Vinnik L P, Farra V, Romanowicz B, et al. 1989. Azimuthal anisotropy in the earth from observation of SKS at GEOSCOPE and NARS broadband stations. Bulletin of the Seismologic Society of America, 79 : 1542-1558.

Wei W B, Unsworth M, Jones A G. 2001. Detection of widespread fluids in the Tibetan Crust by Magnetelluric Studies. Sciences, 292 (5517): 716-719.

Williams N C. 2008. Geologically-constrained UBC-GIF gravity and magnetic inversions with examples from the Agnew-Wiluna greenstone belt, Western Australia. PhD Thesis, The University of British Columbia.

Williams N C, Dipple G M. 2007. Mapping subsurface alteration using gravity and magnetic inversion models. Proceedings of the Fifth Decennial International Conference on Mineral Exploration : 461-472.

Williams N C, Lane R, Lyons P. 2004. Regional constrained 3D inversion of potential field data from the Olympic Cu-Au province, south Australia. Preview, 109 : 30-33.

Willman C E, Korsch R J, Moore D H, et al. 2010. Crustal-scale fluid pathways and source rocks in the Victorian Gold Province, Australia : Insights from deep seismic reflection profiles. Economic Geology, 105 : 895-915.

Witherly K. 2014. Geophysical expressions of Ore systems—Our current understanding. Society of Economic Geologists, Special Publication, 18 : 177-208.

Wyborn L A I, Heinrich C A, Jaques, A L. 1994. Australian Proterozoic mineral system : Essential ingredients and mappable criteria Australian. Institute of Mining and Metallurgy Annual Conference, Melbourne, Proceedings, 109-115

Yao H, Beghein C, van der Hilst R D. 2008. Surface-wave array tomography in SE Tibet from ambient seismic noise and two-station analysis - II Crustal and upper-mantle structure Geophysical. Journal International, 173 (1), 205-219.

Zhao D. 2001. New advances of seismic tomography and its applications to subduction zones and earthquake fault zones : A reviews. The Island Arc, 10 : 68-84.

第二十三章
地球化学勘查与实验平台建设

第一节 引 言

勘查地球化学历经 80 余年的发展历程，从诞生初期研究手标本化学成分，到研究矿床尺度原生晕，再到研究化学元素的区域分布，对矿产勘查发挥了巨大作用，推动了世界三次大规模批量矿床发现。进入 2000 年以后，勘查地球化学一方面向更微观尺度发展，开始了纳米尺度和分子水平地球化学研究，为精确认识元素迁移机理提供实证；另一方面向更宏观发展，开展全球尺度化学元素空间分布研究，为全球成矿物质背景和全球环境变化提供依据。发展了系列覆盖区穿透性地球化学勘查技术，显著提高了对覆盖区和深部矿产地球化学探测能力。我国陆续实施了一系列地球化学调查计划，解决了不同景观区的采样技术、实验室多元素高精度快速测试技术，完成 1:20 万或 1:25 万比例尺区域化探全国扫面面积 700 万 km^2，发现 2500 余处矿床，其中发现金矿近 1000 处。

第二节　地球化学勘查的主要进展

一、地球化学勘查理论研究进展

1. 地球化学异常模型从推测到实证

地球化学勘查的理论是基于成矿物质在成矿过程中，在围岩中留下原生分散晕或在成矿以后经过次生分散过程在四周土壤，水系沉积物，水、植物及气体中形成次生分散晕，并根据这些元素分散模式去追踪和发现矿床。原生地球化学异常的理论解释是成矿过程中化学元素随着岩浆结晶或热液沿通道、构造和裂隙运动所析出的成矿元素，以及伴生元素在围岩留下的模式。原生晕的组分分带和原生晕的几何形态都是建立在这一模式基础上的，这一模式为利用原生晕分带寻找盲矿奠定了理论基础。但这些迁移模型的缺陷是无法解释成矿后元素的迁移，即矿床被后来岩石或运积物所覆盖，元素是如何穿透上方岩石或土壤盖层到达地表。针对这一问题，相继提出离子扩散模型、地下水迁移模型、电化学迁移模型、蒸发迁移模型、毛细管作用、生物迁移模型、地气流迁移模式、地震泵迁移模型和多营力接力传递模式等。这些模型存在两个问题，一是基于对驱动力的认识，而缺少对成矿元素本身在被搬运过程中行为的认识；二是对某些惰性元素，如金等在自然界呈单质金属存在，又不易溶解，无法用离子扩散迁移、地下水循环溶解、电化学迁移、蒸发迁移等传统模型进行解释。近年的最大进展是直接观测到纳米铜、金金属晶体微粒，即纳米金属晶体，纳米金属晶体只有在一定的温度和压力下才能形成，故地表异常中观测到的纳米金属晶体一定来自于深部隐伏矿，为纳米微粒穿透围岩形成地球化学异常提供直接观测证据。

图 23.1（a）～（c）分别是河南周庵隐伏铜镍矿地气流、土壤和矿石中观测到的纳米铜或铜合金晶体。含矿岩体埋藏较深，其顶界距地表 400m 左右。图 23.2 是新疆金窝子 210 金矿地表被 14m 厚的风成沙覆盖，在地表地气中发现的纳米晶体金，表明纳米金属可以穿透上覆岩石孔隙或土壤孔隙到达地表。

2. 大规模多层套合地球化学模式

上述地球化学异常成因理论，很好地解释了局部地球化学异常的成因。但对大规模区域甚至全球地球化学模式的成因却没有给出解释。从 20 世纪 80 年代开始，随着一些大规模地球化学填图或调查计划的实施，发现更为宽广的区域甚至洲际尺度地球化学模式。这些地球化学模式的共同特点是具有

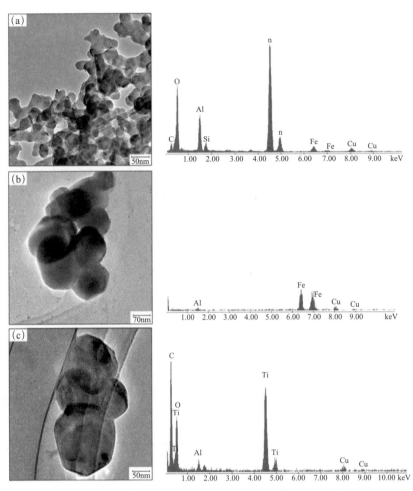

图 23.1　河南周庵隐伏铜镍矿上方地气流（a）、土壤（b）和矿石（c）中
铜-钛六边形纳米晶体颗粒

多层套合结构，即多层套合地球化学模式谱系。该谱系是指一系列由高到低
多层套合异常组成的地球化学分布模式，局部异常被区域异常所包裹，而区
域异常又依次被更大规模的地球化学省所包裹。这种具有多层套合地球化学
模式是次生地球化学模式叠加的结果。多层套合地球化学模式的形成是由高
背景岩石、成矿作用和矿床风化产生元素次生分散相互叠加的结果。高背景
岩石提供了成矿元素的初始物源，成矿过程使元素进一步活化和富集，矿床
风化产生元素的点源分散进一步形成叠加异常浓集中心，最后形成了具有多
层套合的地球化学异常。大规模多层套合地球化学异常理论已经成为地球化
学填图和研究全球尺度地球化学模式的理论基础。

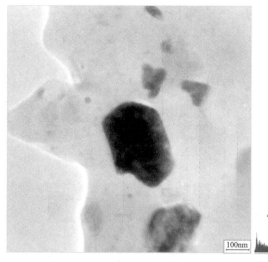
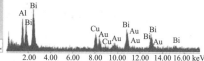

图 23.2　新疆金窝子 210 金矿上方地气中金-铜-铋纳米晶体微粒

二、地球化学填图计划实施取得突出找矿效果

勘查地球化学自 20 世纪 30 年代诞生以来，大规模区域或国家地球化学调查计划的实施，为全球矿产发现做出了决定性的贡献，其中最具有代表性的是三次大规模计划带动三次全球大规模矿床发现高潮：一是从 20 世纪 30 年代一直延续到 70 年代的苏联金属量测量计划导致一批斑岩铜矿的发现；二是 20 世纪 70 年代美国和加拿大铀资源调查计划导致许多铀矿产地的发现；三是自 20 世纪 80 年代一直延续至今的区域化探全国扫面计划的实施，导致近千处金矿的发现。

自 1978 年开始，工业化高速发展对矿产资源需求强烈。我国实施了以找矿为目的的区域化探全国扫面计划。截止到 2015 年，完成了 1∶20 万或 1∶25 万比例尺调查面积 700 万 km²，完全覆盖我国山区和丘陵地带，采集样品 600 余万件，获取了海量的地球化学数据，编制完成了 39 种化学元素含量分布图，圈定了找矿靶区，共发现各类矿床 2570 处（表 23.1），其中有色金属矿 1063 处、贵金属矿 999 处（图 23.3）、黑色金属矿 31 处、能源矿产 25 处、其他矿产 452 处。特别是新发现的 900 余处金矿床有一批大型超大型金矿，如贵州烂泥沟、泥堡和水银洞等特大型金矿，甘肃大水和枣子沟等特大型金矿，新疆阿希和康古尔塔格等大型金矿，四川刷经寺和梭罗沟等特大型金矿，河南上宫等大型金矿。探明总金资源储量 4000 余吨，约占全国已探明

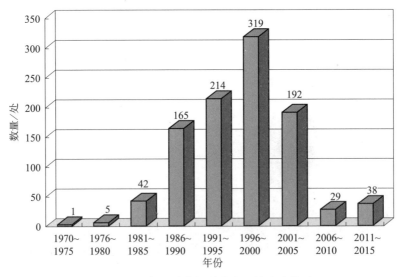

图 23.3 根据区域化探异常发现的金矿数目

的黄金资源量 9000 余吨的一半，为中国成为世界上第一产金大国做出了突出贡献。中国之所以取得如此好的找矿效果，是由于区域化探全国扫面计划实施过程中除了解决不同景观的采样方法问题以外，还解决了两项科技难题：一是解决了低痕量金分析技术难题，发明了活性炭预富积光谱分析和原子吸收分析技术，使金的检出限降到 0.1 ng/g；二是发现超微细金，圆满地阐释了金区域异常形成机理，解决了采样代表性难题，使金矿化探从一种找矿手段上升到一门科学。

表 23.1 1981～2015 年地球化学调查发现各类矿床数 （单位：处）

五年计划 / 规划	总计	能源矿产	黑色金属	有色金属	贵金属	其他矿产
"十二五"（2010～2015 年）	212	0	0	167	38	7
"十一五"（2006～2010 年）	411	0	19	273	29	90
"十五"（2001～2005 年）	679	7	7	317	192	156
"九五"（1996～2000 年）	689	18	4	167	319	181
"八五"（1991～1995 年）	261	0	0	46	214	1

续表

五年计划／规划	总计	能源矿产	黑色金属	有色金属	贵金属	其他矿产
"七五" （1986～1990年）	204	0	0	30	165	9
"六五" （1981～1985年）	114	0	1	63	42	8
合计	2570	25	31	1063	999	452

注："十二五"期间发现的矿床数量为不完全统计

三、覆盖区穿透性地球化学探测技术研究进展

穿透性地球化学勘查技术是通过研究元素从隐伏矿向地表的迁移机理，含矿信息在地表的富集规律，发展含矿信息采集、提取与分析，以及成果解释技术寻找隐伏矿。穿透性地球化学技术诞生于20世纪90年代末，经历了近30年发展，已形成六大技术系列，包括物理分离提取技术、电化学测量技术、选择性化学提取技术、气体和地气测量技术、水化学测量技术和生物测量技术。全球专利数2345项，中国专利数405项（占全球专利总数的17%），仅次于美国（占全球专利总数的28%），中国处于相对领先地位。

国际上主要由澳大利亚、加拿大、美国和中国带动该领域的发展。一方面，这四个国家均是资源大国；另一方面，这四个国家均分布着大面积的覆盖区，有发展覆盖区找矿技术的强烈需求。选择性化学提取技术在这几个国家中发展最成熟，应用也最多；纳米地球化学技术和生物地球化学技术在机理研究上取得的突破最为显著。澳大利亚在20世纪90年代研制了活动金属离子（mobile metal ions，MMI）法，经过20多年大发展，已取得专利十余项，在全球取得100多个成功案例，同时采用MMI技术与全球12个实验室合作进行样品分析，使得该技术成为目前最成功的一项穿透性地球化学勘查技术。澳大利亚除了研制选择性化学提取技术，还主要专注于生物测量技术的研究工作，取得了较多创新性的成果。美国于20世纪80年代末和90年代初研制出酶提取（enzyme leach）法，经过技术的不断完善，在十多处矿区开展技术实验取得了良好效果。加拿大则在水化学测量方面做了较多工作，在元素迁移机理研究方面获得了重大突破。

中国在20世纪90年代中期开始陆续研发了具有自主知识产权的系列深穿透地球化学技术，包括：①纳米微粒探测技术；②元素活动态提取技术；③地气测量技术；④偶极子独立供电的电化学提取技术。这些技术先后在国内外

已知隐伏矿床进行了广泛的实验，积累了大量观测数据，取得了良好的实验与应用效果。各种技术总体还在完善之中，目前最为稳定的是使用土壤作为采样介质的各种选择性提取技术或微粒分离技术。

在国内外深穿透地球化学勘查实验中利用该方法在新疆金窝子金矿、澳大利亚奥林匹克坝金铜矿、美国内达华 Mike 金铜矿、河南周庵铜镍矿、紫金山悦洋盆地银多金属矿、内蒙古鄂尔多斯铀矿、新疆十红滩铀矿等大型隐伏矿实验区取得了大量应用成果（图 23.4）。

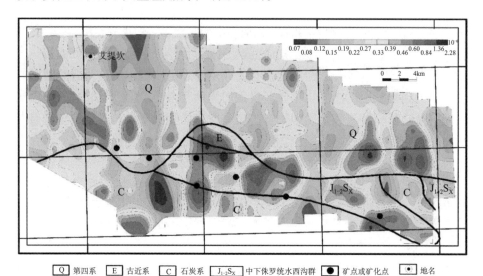

Q 第四系　E 古近系　C 石炭系　$J_{1-2}S_x$ 中下侏罗统水西沟群　● 矿点或矿化点　⊙ 地名

图 23.4　新疆吐鲁番–哈密盆地深穿透地球化学的有效圈定 200m 以下砂岩型铀矿体

四、全球地球化学基准与全球成矿物质背景

全球地球化学基准计划（Global Geochemical Baselines Project，IGCP 360）开始于 1993 年。它的目的是用系统的全球网格化采样，获得全球地球化学基准图，作为全球成矿物质背景和环境变化的定量参照标尺。部署 5000 个全球基准网格（global reference network grid，GRN）覆盖整个地球陆地面积。此项工作近 10 年进展迅速，欧洲 26 个国家，以及中国、美国、澳大利亚、印度等已经基本完成采样工作，覆盖了全球 22% 的陆地面积。初步制作了覆盖这些国家的全球地球化学基准图。

中国于 2008~2014 年，实施了全国地球化学基准计划，建立了一个覆盖全国的地球化学基准网，制作了 81 个指标地球化学基准值和基准图，不仅对持续监测全国重金属环境变化提供了定量参照标尺，而且提供了全国的成矿物质背景。制作了50余个成矿元素全国地球化学基准图，新发现一批铀、稀土等找矿远景区。发现成矿元素，如金、钨、锡、铜、铅、锌、铀、稀土等的分布与已有的成矿省的分布存在显著的空间对应关系，并新发现一批国家急需的能源矿产铀和高新技术矿产稀土等找矿远景区。

第三节 地球化学勘查实验条件平台建设

一、高精度地球化学分析实验平台建设

为了获得高质量地球化学数据，我国一直致力于地球化学实验室分析技术创新和实验室能力建设。20世纪70年代末期，研制了39种元素测试分析技术，90年代末期，研制了54种元素分析测试技术，2000年以后，建立了以现代大型分析仪器ICP-MS、XRF、ICP-OES为主体，结合专用的新的AAS、AFS及其他20余项分析技术，实现76种元素的配套分析方法。该方法涵盖所有造岩元素、成矿元素、环境与健康元素和生物营养元素（银、砷、金、硼、钡、铍、铋、溴、镉、氯、钴、铬、铯、铜、氟、镓、锗、铪、汞、碘、铟、铱、锂、锰、钼、氮、铌、镍、锇、磷、铅、钯、铂、铷、铼、铑、钌、硫、锑、钪、硒、锡、锶、钽、碲、铊、钛、铊、铀、钒、钨、锌、锆、钇、镧、铈、镨、钕、钐、铕、钆、铽、镝、钬、铒、铥、镱、镥、SiO_2、Al_2O_3、Total Fe_2O_3、MgO、CaO、Na_2O、K_2O、Fe^{2+}、碳、Org C、CO_2、H_2O^+），使我国成为目前世界上测试指标最多的国家。我国注重实验室能力建设，建立了由专业研究机构辐射30个省级地质实验室的全国性地球化学样品分析和质量控制网络，直接从事分析测试人员达3700余人，为不同尺度地球化学调查提供了强大的实验能力和数据一致性保障。

二、地球化学标准物质研制

地球化学标准物质是具有准确量值的地质物料化学成分测试标准，是评价地质分析结果的可靠性与可比性的计量器具（图23.5）。中国地质科学院地球物理地球化学勘查研究所在全国范围选采具有代表性的天然样品作为标准物质候选物，采用无污染制备工艺对候选物进行加工制备，按照国家一级

标准物质研制规范和统一的技术要求，组织全国跨部门40余个中心实验室和研究院所，研制了各类地球物质国家一级标准物质207个，国家二级标准物质10个，复制国家一级标准物质17个，共计234个，是世界上具有微量元素定值最多、数量最多、系列性品种最齐全的地球化学标准物质。岩石地球化学标准物质9个、水系沉积物23个、土壤28个及7个水系沉积物复制品，共计67个；矿石类标准物质共计66个，包括金矿、银矿、铂族元素等贵金属矿37个，铁和铬铁黑色金属矿13个，铜铅锌钼镍等多金属矿16个；生物类地球化学标准物质34个；土壤有效态与土壤形态标准物质15个；合成光谱分析标准物质共20个；煤炭标准物质16个。这些地球化学标准物质被世界40余个国家和中国1000余个实验室应用，为地球化学调查、基础地质研究、矿产勘查、农业、环境、食品等样品分析和实验室质量控制发挥了不可替代的作用。

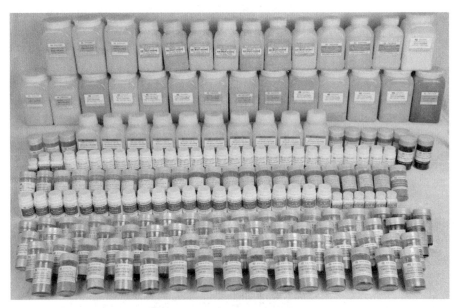

图23.5　部分地球化学标准物质照片

资料来源：顾铁新和刘妹，2016

三、地球化学数据处理与大数据管理平台建设

我国陆续积累了海量地球化学数据，迫切需要专业的数据管理和制图软件，并建立了全国性地球化学数据库。20世纪90年代，我国研发了具有自主知识产权的"区域地球化学数据管理分析系统"，这是世界上第一款具有

空间数据管理能力的专业地球化学软件。2000 年以后又升级为"多元地学空间数据管理分析系统",这两款软件已在全国地质行业推广使用。2008 年以后,为了适应全球多尺度地球化学数据管理,研发了具有自主知识产权的"化学地球"软件平台,可以实现对全球地球化学大数据管理、展示和查询,这也是世界首个化学属性数字地球平台。

四、国际合作平台建设

经联合国教育、科学及文化组织(简称联合国教科文组织,UNESCO)大会及中国政府批准,依托中国地质科学院地球物理地球化学勘查研究所正式建设联合国教科文组织全球尺度地球化学国际研究中心(UNESCO International Centre on Global-Scale Geochemistry)。该国际研究中心致力于全球尺度地球化学科学研究与国际合作,建立覆盖全球的地球化学基准网和监测网,持续记录全球化学元素的含量与分布、基准与变化等科学数据,为全球资源评价、环境保护和全球变化等提供权威性基础数据,为全球自然资源与环境的可持续发展贡献中国力量。2016 年 5 月国际中心正式挂牌运行。中心发布了"化学地球"国际大科学计划,并正式启动了"化学地球"大数据平台。这项致力于将元素周期表上所有化学元素绘制在地球上的国际大科学计划得到了 70 余个国家 400 余位科学家的支持,初步建立了一个覆盖全球的国际合作网络。

第四节 勘查地球化学的发展与展望

一、从纳米水平和分子水平认识元素的迁移机理

地球化学勘查的重大科学问题是成矿元素如何穿透几百米至几千米上覆盖层到达地表,能实现这一迁移距离,从原理上和实验上都认为:成矿元素以纳米矿物形式或分子化合物形式穿过围岩或上覆岩石微裂隙或纳米孔喉到达地表。需要解决的科学问题是:①惰性金属,如金难以溶解成化合物形式迁移,只有以纳米颗粒形式才能够穿透盖层迁移到地表。这就要求回答矿石中是否存在纳米金属颗粒及纳米金属微粒是如何形成的,围岩或上覆盖层是否存在微裂隙或纳米孔喉,才能保证成矿流体中分子化合物和纳米金属穿透

盖层到达地表。②有些元素是可以溶解以化合物形式迁移，如 Anand 等通过使用质子激发分析围篱树植物叶子，发现锌元素主要富集在植物叶子细胞内部，表明是植物根系吸收地下水将锌输送到叶片细胞中，证明植物可以将深部矿体或矿化体有关的金属元素带至地表，并在其上方植物体和叶子腐烂的地表土壤中形成异常。

二、全球成矿物质背景和"一带一路"地球化学特征对比研究

在全球尺度上，致力于全球地球化学基准建立，建立覆盖全球的地球化学基准网，实施"化学地球"大科学计划，与世界各国合作全面了解全球化学元素分布背景。开展"一带一路"中亚成矿带、特提斯成矿带和环太平洋成矿带地球化学特征对比和异常延伸追踪。

三、深穿透地球化学与覆盖区资源评价

覆盖区和盆地或盆山边缘一直是地球化学调查的空白，盆地和盆山边缘存在铀矿和其他金属矿。过去使用水系沉积物测量和残积土壤测量，都是基于元素的机械分散，而盆地或盆山边缘覆盖区的覆盖物都是外来的运积物，并不代表原地风化产物，不可能用机械分散理论发展相应的技术。随着对元素穿透覆盖层迁移机理的新认识，穿透性地球化学探测技术也会不断完善，将会为覆盖区和盆地及盆地周边覆盖区金属矿勘查发挥越来越重要作用，特别是对盆地砂岩型铀矿靶区圈定将发挥独特作用。

四、稀土矿地球化学勘查

中国是世界上稀土资源最丰富的国家，全国已有 22 个省份先后发现一批稀土矿床。我国的区域化探全国扫面计划，分析了 39 种元素，但只包含 1 个稀土元素 La。对我国这样一个稀土资源大国的稀土元素区域地球化学分布特征提供的信息极其有限，不可能利用化探扫面数据去发现新的稀土矿产。"全国地球化学基准值建立与综合研究"项目，利用岩石采样和汇水域土壤采样，首次编制了 16 个稀土元素全国地球化学基准图，并发现若干新的异常区。这些研究工作都为稀土研究打下了基础，并提供了选区依据。实验室在对稀土元素大批量低成本分析技术方面已经成熟，地球化学又是寻找稀土的有效方法，因此地球化学将在稀土矿勘查上发挥重要作用。

五、建立应用地球化学国家重点实验室

应用地球化学在我国地球化学异常形成理论、全球地球化学基准网建立、地球化学勘查技术、高精度实验分析、标准物质研制、海量地球化学数据管理等方面实现了重大科技创新，达到了世界一流水平，为国家矿产资源的发现做出了突出贡献，得到国际同行和国际组织的高度认可。2015年，经联合国教科文组织和国务院批准，成立了联合国教科文组织全球尺度地球化学国际研究中心，既表明了我国在该领域居于国际前沿地位，又反映了国际社会期盼我国做出更大贡献的期盼。国土资源部地球化学探测技术重点实验室2012年开始运行。目前，我国在应用地球化学领域，还没有国家重点实验室，因此建议能够在国土资源部组建应用地球化学国家重点实验室。该实验室将面向国际学科前沿和经济社会发展中的重大科学问题和国家重大需求，开展创新性、前瞻性、基础性、公益性地球化学应用基础理论研究与技术研发，建成具有国际领先水平和满足国家需求的研究基地。

参考文献

顾铁新，刘妹．2016.地球化学标准物质研制为基础地质调查提供质量保障.中国地质调查成果快讯，2（8/9）：59-62.

聂兰仕，王学求，徐善法，等．2012.全球地球化学数据管理系统："化学地球"软件研制.地学前缘，19（3）：43-48.

王学求．1998.深穿透勘查地球化学.物探与化探，22（3）：166-169.

王学求．2005.深穿透地球化学迁移模型.地质通报，24（10/11）：892-896.

王学求．2012.全球地球化学基准：了解过去，预测未来.地学前缘，19（3）：7-18.

王学求．2013.勘查地球化学80年来重大事件回顾.中国地质，40（1）：321-329.

王学求．2016.金矿地球化学勘查带动全国999处金矿发现.中国地质调查成果快讯，2（8/9）：34-37.

王学求，谢学锦．2000.金的勘查地球化学——理论与方法·战略与战术.济南：山东科学技术出版社.

王学求，叶荣．2011.纳米金属微粒发现——深穿透地球化学的微观证据.地球学报，32（1）：7-12.

王学求，徐善法，迟清华，等．2013.中国金的地球化学省及其成因的微观解释.地质学报，87（1）：1-8.

王学求，张必敏，姚文生，等 . 2014. 地球化学勘查：从纳米到全球 . 地学前缘，21（1）：65-74.

王学求，周建，徐善法，等 . 2016. 全国地球化学基准网建立与地球化学基准值特征 . 中国地质，43（5）：1469-1480.

谢学锦，李善芳，吴传璧，等 . 2009. 二十世纪中国化探（1950—2000）. 北京:地质出版社 .

谢学锦 . 1978. 区域化探全国扫面规划 . 物化探研究报导，3：28-36.

张勤，白金峰，王烨 . 2012. 地壳全元素配套分析方案及分析质量监控系统 . 地学前缘，19（3）：33-42.

Bølviken B，Bogen J，Demetriades A，et al. 1996. Regional geochemical mapping of Western Europe towards the year 2000. Journal of Geochemical Exploration，56：141-166.

Beus A A，Grigoryan S V. 1977. Geochemical exploration methods for mineral deposits. Wilmette：1-287.

Cameron E M，Hamilton S M H，Leybourne M I L，et al. 2004. Finding deeply-buried deposits using geochemistry. Geochemistry-exploration，Environment，Analysis，4（1）：7-32.

Cao J J，Hu R Z，Liang Z R，et al. 2009. TEM observation of geogas-carried particles from the Changkeng concealed gold deposit，Guangdong Province，South China. Journal of Geochemical Exploration，101：247-253.

Clark J R. 1993. Enzyme-induced leaching of B-horizon soils for mineral exploration in areas of glacial overburden. Trans. Instn. Min. Metall.（Sect. B：Appl. Earth Sci.），102：B19-B29.

David S，Cannon W F，Woodruff L G. 2012. History and Progress of the North American Soil Geochemical Landscapes Project，2001-2010. Earth Science Frontiers，19（3）：19-32.

de Caritat P，Lech M E，Mcpherson A A. 2008. Geochemical mapping "down under"：Selected results from pilot projects and strategy outline for the National Geochemical Survey of Australia. Geochemistry：Exploration，Environment，Analysis，8：301-312.

Ferguson R B，Price V. 1976. National Uranium Resource Evaluation（NURE）Program -Hydrogeochemical and stream-sediment reconnaissance in the eastern United States. J.Geochem.Explor.，6：103-117.

Govil P K，Krishna A K，Gowd S S，et al. 2009. Global geochemical baseline mapping for environmental management in India：An overview. Global Geochemical Mapping Symposium，Abstracts，China Geological Survey：36-40.

Hawkes H E，Webb J S. 1962. Geochemistry in Mineral Exploration. New York：Harper & Row.

Kotlyar B B. 1996. Geochemical Exploration in the Former Soviet Union. Explore，91：1-10.

Kristiansson K，Malmqvist L. 1982. Evidence for nondiffusive transport of Rn in the ground and a new physical model for the transport. Geophysics，47（10）：1444-1452.

Mann A W，Birrell R D，Gay L M，et al. 1995. Partial extractions and mobile metal ions // Camuti K S. Extended abstracts of the 17th IGES.

Smith D B，Wang X Q，Reeder S，et al. 2012. The IUGS/IAGC Task Group on Global Geochemical Baselines. Earth Science Frontiers，19（3）：1-6.

Wang X Q，The CGB Sampling Team. 2015. China Geochemical Baselines：Sampling Methodology. Journal of Geochemical Exploration，148：25-39.

Wang X Q，Zhang B M，Lin X，et al. 2016. Geochemical challenges of diverse regolith-covered terrains for mineral exploration in China. Ore Geology Review，73：417-431.

Wang X Q，Zhang B M，Ye R. 2017. Comparison of Nanoparticles from Soils over Concealed Gold，Copper-Nickel and Silver Deposits. Journal of Nanoscience and Nanotechnology，17：6014-6025.

Xie X J，Ren T X. 1991. A decade of regional geochemistry in China—the national reconnaissance project. Trans. Instn. Min. Metall.（Sect. B：Appl. earth sci.），100：B57-B65.

Xie X J，Yin B C. 1993. Geochemical patterns from local to global. J. Geochem. Explor，47：109-129.

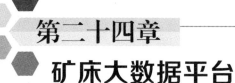

第二十四章
矿床大数据平台

第一节　引　　言

　　大数据分析是今后各学科和经济社会领域不可回避的重大课题。大数据正在成为国际科技界与企业界关注的热点，许多发达国家将其列为未来国家战略优先发展领域。*Nature* 和 *Science* 等杂志相继出版专刊来探讨大数据带来的挑战和机遇。美国政府 2012 年宣布投资 2 亿美元启动"大数据研究和发展计划"，这是继 1993 年美国宣布"信息高速公路"计划后的又一次重大科技发展部署。美国政府认为大数据是"未来的新石油"，一个国家拥有数据的规模和运用数据的能力将成为综合国力的重要组成部分，对数据的占有和控制将成为国家间和企业间新的争夺焦点。

　　面对新形势和新挑战，欧美各国科学界纷纷制定了基于大数据的科学战略（郭华东等，2015）。以美国地质调查局为例，其在连续两个十年规划中，都提出了基于大数据的核心科学体系，并制定了相应的战略目标和措施（杨宗喜等，2015）。

　　各类监测-互联网-大数据应用催生了科学研究和管理手段的创新，越来越多的科学家利用大数据分析支撑各级政府、行业与机构科学研究和管理顶层设计与决策。顶层设计创新目标包括运用数据采集技术、模拟技术、运算技术、存储技术，将矿床与地质调查、监测、预测等和大数据结合起来，为科学研究、预测、开发、管理提供支撑服务。

借着大数据时代的热潮，微软公司生产了一款数据驱动的软件，主要是为工程建设节约资源提高效率（赵国栋等，2013）。微软的目标不仅是节约能源，还更加关注智能化运营。通过跟踪取暖器、空调、风扇及灯光等积累下来的超大量数据，捕捉如何杜绝能源浪费。加拿大 Geosoft 公司采用微软 Azure 云计算技术，开发了 VOXI 反演软件，以消除数据采集中的噪声干扰，提高数据采集精度。

世界各国实施的"玻璃地球"计划，广泛采取以三维区域地质填图为主导与深部探测计划相结合的方式，应用了大数据理念和处理技术（吴冲龙和刘刚，2015）。

在大数据的浪潮下，我国政府和科研机构高度关注大数据，针对大数据问题开展研究。科技部 2014 年将大数据列入 55 个专项之一，北京成立了"中关村大数据产业联盟"，中国科学院、中山大学、复旦大学、中国航空航天大学等相继成立了从事数据科学研究的专门机构。

2014 年在北京召开了以"中国'玻璃地球'建设的核心技术及发展战略"为主题的香山科学会议第 491 次学术讨论会。"玻璃地球"旨在利用大数据、物联网、云计算等新一代信息技术，融合、集成和利用各类海量地质数据，构建地球系统和地质勘查系统，提高国家在资源、环境和减灾等领域面临复杂问题的应对能力，特别是对水资源、环境和地灾的管控和安全保障能力，以满足社会需求。

中国研发的 3DMine 三维矿业软件通过国土资源部认证，它科学地组织各类矿山信息，将海量异质的矿山信息资源进行全面、高效和有序的管理和整合，运用数据库、三维模型、统计内插值和参数化概念，通过可视化技术、计算机技术和专业相结合，实现矿山重现，并可以快速计算，自动成图和综合应用的技术平台。

国务院于 2015 年 9 月印发《促进大数据发展行动纲要》，明确推动大数据发展和应用，在未来 5～10 年打造精准治理、多方协作的社会治理新模式，建立运行平稳、安全高效的经济运行新机制，构建以人为本、惠及全民的民生服务新体系，开启大众创业、万众创新的创新驱动新格局，培育高端智能、新兴繁荣的产业发展新生态。国家自然科学基金委员会与新疆维吾尔自治区联合基金将"基于大数据的大型矿集区成矿预测"列入 2016 年指南。

第二节　大数据性质和分析技术

大数据的关键在于"大"，但目前众多机构和学者对如何定义其"大"并无完全一致的看法。

Manyika 等（2011）认为，大数据指的是大小超出常规的数据库工具获取、存储、管理和分析能力的数据集。涂子沛（2012）则认为，作为一种新的价值观和方法论，大数据的本质并不限于数据的规模大，而在于用崭新的思维和技术对海量数据进行整合分析，从中发现新的知识，创造新的价值，带来"大知识""大科技""大利润""大发展"。赵国栋等（2013）强调数据的功用价值，认为大数据是在多样的或者大量数据中，迅速获取信息的能力。国务院发布的《促进大数据发展行动纲要》则将大数据定义为以容量大、类型多、存取速度快、应用价值高为主要特征的数据集合。

一般认为，大数据应具有以下四个特征：规模大、种类多；速度快；价值密度低；应用价值高。

（1）规模大、种类多。"大数据"首先是指数据体量大，是大型数据集。在实际应用中，许多机构用户把多个数据集放在一起，已经形成了10TB 以上，甚至 PB 级的数据量。大数据还隐含数据种类多。数据可以有多种来源，它们的种类和格式日渐丰富，已冲破了以前所限定的结构化数据范畴，囊括了半结构化和非结构化数据。随着信息采集技术的推广，非结构数据在大数据中所占的比例将会进一步不断提高。视频、语音、图片、文本等非数字的数据将会越来越多地被计算机系统用于分析和挖掘背后的信息价值。

（2）速度快。一是指数据的采集和传输速度快：物联网、移动互联网、车联网、手机、平板电脑、PC 及遍布地球各个角落的各种各样的传感器，无一不是数据的来源方式，可以做到对数据的即刻采集。二是指处理速度快：云计算、分布式处理等技术的进步，PB 级数据的实时处理成为可能。

（3）价值密度低。如果说传统方式监测获得的数据属于高品位"矿石"的话，那么通过日常即时记录、采集之前被忽略的信息，很多都属于低品位的"矿石"。这些单个数据单元蕴含的信息量和信息价值非常低，其价值深刻地依赖于对表面信息的深度挖掘和与其他海量信息的结合分析。

（4）应用价值高。根据《2014—2018 年中国大数据产业发展前景与投资战略规划分析报告》，目前在对大数据价值的态度上，除了 6.9% 的企业认为数据没有价值以外，其余绝大多数企业都认为数据具有或可能具有很高的价值。未来随着越来越多的大数据分析平台和工具的应用，大数据的价值将会被进一步释放并获得认可。

在信息爆炸的时代，大数据的价值来自于对数据背后隐藏的事实和规律的挖掘。传统的数据分析工具无法在合理时间内收集、管理、处理原始数据，并整理成为帮助各类组织科学决策的数据。因此，大数据分析技术有着与传统数据分析不同的地方，对大数据的分析技术是发挥数据价值的关键。大数据分析的相关技术主要如下（赵国栋等，2013）。

（1）物联网技术。物联网技术是指通过各种传感设备（传感器、射频设备技术、全球定位系统、红外感应器、激光扫描等）采集声、光、热、电、力学、化学、生物、位置等各种信息并与互联网、无线专网进行交互传输信息的一个巨大网络，能够实现物与物、物与人的网络连接、识别、管理和控制。它把感应器嵌入和装备到电网、铁路、桥梁、隧道、公路、建筑、供水系统、大坝、油气管道等各种物体中，并且被普遍连接，形成物联网。它实现了物体信息智能化识别、定位、跟踪、监控与管理，是数据实时获取、更新与管理的重要手段。

（2）云计算技术。云计算技术是网格计算（grid computing）、分布式计算（distributed computing）、并行计算（parallel computing）、效用计算（utility computing）、网络存储（network storage）、虚拟化（virtualization）、负载均衡（load balance）等传统计算机技术和网络技术发展融合的产物。越来越多的人认为，云计算是以服务为特征的一种网络计算，以新的业务模式提供高性能、低成本的持续计算和存储服务，支撑各类信息化应用。

（3）智能 GIS 技术。智能 GIS 技术是采用多维 GIS 融合技术，将时间维、空间维和仿真（VR）技术相结合的三维 GIS 平台，真正实现"物联网前端感知、应用时态分析、管理虚拟仿真、多维 GIS 空间分析"一体化的 GIS 可视化应用创新模式，将三维 GIS 的发展带入了多维 GIS 时代。

（4）海量数据挖掘技术。数据挖掘是发现数据中有用模式的过程，通过大量观测数据的处理来确定数据的趋势和模式。海量数据挖掘技术与传统数据分析相比有本质区别，它在无明确假设的前提下挖掘信息、发现知识，具有未知、有效和实用三个特征。大数据信息挖掘技术放弃对因果关系的渴求，十分重视相关关系。

大数据技术本质上就是利用分布式并行计算、人工智能等技术对海量异构数据进行计算、分析和挖掘，并将由此产生的信息和知识应用于实际的生产、管理、经营和研究中。目前的大数据分析主要有两条技术路线：一是凭借先验知识人工建立数学模型来分析数据；二是通过建立机器学习智能系统，使用大量样本数据进行训练，让机器代替人工获得从数据中提取知识的能力。由于占大数据主要部分的非结构化数据，往往模式不明且多变，因此采用统计计算、机器学习、模式识别等技术分析大数据，被业界认为具有很好的前景。

海量数据的搜集、强大的多处理器计算机、数据挖掘算法作为支持数据挖掘的基础技术已逐渐发展成熟。目前常用的数据挖掘方法包括神经网络法、遗传算法、决策树方法、粗集方法、覆盖正例排斥反例方法和模糊集方法等。

（5）模型模拟技术。实际上，理论数学是大数据分析重要的应用基础。例如，大数据的高维问题，可以用几何曲面、拓扑流形、矩阵结构、半群代数、向量场、图论等描述；大数据的演化过程可以使用代数算子、几何变换、动力系统和微分方程、偏微分方程、流体力学、随机过程等模型描述；问题的求解可借助非线性分析、变分方法、最优化控制、参数估计等方法；模型的重建则需要回归和拟合、逼近论、机器学习等方法；模型呈现需要借助代数与几何、插值与样条等数学方法。

模拟技术的最终目的是还原一个实际系统的行为特征，模拟其物理原型的数学模型。例如，EFDC 水质模型通过构建多参数有限差分构建三维地表水动力模型，实现河流、湖泊、水库、湿地系统、河口和海洋等水体的水动力学和水质模拟，从而达到最佳模拟效果，为现状评价和政策制定提供有效的决策依据。

第三节　大数据研究存在的科学问题和主要困难

大数据导致了时空维度上计算复杂度的激增，大数据往往呈现出异构多模态、复杂关联、动态涌现等特点，需要研究异构关联的大数据中复杂特征的基本因素，以及这些因素的内在联系、外在指标和度量方法，采用采样降维、抽象表达和优化计算等方法研究大数据中多模态关联的数据对象之间多维、异构、隐性的关联关系。基于统计猜想及面向计算的数据复杂性度量模型，研究基于数据复杂度的近似计算理论和优化算法框架，指导人们寻找面向计算的数据内核或数据边界的基本方法，形成大数据高效计算模型和方法设计的理论基石。

　　数据是分析的基础，因此数据的质量、数据的相关度、数据的维度等会影响数据分析的结果。数据分析团队面对大量的数据源，各个数据源之间交叉联系，各个数据域之间具有逻辑关系，各个产品统计口径不同，不同的时间段数值不同等。数据抽样主要用于建模分析，抽样需考虑样本具有代表性，覆盖各种客户类型，抽样的时间也很重要，越近的时间窗口越有利于分析和预测。

　　数据分析过程中会面对很多缺失值，缺失值处理可以采用替代法（估值法），利用已知经验值代替缺失值，维持缺失值不变和删除缺失值等方法。具体方法将参考变量和自变量的关系及样本量的多少来决定。异常值对于某些数据分析结果影响很大。数据标准化的目的是将不同性质、不同量级的数据进行指数化处理，调整到可以类比的范围。数据分析过程中会面对成百上千的变量，一般情况下只有少数变量同目标变量有关，有助于提高预测精度。归类和分类的目的是减少样本的变量。

　　大数据涉及数据量规模巨大，目前主流软件工具无法在合理时间内对数据进行接入、管理、处理及挖掘。需要发展新型处理模式，以从海量、高增长和多样化的大数据资源中挖掘优化的流程、智慧的知识和强力的决策。

　　大数据处理要求将多源、异构、动态、海量的非（半）结构化数据快速有效地转化为能被分析决策利用的结构化信息（知识）。对应"4V"[①]特征，大数据处理普遍存在四大问题：①如何有序接纳多源异构、类型繁多的资料？②如何高效组织规模海量、时空密集的数据？③如何智能提纯结构清晰、关系明确的信息？④如何快速驾驭在线实时、自适应强的计算？

　　以往矿床学家主要依靠采样小数据和固有的模型和模式进行分析、预测，但效果往往不是十分理想。

　　数据挖掘就是从大量的、不完全的、有噪声的、模糊的、随机的实际应用数据中，提取隐含在其中的、人们事先不知道的，但又是潜在有用的信息和知识的过程。数据挖掘是一个多领域知识交叉的研究与应用领域，设计的领域包括：数据库技术、人工智能、机器学习、神经网络、统计学、模式识别、信息检索、高性能计算等。数据挖掘的过程大致分为：问题定义、数据收集与预处理、数据挖掘实施，以及挖掘结果的解释与评估。

　　实施数据挖掘所获得的挖掘结果，需要进行评估分析，以便有效地发现

---

　　① "4V"表示：海量性（volume）、多样性（variety）、高速性（velocity）、易变性（variability）。

有意义的知识模式。因为数据挖掘所获得的初始结果中可能存在冗余或无意义的模式，也可能所获得的模式不能满足挖掘任务的需要，这就需要退回到前面的挖掘阶段，重新选择数据、采用新的数据变换方法、设定新的参数值，甚至换一种数据挖掘算法等。此外，还需要对所发现的模式进行可视化，将挖掘结果转换为用户易懂的另一种表示方法。

矿床与地质大数据分析面临的主要问题有：①如何建立一个多学科整合的模块式科学框架来组织数据、科学、技术和模型；②如何融合监测的动态数据与勘查的静态数据，实现数据与模型的一体化管理；③如何融合多源异质异构的结构化、半结构化和非结构化数据，进行数据挖掘；④如何直接基于大数据进行挖掘、预测和预警，突破参数、模型、模式的限制（严光生等，2015）。

简言之，矿床与地质学家需要探索并建立一个把人类活动与多科学领域无缝整合的模块式科学框架，便于把数据、科学、技术方法和模型组织到恰当的时空尺度中去，实现基于地学时空大数据的知识发现，深化对整个矿床与地质系统运转的理解，提升对矿床与地质的认知程度和对它们开发的决策能力。

矿床与地质大数据分析平台的目标是，采用数据密集型的工作方法，实现矿床与地质科学大数据的高效存储、管理、集成、融合与深度挖掘，促进交叉学科的发展；提出并建立矿床与地质时空大数据统合利用的理论、方法和技术体系，提供能实现矿床与地质时空透视和智能分析的"玻璃地球"建设软件平台，提供矿床地质资源与开发利用监测、管控和预警的原型系统。

目前，矿床与地质大数据研究与应用存在的主要困难有：数据来源有限（政府、机构公开数据不多）、数据类型混杂（结构化、非结构化，数字、视频、文本）、数据来源分散（部门分割，数据封锁）、数据质量存疑（存在数据篡改、造假等现象）、数据应用方法不清晰（难以清晰反映地质现状）、数据应用工具缺乏（大数据的应用模型复杂）、缺乏最终解决方案的指引（大数据最终产品匮乏）。

第四节　大数据研究的前景

大数据的世界是一个由大量活动构件与多元参与者元素所构成的生态系统，终端设备提供商、基础设施提供商、网络服务提供商、网络接入服务提供商、数据服务使能者、数据服务提供商、触点服务、数据服务零售商等一系列的参与者共同构建的生态系统。数据的资源化、与云计算的深度结合、高效的数据管理及数据生态系统复合化程度的加强将是大数据研究的趋势。

基于大数据分析技术，大数据分析应包括以下几方面的基本内容（郭华东等，2015）。

1. 数据挖掘

大数据分析的理论核心就是数据挖掘算法。不同的数据类型和格式，需要不同的数据挖掘算法，以更加科学地呈现数据本身具备的特点。各种多元统计方法，由于能通过相关关系挖掘出深度价值，因此是重要的数据挖掘分析工具。

2. 预测性分析

大数据表征的是过去，但可以用来预测未来的变化。预测性分析是大数据分析最终应用的重要领域之一，它从大数据中挖掘出特点，通过科学建模型，代入新数据，即可预测未来。

3. 数据可视化分析

大数据可视化是大数据分析的基本要求，它可以直观地呈现大数据特点，同时能够非常容易地被人类所接受。常见的可视化技术包括基于集合、图标、图像的技术，面向像素的技术和分布式技术等。

4. 语义引擎构建

由于数据采集的多元化，数据类型的非结构化，如何将多样的信息转化成计算机可以识别和计算的语言是进行大数据分析的基础。

5. 数据管理

在地质时空大数据模型构建中，数据融合是基础性的研究课题，它贯穿于矿床与地质研究对象认知模型、矿床与地质时空数据感知模型、矿床与地质时空数据分析模型、矿床与地质时空数据挖掘模型、矿床与地质时空数据预测模型及地质时空数据决策模型的研究中。

各类专题的地质时空大数据链组织与实现，有赖于地质时空大数据平台的系统解决方案和整体架构，以及数据融合方法和技术研究，有赖于超算环境下矿床与地质时空大数据索引、调度机制和大数据引擎，有赖于建立统一的运行云平台及智能监测、预警与管控的数据链，发展矿床与地质时空大数据的安全存储、检索与隐蔽传输方法和技术。

未来的大数据研究，将严重依赖于大数据平台的建设。平台建设需要从以下几方面着力（李超岭等，2015）。

一是建立一套运行机制。大数据建设是一项有序的、动态的、可持续发展的系统工程，必须建立良好的运行机制，以促进建设过程中各个环节的正规有序，实现统合，搞好顶层设计。

二是规范一套建设标准。没有标准就没有系统。应建立面向不同主题、覆盖各个领域、不断动态更新的大数据建设标准，为实现各级各类信息系统的网络互连、信息互通、资源共享奠定基础。

三是搭建一个共享平台。数据只有不断流动和充分共享，才有生命力。应在各专用数据库建设的基础上，通过数据集成，实现各级各类指挥信息系统的数据交换和数据共享。

四是培养一支专业队伍。大数据建设的每个环节都需要依靠专业人员完成，因此，必须培养和造就一支懂指挥、懂技术、懂管理的大数据建设专业队伍。

其中，大数据平台是基础数据平台，用于统一组织、存储和管理相关部门的全部工作数据，实现基础数据、地理信息数据和业务数据的共享，提高业务管理、应急处理、服综合管理和分析决策能力。

矿床与地质时空数据除拥有一般大数据的"4V"共性特征外，也有自己显著的个性特点，突出体现在其专业背景特点（what、where、when、why、who、whom）上。对矿床与地质领域的不同来源、不同获取方式、不同结构及不同格式的离散数据，开展结构化重建、关联分析、地学建模，将加速地学知识的融汇，深化对地球系统的认识和理解，有望引发地球科学研究方式的变革。

大数据理念和分析技术应用将是成矿规律研究的重要内容（赵鹏大，2015）。成矿规律研究将更充分地利用与"矿"有关的各种数据，包括在一定的地质历史时期或构造运动阶段，在一定的地质构造单元及构造部位，与一定的地质成矿作用有关的时间、空间、成因及矿床产状的数据，还包括庞大的矿床成因方面的数据信息（如成矿温度、成矿压力、流体包裹体、同位素、微量元素等矿床地球化学数据）。

地质调查大数据研究，将针对以往解决的不理想的地质问题入手，充分利用新一代信息技术，更新当前数据处理环境，着重进行地质数据的智能分析与深度挖掘。在大数据处理方法上，将建立基于统一基础地理空间的多源数据集成与管理系统，将地质、构造、矿点、地球物理、地球化学、遥感钻孔等各类数据整合到统一的数据库中，利用云计算、大数据等方法，对多源综合数据进行集成、展示、分析和挖掘，由此建立数据驱动的成矿远景图件。同时，开展有效的三维模拟（主要是反演），目前已有的三维地质建模软件（如国外的 GOCAD、MVS、MicroStation、Surpac，国内的 QuantyView、GeoView、GeoMo3D、Titan3DM 等）将得到进一步的优化和功能拓展。

矿床与地质大数据研究已有一定的基础（施俊法等，2014；杨宗喜等，2015）。例如，加拿大 Diagnos 公司在过去 10 年中为不同矿产勘查公司完成了数百个大数据分析、挖掘，进而圈定靶区的项目。这些项目位于加拿大魁北克、安大略、新不伦瑞克、纽芬兰，美国内华达州，多米尼加共和国，墨西哥，布基纳法索，以及坦桑尼亚等地。2011 年，Diagnos 公司编制了加拿大魁北克西北地区金、铜、银、锌和镍的成矿远景图，覆盖面积 33.09 万 km^2。2012 年便取得了总计 5242 个矿权（占地 2335 km^2），覆盖了最有远景和未勘查的目标。

深部找矿靶区的预测是未来 5～10 年矿床学研究的新热点，大数据分析成为不可或缺的技术。多元数据的集成，以及不同学科、不同尺度的数据在三维空间的对比分析是其重要途径。这方面的研究基础包括澳大利亚以找矿为目的的开展的四维地质填图；荷兰建立的全国 1000 m 以浅的 3D 地层框架模型；加拿大将三维地质填图用于盆地地下水调查；英国建立的全国 4 个尺度的三维地层框架模型；法国在地质调查等诸多领域开展三维地质建模；德国在北部多个盆地进行跨界三维地质建模；美国针对资源与环境评价开展三维地质框架研究等。

我国长期地质调查和探测取得的海量地质基础调查数据，将是超级计算机服务的重点对象之一。六年蝉联世界第一的"天河二号"超级计算机落户中山大学，并委托中山大学管理，可以成为强大的技术支撑平台。"天河二号"系统集高性能计算、大数据分析和云计算于一体，能高效地处理普通云计算不能处理的计算密集型问题，并能满足对复杂大数据开展精准、实时分析的需求。

第五节 大数据-智能矿床成因模型与找矿模型的构建

大数据-智能矿床研究刚刚起步。它将以地质-矿床大数据平台为依托，基于平台提供的大数据集与高性能计算能力，研发现代云计算、大数据环境下的矿产资源评价知识挖掘智能技术方法体系，加强大数据支撑的人工智能方法——机器学习、深度学习、可视分析的应用。和传统矿床与地质学家常规做法显著不同的一点是，它会引入自然语言处理技术，让机器能够理解地质报告，能进行知识提取和模式识别，特别是有别于显性知识信息预测的隐性知识信息发现。

针对矿床大数据，采用以下分析和处理技术。

（1）数据采集。ETL 工具负责将分布的、异构数据源中的数据如关系数据、平面数据文件等抽取到临时中间层后进行清洗、转换、集成，最后加载到数据仓库或数据集市中，成为联机分析处理、数据挖掘的基础。

（2）数据存取。关系数据库、NOSQL、SQL 等。

（3）基础架构。云存储、分布式文件存储等。

（4）数据处理。自然语言处理、计算语言学、人工智能等。

（5）统计分析。假设检验、显著性检验、差异分析、相关分析、t 检验、方差分析、卡方分析、偏相关分析、距离分析、回归分析、简单回归分析、多元回归分析、逐步回归、回归预测与残差分析、岭回归、logistic 回归分析、曲线估计、因子分析、聚类分析、主成分分析、因子分析、快速聚类法与聚类法、判别分析、对应分析、多元对应分析（最优尺度分析）、bootstrap 技术等。

（6）数据挖掘。分类、估计、预测、相关性分组或关联规则、聚类、描述和可视化、复杂数据类型挖掘（Text、Web、图形图像、视频、音频等）。

（7）模型预测。预测模型、机器学习、建模仿真。

（8）结果呈现。云计算、标签云、关系图等。

大数据已经不简简单单是数据大的事实了，而最重要的现实是对大数据进行分析，只有通过分析才能获取很多智能的、深入的、有价值的信息。那么越来越多的应用涉及大数据，而这些大数据的属性，包括数量、速度、多样性等都呈现了大数据不断增长的复杂性，所以大数据的分析方法在大数据领域就显得尤为重要，可以说是最终信息是否有价值的决定性因素。

矿床成因模型与找矿模型的建立，需要许多观察和数据作为支撑。从统计观点看，对数据信息进行挖掘，有经典统计和贝叶斯-拉普拉斯两类不同的思路。

经典统计方法着重于频率统计，它强调，只要反复观察一个可重复的现象，直到积累了足够多的数据，就能从中推断出有意义的规律，揭示一切现象产生的原因。从理论上讲，它既不需要构建模型，也不需要默认条件，只要进行足够多次的测量，隐藏在数据背后的原因就会自动揭开面纱。如果数据量足够大，人们完全可以通过直接研究这些样本来推断总体的规律。但当存在着大量数据，但数据又可能有各种各样的错误和遗漏的时候，如何才能从中找到真实的规律。这是贝叶斯-拉普拉斯方法关注的问题。

贝叶斯-拉普拉斯方法认为，可以根据先验知识进行的主观判断，即在人类认识事物不全面的情况下，可以利用已有经验帮助做出大致合理的判断、决策，以后如有客观的新信息、新数据更新最初关于某个事物的信念后，就会得到一个新的、改进了的信念。这就是说，当一个人不能准确知悉一个事物的本质时，他可以依靠与事物特定本质相关的事件出现的多少去判断其本质属性的概率。用数学语言表达就是：支持某项属性的事件发生得越多，则该属性成立的可能性就越大。与经典统计学方法不同，贝叶斯-拉普拉斯统计学方法建立在主观判断的基础上，先估计一个值，然后根据客观事实不断修正。

贝叶斯-拉普拉斯方法的数学表达（周永章等，2012）为

$$P(A|B) = P(B|A) * P(A) / P(B)$$

该公式中，$P(A)$ 是先验概率，$P(A|B)$ 是后验概率，表示在以后 B 事件发生的条件下 A 事件发生的条件概率。

贝叶斯-拉普拉斯公式隐含以下思想："大胆假设，小心求证""不断试错，快速迭代"。先验概率（初始状态）已经不是最重要的，即使最初选择不理想，只要根据新情况不断进行调整，仍然可以取得成功。一个人完全可以按照自己的想法弄个粗放的原型出来，然后充分利用大数据和互联网的力量，让新数据加入进来帮助它快速迭代，逐渐使模型变得越来越完善。大数据时代获得信息的成本越来越低，社会也变得更加开放和包容，因此贝叶斯-拉普拉斯方法是很有力量的，只需要一个人对新鲜事物保持开放的心态，愿意根据新信息对自己的策略和行为进行调整。

矿床成因模型与找矿模型的建立，经常需要涉及半结构化和非结构化数据，图片、文本等非数字的数据也是具有极端信息价值的。由于数据稀疏性问题，以前即使这类数据可以数学表达，计算机也根本无法满足大量信息处理的需要。

经典统计学比较适合于解决小型的问题，同时它要求足够多的样本数据，要求样本能够代表数据的整体特征。

科学家对自然语言处理方面的成功，开辟了一条全新的问题解决路径：原来看起来非常复杂的问题可以用贝叶斯公式转化为简单的数学问题；可以把贝叶斯公式和马尔可夫链结合以简化问题，使计算机能够方便求解，从

实践看来它非常有效；将大量观测数据输入模型进行迭代——也就是对模型进行训练，就可以得到希望的结果（Lake et al., 2015）。随着计算能力的不断提高、大数据技术的发展，原来手工条件下看起来不可思议的进行模型训练的巨大工作量变得很容易实现，它们使贝叶斯公式巨大的实用价值体现出来。

科学家依托贝叶斯原理开发的语音识别系统对大数据-智能矿床成矿与找矿模型的构建具有很强的启迪意义。该语音识别系统不但能够识别静态的词库，而且对词汇的动态变化也具有很好的适应性，即使是新出现的词汇，只要这个词已经被大家高频使用，用于训练的数据量足够多，系统就能正确地识别。这反映出贝叶斯公式对新增加知识（数据）变化的高度敏感，对增量信息有非常好的适应能力。

20世纪80年代，美国数学家朱迪亚·珀尔证明，贝叶斯网络可以用来有效地揭示复杂现象背后的成因，把错综复杂的事件梳理清楚。揭示矿床的成因机制及它们背后的规律，同样可以采取贝叶斯网络。

贝叶斯网络操作思路如下（Lake et al., 2015）：如果一个人不清楚一个现象的成因，那首先可以根据他认为最有可能的原因来建立一个模型，然后把每个可能的原因作为网络中的节点连接起来，根据已有的知识、他的预判或者专家的意见给每个连接分配一个概率值（先验概率）。接下来只需要向这个模型代入观测数据，通过网络节点间的贝叶斯公式重新计算出概率值。为每个新数据、每个连接重复这种计算，直到形成一个网络图，任意两个原因之间的连接都得到精确的概率值为止。即使实验数据存在空白或充斥着噪声和干扰信息，不懈追寻各种现象发生原因的贝叶斯网络依然能够构建出各种复杂现象的模型。

贝叶斯网络是马尔可夫链的推广，它给复杂问题提供了一个普适性的解决框架。与马尔可夫链类似的是，贝叶斯网络中每个节点的状态值取决于其前面的有限个状态，不同的是，贝叶斯网络不受马尔可夫链的链状结构的约束，因此可以更准确地描述事件之间的相关性。为了确定各个节点之间的相关性，需要用已知的数据对贝叶斯网络进行迭代和训练。

贝叶斯网络是成因建模的一个革命性工具。贝叶斯公式的价值在于，当观测数据不充分时，它可以将专家意见和原始数据进行综合，以弥补测量中的不足。人类的认知缺陷越大，贝叶斯公式的价值就越大。

目前的人工智能通常需要从大量的数据中进行学习，而人类具有"仅从少量案例就形成概念"的能力，两者之间存在巨大差距。2015年，*Science*

杂志封面刊登一篇人工智能论文：三名分别来自麻省理工学院、纽约大学和多伦多大学的研究者开发了一个"只看一眼就会写字"的计算机系统。人们只需向这个系统展示一个来自陌生文字系统的字符，它就能很快学到精髓，像人一样写出来，甚至还能写出其他类似的文字。更有甚者，它还通过了图灵测试，人们很难区分这些字符是人类还是机器的作品。而这个系统采用的方法就是一种基于贝叶斯公式的方法——贝叶斯程序学习（Bayesian program learning）。心理学家证明，贝叶斯方法是儿童运用的思考方法。甚至有些科学家思考，人类的大脑结构就是一个贝叶斯网络，贝叶斯公式是人类在没有充分或准确信息时最优的推理结构，为了提高生存效率，进化会向这个模式演进。

当然，贝叶斯网络一般需要通过超级计算才能有解，并且随着数据的不断积累，所建立的成因模型才会越来越完善。由于网络结构比较复杂，基于冯·诺依曼结构的计算机很难解决这种NP（non-deterministic polynomial）复杂度的问题。但对于一些具体的应用，可以根据实际情况对网络结构（采用网络拓扑的图同构技术）和训练过程进行简化，使它在计算上可行。人们期望量子计算机开发成功，以能够完全解决其计算问题。到那时，贝叶斯公式在大数据、人工智能处理中发挥的作用是无法想象的。

在应用传统分析及计量模型的基础上，根据不同的数据特征，选取机器学习和数据挖掘方法，建立大数据模型，可提高准确度。

数据挖掘的方法模型按照功能分为预测模型和描述模型。在预测模型中，用来预测的称为独立变量，要预测的称为相关变量或目标变量。预测模型包括分类模型、回归模型和时间序列模型；描述模型包括聚类模型、关联模型和序列模型。

目前矿床大数据可使用且行之有效的方法如下。

（1）k-均值。这是对数据作聚类的最简单有效的方法。

（2）支持向量机（SVM）。这是一种基于变分（或优化）模型的分类算法。

（3）期望最大化（EM）算法。这是一种基于极大似然方法（maximum likelihood）的参数估计的算法。

（4）PageRank算法。这是谷歌的网页排序，它的基本理念是，网页的排序应该是由网页在整个互联网中的重要性决定的，从而把排序问题转换成一个矩阵的特征值问题。

（5）k-最近邻域方法。这是一种利用邻域的信息来作分类的方法，与支持向量机相比，这种方法侧重局部的信息，而支持向量机则更侧重整体的趋势。

（6）决策树。决策树是一个预测模型，利用树形结构和分支，根据属性进行对象的分类。

（7）AdaBoost 方法。这个方法通过变换权重，重新运用数据的办法，把一个弱分类器变成一个强分类器。

（8）Apriori 算法。Apriori 算法是一种最有影响的挖掘布尔关联规则频繁项集的算法。其核心是基于两阶段频集思想的递推算法。

上述展示了构建大数据–智能矿床成矿与找矿模型值得研究的方向。来自地质调查、监测数据获得的与矿有关的大数据，包括在一定的地质历史时期或构造运动阶段，在一定的地质构造单元及构造部位，与一定的地质成矿作用有关的时间、空间、成因及矿床产状的数据，还包括庞大的成矿温度、成矿压力、流体包裹体、同位素、微量元素等矿床地球化学数据等，都可以利用来迭代计算出贝叶斯成因网络，完善所建立的矿床模型，并且通过互联网、云计算技术，使世界各地的矿床研究团队共同参与，从而引发矿床模型研究方式的变革。

参考文献

郭华东，王力哲，陈方，等.2015.科学大数据与数字地球.科学通报，59（12）：1047-1054.

李超岭，李健强，张宏春，等.2015.智能地质调查大数据应用体系架构与关键技术.地质通报，34（7）：1288-1299.

李婧，陈建平，王翔.2015.地质大数据存储技术.地质通报，34（8）：1589-1594.

施俊法，唐金荣，周平，等.2014.世界地质调查工作发展趋势及其对中国的启示.地质通报，33（10）：1465-1472.

涂子沛.2012.大数据.桂林：广西师范大学出版社.

吴冲龙，刘刚.2015."玻璃地球"建设的现状、问题、趋势与对策.地质通报，34（7）：1280-1286.

严光生，薛群威，肖克炎，等.2015.地质调查大数据研究的主要问题分析.地质通报，34（7）：1273-1279.

杨宗喜，唐金荣，周平，等.2015.大数据时代下美国地质调查局的科学新观.地质通报，34（8）：1589-1594.

赵国栋，易欢欢，糜万军，等.2013.大数据时代的历史机遇.北京：清华大学出版社.

赵鹏大.2015.大数据时代数字找矿与定量评价.地质通报，34（7）：1255-1258.

周永章，王正海，侯卫生 . 2012. 数学地球科学 . 广州：中山大学出版社 .

Han J W，Kamber M，Pei J，et al. 2012. 数据挖掘概念与技术 . 范明，孟小峰译 . 北京：机械工业出版社 .

Lake B M，Salakhutdinov R，Tenenbaum J B. 2015. Human-level concept learning through probabilistic program induction. Science，350（6266）：1332-1338.

Manyika J，Chui M，Brown B，et al. 2011. Big data：The next frontier for innovation，competition，and productivity. McKinsey Global Institute.

关键词索引